Geistwesen oder Gentransporter

Anne C. Thaeder

Geistwesen oder Gentransporter

Anthropologie zwischen Theologie
und Biologie am Beispiel von
W. Pannenberg und E.O. Wilson

J.B. METZLER

Anne C. Thaeder
Bremen, Deutschland

Dissertation Universität Bremen, 2018

ISBN 978-3-476-04778-6   ISBN 978-3-476-04779-3   (eBook)
https://doi.org/10.1007/978-3-476-04779-3

Die Deutsche Nationalbibliothek verzeichnet diese Publikation in der Deutschen National-
bibliografie; detaillierte bibliografische Daten sind im Internet über http://dnb.d-nb.de abrufbar.

J.B. Metzler

J.B. Metzler ist ein Imprint der eingetragenen Gesellschaft Springer-Verlag GmbH, DE und ist
ein Teil von Springer Nature
Die Anschrift der Gesellschaft ist: Heidelberger Platz 3, 14197 Berlin, Germany

Inhaltsübersicht

Inhaltsverzeichnis

1. Einleitung

„Was ist der Mensch?" Das ist wohl die bedeutendste philosophische Frage, auf die im Laufe der Zeit immer wieder verschiedene Antworten gegeben wurden. Während bis zu Darwin im europäischen Kulturkreis vornehmlich der christlich-theologische Weltrahmen als welt-anschauliches Paradigma die Interpretation des Menschenbildes prägte und Anthropologie sozusagen „von oben" betrieben wurde, gewann mit dem Erfolg der Evolutionstheorie die Vorstellung des Menschen als Teil der Tierwelt zunehmend an Bedeutung. Auch wenn dieser Gedanke bei vielen christlich geprägten Denkern auf Ablehnung stieß, gab es recht früh den Versuch, die naturwissenschaftliche Sicht auf den Menschen mit einem theologischen Weltbild in Einklang zu bringen.[1] Diese frühen Vermittlungsversuche bildeten jedoch die Ausnahme und so herrscht heute verbreitet die Meinung vor, dass die Evolutionstheorie das christliche Menschenbild aufs Abstellgleis befördert hat. Interessanterweise führt das allerdings keineswegs dazu, dass Anthropologie nur noch „von˙unten" betrieben würde, etwa durch evolutionär psychologische Beschreibungen. Vielmehr stehen verschiedene Menschenbilder unvermittelt nebeneinander und bieten damit die Grundlage für nicht zu versöhnende ethische Diskussionen (wie beispielsweise Euthanasie- und Abtreibungsdebatten zeigen). Auf der einen Seite des Spektrums stehen naturalistisch geprägte, auf der anderen explizit oder implizit theologisch geprägte Konzeptionen. Naturalisten brüsten sich, die naturwissenschaftliche Erkenntnis auf ihrer Seite zu haben und wollen mit den alten metaphysisch-verstaubten Selbstbildern aufräumen, während die andere Seite darauf beharrt, dass der Mensch doch wohl unbestreitbar mehr ist als seine Biologie. So hat beispielsweise Richard Dawkins mit seinen populären Büchern *Das egoistische Gen* und *Der Gotteswahn* für öffentliches Aufsehen gesorgt. Der Mensch erscheint bei ihm als willenloser Gentransporter, als Schnittstelle von Genen und Umwelt, in der es keinen Platz mehr für freien Willen, keinen Platz für die würdevolle Vorstellung des Menschen von sich selbst als dem frei handelnden und verantwortlichen Subjekt oder gar als Krone der Schöpfung und Ebenbild Gottes gibt. Soziobiologie, Evolutionäre Psychologie und Neurobiologie untermauern diese Sicht mit wissenschaftlichen Erkenntnissen und fügen den Menschen in ein naturalistisches Weltbild auf evolutionärer Grundlage ein. Doch scheinen nicht alle mit dieser Sicht vollkommen ein-verstanden zu sein, denn nicht zuletzt kristallisieren sich am Bild des Menschen von sich selbst auch Sinn-, Handlungs-, und Gottesfrage. Viele Menschen fühlen sich nach wie vor eher als Geistwesen denn als Gentransporter.

Man kann wohl sagen, dass die theologische Sicht auf den Menschen, die ihn im Verhältnis zu Gott bestimmt, heute tatsächlich ihr Dasein auf einem Abstellgleis fristet – oder zumindest auf einem Parallelgleis zur „wirklichen Welt", die im Zuständigkeitsbereich der Naturwissenschaft liegt. Es scheint tatsächlich so, als ob Darwins Selektionstheorie Gott als Erklärungsalternative für alle Phänomene des Lebens verdrängt hat. Und doch bleiben einige Ideen, die in der theologischen Tradition begründet liegen, recht hartnäckig im Selbstbild einiger Denker verankert.

---

[1] Das prominenteste Beispiel für diese Vermittlung ist das Werk von Teilhard de Chardin.

© Springer-Verlag GmbH Deutschland, ein Teil von Springer Nature 2018
A. C. Thaeder, *Geistwesen oder Gentransporter*,
https://doi.org/10.1007/978-3-476-04779-3_1

Es muss Aufgabe der Philosophie sein, das Gewirr von Wissenschaft und Weltanschauung in der Anthropologie zu klären. Ihr und insbesondere einer philosophischen Anthropologie[2] kommt die Aufgabe zu, das Wissen über den Menschen der unterschiedlichen Disziplinen in ihrem Verhältnis zu reflektieren[3] und dabei muss sie sowohl die Innenperspektive (Selbstbild), als auch die Außenperspektive (Menschenbild) miteinbeziehen. Zu dieser Aufgabe gehört auch die Reflektion des Verhältnisses zwischen Naturwissenschaft und Religion als zentralen Quellen für unser Selbst- und Menschenbild.[4]

Wenn auch die vorliegende Arbeit nicht zum Kernbereich der traditionellen philosophischen Anthropologie gehört, sollte sie als Beitrag verstanden werden zu einer Disziplin der philosophischen Anthropologie als Integrationsprojekt, das die Reflektion und Vermittlung verschiedener Wissensquellen zum Ziel hat. Vor diesem Hintergrund wird hier das Verhältnis von naturalistischer und theistischer Erklärung menschlicher Eigenschaften[5] thematisiert. Bei dieser Aufgabe ergeben sich zwei große Herausforderungen: Eine Schwierigkeit bei der Reflektion und Vermittlung von verschiedenen Perspektiven ist es, sich fortwährend über die eigene Perspektive und Meinung bewusst zu sein. Möchte man das Verhältnis verschiedener Positionen klären und vielleicht sogar vermitteln, muss man selbst versuchen, Neutralität zu bewahren oder sich zumindest über die eigene Meinung bewusst werden[6], um nicht einfach Partei zu ergreifen und einseitig zu argumentieren. Die zweite Herausforderung bei der Aufgabe der Reflektion und Vermittlung von Menschenbildern ist die geradezu unendliche Vielfalt und Schattierungen von Positionen. Man kann nicht einfach von *dem* christlichen oder von *dem* naturalistischen Menschenbild sprechen.

Um der ersten Herausforderung zu begegnen und Neutralität zu bewahren, kommen beide Positionen in dieser Arbeit ausführlich zu Wort, ohne durch eigene Ansichten ständig unterbrochen zu werden. Erst am Ende der jeweils folglich überwiegend darstellenden Abschnitte finden sich Kritikpunkte und Literaturhinweise.[7]

---

[2] Damit ist nicht ausschließlich die philosophische Anthropologie gemeint, die in Verbindung mit Scheler, Plessner und Gehlen steht.

[3] Löffler, 2007, S. 43.

[4] Lambek, 2006, S. 272.

[5] Wenn von menschlichen Eigenschaften die Rede ist, macht es Sinn zu spezifizieren, was damit gemeint ist: Christian Thies unterscheidet fünf Typen von Eigenschaften bei Menschen:
1. Die besonderen Eigenschaften eines individuellen Menschen, die er in der Kombination nicht teilt.
2. Eigenschaften, die durch genetische Verwandtschaft oder Zugehörigkeit zu einer bestimmten Gruppe (Alter, Ethnie, soziale Schicht etc.) mit einigen anderen Menschen geteilt werden.
3. Eigenschaften, die der einzelne Mensch mit allen anderen Menschen teilt.
4. Eigenschaften, die alle Menschen mit anderen Tieren teilen.
5. Eigenschaften, die der Mensch aufgrund seiner materiellen Beschaffenheit mit dem Rest der Materie teilt.
(Thies, 2013,S. 24) Bei der Frage, wer die Eigenschaften den Menschen besser erklären kann, geht es um die Eigenschaften im Sinne von 3. Deshalb wird immer wieder von *dem* Menschen als *Type* die Rede sein, der auch Thema der philosophischen Anthropologie ist.

[6] John Herschel stellte wissenschaftstheoretische Kriterien auf, an denen sich Darwin bei der Ausarbeitung seiner Theorie der natürlichen Selektion richtete. Ein Kriterium war dabei das Reinigen vom „Vorurteil der Meinung". Damit meinte er die gründliche Reflektion über die persönlichen Annahmen, mit der die Lebenswelt gedeutet wird, die häufig durch Vorurteile des Zeitgeistes gefärbt sind (Herschel, 1966, S. 80f).

[7] Der Lesbarkeit halber wird auch auf die durchgängige Verwendung des Konjunktivs verzichtet.

Um der zweiten Herausforderung zu begegnen, wird das Verhältnis von theologischer und naturalistischer Anthropologie in dieser Arbeit *exemplarisch* anhand der Menschenbilder von Wolfhart Pannenberg und Edward O. Wilson untersucht; dieses Vorgehen macht eine Verhältnisbestimmung überhaupt erst durchführbar, ohne sich in den Details der verschiedenen Unterpositionen zu verlieren. Die Zeitgenossen Pannenberg (*1928-2014) und Wilson (*1929) eignen sich für eine exemplarische Untersuchung, weil beide renommierte Vertreter verschiedener Weltanschauungen sind, beide eine selbstbewusste und reflektierte Synthese ihres Wissens vornehmen und mit dem Anspruch auftreten, dass jeweils nur ihre anthropo-logische Theorie die Phänomene des menschlichen Wesens erklären kann.

Wolfhart Pannenberg als Beispiel einer theologischen Anthropologie

Wolfhart Pannenberg ist einer der renommiertesten Vertreter der gegenwärtigen protestantischen Theologie. Er hat nicht nur mit seiner *Anthropologie in theologischer Perspektive* den umfassendsten und bedeutendsten deutschsprachigen Entwurf einer theologischen Anthropologie in der zweiten Hälfte des 20. Jahrhunderts hervorgebracht, sondern sich außerdem im Dialog zwischen Theologie und Naturwissenschaft engagiert und um eine wissenschaftstheoretische Grundlegung der Theologie bemüht. Sein theologischer Entwurf ist ein breit angelegter und tiefgehender systematischer Versuch, den christlichen Glauben mit der kritischen Vernunft und einem aktuellen Weltbild zu vereinbaren.[8] Die Anthropologie ist dabei das zentrale Thema seiner Theologie, d.h. er vollzieht in seinem Werk die für neuzeitliche Theologie charakteristische anthropologische Wende. Aber die Anthropologie hat bei Pannenberg aus besonderen Gründen ihren ganz zentralen Stellenwert: Nach ihm muss in der Anthropologie „der Kampf um den Gottesbegriff" ausgetragen werden.[9] Nur hier kann die Theologie ihren Anspruch auf Allgemeingültigkeit verteidigen,[10] den sie als Wissenschaft von Gott beanspruchen muss. In seiner *Wissenschaftstheorie der Theologie* vertritt Pannenberg die Auffassung, dass die Theologie prinzipiell falsifizierbare Aussagen über die Wirklichkeit als Ganze macht. Gerade auf dem Gebiet der Anthropologie müsste sich die Theologie damit gegenüber anderen Theorien behaupten können oder sie integrieren. Er stellt die Anthropologie methodisch voran, weil „die christliche Theologie in der Neuzeit ihre Grundlegung auf dem Boden allgemeiner anthropologischer Untersuchungen gewinnen" muss[11] und zwar in Auseinandersetzung mit der neuzeitlichen atheistischen Sichtweise.

> Diese Erwägung verdeutlicht die Unumgänglichkeit der Bemühung des christlichen Glaubens um die Verteidigung seines Wahrheitsrechtes, und in der Neuzeit muß diese Verteidigung auf dem Boden der Deutung des Menschseins erfolgen, in der Auseinandersetzung um die Frage, ob Religion unerlässlich zum Menschsein des Menschen gehört oder im Gegenteil dazu beiträgt, den Menschen sich selber zu entfremden.[12]

---

[8] Munteanu, 2010, S. 8.
[9] Pannenberg, 1979, S. 358.
[10] Pannenberg, 1983, 16.
[11] Ebd., S. 15.
[12] Ebd.

Die Gottheit Gottes muss zwar der Sache nach für die Theologie an erster Stelle stehen, doch kann die Theologie nach Pannenberg die Wahrheit ihres Redens von Gott nur dann vertreten, wenn sie der Religionskritik auf der Ebene der Anthropologie begegnet. Tut sie das nicht, bleiben ihre Behauptungen über Gott ohne Anspruch auf Allgemeinheit und setzen sich dem Verdacht aus, dass der christliche Glaube willkürliche subjektive Setzung sei, wie es der dialektischen Theologie Barths vorgeworfen werden kann. Nach Pannenberg bewähren sich theologische Behauptungssätze dann, wenn sie den Sinnzusammenhang aller Wirklichkeitserfahrung differenzierter und überzeugender erschließen als andere. In Bezug auf die Anthropologie hieße dies, dass die theologische Sichtweise einerseits mit den wissenschaftlich gesicherten Erkenntnissen aus den anderen anthropologischen Wissenschaften, wie auch der Soziobiologie, vereinbar sein und darüber hinaus einen Erklärungswert bieten muss, der über diese hinausgeht und allein das Menschsein in seiner Erfahrungswelt vollständig verständlich machen kann. Pannenbergs Anthropologie will dabei keine dogmatische sein. Denn die

traditionelle dogmatische Anthropologie setzt die Wirklichkeit Gottes schon voraus, wenn sie von der Gottesebenbildlichkeit des Menschen spricht, und sie entwickelt diesen Begriff nicht aus den Befunden anthropologischer Forschung, sondern aus den Aussagen der Bibel. Indem sie die Wirklichkeit Gottes schon voraussetzt, wenn sie sich anschickt, über den Menschen zu reden, begibt sie sich der Möglichkeit, auf der Ebene der anthropologischen Funde mitzudiskutieren, auf der göttliche Wirklichkeit bestenfalls als problematischer Bezugspunkt menschlichen Verhaltens, nicht aber apodiktisch als dogmatische Behauptung eingeführt werden kann. Außerdem könnte eine Anthropologie, die Gottes Wirklichkeit schon voraussetzen würde, nicht zur Grundlegung der Theologie im Ganzen beitragen, deren Thema ja eben die Wirklichkeit Gottes ist.[13]

Pannenberg möchte gegenüber der traditionellen dogmatischen Anthropologie seine anthropologische Untersuchung als fundamentaltheologisch verstanden wissen, weil sie nicht von dogmatischen Gegebenheiten ausgeht, sondern sich den Phänomenen des Menschseins zuwendet, wie sie von Humanbiologie, Psychologie, Kulturanthropologie und Soziologie untersucht werden, um dann ihre theologisch relevanten Implikationen zu bedenken. Das Phänomen der Religiosität ist dabei konstitutiv für das Menschsein des Menschen. Das zeigt sich für Pannenberg an ihrer allgemeinen Verbreitung seit den frühesten Anfängen der Menschheit und unterstützt seine Überzeugung, dass die Natur des Menschen nur im Rahmen einer Theologie vollständig erklärt und verstanden werden kann.

Edward O. Wilson als Beispiel einer naturalistischen Anthropologie

Wilsons *Sociobiology* löste wegen des darin vertretenen genetischen Determinismus kontroverse Diskussionen aus, legte aber auch einen Grundstein für die naturalistische Anthropologie, die heute in der evolutionären Psychologie weiter erforscht und ausgebaut wird. Wilsons soziobiologische Theorie erklärt das menschliche Verhalten als genetisch fixierte Anpassungen, die sich durch natürliche Selektion entwickelt haben, also durch denselben Mechanismus mit dem Darwin damals die Entstehung der Arten erklärt und damit die teleologische Erklärung überflüssig gemacht hat.

---

[13] Pannenberg, 1983, S. 21.

The heart of the genetic hypothesis is the proposition, derived in a straight line from neo-Darwinian evolutionary theory that the traits of human nature were adaptive during the time that the human species evolved and that genes consequently spread through the population that predisposed their carriers to develop those traits. Adaptiveness means simply that if an individual displayed the traits he stood a greater chance of having his genes represented in the next generation than if he did not display the traits.[14]

Nach Wilson ist die menschliche Natur und mit ihr auch die Ethik vollkommen auf ihre biologischen Komponenten reduzierbar, auf genetisch determinierte Verhaltensmuster, die sich über Millionen von Jahren evolutionär durch natürliche Selektion entwickelt haben. Deshalb könne das Wesen des Menschen auch nur mithilfe der wissenschaftlichen Methode verstanden werden. Darin sieht er die Aufgabe der Soziobiologie, deren Betrachtungsweise des Menschen später in evolutionäre Psychologie umgetauft und unter diesem Namen weiter ausgebaut wurde.[15]

Die soziobiologische Theorie über den Ursprung des menschlichen Wesens besteht aus der Verbindung von Rekonstruktionen, die sich auf fossile Belege, Extrapolationen aus Jäger- und Sammlergesellschaften und Vergleiche mit anderen noch lebenden Primaten-Arten stützen. Mit steigender mentaler Kapazität, zunehmendem Werkzeuggebrauch und deren wechselseitiger Verstärkung (Wilson bezeichnet dies als einen autokatalytischen Prozess) entstand die Kultur und verbreitete sich immer schneller. Von da an trat die menschliche Spezies in einen zweifachen Evolutionsprozess ein: Der genetische, vorangetrieben durch natürliche Selektion, vergrößerte die Kapazitäten für Kultur, und mit dem kulturellen Prozess verbesserte sich wiederum die genetische Fitness derer, die von der Kultur maximalen Gebrauch machten.[16] Für Wilson wird die Stärke einer wissenschaftlichen Theorie an ihrer Fähigkeit gemessen, aus einer kleinen Anzahl axiomatischer Aussagen detaillierte Vorhersagen über beobachtbare Phänomene zu gewinnen, bzw. beobachtete Phänomene erklären zu können. Darüber hinaus muss sich die Validität einer Theorie daran messen lassen, inwieweit das Ausmaß ihrer Vorhersagen und Erklärungen mit denen anderer Theorien konkurrieren kann.[17] So könnten mit der soziobiologischen Theorie über die menschliche Natur viele Verhaltensweisen (wie z.B. Sexual- und Aggressionsverhalten), die Ethik und sogar das religiöse Bedürfnis des Menschen evolutionär erklärt werden. Da auch Religion auf diese Weise reduzierbar ist, hält Wilson es für unnötig, sich mit theologischen Erklärungen des Menschseins näher zu befassen. Sie dienen ihm lediglich als Beispiel für unterlegene Theorien, weil sie überflüssige ontologische Annahmen benötigen und/oder die Phänomene überhaupt nicht angemessen erklären können.

Wie Pannenberg behauptet auch Wilson, dass nur seine Perspektive die menschliche Natur erklären kann. Sollten beide dasselbe unter einer Erklärung verstehen, müssten ihre Erklärungen miteinander konkurrieren. Wenn sie etwas anderes unter der Erklärung der menschlichen Natur verstehen, stellt sich die Frage, in welchem Verhältnis die jeweiligen Erklärungen zueinander stehen. Um diese Fragen zu beantworten, werden deshalb nach der Vorstellung der Theorien

---

[14] Wilson, 2004, S. 32.
[15] Ebd., X. Des Weiteren ging aus der Soziobiologie auch die Verhaltensökologie hervor.
[16] Ebd., 85.
[17] Ebd., S. 34.

von Pannenberg und Wilson Gemeinsamkeiten und Unterschiede hinsichtlich der Erklärungsleistung in den Schnittmengen der behandelten „Phänomene des Menschseins"[18] herausgearbeitet. Bei diesem Vergleich geht es nicht so sehr um die Details der jeweiligen Theorien, sondern es soll geprüft werden, in welchem Verhältnis die Erklärungen zueinander stehen, welche Vor- und Nachteile sie jeweils bieten und inwiefern man davon sprechen kann, dass eine der beiden die bessere Erklärung der menschlichen Natur hat. Die ausführliche Darstellung der beiden Positionen ist für das Aufzeigen der verschiedenen Perspektiven im Grunde zum Verständnis des letzten Abschnitts nicht in jedem Detail notwendig. Für eine erste Orientierung reicht es aus, jeweils die Zusammenfassungen zu lesen. Jedoch gelangt man zu einem vertieften Verständnis, wenn man sich die Zeit nimmt, sich in die beiden Positionen wirklich hineinzudenken und ihre Stärken und Schwächen im Detail auf sich wirken zu lassen.

Wenn man etwas über Erklärungen sagen will, muss man auch die Frage stellen, was eine gute Erklärung eigentlich ausmacht. Um diese Frage zu beantworten, werde ich die Erklärungskonzeption von Thomas Bartelborth heranziehen. Er gibt einen schönen Einblick in die philosophische Erklärungsdebatte und macht einen eigenen konstruktiven Vorschlag, der gut zu den Ansprüchen und Voraussetzungen von Pannenberg und Wilson passt. Mithilfe dieser Konzeption werde ich meine Vermutung untermauern, dass es keinen Widerspruch zwischen den Erklärungsansprüchen naturalistischer und theologischer Anthropologie geben muss. Der vermeintliche Widerspruch, der daraus entsteht, dass sowohl Pannenberg als auch Wilson behaupten, nur sie könnten die Natur des Menschen in ihren Eigenschaften erklären, wird letztlich dadurch aufgehoben, dass sie etwas anderes unter Erklärung verstehen. Je nach ontologischem Rahmen, den man wählt, müssen sich die Erklärungen nicht ausschließen, sondern können sich sogar sinnvoll ergänzen. Das wäre für die Debatten um ein begründetes Menschenbild eine fruchtbare Perspektive.

---

[18] Pannenberg, Anthropologie in theologischer Perspektive, S. 94.

2 Die theologische Erklärung der menschlichen Natur bei W. Pannenberg

Wolfhart Pannenberg ist überzeugt, dass sich der Mensch ohne Gott letztlich nicht richtig verstehen kann. Die Theologie hat entsprechend in der Anthropologie einen Erklärungsvorteil zu bieten, den sie in der offenen Diskussion auch gegen Religionskritiker verteidigen muss, wenn ihre Behauptungen Anspruch auf Allgemeinheit beanspruchen können sollen. Das heißt, dass die theologische Sichtweise einerseits mit den wissenschaftlich gesicherten Erkenntnissen aus den anderen anthropologischen Wissenschaften (wie auch der Soziobiologie) vereinbar sein und darüber hinaus einen Erklärungswert bieten muss, der über die anderen Theorien hinausgeht und der allein das Menschsein in seiner Erfahrungswelt vollständig verständlich machen kann. In diesem Kapitel wird nun das theologische Denksystem Pannenbergs in Bezug auf seine Erklärung der menschlichen Natur vorgestellt. Dabei wird weitestgehend auf Kritik verzichtet, um dem Gedankengang ohne Unterbrechungen zu folgen. Es finden sich aber Hinweise auf Kritikpunkte am Ende des Kapitels.

2.1 Der theologische Rahmen

Pannenberg entwickelt systematisch einen theologischen Rahmen, ohne den man seine anthropologischen Gedanken nicht in ihrer tiefen theologischen Verwobenheit verstehen kann. Er wird deshalb den anthropologischen Kerngedanken vorangestellt, um diese Verwobenheit offenzulegen. Zu diesem Rahmen gehören auch Pannenbergs wissenschaftstheoretische Überlegungen und seine Position zum Verhältnis von Naturwissenschaft und Theologie.

2.1.1 Wissenschaftstheorie und Theologie

Pannenberg versteht die Theologie als Wissenschaft von Gott. In *Wissenschaftstheorie und Theologie* sucht er nach wissenschaftstheoretischen Kriterien, die nicht nur die Naturwissenschaften erfassen, sondern auch für die Geisteswissenschaft inklusive Geschichtswissenschaft und Theologie Anwendung finden können. Dazu skizziert und kritisiert er zunächst die für ihn damals neuere wissenschaftstheoretische Diskussion, den logischen Positivismus und den Falsifikationismus Poppers. Mit T.S. Kuhn will Pannenberg die Fähigkeit von Theorien, die vorgefundenen Fakten zu deuten, als „übergeordneten Gesichtspunkt für die Prüfung naturwissenschaftlicher und historischer Hypothesen" annehmen.[19] Auf diese Weise lassen sich dann nach Pannenberg auch „philosophische Gesamtdeutungen der Wirklichkeit als Hypothesen verstehen. Ihre Überprüfung kann sich auf die Kohärenz (Widerspruchsfreiheit), auf die Funktionalität ihrer Deutungsfaktoren (Vermeidung überflüssiger Annahmen), sowie auf den Grad der durch sie geleisteten zusammenfassenden und differenzierten Deutung der Wirklichkeit erstrecken."[20] Das gilt auch für theologische Aussagen, da sie sich genau wie philosophische als Hypothesen über die Sinntotalität der Erfahrung darstellen.[21] Dabei gilt es wegen der Unabgeschlossenheit der Geschichte und menschlicher Erfahrung zu beachten, dass philosophische und theologische Theorien über die Form der Antizipation nicht hinauskommen. Das gilt allerdings auch für naturwissenschaftliche Behauptungen.[22] „Im Begriff der

---

[19] Kuhn, 1967, S. 192. Zitiert nach Pannenberg 1987, S. 68.
[20] Pannenberg, 1987, S. 71.
[21] Ebd., S. 344. Franz von Kutschera (2000) nennt dies auch Weltanschauung als Paradigma.
[22] Nicht nur theologische Aussagen haben vorläufigen Charakter. Mit dem Gedanken, die Wahrheit sei noch
       nicht endgültig erkennbar, solange die Geschichte weitergeht, nimmt Pannenberg die Position Diltheys auf,

© Springer-Verlag GmbH Deutschland, ein Teil von Springer Nature 2018
A. C. Thaeder, *Geistwesen oder Gentransporter*,
https://doi.org/10.1007/978-3-476-04779-3_2

Hypothese liegt schon, wie gerade Popper gesehen hat, das Moment der Antizipation oder Mutmaßung, damit aber auch ein antizipatorisches Wahrheitsverständnis beschlossen."[23] Diese Tatsache bildet für Pannenberg den Ansatzpunkt zum Übergang von realwissenschaftlichen zu philosophischen Aussagen.

Um die Theologie als Wissenschaft zu beschreiben, verwirft Pannenberg also die strikte Unterscheidung von empirisch-analytischen und historisch hermeneutischen Wissenschaften und versucht die Differenzen zu überwinden. Beide Typen von Wissenschaft beziehen sich nämlich, so Pannenberg, auf Sinntotalitäten, die als Hypothese vorausgesetzt werden müssen.[24] Die Theologie sollte auch deshalb nicht „allzu einseitig auf die Selbstständigkeit der Geisteswissenschaften gegenüber den Naturwissenschaften" setzen, da sie sonst laut Pannenberg „mitsamt den philosophischen Richtungen, auf die sie sich stützt, in den Verdacht einer interessenbedingten Abschirmung der menschlich-geschichtlichen Wirklichkeit gegen naturwissenschaftliche Erkenntnismethoden geraten" kann.[25] Geht es aber in der Theologie um die Frage nach der Wahrheit, darf sie die Auseinandersetzung mit der Naturwissenschaft nicht scheuen.

2.1.2 Theologie als Wissenschaft von Gott

Als Wissenschaft von Gott hat die Theologie kein von anderen Wissenschaften abgegrenztes Gegenstandsgebiet. „Obwohl sie alles, was sie untersucht, unter dem besonderen Gesichtspunkt Gottes behandelt, ist sie doch keine positive Einzelwissenschaft. Denn die Frage nach Gott als der alles bestimmenden Wirklichkeit geht alles Wirkliche an."[26] Gott ist aber kein Gegenstand.[27] Deshalb kann es eine Wissenschaft von Gott nur geben, wenn die Gotteswirklichkeit in Erfahrungen anderer Gegenstände *„mitgegeben"* ist.[28] Pannenberg will damit nicht die unmittelbare religiöse Erfahrung bestreiten, allerdings kann diese nicht wissenschaftlich sein, weil sie der Intersubjektivität entbehrt.

In welchen Gegenständen der Erfahrung lässt sich aber die Wirklichkeit Gottes ausmachen? Laut Pannenberg in allen, denn er versteht Gott als die alles bestimmende Wirklichkeit. Das ist allerdings zuerst einmal eine reine Mutmaßung, die noch geprüft und bestätigt werden muss: „Wenn unter der Bezeichnung ‚Gott' die alles bestimmende Wirklichkeit zu verstehen ist, dann muß alles sich als von dieser Wirklichkeit bestimmt erweisen und ohne sie im letzten Grunde unverständlich bleiben."[29] Die Überprüfung dieser Mutmaßung kann nun nicht in abstrakter Isolierung einzelner Beobachtungsgegenstände erfolgen, sondern nur im Gesamtzusammenhang: „Theologie als Wissenschaft von Gott wäre dann so möglich, daß die Totalität des Wirklichen unter dem Gesichtspunkt der diese Totalität im Ganzen wie im Einzelnen letztlich

---

[23] wonach die Bedeutung eines Ereignisses sich endgültig erst im Zusammenhang des Ganzen der Universalgeschichte bestimmen lässt. (Pannenberg, 1987, S 72)
[23] Ebd., S. 72.
[24] Waap, 2008, S. 337.
[25] Pannenberg, 1987, S. 128.
[26] Ebd., S. 298.
[27] Denn das „göttliche Wesen ist kein Ding, das darin aufginge, etwas im Unterschied zu anderem zu sein." (Pannenberg, 1988, S. 390)
[28] Pannenberg, 1987, S. 303.
[29] Ebd., S. 304.

bestimmende Wirklichkeit zum Thema wird."[30] Als Hypothese muss sich der Gottesgedanke „als der seinem Begriff nach alles bestimmenden Wirklichkeit [...] an der erfahrenen Wirklichkeit von Welt und Mensch [...] bewähren."[31] Das bedeutet, dass die Wirklichkeit durch den Gottesgedanken verständlicher sein muss als ohne ihn.

Obwohl die Theologie also aus einem bestimmten religiösen Traditionszusammenhang hervorgegangen ist, darf dieser nicht „zur Grundlage ihres Begründungszusammenhanges" werden.[32] Vielmehr müssen auch Theologen ihre „Sätze als Hypothesen verstehen, die einer Überprüfung bedürfen. Solche Hypothesen sind freilich nicht immer empirisch einlösbar, sondern oft nur an ihrer Funktionalität als Interpretationen überprüfbar."[33]Um zu zeigen, dass die Theologie als Wissenschaft von Gott standhalten kann, führt Pannenberg drei Kriterien an: Erstens muss es sich bei theologischen Sätzen um Aussagen handeln, die den Anspruch auf Wahrheit erheben (Satzpostulat). Damit hängt das dritte Kriterium - das Kontrollierbarkeitspostulat - zusammen, das besagt, dass der Wahrheitsanspruch auch in gewissem Sinne überprüfbar ist. Dies kann die Theologie als Wissenschaft nach Pannenberg erfüllen, indem sie die Aussagen an ihren Implikationen für das Verständnis der endlichen Wirklichkeit prüft, „sofern nämlich Gott als *die alles bestimmende Wirklichkeit* Gegenstand der Behauptung ist"[34], ohne den die Wirklichkeit letztendlich unverständlich bleiben muss. Theologische Aussagen sind ja nach Pannenberg als Hypothesen zu sehen, die sich bewähren, wenn „sie den Sinnzusammenhang aller Wirklichkeitserfahrung differenzierter und überzeugender erschließen als andere".[35] Das zweite Kriterium – das Kohärenzpostulat – verlangt für eine Wissenschaft einen einheitlichen Gegenstand. Nach Pannenberg ist der Gegenstand der Theologie „die indirekte Selbstbekundung göttlicher Wirklichkeit in den antizipativen Erfahrungen der Sinntotalität der Wirklichkeit, auf die sich die Glaubensüberlieferungen der historischen Religionen beziehen."[36]

Hinsichtlich der inneren Gliederung der Theologie als Wissenschaft von Gott sollte der Religionswissenschaft nach Pannenberg die Rolle der „Fundamentaldisziplin der Theologie" zukommen, die als „Theologie der Religionen" nach der erfahrenen Wirklichkeit in den

---

[30] Ebd., S. 305.
[31] Ebd., S. 302.
[32] Eigene Anmerkung: Wobei die Überlieferung wohl zweifelsohne schon als Quelle der Hypothesenbildung gedacht werden muss, welche vermutlich zu einer gewissen Voreingenommenheit führen wird.
[33] Pannenberg, Evolution – Kultur – Religion, 1992, S. 189.
[34] Pannenberg, 1987, S. 335.
[35] Ebd., S. 347.
[36] Ebd., S. 330. Theologische Hypothesen können nach Pannenberg dann und nur dann als nicht bewährt gelten, wenn sie „1. als Hypothesen über die Tragweite israelitisch-christlichen Glaubens gemeint sind, aber sich nicht als Formulierung von Implikationen biblischer Überlieferung (sei es auch im Lichte veränderter Erfahrung) aufweisen lassen; 2. wenn sie nicht einen Bezug zur Wirklichkeit im Ganzen haben, der für gegenwärtige Erfahrung einlösbar ist und sich ausweisen läßt an ihrem Verhältnis zum Stand des philosophischen Problembewußtseins (in diesem Fall werden theologische Aussagen kritischer Charakteristik als mythisch, legendär, ideologisch ausgeliefert); 3. wenn sie nicht zur Integration des zugeordneten Erfahrungsbereichs tauglich sind oder solche Integration gar nicht versucht wird (z.B. bei der Lehre von der Kirche im Hinblick auf ihren Bezug zur Gesellschaft); 4. wenn ihre Erklärungskraft zurückbleibt hinter dem bereits erreichten Stand des theologischen Problembewußtseins, also die Deutungskraft schon vorhandener Hypothesen nicht erreicht und deren in der Diskussion herausgestellte Schranken nicht überwindet." (Ebd. S. 348)

einzelnen Religionen fragen müsste.[37] Zu dieser sollte dann auch die Religionsphilosophie gehören, „die den allgemeinen Begriff von Religion überhaupt entwickelt und in diesen Rahmen den Gedanken Gottes als der alles bestimmenden Wirklichkeit einführt".[38] Und die religionsphilosophische Basis müsste wiederum eine allgemeine Anthropologie bilden.[39]

2.1.3 Die Frage nach der Wahrheit als Aufgabe der Theologie

Die Wahrheit der christlichen Lehre ist für Pannenberg das eigentliche und zentrale Thema der systematischen Theologie. Sie stellt die Inhalte des christlichen Glaubens systematisch dar und untersucht sie auf ihren Wahrheitsgehalt. In dieser

> systematischen Untersuchung und Darstellung [ist] ein ganz bestimmtes Verständnis von Wahrheit impliziert, nämlich *Wahrheit als Kohärenz*, als Zusammenstimmung alles Wahren. Durch Untersuchung und Darstellung der Kohärenz der christlichen Lehre hinsichtlich des Verhältnisses ihrer Teile zueinander, aber auch hinsichtlich ihres Verhältnisses zu sonstigem Wissen vergewissert sich die systematische Theologie der Wahrheit der christlichen Lehre.[40]

2.1.3.1 Pannenbergs Wahrheitsbegriff

Pannenberg versteht Wahrheit mit dem hebräischen Wahrheitsbegriff „nicht im Gegensatz zur Zeit", nicht „als zeitlose Selbstidentität der Dinge und die Übereinstimmung unserer Urteile mit ihr", sondern als das, „was sich im Prozeß des Geschehens an seinem Ende als das Wesen der Dinge herausstellen wird."[41] Das bedeutet, dass Gott zwar schon jetzt die alles bestimmende Wirklichkeit ist, sich dies aber erst am Ende der Zeit als die eine für alle erkennbare Wahrheit herausstellen wird.[42] Laut Pannenberg gilt diese Wahrheit für alle, nicht etwa nur für den Einzelnen oder für die Christen. Denn „Wahrheit kann nicht nur die meine sein. Wenn sie nicht zumindest grundsätzlich als Wahrheit für alle behauptet werden kann – obwohl das vielleicht kaum jemand sonst zu sehen vermag – dann hört sie unweigerlich auch für mich auf, Wahrheit zu sein."[43] Jedoch ist keinem Menschen eine direkte Erkenntnis dieser Wahrheit möglich, was in seiner zeitlichen Verfasstheit als geschichtliches Wesen begründet ist: Es gilt für jeden Standpunkt in der Zeit, den der Mensch im Laufe seiner Geschichte einnehmen kann, dass erst die Zukunft zeigt, was sich als „wahrhaft beständig", als verlässlich und in diesem Sinne als wahr erweist.[44] „Die Geschichtlichkeit menschlicher Erfahrung und Reflexion bildet die wichtigste Schranke gerade auch unserer Gotteserkenntnis."[45] Deswegen haben alle Aussagen, auch die der christlichen Dogmatik und der christlichen Lehre, für Pannenberg wissenschaftstheoretisch als Hypothese zu gelten solange nicht das Ende aller Zeiten eingetreten ist.[46]

---

[37] Ebd., S. 361. Das entspricht jedoch nicht der „gegenwärtigen wissenschaftsorganisatorischen Situation der Theologie besonders in Deutschland". (Ebd.)
[38] Ebd., S. 371.
[39] Greiner, 1988, S. 220.
[40] Pannenberg, 1988, S. 31.
[41] Ebd., S. 419.
[42] Aus der vorläufigen Sicht des Menschen ist Kohärenz der beste Hinweis auf die Spur der Wahrheit.
[43] Ebd., S. 60.
[44] Ebd., S. 64.
[45] Ebd., S. 65.
[46] Ebd., S. 66.

Bis zum Ende der Zeit ist Kohärenz das Kriterium für Wahrheit. Deswegen muss die systematische Theologie zur Frage nach der Wahrheit der christlichen Religion auch außertheologisches Wissen über die Welt, den Menschen und die Geschichte einbeziehen sowie die Aussagen der Philosophie. Schließlich geht es um die universale Kohärenz der christlichen Lehre.[47] Dafür muss der Wahrheitsanspruch der christlichen Lehre nicht ausdrücklich und jedenfalls nicht systematisch in seiner Problematik erörtert, sondern vorwiegend affirmativ angenommen werden. Hinter diesem Vorgehen steckt ein Motiv, das mit der theozentrischen Orientierung der Dogmatik zusammenhängt. Geschichte, Welt und Mensch werden von Gott als alles bestimmender Wirklichkeit her thematisiert. Aber das schließt nicht aus, dass die weltlichen Zweifel an der christlichen Offenbarung der Wirklichkeit Gottes in der Dogmatik mit bedacht werden können.[48] Im Gegenteil: Die Gewissheit des Glaubens muss sich fortlaufend an Erfahrung und Reflexion bewähren. Das gilt auch auf dem Felde der Argumentation mit Andersgläubigen.

2.1.3.2 Religionsgeschichte als Offenbarung

In der Erfahrung soll also eine Beantwortung der Frage nach der „Wahrheit religiöser Behauptungen über Gott" möglich sein. Die Welt muss sich dann mitsamt des Menschen und seiner Geschichte als von Gott bestimmt erweisen. Dies kann nun laut Pannenberg aber nicht nach Art eines kosmologischen Gottesbeweises geschehen, weil für den „Gottesglauben der Religion [...] der Gottesgedanke vielmehr schon Ausgangpunkt der Hinwendung zur Welterfahrung [ist], und die Welterfahrung hat [lediglich] die Funktion einer Bewährung oder auch Nichtbewährung der im religiösen Gottesgedanken immer schon beanspruchten Wahrheit, daß Gott die alles bestimmende Wirklichkeit ist."[49] Bewährt sich dieser Anspruch anhand der Welterfahrung, kann dies als Selbsterweis Gottes gelten. Bewährt er sich nicht, muss der jeweilige Gottesglaube als subjektive, menschliche Vorstellung abgetan werden.

Pannenberg nimmt an, dass Religiosität konstitutiv zum Menschsein gehört. Zusammengenommen mit seinem Wahrheitsverständnis kommt er zu dem Schluss, dass die „Religionsgeschichte als Erscheinungsgeschichte der göttlichen Wirklichkeit wie auch als Prozeß der Kritik an unzureichenden Auffassungen der Menschen von der göttlichen Wirklichkeit gelesen werden kann."[50] Dieses „Inerscheinungtreten der göttlichen Wirklichkeit, auch inmitten der noch ungelösten Konflikte religiöser und ideologischer Wahrheitsansprüche heißt Offenbarung."[51] Aus der zeitlichen Verfasstheit des Menschen resultiert eine Gebrochenheit der Offenbarungserkenntnis, die sich in andauernden theologischen und weltanschaulichen Streitigkeiten ausdrückt und im Zweifel, der auch den Glaubenden immer wieder befällt.[52]

Auch die metaphysische Reflexion hat nur in sehr begrenzter Form Zugang zur Eigenart Gottes und kann daher nicht definitiv über sie urteilen. Das Urteil muss sie der Auseinandersetzung

---

[47] Ebd., S. 59.
[48] Ebd., S. 59.
[49] Ebd., S. 175.
[50] Ebd., S. 188.
[51] Ebd.
[52] Ebd., S. 273f.

11

der Religionen und ihrer Bewährung überlassen, „obwohl ihr selber eine regulative Funktion in diesem Streit zukommt."[53] Der christliche Anspruch, die Offenbarung des einen wahren Gottes zu kennen, der gleichzeitig Schöpfer und Erlöser der Welt ist, muss sich also in der noch nicht vollendeten Geschichte in Auseinandersetzung mit anderen Religionen, sowie dem Atheismus bewähren und in Bezug auf die Wahrheitsfrage offen bleiben. Sie kann nur im Leben der Christen durch ihren Glauben schon jetzt beantwortet werden. Endgültig wird der Streit zwischen Theismus und Atheismus erst durch die eschatologische Vollendung der Zukunft entschieden werden.[54]

2.1.4 Verhältnis von Theologie und Naturwissenschaft

Es gehört zur Besonderheit von Pannenbergs Denken, sich um eine Grundlage für den Dialog zwischen Theologie und Naturwissenschaft zu bemühen. Er bezieht naturwissenschaftliche Inhalte und Begriffe mit in seine Theologie ein wie kaum einer anderer zeitgenössischer Theologe, weil er die Theologie als realistische Deutung der Welt verstanden wissen und sie nicht hinter Immunisierungsstrategien verstecken will.[55] Pannenberg vertritt kein Unabhängigkeitsmodell, in dem die Aussagen der Naturwissenschaft mit denen der Theologie nichts zu tun haben. Vielmehr strebt er in dem Verhältnis naturwissenschaftlicher und theologischer Aussagen Konsonanz an. Deswegen ist es sein Ziel, die Aussagen der Theologie, besonders der Schöpfungstheologie, auf aktuelle naturwissenschaftliche Erkenntnisse und dem daraus folgenden Weltbild zu beziehen.[56] Pannenberg bemüht sich um ein „Verständnis der Naturwirklichkeit in theologischer Perspektive".[57] Alle Aussagen der Schöpfungstheologie beziehen sich auf dieselbe Welt,

> die auch Gegenstand naturwissenschaftlicher Untersuchungen und Beschreibungen ist und für deren Erkenntnis die Naturwissenschaften zuständig sind. Die Theologie muß darum den Versuch machen, ihre Aussagen über die Welt als Schöpfung und über die Angewiesenheit der Geschöpfe auf Gottes erhaltendes Wirken, sowie auf seine Mitwirkung in allem geschöpflichen Geschehen, auf die naturwissenschaftliche Weltbeschreibung zu beziehen. Geschieht das nicht, dann ist nicht mehr deutlich, daß die Welt, die der christliche Glaube als Schöpfung Gottes bekennt, dieselbe Welt ist, in der wir uns alltäglich bewegen und für deren Erforschung die Naturwissenschaften zuständig sind. Das Reden von der Schöpfung der Welt durch Gott würde dann zur Leerformel. Es muß gesagt werden können, was es heißt, daß diese Welt Schöpfung Gottes ist. Es muß deutlich werden, daß das für das Verständnis der Welt einen Unterschied macht.[58]

Für Pannenberg muss die Welt als Schöpfung des alleinigen Gottes verstanden werden können, denn nur dann kann auch ein begründeter Anspruch auf die Wahrheit der christlichen Lehre erhoben werden.[59] Die Theologie darf deshalb die schwierige Aufgabe nicht vernachlässigen, die naturwissenschaftlich beschriebene Welt als Gottes Schöpfung verständlich zu machen. Das bedeutet allerdings nicht, dass Theologen sich in die naturwissenschaftliche Diskussion

---

53 Ebd., S. 193.
54 Ebd., S. 359.
55 Lebkücher, 2011, S. 13.
56 Ebd., S. 21.
57 Pannenberg, „Theologie der Schöpfung und Naturwissenschaft", S. 36.
58 Pannenberg, „Das Wirken Gottes und die Dynamik des Naturgeschehens, S. 43.
59 Pannenberg, 1991, S. 77.

einmischen sollen. Die einzelnen Wissenschaften sollen und müssen auf ihrem jeweiligen Gebiet methodisch unabhängig verfahren.[60]

> Theologische Interpretation der Naturwelt als Schöpfung kann sich nicht als Konkurrenz zur Physik oder irgendeiner anderen Naturwissenschaft verstehen wollen. Das ist schon dadurch ausgeschlossen, daß theologische Argumentationen sich auf einer anderen methodischen Ebene bewegen als die Gesetzeshypothesen der Naturwissenschaft und ihre experimentelle Überprüfung.[61]

Die naturwissenschaftlichen Theorien zur Weltentstehung sind in gewisser Hinsicht unzureichend. Naturwissenschaftliche Theorien sind nur abstrakte Näherungen an die Wirklichkeit, in denen Gott ausgeklammert wird.[62] Dadurch fehlt ihnen aus Sicht des Theologen der sinngebende Rahmen, der für die Erkenntnis des Wesens der Dinge nötig ist. Pannenberg ist sich bewusst, dass sich die Theologie an dieser Stelle auf Einspruch gefasst machen kann. Trotzdem kann man aber als Theologe seiner Ansicht nach nicht darauf verzichten, die Welt als Schöpfung Gottes zu beschreiben und „zwar mit dem Anspruch, daß so erst das eigentliche Wesen dieser Welt in den Blick kommt. Diesen Anspruch muss die Theologie auch im Dialog mit den Wissenschaften behaupten."[63] Wird darauf verzichtet, die von den Naturwissenschaften beschriebene Welt als Gottes Schöpfung zu identifizieren, dann bedeutet das „den Ausfall der gedanklichen Rechenschaft für das Bekenntnis zur Gottheit des Gottes der Bibel."[64]

Christliche Theologen müssen sich nach Pannenberg deshalb auf einen Dialog mit den Naturwissenschaften einlassen, wenn sie glauben, dass die Welt, der sie sich nähern wollen, Gottes Schöpfung ist: „When Christians confess God as the Creator of the world, it is inevitably the same world that is also the object of scientific descriptions, although the language may be quite different. [...] After all, there is only one world, and this one world is claimed as God's creation in the Bible and in the faith of the Church."[65] Nicht nur wissenschaftstheoretisch lehnt Pannenberg eine kategoriale Dichotomie der einzelnen Sach- und Fachgebiete ab. Weil „die evolutionistische Betrachtungsweise den cartesischen Dualismus" abgelöst hat, lässt sich seiner Meinung nach überhaupt nicht mehr an einem Dualismus zwischen Natur und Geist festhalten.[66] Pannenbergs Hypothese der letzten Ganzheit wirkt sich auf das Verhältnis zwischen Theologie und Naturwissenschaft aus: Das Ziel der Verständigung zwischen beiden ist für Pannenberg die Konsonanz der Betrachtungsweisen und nicht etwa eine Zurückführbarkeit der einen auf die andere. Konsonanz bedeutet mehr als Widerspruchsfreiheit, die auch auf Aussagen zutrifft, die keine Beziehung miteinander haben. „Konsonanz hingegen schließt die Vorstellung einer Harmonie, also einer positiven Beziehung ein."[67] Dabei ist es entscheidend, dass Pannenberg naturwissenschaftliche Beschreibungen nur für bestimmte Phänomene für geeignet hält. „Die Gesetzeshypothesen der Naturwissenschaft beschreiben

---

[60]   Pannenberg, Das Wirken Gottes und die Dynamik des Naturgeschehens, S. 44.
[61]   Pannenberg, Theologie der Schöpfung und Naturwissenschaft, S. 30.
[62]   Pannenberg, 1991, S. 77.
[63]   Ebd.
[64]   Ebd., S. 77f.
[65]   Pannenberg, Contributions from Systematic Theology, S. 359.
[66]   Pannenberg, 1987, S. 126.
[67]   Pannenberg, Theologie der Schöpfung und Naturwissenschaft, S. 32.

beliebig reproduzierbare oder immer wieder zu beobachtende Abläufe und können sich daher auf wiederholbare Experimente stützen."[68] Doch sie sind „nicht als erschöpfende Erklärung des Einzelgeschehens aufzufassen", was bedeutet, dass die Einbettung eines Einzelgeschehens „in Kausalzusammenhänge die Kontingenz nicht aufhebt". Für Pannenberg sind Kontingenz und Naturgesetzlichkeit verschiedene aber nicht gleichwertige Perspektiven auf dasselbe Geschehen. Die Gleichförmigkeiten im Weltgeschehen werden von der Naturwissenschaft in Form von Gesetzen beschrieben. Die Geschichtswissenschaften beschreiben dagegen den nicht wiederholbaren, sondern einmaligen Ablauf eines Geschehens. Anders als in der Naturwissenschaft wird also in der historischen Betrachtungsweise die Kontingenz der Ereignisse nicht ausgeblendet.

> Die einzelnen Ereignisse haben ihre spezifisch historische Bedeutung nicht dadurch, daß ihr Eintreten einen Anwendungsfall allgemeiner Gesetze darstellt (obwohl das der Fall sein mag), sondern durch ihre Stelle und Funktion in der Abfolge des einmaligen Geschehensverlaufs, bezogen auf das Ganze eines geschichtlichen Prozesses, das erst von dessen Abschluß her seine eigentümliche Gestalt erkennen lässt.[69]

Für Pannenberg hat die Kontingenz-Perspektive Vorrang vor der naturwissenschaftlichen Weltbetrachtung. Und zwar deswegen, weil sie die Perspektive der Naturgesetzlichkeit in sich einschließt: Im Prinzip könnten auch alle naturgesetzlichen Abläufe durch die Darstellung ihres zeitlichen Ablaufs kontingent beschrieben werden.[70] Denn die von der Naturwissenschaft untersuchten Gleichförmigkeiten, die in Gesetzesform deterministisch oder statistisch ausgedrückt werden können, gibt es nicht an sich, sondern nur „*an etwas*, [...] nämlich an den kontingenten Ereignisfolgen."[71] Kontingenz muss deshalb nach Pannenberg immer schon vorausgesetzt werden. Wenn der Naturzusammenhang selbst als für Kontingenz offen und nicht als geschlossenes System verstanden werden kann, können die Aussagen von Theologie und Naturwissenschaft auf dasselbe Geschehen bezogen sein, ohne in Konkurrenz zueinander zu stehen.[72]

Für die Erklärung von Sinn und Bedeutung ist laut Pannenberg sowohl „objektiv wie subjektiv die Würdigung des einzelnen Phänomens im Zusammenhang des zugehörigen Ganzen" erforderlich. Dazu ist eine „Ganzheitsbetrachtung nötig, die durch kausalanalytische Beschreibung nicht ersetzbar ist."[73] Deshalb kann und muss die Naturwissenschaft auch keine Gesamtbeschreibung unserer Wirklichkeit oder ein Weltbild liefern. Sie ist dazu methodisch gar nicht in der Lage. Anders steht es mit der Theologie. Sie kann und soll diese Gesamtbeschreibung bieten. Die Theologie ist also nach Pannenberg die umfassendste Erkenntnisbemühung und muss daher alle anderen Disziplinen integrieren.[74]

---

[68] Pannenberg, 1991, S. 83.
[69] Ebd., S. 85.
[70] „Die Unumkehrbarkeit der Zeit berechtigt zu der Folgerung, daß jedes einzelne Ereignis als solches einmalig ist, unbeschadet der an ihm wahrnehmbaren Gleichförmigkeiten mit anderen Ereignissen." (Ebd., S. 84)
[71] Ebd.
[72] Ebd., S. 129. Eigentlich im Zusammenhang einer Ausführung über Engel.
[73] Pannenberg, 1987, S. 130f.
[74] Lebkücher, 2011, S. 26.

Am Beispiel der Evolutionstheorie zeigt sich Pannenbergs „Konsonanz-Verständnis" des Verhältnisses zwischen Theologie und Naturwissenschaft. Er hält den Streit, der durch Darwins Theorie entbrannte, für völlig überflüssig: "The fight about the Darwinian doctrine of evolution was one of the most unnecessary controversies between Christian theology and natural science in the course of their entire history."[75] Pannenberg ist der Ansicht, dass der Schöpfungs- auf den Evolutionsgedanken angewendet werden kann, unter der Bedingung, dass im Evolutionsprozess genuin Neues entsteht, das sich nicht auf seine Ausgangsbedingung reduzieren lässt.[76] Ein Reduktionsverhältnis muss zurückgewiesen werden, sofern man keinen Deismus will.

> Unbeschadet der Zusammensetzung aller natürlichen Gebilde aus sehr viel kleineren Bestandteilen gehören diese letzteren ihrerseits schon immer in Ganzheitshorizonte, aus denen auch die größeren und komplexeren natürlichen Gestalten hervorgehen, die als Ganzheiten nirgends einfach auf ihre Teile reduzierbar sind. Im Hinblick auf diesen Sachverhalt kann theologisch von der Hervorbringung der geschöpflichen Gestalten durch Gottes Schöpfungshandeln gesprochen werden, ohne damit zur naturwissenschaftlichen Aufklärung oder der Bedingung ihres Hervortretens in Konkurrenz zu treten und prinzipielle Lücken der naturwissenschaftlichen Beschreibung zu postulieren.[77]

Gerade der Zufall, der gegen teleologische Interpretationen des Naturgeschehens spricht, ist es nach Pannenberg, der eine theologische Interpretation möglich macht. Die Gesetzesartigkeit der evolutiven Prozesse bereitet ebenfalls keine Schwierigkeiten. Denn im Gegensatz zur Lückenfüller-Gott-Strategie, sieht Pannenberg jedes Ereignis des Weltgeschehens, also auch regelmäßig ablaufendes Geschehen, das die Naturgesetze beschreiben, durch die Unumkehrbarkeit der Zeit als einmalig und damit kontingent an.[78] Durch die Evolutionstheorie ist es möglich, die Natur als Geschichte beschreiben zu können, in der auch die Naturgesetze eine wichtige Rolle spielen. Es handelt sich um ein „Gesamtverständnis der Weltwirklichkeit, in dessen Rahmen die Tatsache der naturgesetzlichen Ordnung des Geschehens einen speziellen und in mehrfacher Hinsicht besonders bedeutsamen Platz einnimmt"[79]. Denn nach Pannenberg ist die gesetzesartige Gleichmäßigkeit der Ereignisse in elementaren Prozessen und der daraus folgenden Ordnungszustände überhaupt erst die Voraussetzung für die Entstehung dauerhafter Gestalten. In der Gleichförmigkeit des Geschehens, das naturgesetzlich beschrieben werden kann, sieht Pannenberg also die Bedingung der geschöpflichen Selbstständigkeit. Naturgesetze sind dementsprechend für ihn kein Gegensatz zum kontingenten Wirken Gottes, sondern gerade das Mittel, um kontingente Geschöpfe hervorzubringen. Außerdem sieht er in den Naturgesetzen die Treue Gottes als Schöpfer und Erhalter, welche die Grundlage für die Entwicklung „immer komplexerer Gestalten in der Welt der Geschöpfe" unerlässlich ist. „Erst unter der Voraussetzung der Gleichförmigkeit elementarer Prozesse können die thermodynamischen Schwankungen von stationären Zuständen zur Quelle des Neuen werden, insbesondere bei der Entstehung und Entwicklung des Lebens und seiner Formen."[80]

---

[75] Pannenberg, Contributions from Systematic Theology, S. 363.
[76] Pannenberg, 1991, S. 147. Das unableitbar Neue auf jeder Stufe nennt Pannenberg „epigenetisch".
[77] Ebd., S. 149.
[78] „Die Unumkehrbarkeit der Zeit ist für Pannenberg das entscheidende Argument für die Kontingenz in der Natur." (Boss, 2006, S. 287)
[79] Pannenberg, 1991, S. 90f.
[80] Ebd., S. 91.

Für Pannenberg kann der Aspekt der Schöpfungsgeschichte, alles Bestehende auf eine gründende Urzeit zurückzuführen, „nicht zum Kerngehalt des biblischen Schöpfungsglaubens gehören"[81] Vielmehr ist es das Interesse an der Vielfalt der Lebewesen und der Kraft zur Ausbreitung des Lebens durch Fortpflanzung, die von der modernen Betrachtungsweise als Selbstorganisation des Lebendigen verstanden wird, das theologisch reflektiert werden muss. Gott schafft die Gestalten nicht unvermittelt, sondern durch die Expansion des Universums, die Bildung von Atomen und Molekülen und durch die Evolution des Lebens. Dies ist theologisch gesprochen die Bedingung für die Selbstständigkeit der Geschöpfe und insbesondere des Menschen, weshalb der Kampf gegen die Evolutionstheorie theologisch widersinnig ist. Es muss laut Pannenberg dabei aber betont werden, dass der biblische Gott bei der Schöpfung in keiner Weise mit einem anderen Prinzip zusammenwirkt, wie z.B. der platonische Demiurg. Die biblische Schöpfungsvorstellung schließt "jede *dualistische* Auffassung von der Weltentstehung aus."[82] Das bedeutet auch, dass das Handeln Gottes in seiner Schöpfung nicht in Konkurrenz zum Wirken „natürlicher" Faktoren verstanden werden kann. Das gilt nicht nur für das Schöpfungshandeln sondern genauso für die Geschichte der Menschheit: „Gott und Mensch gehören als Handlungsprinzipien nicht derselben Ebene an, so daß zwischen ihnen eine Konkurrenz entstehen könnte. Vielmehr regiert der Schöpfer seine Schöpfung durch das Handeln seiner Geschöpfe hindurch."[83] Das Weltgeschehen (inklusive menschlicher Aktivitäten), das die verschiedenen Wissenschaften beschreiben und erklären können, ist das Mittel des göttlichen Wirkens.

2.1.4.1 Die Rolle der Philosophie

Ohne Philosophie ist keine systematische Theologie und damit auch keine selbstständige theologische Urteilsbildung möglich.[84] Für Pannenberg erklärt sich auch der „traurige Zustand der durchschnittlichen christlichen Verkündigung unserer Zeit"[85] aus der mangelnden Fähigkeit zur Urteilsbildung in der Systematischen Theologie. Häufig wird der Weg von der Exegese direkt zur Predigt ohne den Weg über die eigene Urteilsbildung beschritten. Wirklich urteils- und argumentationsfähig ist die christliche Lehre nur durch die vernünftige Verbindung von

---

[81] Ebd., S. 155. Die Eigentümlichkeit des biblischen Schöpfungsgedankens liegt vor allem "in der durch die Wortschöpfung veranschaulichten, unumschränkten Freiheit des Schöpfungshandelns, analog zum Geschichtshandeln des Gottes Israels. Das Charakteristische dieses Gedankens gehört eng zusammen mit der Einzigartigkeit des biblischen Gottes; denn darin ist der entscheidende Unterschied zu analogen Vorstellungen der Kosmogonie aus den Kulturen des Alten Orients begründet. Diese unumschränkte Freiheit schöpferischen Handelns ist später durch die Formel „aus nichts" [...] ausgedrückt worden." (Ebd., S. 28) Es bleibt allerdings zu betonen, dass die Veränderungen und Entstehung neuer Arten im Laufe der Zeit nicht Teil des Schöpfungsgedankens der Priesterschrift ist.

[82] Ebd., S. 29. Pannenberg weist an dieser Stelle darauf hin, dass auch die Prozessphilosophie Whiteheads eine dualistische Konzeption darstellt. Hier wirkt Gott mit der Selbstgestaltung eines jeden Wesens zusammen. Gott gibt zwar jedem Ereignis das Ideal der Selbstgestaltung vor. Aber er wirkt nur durch Überredung und nicht durch machtvoll schöpferisches Handeln. Zwar haben Prozesstheologen scheinbar eine bessere Antwort auf die Frage der Theodizee, jedoch führt ihre „Lehre zu dem Resultat, daß das Geschöpf nicht allein von Gott abhängt, sondern auch von anderen Mächten, also auch vernünftigerweise nicht sein ganzes Vertrauen auf Gott allein setzen kann für die Überwindung des Übels in der Welt." (Ebd. S. 31)

[83] Pannenberg, 1993, S. 542.

[84] Pannenberg, 1996, S. 11.

[85] „Die Fragen der Hermeneutik sind dann nur durch Geschmacksurteile zu bewältigen, und der Prediger wird dabei faktisch abhängig von den wechselnden Moden des Zeitgeistes, wenn er oder sie sich nicht dem Fundamentalismus als scheinbarem Ausweg aus den Schwierigkeiten eigener Urteilsbildung verschreiben." (Pannenberg, 1996, S. 12)

exegetischen, philosophischen und dogmengeschichtlichen Kenntnissen. Die traditionelle Aufgabe der Philosophie sieht Pannenberg darin, die Wirklichkeit als Ganze, nämlich in der Einheit des Kosmos zu denken. Dass die Philosophie seit Nietzsche diese Aufgabe immer weniger wahrnimmt, liegt nicht nur an der Verselbstständigung der Einzelwissenschaften, sondern vor allem auch an der Auflösung der philosophischen Gotteslehre. „Erst nach Verabschiedung der Tradition philosophischer Theologie konnte die Welterkenntnis gänzlich den unterschiedlichen Zugangsweisen der empirischen Einzelwissenschaften überlassen werden."[86] Für Pannenberg stellt sich angesichts dieser Situation die Frage, ob sich die theologische Anthropologie (als Teil der systematischen Theologie) mehr mit bestimmten Einzelwissenschaften wie Psychologie, Soziologie oder Biologie als mit Philosophie beschäftigen muss. Dabei gibt er aber zu bedenken, dass die Daseinswirklichkeit des Menschen von keiner einzelnen Fachwissenschaft ohne den Zwischenschritt über die philosophische Reflektion geschehen sollte. Der Philosophie kommt also die Rolle der Vermittlung zwischen den Ergebnissen der Naturwissenschaft und den Glaubenssätzen der Theologie zu. Sie soll zwischen Behauptungen Konsonanz herstellen, die auf völlig verschiedenen Eben aufgestellt werden. Sie ist die dritte Ebene für den Dialog zwischen Naturwissenschaft und Theologie. Wenn Naturwissenschaftler über den Einfluss ihrer Ergebnisse auf das menschliche Wirklichkeitsverständnis sprechen, dann begeben sie sich schon in den Bereich der Philosophie. Reflektionen über das „Verhältnis von Naturgesetz und Kontingenz des Geschehens, Kausalität und Freiheit, Materie und Energie, die Begriffe der Zeit und des Raumes oder der Entwicklung vollziehen sich unvermeidlich in einem durch philosophische Sprache und deren Geschichte geprägten Medium."[87]

Wenn die Philosophie ihre Rolle im Dialog zwischen Naturwissenschaft und Theologie ausfüllen will, muss sie über Kenntnisse der Wissenschaftsgeschichte und über die Terminologie der Naturwissenschaften haben. Außerdem muss sie in der Lage sein, zusammenfassend Orientierung über die Erfahrungswirklichkeit zu bieten. Die Theologie benötigt für einen Dialog mit der Naturwissenschaft eine Philosophie, die die Wirklichkeit als Ganzheit interpretieren kann.[88] Wenn sie das nicht tut und sich stattdessen der „völligen Anthropologisierung hingibt, lässt sie sich von der Vielfalt der Rationalitäten verwirren und wird letztlich überflüssig."[89] Das ist leider laut Pannenberg heute häufig der Fall; was er in der Vernachlässigung der Tradition der philosophischen Theologie[90] begründet sieht. Denn das Reden von Gott würde dazu nötigen, „auch den Weltbegriff zu thematisieren. In die Lücke, die hier von Seiten der heutigen Philosophie gelassen wird, treten notgedrungen die verschiedenen Einzelwissenschaften ein, deren Repräsentanten dabei selber zu philosophieren beginnen –

---

[86] Ebd., S. 16f.
[87] Pannenberg, Theologie der Schöpfung und Naturwissenschaft, S. 33.
[88] Mit der Ergänzung von Whiteheads Ontologie durch Diltheys Analyse der Geschichtlichkeit und der damit verbundenen Erkenntnis der ontologischen Priorität des Ganzen vor den Teilen „könnte ein philosophischer Weltbegriff hervorgehen, welcher die Welt als Prozeß auf eine Zukunft hin beschreiben würde, die allererst endgültig über das Wesen des Einzelgeschehens und über den Sinn der Welt im Ganzen entscheiden wird." (Pannenberg, 1996, S. 366)
[89] Waap, 2008, S. 346.
[90] Die philosophische Theologie soll keine konkreten Aussagen über Gott machen, sondern nur Minimalbedingungen für das Reden über Gott schaffen. Diese Minimalbedingungen dürfen natürlich nicht mit der konkreten Wirklichkeit Gottes verwechselt werden. (Pannenberg, 1988, S. 426)

leider oft in einseitiger und philosophisch nicht genügend reflektierter Weise."[91] Für Pannenbergs Arbeit bedeutet dies, dass auch er diese von ihm beschriebene philosophische Aufgabe teilweise selber übernimmt, weil er mit der vorfindlichen Philosophie nicht zufrieden ist. In Bezug auf sein Menschenbild verarbeitet er die Ergebnisse der philosophischen Anthropologie (Scheler, Plessner, Gehlen), weil sich in ihr philosophische und empirische Einsichten ergänzen.[92] Für seine Anthropologie ist eine „*Verbindung von philosophisch-religionstheoretischem Denken und offenbarungstheologisch-biblischem Denken* charakteristisch."[93] So entsteht beim Lesen bisweilen die Schwierigkeit, dass es häufig nicht klar ist, ob Pannenberg gerade allgemein-philosophisch oder christlich argumentiert. Jedenfalls kennzeichnet er die fließenden Übergänge meistens nicht deutlich. Außerdem kann er die philosophisch notwendige Auswertung der zu seiner Zeit aktuellen naturwissenschaftlichen Theorien nicht gründlich leisten, was teilweise zu Fehlinterpretationen und Missverständnissen führt. Zwei Beispiele, die auch für seine Anthropologie relevant sind, sollen an dieser Stelle schon einmal einen Einblick in Pannenbergs Umgang mit dem Verhältnis von Naturwissenschaft und Theologie geben.

2.1.4.2 Theologie und Physik: Gott als Feld

Pannenberg versucht Gott als Feld zu denken, „das alle körperliche Realität transzendiert, aber auch durchdringt, und das unbeschadet seiner Transzendenz in der Immanenz des materiellen Universums wirksam ist".[94] Dabei ist er sich bewusst, dass die Unterschiede zwischen naturwissenschaftlicher und theologischer Herangehensweise an die Naturwissenschaft es nicht erlauben, die physikalischen Feldtheorien einfach theologisch zu interpretieren. „Sie können nur als der Eigenart der naturwissenschaftlichen Betrachtungsweise [...] gemäße Näherungen an diejenige Wirklichkeit aufgefaßt werden, die auch Gegenstand der theologischen Aussagen über die Schöpfung ist."[95] Theologische und naturwissenschaftliche Betrachtungsweise haben also mit der Natur denselben Gegenstand, aber einen anderen Blickwinkel.

Pannenbergs Motivation für seine Überlegungen zur Gotteslehre abseits der theologischen Tradition nährt sich aus drei Quellen: Zum einen fordert er eine Revision der traditionellen Gottesvorstellungen, weil sie seiner Ansicht nach wichtig ist, um gegen den Atheismus bestehen zu können, ohne in eine „unverbindliche Bildersprache" zurückzukehren.[96] Damit zusammenhängend schafft seine Theorie von Gott als Feld einen konkreten Bezug von Theologie und Naturwissenschaft, was die Theologie aus ihrer Isolation von den restlichen Wissenschaften befreien kann. Und schließlich findet er auch ausschlaggebende innertheologische Gründe, den naturwissenschaftlichen Feldbegriff in die Theologie zu übernehmen:

> Solche Gründe [...] haben sich nun tatsächlich im Rahmen der Gotteslehre ergeben, nämlich bei der Interpretation der überlieferten Rede von Gott als Geist. Die Kritik der traditionellen Auffassung von der Geistigkeit Gottes als vernünftige Subjektivität (als *Nus*) hat zu der Einsicht geführt (Bd. I, 403-416), daß es den biblischen Aussagen über den Geist Gottes und über Gott als Geist besser

---

[91]   Pannenberg, 1996, S. 18.
[92]   Waap, 2008, S. 338.
[93]   Ebd., S. 350.
[94]   Pannenberg, Das Wirken Gottes und die Dynamik des Naturgeschehens, S. 53.
[95]   Pannenberg, 1991, S. 103.
[96]   Pannenberg, 1988, S. 397.

entspricht, das dabei gemeinte als dynamisches Feld zu denken, das trinitarisch strukturiert ist, wobei die *Person* des Heiligen Geistes als eine der personalen Konkretisierungen der Wesenheit des einen Gottes als Geist, und zwar im Gegenüber zu Vater und Sohn, aufzufassen ist. Die Person des Heiligen Geistes ist also nicht selber als Feld, sondern eher als einmalige Manifestation (Singularität) des Feldes der göttlichen Wesenheit zu verstehen. Weil aber das personale Wesen des Heiligen Geistes erst im Gegenüber zum Sohn (und so auch zum Vater) offenbar wird, hat sein Wirken in der Schöpfung mehr den Charakter dynamischer Feldwirkungen.[97]

Pannenberg versucht also trinitarische Probleme mit seiner Gott-als-Feld-Theorie zu lösen.[98] Denn die „Autonomie des Feldes" muss keinem Subjekt zugeordnet werden, wie bei der klassischen Vorstellung von Gottes Geist als *Nus.* „Die als Feld gedachte Gottheit kann als in allen drei trinitarischen Personen gleichermaßen in Erscheinung tretend gedacht werden."[99] „Die trinitarischen Personen sind also als Konkretionen der göttlichen Geistwirklichkeit zu verstehen. Sie sind die Singularitäten des dynamischen Feldes der ewigen Gottheit."[100] Die Personen der Trinität sind dabei ekstatisch auf das sie übersteigende Feld der Gottheit bezogen, „das sich in jeder von ihnen und ihren Beziehungen untereinander manifestiert."[101] Nach Pannenberg ist das von ihm beschriebene Kraftfeld als die „bestimmte Gestalt des Daseins Gottes als Vater, Sohn und Geist [...] sachlich eins mit dem grenzenlosen Feld der unthematischen Gegenwart Gottes in seiner Schöpfung."[102] Pannenberg bezieht sich hierbei auf die Vorstellung eines universalen Kraftfeldes, die zuerst von Michael Faraday konzipiert wurde und im „Verhältnis zu dem alle materiellen, korpuskularen Gebilde als sekundäre Manifestationen zu betrachten sind". Pannenberg ist an dieser „Priorität des Feldes vor jeder Art materieller Manifestation" äußerst interessiert.[103] Sie steht Pannenberg zufolge den biblischen Aussagen zum Gottesgeist näher, als der klassischen Gottesvorstellung des „*Nus*".[104]

Anja Lebkücher bietet in ihrer Dissertation einen guten Überblick zu Pannenbergs ihrer Ansicht nach zu wenig differenzierten Umgang mit dem Feldbegriff und kritisiert unter anderem, dass Pannenberg keinen einheitlichen Feldbegriff verwendet.[105] Für sie ist zwar der „Begriff des Kraftfeldes als Metapher für Gott noch sinnvoll" sie betont aber, dass es sich dabei nicht um eine der physikalischen Kräfte handeln kann, sondern dass an eine „physikalisch nicht fassbare, ‚göttliche' Kraft gedacht werden" muss.[106] Pannenberg selbst will seinen theologischen Gebrauch des Feldbegriffes aber nicht als bloße Metapher verstanden wissen.[107]

Die „Beziehung zu Raum und Zeit, allerdings im Sinne der Ausführungen über den ungeteilten unendlichen Raum der göttlichen Unermeßlichkeit, den alle geometrische Raumbeschreibung schon voraussetzt, und im Sinne der ungeteilten Einheit der Zeit in der göttlichen Ewigkeit als

---

[97] Pannenberg, 1991, S 103f.
[98] Pannenberg, 1988, S. 415.
[99] Ebd., S. 415.
[100] Ebd., S. 464.
[101] Ebd.
[102] Ebd., S. 389. Der Naturwissenschaftler wird für solche Überlegungen vermutlich absolut kein Verständnis aufbringen. Beim theologischen Leser hingegen läuten vermutlich die Pantheismus-Alarmglocken.
[103] Pannenberg, 1991, S. 123. Boss bemerkt, dass Pannenberg eigentlich einen absoluten Idealismus vertritt und diesen versucht mit den Vergeistigungstendenzen der jüngeren Physik zu stützen. (Boss, 2006, S. 342)
[104] Pannenberg, 1988, S. 414.
[105] Lebkücher, 2011, S. 75.
[106] Ebd., S. 75.
[107] Ähnlich wie Lebkücher auch die Rezension von Hans-Dieter Mutschler. Pannenbergs Antwort darauf findet sich in seinem Aufsatz: Geist als Feld – Nur eine Metapher?

Möglichkeitsbedingung jeder zeitlichen Folge. Auf die aller geometrischen Beschreibung vorausgehende ungeteilte Ganzheit von Raum und Zeit läßt sich die Deutung des pneumatischen Wesens der Gottheit Gottes als Feld beziehen. Sie ist dadurch zugleich von den Feldbegriffen der Physik unterschieden, wäre aber als deren Bedingung aufzufassen analog zu dem Sachverhalt beim Raum und bei der Zeit. Das Feld der göttlichen Allmacht tritt daher nicht in Konkurrenz zu den Feldgrößen der Physik, sondern es wirkt durch die Naturkräfte hindurch, ohne durch sie erschöpfend ausgedrückt zu sein.[108]

Die Rede von Gott als Feld wäre laut Pannenberg sinnlos ohne den Bezug auf das Verhältnis von raumzeitlicher Ausdehnung und Wirklichkeit Gottes. Die Wirklichkeit Gottes überschreitet Raum und Zeit, wie sie für Menschen messbar ist, sie umschließt sie, sodass „alle Unterscheidungen räumlicher und zeitlicher Art nur unter der Voraussetzung des ungeteilten Raumes der göttlichen Unermeßlichkeit möglich sind."[109]

2.1.4.3 Theologie und Biologie

Im Rahmen seiner Anthropologie interessiert sich Pannenberg auch für den Dialog mit der Biologie und besonders mit der Humanbiologie. Pannenberg nennt vier Themen, die er in diesem Dialog für klärungsbedürftig hält: Erstens die Abgrenzung zwischen Mensch und Tier und damit zusammenhängend zweitens das Verhältnis von Evolution und Kulturgeschichte. Das dritte Thema ergibt sich, sofern die religiöse Thematik für die Eigenart des Menschen als konstitutiv betrachtet wird. „Dann nämlich sollte auch die anthropologische Ambivalenz der religiösen Beziehung zur Wirklichkeit Beachtung finden."[110] Damit meint Pannenberg die Frage nach den Wurzeln dessen, was in der Bibel als Sünde bezeichnet wird. Ein viertes Thema schließlich stellt die Frage: „Steht der Mensch nur durch das unterscheidend Menschliche in einer Beziehung zur göttlichen Wirklichkeit, also durch die religiöse Lebensthematik, oder kann auch der Zusammenhang des Menschen mit dem vormenschlichen Leben Gegenstand theologischer Interpretation sein?" Lässt sich die „spezifisch menschliche religiöse Lebens-thematik als eine spezifische Modifikation eines schon für das vormenschliche Leben grundlegenden Sachverhaltes auffassen?"[111]

Im Zusammenhang mit dem zweiten Thema erwähnt Pannenberg auch E .O. Wilsons *Sociobiology*, „die in eindrucksvoller Weise eine Synthese von Genetik, Verhaltensforschung und Evolutionstheorie vorgetragen hat."[112] Die Annahme Wilsons, dass die Ausbreitung der eigenen Gene letztlich das Verhaltensmotiv der Lebewesen einschließlich des Menschen ist, führt nach Pannenberg zu einer Funktionalisierung von Religion, die nicht mit dem Wahrheitsbewusstsein der Religionen vereinbar ist. Religion wird aus dieser Perspektive nach Pannenberg missverstanden und es muss mit „einer Entstellung oder zumindest mit der Banalisierung des Menschenbildes" gerechnet werden, wo der Sinn für das göttliche Geheimnis schwindet.[113] Des Weiteren muss, so Pannenberg, die Verbreitung des Glaubens nicht mit einer Genverbreitung zusammengehen, sondern kann sie vielmehr verhindern. Er führt einen

---

[108] Pannenberg, Theologie der Schöpfung und Naturwissenschaft, S. 40.

[109] Pannenberg, Das Wirken Gottes und die Dynamik des Naturgeschehens, S. 53.

[110] Pannenberg, Humanbiologie – Religion – Theologie. Ontologische und wissenschaftstheoretische Prämissen ihrer Verknüpfung, S. 138.

[111] Ebd., S. 138.

[112] Ebd., S. 143.

[113] Pannenberg, Der Mensch – Ebenbild Gottes?, S. 70.

ähnlichen Einwand aus kulturanthropologischer Perspektive an, der besagt, dass die „unterschiedlichen Verwandtschaftssysteme und Familiengemeinschaften, auf die beim Menschen die Loyalität der Individuen besonders eng bezogen ist, keineswegs immer dem Kriterium einer Maximierung der Genausbreitung entsprechen."[114] Auch die symbolische Aktivität des Menschen könnte laut Pannenberg hinsichtlich der „kulturellen Pluralität der Verwandtschaftssysteme" sowie für „Gebiete der höheren Kultur" biologisch betrachtet dysfunktional sein. Nach Pannenberg scheitert die soziobiologische Erklärung also schon auf der empirischen Ebene daran, dass die unterschiedlichen Verwandtschaftssysteme und Familiengemeinschaften, auf die die Loyalität der Individuen beim Menschen primär gerichtet ist, nicht dem biologischen Kriterium der Maximierung der Genverbreitung entsprechen. Daraus zieht Pannenberg den Schluss, dass bei dem Übergang von der vormenschlichen zu menschlichen Kulturgeschichte eine neue Betrachtungsweise von Nöten ist.[115] Die Erforschung der menschlichen Sozialbeziehung muss sich auf einer anderen kategorialen Ebene vollziehen,

> denn die Sozialbeziehungen der Menschen finden seit dem ersten Entstehen menschlicher Kultur aus dem Geiste der Religion immer schon im Rahmen von Kultursystemen und ihrer Veränderung statt. Nur eine ihrerseits schon aus der Perspektive der Wirksamkeit des göttlichen Geistes in allem Lebendigen gedachte biologische Evolutionstheorie könnte die Evolution des Lebens bis in die menschliche Kulturgeschichte verfolgen, ohne an der Schwelle der Menschheitsentwicklung zum Übergang auf eine neue methodische Ebene genötigt zu sein.[116]

Mit dem hier vorgestellten Rahmen von Pannenbergs wissenschaftstheoretischen Überlegungen und seinem naturtheologischen Gedanken im Hinterkopf, möchte ich den Blick nun auf sein Menschenbild richten.

---

[114] Pannenberg, Humanbiologie – Religion – Theologie, S. 144.
[115] „Gegenüber der naturalistischen Reduktion des menschlichen Sozialverhaltens auf den Gesichtspunkt maximaler Genausbreitung enthält gerade die spezifisch menschliche Angewiesenheit auf eine soziale Lebenswelt einen Hinweis auf das qualitativ Neue menschlicher Kulturbildung, die die biologischen Gegebenheiten in ganz unterschiedlicher Weise integrieren kann." (Pannenberg, 1983, S. 156)
[116] Ebd., S. 155.

2.2 Pannenbergs Anthropologie

Das moderne Bewusstsein hat sich laut Pannenberg nach den Konfessionskriegen zunehmend auf das Verständnis des Menschen konzentriert. Auch in der Theologie verstärkte sich durch den Einfluss der Naturwissenschaften die Konzentration auf den Menschen. Der Gottesgedanke wurde für das Naturverständnis überflüssig und so wurde nun in der späten Aufklärung der Mensch zur Grundlage für das Gottesverständnis.[117] Wie sich nun in der theologischen Philosophie der Zugang zum Gottesgedanken auf die Anthropologie konzentrierte, so tat es auch der philosophische Atheismus.[118]

Während seiner Wuppertaler Zeit wurde Pannenberg bewusst, dass es problematisch ist, wenn Theologen eine eigene Anthropologie entwickeln völlig ungeachtet dessen, was sich in der humanwissenschaftlichen und empirischen Forschung abspielt. Denn ein so entwickeltes Menschenbild kann letztlich nur ein Entwurf unter vielen sein und keinen Anspruch auf Allgemeinheit erheben. „Schlimmstenfalls würde es ein Bild ohne Realitätsbezug".[119] Die Theologie kann also nicht einfach an den Ergebnissen der empirischen Forschung vorbeisehen. Sie soll aber nun auch nicht ihren Beitrag als etwas Zusätzliches an andere Theorien anhängen, weil er dadurch überflüssig wirken könnte. Stattdessen muss laut Pannenberg gefragt werden, ob „die menschliche Wirklichkeit, die die humanwissenschaftlichen Disziplinen untersuchen, nicht an ihr selbst eine solche ist, die immer schon ausdrücklich auf den Gott der Liebe bezogen ist, oder vorsichtiger gesagt, auf die Dimension, in der das biblische Reden von Gott seinen Ort hat."[120] Pannenberg kann sich des Eindrucks nicht erwehren, dass die humanwissenschaftliche Anthropologie diese Frage ausblendet, das religiöse Thema verdrängt. Aus diesem Eindruck sieht er sich vor die theologische Aufgabe gestellt, „den anthropologischen Phänomenen ihre implizite religiöse Dimension, soweit sie argumentativ nachweisbar ist, zu restituieren. Denn das ist die Voraussetzung dafür, daß die Theologie sich auf die Wirklichkeit des Menschen als Zeugnis für die Wirklichkeit Gottes berufen kann."[121] Dabei ist er sich bewusst, dass diese Aufgabe nicht von einem einzelnen Menschen bewältigt werden kann. Sein Ziel ist es vielmehr, einen Anstoß zu geben, damit der religiösen Dimension in der anthropologischen Forschung wieder mehr Beachtung zukommt.[122] Pannenberg will auch nicht etwa einen Gottesbeweis leisten, sondern lediglich zeigen, dass die menschliche Wirklichkeit ohne religiöse Dimension nur verkürzt dargestellt werden kann. Das hat wiederum Folgen für den Allgemein-geltungsanspruch der Theologie. Denn was „den Menschen angeht, hängt die Wahrheit des christlichen Redens von Gott dem Schöpfer daran, daß die Wirklichkeit des Menschen mit Recht als durch sich selbst schon auf Gott bezogen in Anspruch genommen werden kann."[123]

Da es für Pannenberg eine Einheit der wissenschaftlichen Rationalität gibt, die eine gemein-same Grundlage der theologischen und nicht-theologischen Anthropologie bietet[124], ist er der

---

[117] Pannenberg, „Anthropologie in theologischer Perspektive, S. 87f.
[118] Ebd., S. 88.
[119] Ebd., S. 90.
[120] Ebd., S. 91.
[121] Ebd., S. 92.
[122] Ebd., S. 93.
[123] Ebd., S. 92.
[124] Waap, 2008, S. 343.

Ansicht, dass in der anthropologischen Diskussion ein jeder Gehör finden sollte, der vernünftig argumentiert, ungeachtet dessen, welche subjektiven Motive er für seine Argumentation hat. Das muss dann auch für Theologen gelten. Doch müssen sich die Theologen „aber hüten, mit ihrem subjektiven Glaubensinteresse zu argumentieren. Die Argumente müssen andere sein, die Argumente müssen sich, was die Anthropologie angeht, auf die Phänomene des Menschseins beziehen."[125] Pannenberg tritt selbst mit dem starken theologischen Anspruch auf, „nur von Gott her eine adäquate und wirklichkeitsentsprechende Sicht des Menschen zu gewinnen."[126] In seinem umfassenden Werk „Anthropologie in theologischer Perspektive" setzt Pannenberg die Ergebnisse der Untersuchung anthropologischer Phänomene daher selbstbewusst in Beziehung zum christlichen Glauben, zur christlichen Lehre vom Menschen, bei der besonders zwei Themen eine Rolle spielen: Die Ebenbildlichkeit des Menschen und die Sündenlehre.[127]

2.2.1 Die Bedeutung der Anthropologie für die Theologie

Für Pannenberg geht es in der Theologie um die Wahrheit des christlichen Glaubens. Im Ringen um Wahrheit muss die christliche Glaubenslehre dem neuzeitlichen Atheismus „auf dem Boden der Anthropologie" begegnen.[128] Pannenberg beschreibt zu Beginn seiner Anthropologie die Anthropologisierung in der Geistesgeschichte, die dazu geführt hat, dass die Theologie den Glauben an Gott, die religiöse Dimension des Menschen im Bereich der Anthropologie artikulieren muss, weil sie ansonsten unverstanden bleiben wird. Will die Theologie aber einen Anspruch auf Allgemeingültigkeit verteidigen, muss sie „ihre Grundlegung auf dem Boden allgemeiner anthropologischer Untersuchung gewinnen."[129] Die Allgemeingültigkeit darf nach Pannenberg keinesfalls aufgegeben werden. Denn für Pannenberg gibt es ja, wie bereits erwähnt, keine nur individuelle Wahrheit ohne Anspruch auf Allgemeingültigkeit. Ein Christ kann nicht einfach nur für sich glauben. Eine nur individuelle Wahrheit, die ihrem Anspruch nach nicht allgemein wäre, könnte auch für das Individuum nicht als *wirklich* wahr gelten. Die Theologie muss also für die Allgemeingültigkeit des christlichen Glaubens einstehen und kann die Wahrheit ihres Redens von Gott nur dann vertreten, wenn sie der Religionskritik auf der Ebene der Anthropologie begegnet. Denn wenn sie das nicht tut, bleiben ihre Behauptungen über Gott laut Pannenberg ohne Anspruch auf Allgemeinheit und setzen sich dem Verdacht aus, dass ihr Glaube willkürliche subjektive Setzung sei, wie es der z.B. der dialektischen Theologie seines Lehrers Barth vorgeworfen werden kann.

In der dogmatischen Anthropologie geht es um zwei zentrale Themen: Um die Gottesebenbildlichkeit und die Sündhaftigkeit des Menschen. Gottesebenbildlichkeit meint die Verbundenheit des Menschen mit der göttlichen Wirklichkeit und seine daraus resultierende

---

[125] Pannenberg, Anthropologie in theologischer Perspektive, S. 94.
[126] „Es ist der Anspruch der Anthropologie in theologischer Perspektive Pannenbergs, mit der richtigen und wahrheitsgemäßen Hypothese auf das anthropologische Feld zu kommen, in den Streit der Meinungen einzutreten und für Ordnung zu sorgen bzw. die Ordnung des Ganzen offenzulegen." (Waap, 2008, S. 343)
[127] Franz-Josef Overbeck spricht diesbezüglich von einer zweifachen Herangehensweise. Zum einen will Pannenberg aus „weltlicher" Perspektive die Gottoffenheit, Ichbezogenheit und Geschichtsverwiesenheit aufweisen. Und zum anderen die offenbarungstheologische Bestimmung des Menschen zur Ebenbildlichkeit Gottes. (Overbeck, 2000, S. 92f)
[128] Pannenberg, 1983, S. 15.
[129] Ebd., S. 15.

Stellung in der Natur. Sündhaftigkeit meint dagegen die faktische Gottesferne des Menschen, dessen eigentliche Bestimmung doch die Verbundenheit mit Gott ist. Sünde ist also als Widerspruch des Menschen mit sich selbst zu begreifen und als innere Zerrissenheit des Menschen zu behandeln. Pannenberg möchte aber gegenüber der traditionellen dogmatischen Anthropologie seine anthropologische Untersuchung als fundamentaltheologisch verstanden wissen, weil sie nicht von dogmatischen Gegebenheiten ausgeht, sondern sich den Phänomenen des Menschseins zuwendet, wie sie von Humanbiologie, Psychologie, Kulturanthropologie und Soziologie untersucht werden, um diese dann auf ihre theologisch relevanten Implikationen zu bedenken.[130] Auf diese Weise gilt es, die atheistische Auffassung vom Menschen mit ihren eigenen Mitteln zu schlagen. „Das kann aber nur gelingen, wenn die eigene anthropologische Arbeit, freilich in theologischer Perspektive, detaillierter und schärfer die Phänomene des Menschlichen herausarbeitet, als es sonst, insbesondere in der religionskritischen Anthropologie, geschehen ist."[131] Diese kann das Wesen des Menschen nämlich gar nicht umfassend erklären, wenn sie von der religiösen Tiefendimension des Menschseins absieht. Pannenberg will also zeigen, dass die Befunde anthropologischer Forschung auf ein Wesen des Menschen schließen lassen, das dem Begriff der Ebenbildlichkeit Gottes in einer Weise entspricht, die es dann theologisch zu explizieren gilt. Dafür gilt es sich diesen Befunden unvoreingenommen zuzuwenden. Und am Anfang dieses Unternehmens steht die Humanbiologie[132], weil sie in der größten Allgemeinheit vom Menschen handelt. Mit dieser beginnt er deshalb seine Untersuchung.[133]

2.2.2 Natur und Bestimmung des Menschen

Der Kern seiner *Anthropologie in theologischer Perspektive* ist die Auseinandersetzung mit den anthropologischen Theorien des 20. Jahrhunderts, welche die Besonderheit des Menschen in der Natur reflektiert. Pannenberg kritisiert sie, nimmt aber die brauchbaren Elemente und ergänzt sie um die theologische Bestimmung des Menschen.[134]

2.2.2.1 Weltoffenheit und Exzentrizität

Über Konrad Lorenz' Begriff der „Selbstdomestikation" des Menschen kommt Pannenberg schnell auf den Begriff der „Weltoffenheit". Dieser wurde von Scheler als die Fähigkeit des

---

[130] Pannenberg, 1983, S. 21. Waap bemerkt, dass Pannenberg, indem er die Wirklichkeit Gottes als „Mutmaßung" voraussetzt, insgeheim das zu vollziehen, was er anderen ankreidet. (Waap, 2008, 340ff) Pannenberg versteht dies allerdings als Hypothese. Das nennt Günter Boss den „Pannenbergschen Trick": „Indem er die theologischen Behauptungen als Hypothesen qualifiziert, kann er ein Doppeltes erreichen: Er kann die ganze Fülle der christlichen Lehre, auch wo sie auf den ersten Blick heute fremdartig und unzugänglich erscheinen mag, ohne Abstriche zur Geltung bringen, indem er gleichzeitig behauptet, dass sie wissenschaftstheoretisch den Status von Hypothesen einnehmen. Er kann dadurch sehr ‚steil' theologisch argumentieren, gleichzeitig gesprächsbereit bleiben gegenüber kritischen Anfragen etwa aus den anderen Wissenschaften". (Boss, 2006, S. 166)

[131] Waap, 2008, S. 333.

[132] Man wundert sich etwas über diese Formulierung. Wie Lebkücher richtig betont sind Scheler, Plessner und Gehlen Philosophen und Soziologen und keine Biologen. Zudem sind ihre Gedanken nicht gerade brandaktuell, sondern aus den 20er Jahren des 20. Jahrhunderts. (Lebkücher, 2011, S. 176) Pannenbergs Beschäftigung mit der Biologie kann also eher als indirekt bezeichnet werden. Er hat sich vor allem mit soziologischen und philosophischen Theorien beschäftigt, die sich teilweise auf biologische Erkenntnisse beziehen. Spätere biologische Theorien behandelt er so gut wie gar nicht. (Lebkücher, 2001, S. 34) Auch die Hirnforschung wird in Pannenbergs Arbeit kaum berücksichtigt. (Ebd., S. 20)

[133] Pannenberg, 1983, S. 22.

[134] Leider unterscheidet er häufig nicht klar zwischen Darstellung und Weiterentwicklung.

24

Menschen verstanden, die eigene Trieb- und Umweltgebundenheit zu transzendieren. Die menschliche Welt beschränkt sich nicht mehr auf seine Umwelt. Er ist nicht mehr (wie die Tiere) kausal von ihr bestimmt. Durch die Fähigkeit, sich von den Dingen um ihn herum zu distanzieren, kann er sich ihnen frei gegenüberstellen und zu ihnen und sogar zu sich selbst ein sachliches Verhältnis entwickeln. Anders als Scheler, dessen Theorie der Triebhemmung durch den Geist ermöglicht wird, beschäftigt sich Plessner mehr mit der menschlichen Selbsttranszendenz. Bei Plessner geht es laut Pannenberg um eine natürliche Existenzform des Menschen, die er im Laufe der Evolution erworben hat.[135] Im Gegensatz zum Tier ist der Mensch bei Plessner durch seine Exzentrizität bestimmt, also durch „die Fähigkeit des Menschen zu sich selbst Stellung zu nehmen, die Fähigkeit der Selbstreflektion, die zugleich die menschliche Fähigkeit begründet, von den Dingen Abstand zu nehmen, sie als Objekte, *als Dinge zu nehmen.*"[136] Diese Exzentrizität oder Weltoffenheit des Menschen ist die Bedingung für sein selbstbewusstes Handeln, das ihn in dieser Traditionslinie vom Tier unterscheidet.[137] Worauf es Pannenberg jedoch ankommt, ist, dass sich durch die Exzentrizität beschreiben lässt, „dass das Wesen des Menschen nicht im Blick auf sein Zentrum, sondern *im Blick auf sein Außen* bestimmt werden muss [...] weil er bei den Dingen der Welt sein kann und sich erst dann auf sich selbst zurückwenden kann, d.h. sich selbst ebenso sachlich betrachten kann."[138] Pannenberg knüpft an Plessners Verständnis von Exzentrizität an, vertieft es aber und deutet es laut Waap letztlich um.[139] Während bei Plessner der Mensch noch sein Zentrum in sich selbst hat, obschon er zwar über sich selbst hinausgehen kann und daher um dieses Zentrum weiß, beschreibt Pannenberg die Natur des Menschen als „Sein beim anderen als einem anderen".[140] Das Zentrum des Menschen hat er nach Pannenberg nicht mehr in sich selber, sondern er muss es außerhalb suchen.[141] In diesem Sinne beschreibt Pannenberg die Bestimmung des Menschen als exzentrisches Wesen, das von Natur aus, in seinem Bewusstsein über sich hinausgreift und als Handelnder in seinem Erfassen eines Gegenstandes diesen immer überschreiten muss:

> Um den einzelnen Gegenstand als diesen einzelnen und also als im Unterschied zu anderen Gegenständen wie auch zu mir selbst erfassen zu können, muss ich schon über den einzelnen Gegenstand hinausgegriffen haben auf eine Perspektive, in der er zusammen mit anderen

---

[135] Ebd., S. 35.
[136] Ebd.
[137] Mit Bezug auf K. Lorenz zeichnet nach Pannenberg die lebenslange Fähigkeit zum Spielen, zum nicht zweckgebundenen Verhalten, die Offenheit und Plastizität den Menschen vor den Säugetieren aus. „Spielend entwickelt er die Fähigkeiten eines zweckfreien Verhaltens, das dann sekundär für beliebige Zwecke eingesetzt werden kann." (Ebd., S. 313) „Im Spiel realisiert der Mensch das Außersichsein seiner exzentrischen Bestimmung. Das fängt beim Symbolspiel des Kindes an und findet seine Vollendung in der Anbetung." (Ebd., S. 328)
[138] Waap, 2008, S. 368f.
[139] Ebd., S. 369.
[140] Pannenberg, 1983, S. 81 u.v.a. Waap bemerkt, dass Pannenberg hier noch nicht, sondern erst wenn er vom Wirken des Geistes spricht, den Terminus „ekstatisch" gebraucht. (Waap, 2008, S. 369) Ein Beispiel: „Das Bewußtsein des Unendlichen als solchen, in seinem Unterschied zu allem Endlichen, ist darin fundiert, daß der Mensch immer schon 'ekstatisch' beim anderen seiner selbst ist. Er kann das andere als solches, nicht nur als Korrelat seines eigenen Triebverhaltens wahrnehmen. So lernt er, ein jedes in seiner Besonderheit vom anderen zu unterscheiden und bildet schließlich gegenüber der ganzen Sphäre des Endlichen, das jeweils durch den Gegensatz zu anderem bestimmt und begrenzt ist, den Gedanken des Unendlichen. In der Erfassung des Endlichen ist immer schon ein unthematisches Bewußtsein des Unendlichen – als des Anderen des Endlichen – mitenthalten. Dessen werden die Menschen gewahr im religiösen Bewußtsein von einer in den endlichen Erscheinungen wirkenden göttlichen Macht." (Pannenberg, 1991, S. 225)
[141] Pannenberg, 1983, S. 515.

überschaubar ist, die also durch ihre Allgemeinheit dem einzelnen Gegenstand übergeordnet ist und ihn zugleich mit anderen zusammen umgreift.[142]

Dieser „Ausgriff auf das Allgemeine", der die Gegenstandswahrnehmung erst ermöglicht, ist noch ohne ausgeprägtes Bewusstsein für irgendwelche Kategorien und erfolgt daher ohne Begrenzung. In dieser Offenheit greift er über alle erfassbaren Gegenstände hinaus. Deswegen, so Pannenberg, muss die Weltoffenheit des Menschen letztlich eine Offenheit über die Welt hinaus bedeuten,

> so daß der eigentliche Sinn dieser Weltoffenheit richtiger als Gottesoffenheit zu charakterisieren wäre, die den Blick auf die Welt erst ermöglicht. [...] Noch im Hinausgehen über alle Erfahrung oder Vorstellung wahrzunehmender Gegenstände bleibt der Mensch exzentrisch, bezogen auf ein anderes seiner selbst, nun aber auf ein Anderes jenseits aller Gegenstände seiner Welt, das zugleich diese ganze Welt umgreift und so dem Menschen die mögliche Einheit seines Lebensvollzuges in der Welt und trotz der Mannigfaltigkeit und Heterogenität ihrer Einwirkung verbürgt.[143]

Die menschliche Fähigkeit zur Sachlichkeit in Bezug auf die Gegenstände in der Welt hat nach Pannenberg also eine „implizit religiöse Tiefenschicht."[144] Durch das Bewusstwerden dieses Zusammenhangs steht der Mensch vor der religiösen Thematik und der Frage, was sein Leben trägt. Im Grunde genommen ist also, so Pannenberg, in jeder Zuwendung zu einem Gegenstand implizit schon etwas von dem vorhanden, was explizit Gegenstand des religiösen Bewusstseins werden kann.[145] Weil seine Antriebe nicht durch ererbte Verhaltensdispositionen festgelegt sind wie bei Tieren, wird der Mensch sich auf die beschriebene Weise selbst zur Frage. Er versucht sich durch Erfahrungen und Orientierung über seine Welt selbst zu verstehen und wird dabei über die endlichen Gegenstände hinausgeführt. Und wenn er sich dessen bewusst wird, „so erfährt der Mensch, daß die Frage nach seiner Bestimmung, die Frage nach sich selbst, *und* die Frage über die Welt hinaus nach dem tragenden Grunde ihres und des eigenen Lebens eine und dieselbe Frage sind."[146]

Ontogenese der Exzentrizität: Grundvertrauen
In der symbiotischen Beziehung zwischen Mutter und Kind sieht Pannenberg den ontogenetischen Ausgangspunkt für die menschliche Exzentrizität und des Selbstbewusstseins. Diese Beziehung dauert beim Menschen mehr als doppelt so lange wie bei anderen Primaten und legt die Grundlage für die Weltoffenheit des Menschen und für sein besonderes Selbstverhältnis.[147] „Vertrautheit mit ‚sich' ist also immer schon vermittelt durch das Vertrauen auf einen bergenden und fördernden Kontext, in dem ich allererst zu mir selbst erwache."[148] Aus dieser Verbundenheit geht das Ur- bzw. Grundvertrauen[149] hervor, das sich zwar anfänglich auf die Mutter und später in der klassischen Rollenverteilung auch auf den Vater als Mittler von Welt und Leben richtet. Später muss es nach der Ablösung von den Eltern zur

---

[142] Ebd., S. 65. Pannenberg bezieht sich an dieser Stelle auf M. Merlau-Pontys *Phänomenologie der Wahrnehmung*.
[143] Ebd., S. 66.
[144] Ebd., S. 69.
[145] Ebd.
[146] Ebd.
[147] Ebd., S. 219.
[148] Ebd., S214.
[149] Pannenberg übernimmt diesen Begriff von Eriksons psychoanalytischer Identitätstheorie.

Neuorientierung kommen, wenn das Grundvertrauen nicht verloren gehen soll. Damit diese Neuorientierung gelingt, ist, so Pannenberg, die christliche Erziehung von Bedeutung. Hier lernt der Mensch, dass Gott „über die begrenzte Tragfähigkeit menschlicher Autorität hinaus unbegrenzte Geborgenheit" schenken kann „und zwar gerade auch in Situationen von Leid, Not und weltlicher Ungeborgenheit."[150] Durch das erlernte Grundvertrauen gewinnt der Mensch seine Exzentrizität, seine Offenheit für die Welt und andere Menschen und damit auch für Gott, ihren Schöpfer. Fehlt ihm dieses Grundvertrauen, verschließt sich der Mensch dagegen in „narzißtischer Regression" gegen die Welt und zieht sich damit auf sein eigenes Ich zurück. „Das Ich, das seine Stabilität doch seinerseits einem wie immer entwickelten oder rudimentären Selbst erst verdankt, wird hier zum vermeintlichen Boden für das Ganze des Lebens, statt umgekehrt sich im Ganzen eines vertrauend bejahten Lebenszusammenhangs geborgen zu wissen."[151] Nach Pannenberg wird das Grundvertrauen also durch die Bezugspersonen vermittelt, richtet sich aber „durch seine Unbeschränktheit" implizit auf eine Instanz, „die die Unbegrenztheit solchen Vertrauens zu rechtfertigen vermag." Solche Erwägungen lassen zwar für sich genommen noch nicht auf die Existenz Gottes schließen, aber sie bewegen sich laut Pannenberg auch nicht „in einer Sphäre bloß gedanklicher Möglichkeiten". Vielmehr haben sie es „mit den *Implikationen* eines fundamentalen Phänomens im menschlichen Verhalten" zu tun. An ihnen zeigt sich, dass die religiöse Frage zum menschlichen Dasein gehört. Diese „Verwiesenheit auf Gott", wie Pannenberg sie nennt, hängt mit der exzentrischen Struktur des Menschen zusammen und konkretisiert sich eben in dieser „Schrankenlosigkeit des Grundvertrauens". Diesem in seiner Natur verankerten Bedürfnis kann sich der Mensch nicht ohne weiteres entziehen, jedenfalls „nicht ohne Ersatzgebilde zu erzeugen". Damit sieht Pannenberg einen konstitutiven Bezug des Menschen auf die religiöse Thematik gegeben.[152]

2.2.2.2 Selbstbewusstsein und Personalität

Eine gewisse Form von Bewusstsein teilt der Mensch laut Pannenberg mit dem Tier oder vielleicht sogar mit allen Lebewesen. Doch erst im Gegenstandsbewusstsein, das sich durch „triebentlastete Sachlichkeit" auszeichnet, scheint es zur Ausbildung des Selbstbewusstseins zu kommen, das den Menschen charakterisiert. Laut Pannenberg bildet sich das Gegenstands-bewusstsein im Spielverhalten von Kindern aus. Durch das „Sein beim anderen als einem anderen" wird sowohl die Unterscheidung verschiedener Gegenstände und ihre Beziehungen zueinander als auch deren Unterscheidung vom eigenen Körper, der bald durch das Indexwort „ich" gekennzeichnet wird, gebildet: „Das durch das Wahrnehmungsbewußtsein vermittelte Sein beim anderen als einem anderen scheint so mit der Unterscheidung der Gegenstände voneinander und vom Ich des eigenen Leibes das Bewußtseinsfeld zu erschließen, in welchem für den Menschen das Grundverhältnis von Ich und Welt seine Konturen gewinnt."[153] Die Einheit des sich verhaltenden Wesens ist also laut Pannenberg nicht einfach vorgegeben, sondern wird erst nach und nach im Verhaltensprozess entwickelt. „Das geschieht in einem

[150] Ebd., S. 220.
[151] Ebd., S. 221.
[152] Ebd., S. 226f. Overbeck stellt die Frage, ob es sich bei dem Versuch Pannenbergs, die religiöse Dimension als zu menschlichen Natur gehörig zu beweisen, nicht um einen „auch theoretisch überall wirksamen Dezisionismus handelt, der voraussetzt, was er hinterher beweisen will". (Overbeck, 2000, S. 108)
[153] Pannenberg, 1991, S. 223.

Prozeß der Identitätsbildung dessen Resultat die jeweilige Gestalt des Selbstbewußtseins ist."[154] Der soziale Rahmen, in dem ein Mensch zur Person heranwächst, könnte für sich genommen noch nicht die Entstehung des Selbstbewusstseins erklären. Dazu braucht es nach Pannenberg die allgemeine Grundstruktur des menschlichen Wesens, „das Sein beim anderen *als* einem anderen".[155]

Im amerikanischen Pragmatismus, insbesondere bei Georg Herbert Mead und dessen Unterscheidung zwischen „I" und „Me", findet Pannenberg den Anknüpfungspunkt für seine Theorie der Identitätsentwicklung. „Das Ich für sich genommen tritt in jedem Augenblick unseres Bewußtseinslebens punktuell auf. Es hat von sich aus keine Kontinuität, sondern verlangt sie erst, indem es durch unser Selbstbewußtsein in die Kontinuität unseres Selbst integriert wird, das uns als Bewußtsein unserer Identität gegenwärtig ist."[156] Das Ich gewinnt seine Identität und Kontinuität erst vor dem Spiegel seines sich entwickelnden Selbstbewusstseins als der Totalität seiner „Zustände, Qualitäten und Handlungen"[157]. Dieses bildet sich erst durch die Unterscheidung von der Mutter in den frühen Entwicklungsstufen der Kindheit und ist erst mit der Sprachentwicklung[158] abgeschlossen. Erst dann kann es durch das Wort „Ich" zu einem Ich-Konzept kommen. Das Ich ist jedoch an den jeweiligen Augenblick gebunden und kann erst durch das sich entwickelnde Bewusstsein des Individuums von seinem Selbst Kontinuität und Identität gewinnen.[159] „Es sei das Selbst, nicht das Ich, bei dem es unmittelbar um die Ganzheit und die Totalität des eigenen Seins gehe. Durch die Identität des Selbst gewinne das Leben des Individuums Stetigkeit und Stabilität, von hierher bilde sich ein stabiles Ich, das Handlungssubjekt sein könne".[160] Das Selbst ermöglicht es dem Ich erst, sich gegenüber dem „Du" und der Gruppe zu emanzipieren. Pannenberg nennt dies die „Transzendenz des Selbstseins über seine soziale Situation" und verbindet ihn mit dem unbegrenzten Grundvertrauen, das sich über die Bindung an die Mutter hinaus auf Gott bezieht.

> Dieser Gottesbezug ist auch mit der Ganzheitsthematik des Selbstseins eng verbunden, insofern diese über das Fragmentarische nicht nur in dem jeweiligen Gegenwartsmoment vorhandenen Realität des Individuums hinausweist, sondern auch über das irdische Leben angesichts seines Abbruchs im Tode hinaus im Ausblick auf seine jenseitige Vollendung. Weil das Selbstsein letztlich im Gottesbezug begründet ist, kann die Person ihrer sozialen Situation frei gegenübertreten.[161]

Spätestens an dieser Stelle geht Pannenberg von philosophischer zu theologischer Reflexion über. Es zeigt sich, dass Personalität für Pannenberg ein theologischer Begriff ist, der nicht von dem Konzept des Selbstbewusstseins abhängt. „Personalität ist [...] zu bestimmen als Gegenwart des Selbst im Ich."[162] Dass der Mensch Selbstbewusstsein hat, macht ihn noch nicht zur Person. Er verliert auch seine Personalität nicht, wenn er kein Selbstbewusstsein mehr hat

---

[154] Pannenberg, 1983, S. 153.
[155] Ebd., S. 153.
[156] Pannenberg, Wolfhart, Christliche Anthropologie und Personalität, S. 160.
[157] Pannenberg, 1983, S. 214.
[158] Ebd.
[159] Ebd. Waap kritisiert die Voranstellung des Selbst vor dem Ich bei Pannenberg. Siehe Waap, 2008, S. 404-409.
[160] Overbeck, 2000, S. 148
[161] Pannenberg, 1983, S 234.
[162] Ebd., S.230.

oder es noch nicht vorhanden ist. „Personalität ist begründet in der Bestimmung des Menschen, die seine empirische Realität immer übersteigt."[163] Eine Person zeigt sich im gegenwärtigen Ich nur als das „Antlitz" dessen, was noch auf dem Wege zu sich selbst und seiner Bestimmung ist.[164] „Die die Beschränktheit des jeweiligen Lebensmoments unendlich übersteigende Ganzheit des Selbst kommt zur gegenwärtigen Erscheinung als Personalität. Person ist der Mensch in seiner Ganzheit, die das Fragmentarische seiner vorhandenen Wirklichkeit überschreitet."[165] Das was man selbst von sich und von anderen sehen kann, ist immer nur ein Ausschnitt aus einer noch unabgeschlossenen Geschichte. Darin sieht Pannenberg die Personenwürde begründet.[166] Während sich das Selbstbewusstsein erst im Laufe der Zeit entwickeln muss, ist der Mensch doch von Anfang an Person.[167] Diese Aussage überschreitet jede empirische Beschreibung, da es bei der Personalität des Menschen um die Bestimmung zur „Ganzheit seines Selbstseins" geht. Die Person in dieser Ganzheit ist dadurch ausgezeichnet, dass sie durch ihre offene Bestimmung auf Gott bezogen und ihre wahre Gestalt erst nach dem Tod zeigen wird. „Die Menschen sind Pannenberg zufolge noch unterwegs zu sich selbst. Aber Person sind sie schon, obwohl nicht in derselben Weise, wie sie ein Ich sind."[168] Und woher weiß man, dass es so etwas wie Personalität überhaupt gibt? Nach Pannenberg wird sie am anderen erfahren als „das Geheimnis des Insichseins", das nicht äußerlich wahrnehmbar ist. Trotz psychologischer Verhaltenserklärungen bleibt immer der letzte Ursprung der Freiheit des anderen unerklärlich. Die so begegnende personenhafte Wirklichkeit erinnert an den eigenen Grund des Daseins, weshalb die Begegnung mit einer anderen Person, mit einem „Du", dazu Anstoß geben kann, der eigenen Personalität gewahr zu werden.[169]

> Person ist jeder Mensch in seiner leibseelischen Ganzheit, so wie sie im jeweils gegenwärtigen Augenblick seines Daseins zur Erscheinung kommt. Der Ganzheitsbezug ist mit der Personalität verbunden, weil Person im modernen Verständnis gerade nicht eine austauschbare Rolle meint, sondern den Menschen selbst. Beim Selbstsein aber geht es um die Identität im Ganzen des eigenen Lebens. Das gilt auch von seiner zeitlichen Erstreckung. Darum ist unsere Lebensgeschichte unser Selbstsein nie schon abschließend zur Erscheinung gekommen. Es ist noch nicht heraus, wer wir eigentlich sind, und doch existieren wir immer schon als Personen. Das ist nur möglich im Vorgriff auf die Wahrheit unseres Daseins, die uns gegenwärtig ist durch den Geist im Medium unseres Lebensgefühls.[170]

Die Ganzheit der Person ist letztendlich nur Gott als Schöpfer zugänglich. Doch hat der Mensch einen gewissen Zugang durch sein Lebensgefühl: „Im Gefühl sind wir mit uns selbst im Ganzen unseres Seins vertraut, ohne schon eine *Vorstellung* unseres Selbst zu haben oder ihrer zu bedürfen."[171] Im Gefühl ist auch der Ort der „präreflexiven Vertrautheit" des Menschen mit seiner Umwelt. In den verschiedenen Beziehungen zu anderen Menschen und in den ver-

---

[163]   Ebd., S. 227f.
[164]   Ebd., S. 234.
[165]   Ebd., S. 228.
[166]   Die Berufung auf das Majestätsrecht Gottes stellt die Unantastbarkeit der Menschenwürde auf eine aller menschlichen Willkür entzogene Basis." (Ebd., S. 235)
[167]   Pannenberg, Der Mensch als Person, S. 164.
[168]   Cristescu, 2003, S. 48.
[169]   Pannenberg, 1991, S. 228.
[170]   Ebd., S. 230.
[171]   Pannenberg, 1983, S. 244.

schiedenen Rollen, die ein Mensch einnimmt, zeigt sich darüber hinaus auch schon die Besonderheit der Persönlichkeit. Auch wenn das Personsein die besonderen Lebensumstände übersteigt, weil Gott doch letztlich die Quelle ihrer Integrität ist, können doch bestimmte Begegnungen und Lebenssituationen zum Aufruf werden, „in der Annahme der Besonderheit des eigenen Daseins selber Person zu sein". Dann prägt sich in ihnen die „Endgültigkeit des von Gott her begründeten Selbstseins in seinen Besonderheiten aus. So vollzieht sich in der Personengegenwart die Integration der eigenen Lebensmomente in die Identität authentischen Selbstseins."[172] Nur in der Verwirklichung seiner Person im Sinne der Antizipation seiner Bestimmung findet der Mensch sein Gleichgewicht. So bleibt ihm sein Selbst nicht als zukünftig entfernt und unzugänglich, sondern „er antizipiert es wirklich in seiner Gegenwart und verwirklicht sich als Person."[173] Hier wird deutlich, dass Pannenberg das Ganze durch sein zeitliches Fragment als gegenwärtig denkt. Es ist nämlich nicht so, dass das Fragment bei Pannenberg „entwirklicht" werden soll. Das Fragment ist vielmehr der *„Präsenzort des Ganzen,* d.h. es partizipiert damit an dessen Wahrheit."[174]

Pannenberg betont mit seinem Konzept der Person das Werden und die Bestimmung des Menschen. Die Unabgeschlossenheit des Lebens kommt damit in den Blick, sowie die Bewahrung der einzelnen Lebensgeschichte auf dem Weg zur Ganzheit. Pannenberg untersucht die Phänomene von der Perspektive dieser Ganzheit aus und nicht vom „Ich, das um den eigenen Selbstentwurf und die eigene Selbstdeutung ringt."[175]

2.2.2.3 Gottesebenbildlichkeit als Bestimmung

Die Unabgeschlossenheit des menschlichen Lebens spielt auch bei Pannenbergs Konzeption des Menschen als Ebenbild Gottes eine Rolle. In Anlehnung an Herder denkt Pannenberg die Gottesebenbildlichkeit als Bestimmung des Menschen[176], aber sie gehört anders als bei Herder für Pannenberg als inneres Moment zur menschlichen Natur. Der Mensch ist „nie schon fertiges Subjekt, sondern Thema der Geschichte, in der er erst wird, was er doch schon ist."[177] Weil das Subjekt im Werden begriffen ist, sind sowohl die Personalität des Menschen als auch seine Bestimmung zur Gottesebenbildlichkeit ein noch offener Prozess. „Was der Mensch letztendlich sein wird, steht noch aus so wie die Vollendung der Geschichte."[178] Deswegen kann auch der Begriff des Handelns nach Pannenberg nicht als anthropologischer Grundbegriff verstanden werden, da er bereits die Identität des Handelnden voraussetzt. Er ist daher ein abgeleiteter Begriff, der sich aus der Bestimmung des Menschen ergibt, „die als Auftrag Gottes an ihn in der Gottesebenbildlichkeit begründet liegt."[179] Die Gottesebenbildlichkeit kann der

---

[172] Pannenberg, 1991, S. 230.
[173] Cristescu, 2003, S. 48.
[174] Waap, 2008 S. 411.
[175] Ebd., S. 415.
[176] Pannenberg betont, dass in Gen 1,26f nicht steht, dass der Mensch als Ebenbild Gottes geschaffen ist, sondern „gemäß" oder „in" dem Bilde Gottes geschaffen. „Dieses Bild scheint also vom Menschen verschieden zu sein. Erst in Jesus Christus ist das Ebenbild Gottes dann wirklich geschichtlich erschienen, auf das hin der Mensch von Anfang an schon angelegt war. Mit anderen Worten: Mit Jesus Christus ist die ‚Bestimmung' des Menschen erschienen." (Pannenberg, Anthropologie in theologischer Perspektive, S. 98)
[177] Pannenberg, 1991, S. 262f.
[178] Kaufner-Marx, 2007, S. 96.
[179] Ebd., S. 97.

Mensch als Ziel und der Zweck seines Lebensprozesses nicht aus eigener Kraft erreichen.[180] Nur in der Beziehung zu Gott kann der Mensch zu sich selber kommen. „In Aufgeschlossenheit für das göttliche Geheimnis seines Lebens wahrhaft er selbst zu sein als Person in freier Zuwendung zur Welt und zu den Mitmenschen, das ist die Bestimmung des Menschen, seine immer noch unverwirklichte Zukunft, die ihm nur von Gott her zu kommt."[181] Pannenbergs Verständnis der Gottesebenbildlichkeit kann nur von seiner Konzeption von Ganzheit und Antizipation her richtig verstanden werden:

> Nur indem der Mensch auf die Geschichte seiner Antizipationen hin geschaffen ist, die auf das Endziel der vollen Verwirklichung des Gottesbildes in ihm ausgerichtet ist, und nur indem in seinem Leben das Ganze, das Ende, das Gottesbild gegenwärtig ist, durch die antizipatorische Struktur des Seins, ist der Mensch das Ebenbild Gottes. In seiner natürlichen Struktur als exzentrisches, über sich hinausgehendes Wesen, als Wesen der Antizipation hat der Mensch die Anlage, die ihn zum Bild Gottes schon im Hier und Jetzt macht. Eine Anlage, die immer über sich hinaus weist – auf ihre Aufhebung in der Vollendung, die volle Realität und Identität des Gottesbildes.[182]

Das bedeutet, dass der Mensch zwar zu jedem Zeitpunkt seines Lebens das Bild Gottes ist, allerdings nicht immer im gleichen Maße. Zu Beginn des menschlichen Lebens kann die Ähnlichkeit noch unvollkommen sein und auch durch die Sünde noch zunehmend entstellt werden. Trotzdem geht die Ebenbildlichkeit als Bestimmung des Menschen nicht verloren. Doch erst „in der Gestalt Jesu, so sieht es die christliche Anthropologie, ist das Gottesbild in voller Klarheit zur Erscheinung gekommen."[183]

2.2.2.4 Jesus als Ziel der Bestimmung des Menschen

Die Bestimmung des Menschen ist für Pannenberg die Gemeinschaft mit Gott. Denn die Exzentrizität, zu der der Mensch bestimmt ist, ist über die Mitmenschen und Welt hinaus auf Gott bezogen und ist als eschatologisches Ziel in Jesus Christus, der die vollkommene Gemeinschaft von Gott und Mensch in der Geschichte verkörpert hat, schon verwirklicht. Nach Pannenberg war Jesus Christus gerade nicht deshalb das vollkommene Ebenbild Gottes, weil er versuchte, sich Gott gleich zu machen, sondern weil er sich von Gott dem Vater und den Vater von sich unterschied und so gerade Gott als den Vater offenbarte. Durch diese Selbstunterscheidung verwirklicht der Sohn das Vatersein Gottes, sodass „nur in der Beziehung zu ihm der Vater von Ewigkeit her Vater und Gott ist." Indem nun der Mensch Jesus in dieser Selbstunterscheidung zum Vorbild nimmt, „kommt der ‚Gott entsprechende Mensch' zum Vorschein, der als Ebenbild Gottes zur Gemeinschaft mit ihm bestimmt ist."[184] Mit der Selbstunterscheidung des Sohnes vom Vater im Geist macht Pannenberg das innertrinitarische Sein Gottes als Vorbild aus. Als selbstständiges, sich bewusst von Gott unterscheidendes Wesen soll sich der Mensch *frei* auf Gott beziehen können. Dieses kann durch den Geist geschehen, der dem Menschen Anteil an der Sohnschaft Jesu schenkt. Durch den „Geist der Sohnschaft will der Sohn Gottes in allen Menschen personbildende, ihr Dasein integrierende

---

[180] Ebd., S. 93.
[181] Pannenberg, Der Mensch – Ebenbild Gottes?, S. 69f.
[182] Waap, 2008, S. 381.
[183] Pannenberg, 1991, S. 249.
[184] Ebd., S. 265.

Macht werden."[185] Indem der Mensch seine eigene Endlichkeit in Selbstunterscheidung von Gott annimmt, wird dem Menschen die freie Gemeinschaft mit Gott geschenkt.

Die Ebenbildlichkeit ist zwar Bestimmung des Menschen, kann aber nicht durch eigenes Handeln verwirklicht werden. Wenn der Mensch sich nun selbst zum Gott macht und versucht, die Gottgleichheit an sich zu reißen, „'wie einen Raub' (Phil 2,6), - sei es auf dem Wege des religiösen Kultus oder auch im Gegenteil durch Emanzipation von aller religiösen Bindung" dann verfehlt er gerade seine Bestimmung. Nur wenn der Mensch anerkennt, dass er nicht Gott ist und sich in seiner Endlichkeit als Gottes Geschöpf versteht, lebt er seiner Bestimmung entsprechend und gibt damit Gott „die Ehre seiner Gottheit, indem er ihn von allem Endlichen unterscheidet."[186] Nach Pannenberg liegt in der menschlichen Unterscheidung von Gottes Unendlichkeit und allem Endlichen der „höchste Ausdruck der Fähigkeit" vor, „zu unterscheiden und beim andern seiner selbst zu sein." Dem Menschen wird damit bewusst, was alles Endliche und damit auch sich selbst bestimmt: „vom Unendlichen und daher auch von anderem Endlichen verschieden zu sein."[187] Aus dieser Erkenntnis folgt aber laut Pannenberg noch nicht, dass die Menschen ihre Endlichkeit auch annehmen. „Vielmehr leben die Menschen gewöhnlich im Aufstand gegen die eigene Endlichkeit und trachten, ihr Dasein unbegrenzt zu erweitern: Sie wollen sein wie Gott".[188]

Pannenberg will in seinen trinitarischen Überlegungen über die drei Personen des einen Gottes auch eine entscheidende Gemeinsamkeit zur menschlichen Personalität aufzeigen: Die trinitarischen Personen teilen die Bezogenheit auf andere Personen und gewinnen dabei ihr Selbstsein außerhalb ihrer selbst und haben nur so als persönliches Selbst ihr Dasein.[189] Allerdings unterscheiden sie sich darin von menschlichen Personen, dass die Personalität des Menschen anderes als die trinitarische nicht nur durch die feste Beziehung zu zwei anderen Personen konstituiert wird. Außerdem wird die Identität eines Menschen nie vollkommen durch seine Beziehungen zu anderen bestimmt und darum fallen auch „im menschlichen Selbstbewußtsein Ich und Selbst auseinander."[190] Die Beziehungen der trinitarischen Personen bestimmen dagegen vollkommen ihr Dasein als Personen, theologisch gesprochen als Hypostasen, sodass „sie außerhalb dieser Beziehungen gar nichts sind."[191]

In seiner Gottesebenbildlichkeit ist der Mensch also durch seine Selbstunterscheidung von Gott dazu bestimmt, den Sohn in seinem Leben menschliche Gestalt annehmen zu lassen, wie es definitiv in der Inkarnation Jesu geschehen ist. Diese ist laut Pannenberg im eigentlichen Sinne kein übernatürliches Ereignis, weil sie der Natur des Geschöpfes und besonders des Menschen entspricht. In ihr kommt das menschliche und geschöpfliche Dasein zur Vollendung: in seiner

---

185 Pannenberg, 1990, S. 358.
186 Pannenberg, 1991, S. 264.
187 Ebd., S. 38. Vgl. Pannenberg, 1983, S. 59ff., 63ff.
188 Pannenberg, 1991, S. 38. Vgl. Pannenberg, 1983, S. 59ff., 63ff.
189 Pannenberg bemerkt: „Historisch sind diese Züge menschlicher Personalität sogar erst im Lichte der Trinitätslehre entdeckt worden, durch Übertragung ihres durch Relationen zu anderen konstituierten Personbegriffs auf die Anthropologie." (Pannenberg, 1988, S. 465)
190 Pannenberg, 1988, S. 465.
191 Ebd.

Unterschiedenheit von Gott, aber gerade darin in der Bestimmung zur Gemeinschaft mit Gottes eigenem Sein zu einer antizipatorischen Vollendung.[192]

2.2.3 Der Mensch als zeitliches Wesen

2.2.3.1 Geschichte und Antizipation

Gott als die alles bestimmende Wirklichkeit wird bei Pannenberg nicht nur räumlich als unendlich gedacht, sondern auch zeitlich. Die Schöpfung dagegen ist räumlich und zeitlich begrenzt. Zwischen ihrem Anfang und ihrem Ende spielt sich die Geschichte ab. Von dem Ganzen kann erst gesprochen werden, wenn seine Geschichte zu einem Ende gekommen ist. Die Sicht auf das Ganze ist die Perspektive Gottes, was aber nicht bedeutet, dass er nicht auch im Zeitverlauf wirksam sein könnte. Gottes Ewigkeit bildet den „Konstitutionsgrund der Zeit, nämlich die Bedingung des Zusammenhangs in der Abfolge ihrer Momente.“[193] Für Pannenberg ist Gott „nicht nur der Schöpfer, sondern auch der Vollender des Seins. Er umgreift das ganze Sein und bestimmt es dazu, dem Ende der Geschichte und damit seiner eigenen Ganzheit entgegenzulaufen.“[194] Hinter dieser dynamischen Auffassung vom Sein der Geschöpfe steht Pannenbergs Ontologie, die er in Anlehnung an Heidegger[195] und Dilthey entworfen hat und die sich beschreiben lässt als: „rückwirkende Konstitution des Wesens der Sache, die im Werden ist, von dessen Ende her.“[196] Daraus folgt die Pannenbergs Wahrheitskonzept entsprechende Relativierung der menschlichen Erkenntnis: Alles Wissen kann nur vorläufig sein, weil sich erst am Ende die Wahrheit herausstellen wird. Aus dieser Situation ergibt sich der Konkurrenzkampf der Weltanschauungen und Religionen und aus dieser Ontologie lässt sich auch das Prinzip der Antizipation verstehen:

> Die Antizipation ist ‚noch‘ nicht in jeder Hinsicht identisch mit der antizipierten Sache; sie ist noch dem Risiko der Unwahrheit, des Scheiterns ausgesetzt. Aber unter Voraussetzung des künftigen Inerscheinungtretens der Sache in ihrer Vollgestalt ist in der Antizipation die Sache schon anwesend.[197]

Auch die ekstatische Selbstüberschreitung des Menschen als Geschichtswesen ist laut Pannenberg durch die Zeitstruktur bestimmt. Dies beschreibt er durch den Begriff der Antizipation. Zwar sind alle Geschöpfe auf die Zukunft ausgerichtet, aber nur der Mensch unterscheidet das Zukünftige von der Gegenwart bewusst als zukünftig. Ähnlich wie der Mensch also seine Umwelt und andere von sich unterscheidet, kann er auch Zukunft und Gegenwart unterscheiden.[198] Er ist mit einem zeitüberbrückenden Bewusstsein ausgestattet, das seine Kontinuität aus der Antizipation gewinnt: „Die beständige Antizipation der Zukunft bewahrt nicht nur [davor], daß die Kontinuität des Bewußtseins durch jede eintretende Veränderung wieder zerstört wird, sondern läßt auch im Gegenwärtigen und Vergangenen

---

[192] Pannenberg, 1991, S. 266.
[193] Pannenberg, 1993, S. 487.
[194] Waap, 2008, S. 354.
[195] Der Gedanke der Antizipation ist in Pannenberg Denken von großer Bedeutung. Von Heidegger übernimmt Pannenberg den Gedanken, dass das Dasein in seiner Ganzheit nur in der Vorwegnahme seines Endes wahrgenommen werden kann, verwirft allerdings die Absolutheit des Todes. (Cristescu, 2003, S. 98f)
[196] Pannenberg, 1997, S. 77.
[197] Ebd., S. 75.
[198] Pannenberg, 1983, S. 510.

mitsehen, was die wahrgenommenen Dinge in sich selber noch nicht sind, sondern erst werden oder doch werden können." [199] Anders als aus der Perspektive der Ewigkeit Gottes ist die erlebte Dauer im zeitüberbrückenden Gegenwartsbewusstsein des Menschen nicht nur durch die begrenzte menschliche Lebenszeit beschränkt, sondern auch dadurch, dass das menschliche Zeitbewusstsein das Ganze seines Lebens „nur im Ausgriff auf Vergangenes und Künftiges und auch so nur fragmentarisch in bestimmter Gestalt erfasst wird." Gott dagegen lebt in ewiger Gegenwart und hat deshalb weder Erinnerung noch Erwartung. [200] Eine ferne Entsprechung zwischen dem „stehenden Jetzt" der Ewigkeit Gottes und dem „fließenden Jetzt" der Menschen findet Pannenberg in der Dauer des geschöpflichen Daseins und besonders des menschlichen Bewusstseins der eigenen Dauer im Fluss der Zeit.[201] In diesem Bewusstsein versucht der Mensch sich der Ganzheit und Identität seines Lebens zu vergewissern. Er kann sie aber nur in der Teilhabe an Gottes ewiger Gegenwart finden. Der Mensch als Sünder versucht, seine Identität und Ganzheit auf das Ich der Gegenwart zu begründen, aber er muss scheitern, „weil im Fluß der Zeit jedes Jetzt von einem anderen überrollt wird."[202]

Wie kann der Mensch in seiner geschichtlichen Verfasstheit Gott erfahren? Laut Pannenberg offenbart sich Gott in der Geschichte (also auch in der Naturgeschichte) selbst und wird in besonderer Weise durch die biblischen Schriften bezeugt, die ihre Kontinuität nicht aus der „eindimensionalen, logischen Übereinstimmung aller Aussagen" bezieht, „sondern in der Kontinuität der Gottesgeschichte, die von den ersten Anfängen Israels durch alle Wandlungen hindurch bis zum Christusgeschehen des Neuen Testaments verläuft."[203] Der Mensch kann als zeitliches Wesen Gott in der Geschichte nicht ohne weiteres erkennen. Er braucht dazu eine Offenbarung, die sich „quer zu der sich vollziehenden Geschichte stellt und diese allererst als Offenbarung qualifiziert."[204] Genau dies geschieht durch das biblisch offenbarte Christusgeschehen, in dem laut Pannenberg das Ende der Geschichte schon vorweggenommen ist: „Im Geschick Jesu ist also indirekt Gott offenbar. Die apokalyptische Erfüllung seiner Herrlichkeit im Ergehen des Endgerichts ist hier vorwegereignet."[205] Im Blick auf Christus wird die Antizipation zur Prolepse umgeformt: Nur „hier ist Antizipation reale Vorausereignung"[206] und damit „das Endgültige gegenwärtig mitten in der Relativität und im Fluß der Geschichte, freilich nicht auf endgültige Weise, sondern in der Form der Antizipation".[207]

Der Geschichte als Wissenschaft kommt bei Pannenberg eine besondere Bedeutung zu. Denn sowohl in der einzelnen Lebensgeschichte als auch in der Geschichte der Völker und Staaten; der menschliche Lebensvollzug konkretisiert sich immer in der *Geschichte*. Sie ist das *principium individuationis*[208], verglichen mit ihr sind die Zugänge der Humanbiologie, Soziologie und Psychologie nur abstrakte Annäherungen an die Wirklichkeit. Auch wenn die

---

[199] Ebd., S. 510.
[200] Pannenberg, 1993, S. 645.
[201] Ebd., S. 644.
[202] Ebd., S. 645.
[203] Pannenberg, „Das Wirklichkeitsverständnis der Bibel", S. 19f.
[204] Waap, 2008, S. 356.
[205] Pannenberg, 1961, S. 94.
[206] Pannenberg, 1997, 70.
[207] Pannenberg, 1983, S. 501f.
[208] Ebd., S. 472.

Geschichtswissenschaft noch selektiv von der konkreten Lebenswirklichkeit abstrahieren muss, kommt sie unter allen Disziplinen, die sich mit dem Menschen beschäftigen, der erlebten Wirklichkeit des Menschen am nächsten[209], weil sie „vom konkreten Lebensvollzug der Individuen und ihrem Zusammenwirken im Prozeß der Geschichte" handelt.[210] Die Anthropologie behandelt dagegen die allgemeinen Strukturen des Menschseins, sie untersucht die menschliche „Natur", „während die Geschichtsphilosophie gerade nicht eine immer gleiche Natur des Menschen, sondern den Prozeß seines Werdens auf seine ‚Bestimmung' hin thematisiert."[211] In der Geschichte wird aus den vielen Möglichkeiten die Wirklichkeit des gelebten Lebens. Gleichzeitig ist sie der Bezugsrahmen, der allerdings durch die „Unabgeschlossenheit des Geschichtsprozesses"[212] offen bleibt und auf das Ganze hinweist, welches Thema der Religion ist. Deshalb läuft die geschichtswissenschaftliche Betrachtung bei Pannenberg auf eine religionsphilosophische bzw. theologische hinaus. Damit geht Pannenberg wieder einmal fließend von einem philosophischen zu einem christlichen Paradigma über.[213]

Das Wissen um die eigene Geschichtlichkeit hat sich selber erst im Laufe der Zeit entwickelt und hängt mit der jüdisch-christlichen Zeitvorstellung zusammen, die sich schließlich in der Adam-Christus-Typologie von der Vergangenheitsausrichtung in eine Ausrichtung auf die Zukunft entwickelt. „Die christliche Auffassung des Menschen als Geschichte vom ersten zum neuen und letzten Adam löst den philosophischen Begriff einer zeitunabhängigen Wesensnatur des Menschen in Geschichtlichkeit auf oder vielmehr in die Bewegung dieser konkreten Geschichte."[214]

2.2.3.2 Der christliche Gedanke der Geschichtlichkeit des Menschen

Nach Pannenberg wurde die christliche Auffassung der Geschichtlichkeit des Menschen durch die christliche Urstandlehre verstellt und kam erst zur Geltung, als diese Dank der historisch-kritischen Interpretation abgebaut wurde. Die Rolle des Menschen in der Welt und im Kosmos wurde in der biblischen Urgeschichte mythisch begründet:

> Adam ist sowohl der erste Mensch als auch der Mensch schlechthin. Seine Geschichte wiederholt sich in allen menschlichen Individuen und bildet den Schlüssel zur Erklärung der erklärungsbedürftig erscheinenden Eigentümlichkeiten menschlichen Daseins [...] Mögen die biblischen Schöpfungsgeschichten auch keine eigentlichen Mythen mehr sein, sondern eher ätiologische Sagen, so ist ihre Vorstellungsform doch deutlich die des Mythos: Die Grundzüge des menschlichen Lebens werden in Begebenheiten der Urzeit verankert.[215]

Doch das christliche Bild des Menschen bleibt nach Pannenberg nicht bei der Beschreibung des Ursprungs der Menschheitsgeschichte stehen. Im Neuen Testament versteht Paulus das Erscheinen Jesu Christi als Ablösung der bisherigen Form des Menschseins durch eine neue endgültige Gestalt, dem alle Menschen gleichgestaltet werden sollen (Röm 8,29). Während Adam als erster Mensch irdisch und sterblich geschaffen ist, bezeichnet Paulus den auferstandenen Jesus als den zweiten und letzten Menschen, der himmlisch und unsterblich

---

[209] Ebd.
[210] Ebd., S. 22.
[211] Ebd., S. 475.
[212] Ebd., S. 433.
[213] Waap, 2008, S. 436.
[214] Pannenberg, 1983, S. 485f.
[215] Ebd., S. 483.

35

geschaffen ist. Dieser neue Mensch ist das Ebenbild Gottes, zu dem der Mensch bestimmt ist.[216] Die natürlichen Bedingungen, aus denen sich der Mensch entwickelt, bilden nach Pannenberg also nur die Ausgangslage der konkreten Geschichte, in der sich das Wesen des Menschen erst noch zeigen wird. Diese Ausgangslage ist durch eine Offenheit über das Vorhandene hinaus gekennzeichnet. Von der möglichen Vollendung aus gesehen, also theologisch betrachtet, ist es eine Offenheit auf eben diese Vollendung hin. Aber von der offenen Ausgangslage her betrachtet, ist der Inhalt jener zukünftigen Bestimmung noch nicht festgelegt und garantiert. So kann die geschichtliche Einmaligkeit des Heilsgeschehens durch Jesus Christus als Bestimmung der Offenheit der menschlichen Ausgangslage betrachtet werden, jedoch erst „im Lichte ihrer zukünftigen Erfüllung als Bestimmung auf jene zukünftige Vollendung".[217] Damit wird der Mensch die individuelle Geschichte auf Christus hin: „Nichts ‚Greifbares', nichts ‚Natürliches' bestimmt mehr den Menschen, sondern allein seine die zeitdurchgreifende Beziehung zu Gott, in einem eschatologischen Lebensgefälle."[218]

Die Vollendung des Menschen zu seiner Bestimmung als neuer Mensch wird nicht vom Menschen selbst erreicht. „Der Antagonismus individueller und kollektiver Zielsetzungen, die Kontingenz von der Macht des Menschen nicht zugänglichen oder nicht voraussehenden Widerfahrnissen und Nebenfolgen menschlichen Handelns, die Begrenztheit seiner Ressourcen und der Handlungsmöglichkeiten selber verhindern das."[219] Sollte die menschliche Geschichte ein Entwicklungsprozess zur vollendeten Humanität sein, geschieht das für Pannenberg durch göttliche Vorsehung. Dabei soll diese nicht als Determination verstanden werden oder die Beteiligung menschlichen Handelns ausschließen. Die Antizipation der Ganzheit menschlicher Identität kann vielmehr zum Orientierungsrahmen der Zielsetzungen menschlichen Handelns werden.[220]

2.2.3.3 Gefühl als Zugang zur Ganzheit

Auch hinsichtlich der Identitätsfrage spielt die Antizipation eine Rolle. Immer wenn die Geschichte einer Person als „Identitätspräsentation"[221] gebraucht wird, ist die Geschichte auch noch nicht abgeschlossen. Das bedeutet, dass auch der Entwicklungsprozess der Identität der betreffenden Personen „noch nicht schlechthin beendet sein kann." Erst durch den Tod kann die Bedeutung der einzelnen Teile für das Ganze bestimmt werden. „Wenn dennoch ‚Identitätspräsentation' im Rückblick auf eine Entstehungsgeschichte, aber mitten im weitergehenden Strom des Geschehens möglich ist, dann nur durch Antizipation."[222] Wie aber kann der Mensch antizipieren? „Der primäre Zugang zu jenem nur im Fragment gegebenen Ganzen liegt im Gefühl".[223] Im Gefühl liegt der Zugang zum eigenen Selbst, also des

---

[216] „So ist auch erst Jesus Christus, der eschatologische Mensch, nach Paulus das Ebenbild Gottes (2 Kor 4,4), von dem der erste der beiden biblischen Schöpfungsberichte spricht (Gen 1, 27). Daneben begegnet allerdings bei Paulus auch noch die traditionelle Auffassung, wonach laut Gen 1,27 die Gottesebenbildlichkeit den Menschen immer schon auszeichnet" (Pannenberg, 1983, S. 485)

[217] Pannenberg, 1983, S. 486.

[218] Waap, 2008, S. 437.

[219] Pannenberg, 1983, S. 500f.

[220] Ebd.

[221] Die bisherigen Taten stellen die Identität einer Person dar und beschreiben, wer sie ist.

[222] Ebd., S. 496.

[223] Ebd., S. 503.

präreflexiven Vertrautseins mit dem eigenen Leben, aber auch mit der symbiotischen Lebenssphäre, d.h. seinem Lebenskontext. Daraus entsteht auch das Gefühl von Sinn: Der Mensch erlebt die „Bedeutung der Dinge und Gegebenheiten als Teile von Ganzheiten",[224] die durch diese repräsentiert werden.

> Der primäre Zugang zu jenem nur im Fragment gegebenen Ganzen liegt im Gefühl. Zeigte sich doch das Gefühl als der Ort einer präreflexiven Vertrautheit des Menschen mit dem Ganzen nicht nur des eigenen Lebens, sondern auch seiner symbiotischen Sphäre. In allen Modifikationen des Gefühls-lebens, der Stimmungen und Affekte, gerade auch in den privaten Gefühlen der Einsamkeit, der Angst, des Hasses, der Sinnlosigkeit und Verlorenheit läßt sich der Bezug auf die Ganzheit des Lebens als konstitutiv nachweisen.[225]

Das Ganze ist dem Menschen meistens zwar nicht bewusst, aber es bekundet sich im Gefühl. In Anlehnung an Schleiermacher geht es Pannenberg dabei nicht um einzelne Empfindungen, sondern um den menschlichen Ganzheitsbezug. „*Das Gefühl* ist gleichsam die Sphäre präreflexiver Vertrautheit, *der Präsenzort des Ganzen* im Leben der Einzelperson."[226] Auf diesem Hintergrund unterscheidet Pannenberg zwischen positiven und negativen Affekten. Positive Affekte wie Freude und Hoffnung aktivieren das Grundgefühl. „In ihnen ist das Individuum nicht primär ichzentriert, sondern ekstatisch hingerissen und hingegeben."[227] Pannenberg spricht von „Einsfühlung", in der sich das Individuum vergisst und so in der Ganzheit aufgehoben wird. Beispiele dafür sind „die Entrücktheit des Kindes beim Spiel", „das Verhalten der Massenseele" aber auch einige „religiöse Erscheinungen" und „geschlechtliche Vereinigung".[228] In den positiven Affekten ist der Mensch eins mit sich, d.h. nach Pannenberg mit seinem Selbst identisch und in Selbstvertrautheit von seinem Ego befreit. Die negativen Affekte dagegen binden den Menschen an sein Ich. In Angst, Traurigkeit oder Hochmut ist er „vor allem um sich selbst bekümmert" oder, wie Luther sagt, in sich verkrümmt *(homo incurvatus in seipso)*.[229] In negativen Emotionen ist der Mensch also gerade nicht im Einklang mit sich. Entweder versucht er ihn vergeblich selbst herzustellen oder aber sich durch Zerstreuung zu entfliehen. „Anders ausgedrückt, diese negativen Affekte sind die Symptome der Nichtidentität des Ich mit dem Selbst, weil die Identität, das Sein als ein auf das Ganze bezogenes, exzentrisches, verleugnet und verneint wird."[230] Die Gefühlswelt des Menschen ist also direkt mit seinem Selbst verbunden, d.h. im Lebensgefühl zeigt sich sein Selbstverhältnis. Im Unterschied zu den einzelnen Empfindungen und Emotionen bezieht sich dieses Gefühl auf das Ganze des Lebens. Hier zeigt sich wieder „Pannenbergs Bemühen, die Gegenwart des stets

---

[224] Overbeck 2000, S. 174.
[225] Pannenberg, 1983, S. 503.
[226] Waap, 2008, S. 416.
[227] Pannenberg, 1983, S. 254.
[228] Ebd., S. 245.
[229] Ebd., S. 259.
[230] Waap, 2008, S. 417. Waap merkt an, dass Pannenbergs Begriff des Gefühls gezwungen wirkt und seine Unterscheidung von positiven und negativen Affekten so schwarz-weiß gedacht ist „als sei die gedrückte Stimmung per se schlecht und die Phänomene der Furcht oder der Angst in jedem Fall als Zeichen der Nichtidentität zu verstehen. Jedenfalls legt er ein solches Verständnis nahe. Die positiven Gefühle, etwa der Freude oder der Hoffnung, das Einsfühlen sind ebenfalls zumindest doch als ambivalent zu bezeichnen. Es gibt etwa eine Freude am Zerstören, am Schaden des anderen, ein Hoffnung, die sich allein auf den eigenen Vorteil bezieht, und eine Einsfühlung, die nicht kindlich, sondern kindisch ist, letztlich eine Regression in den Narzissmus." (Ebd., S. 418)

noch unvollendeten Lebensganzen in jedem einzelnen Lebensmoment zu thematisieren."[231] Die Identität der Dinge oder eines Wesens liegt in der Ganzheit, kann also eigentlich erst am Ende der Zeit erfasst werden. Durch das Gefühl aber hat der Mensch schon eine Ahnung von seiner eigenen Identität und der Identität der Dinge. Doch wird die Identität der Dinge und ihrer Ordnung durch die Erfahrung des Wandels, der Veränderung und der Vergänglichkeit der weltlichen Dinge fraglich. „Unter dem Druck dieser Erfahrung dringt der Hunger nach Wirklichkeit, nach der Gegenwart des Dauernden und Endgültigen, durch die vergänglichen Erscheinungen der Dinge hindurch zu ihrem wahren und bleibenden Wesen vor, das sich etwa in ihrer Schönheit bekundet."[232]

2.2.3.4 Die Macht der Zukunft

Pannenberg folgt der plotinischen Vorstellung, dass „die Ewigkeit als in sich vollendete Ganzheit des Lebens erscheint also in der Perspektive der Zeit im Zeichen der von der Zukunft erstrebten Vollendung."[233] Damit wird die Zukunft für das Wesen der Zeit konstitutiv. Nur von der Zukunft kann dem Zeitlichen die Ganzheit zuteilwerden, welche Kontinuität und Einheit im zeitlichen Prozess ermöglicht. Nach Pannenberg hat die christliche Theologie es versäumt, die Erkenntnis der plotinischen Zeitanalyse für die Eschatologie fruchtbar zu machen. Denn er betont, dass Jesu Botschaft und sein Wirken von dem Kommen der Gottesherrschaft bestimmt ist. Diese Zukunft der Gottesherrschaft ist der Anbruch der Ewigkeit Gottes in der Zeit. Laut Jesu Botschaft wird sie der Welt Frieden und Gerechtigkeit und auch die ersehnte Ganzheit in das Leben der Menschen bringen. Denn in der zukünftigen Gottesherrschaft wird das Leben der Schöpfung zur Teilhabe an der Ewigkeit Gottes erneuert. „In ihr schließt die Ewigkeit sich mit der Zeit zusammen. Sie ist der Ort der Ewigkeit selbst in der Zeit, der Ort Gottes in seinem Verhältnis zur Welt, Ausgangspunkt seines Handelns im Anbruch seiner Zukunft für seine Geschöpfe, Quelle der Kraftwirkungen seines Geistes."[234] Das Wesen der ekstatischen Selbstüberschreitung, die für alles Leben charakteristisch ist und eine besondere Bedeutung für die Natur des Menschen hat, kann erst von dieser Zeitstruktur wirklich verstanden werden[235]. Denn alles Leben zielt durch seine Antriebe auf eine Veränderung der Zustände in der Zukunft. So soll z.B. der Zustand des Hungers von einem Zustand der Sättigung abgelöst, drohende Gefahr abgewendet werden, usw. Laut Pannenberg ist es jedoch allein dem Menschen vorbehalten,

> das Zukünftige als zukünftig vom Gegenwärtigen zu unterscheiden: Indem er beim andern seiner selbst als einem andern ist, das er nicht nur von sich selbst unterscheidet, sondern auch in seiner Verschiedenheit von seinem andern und also in seiner Besonderheit im Horizont eines Allgemeinen

---

[231] Overbeck, 2000, S. 153.
[232] Pannenberg, 1983, S. 504.
[233] Pannenberg, 1988, S. 442.
[234] Ebd., S. 442.
[235] „Das ekstatische Weltverhältnis ist selber zeitlich strukturiert, und zwar von der Antizipation der Zukunft her. Von der Zukunft her erschließt sich das bleibende Wesen der Dinge, weil erst die Zukunft entscheidet, was wahrhaftig beständig ist. Das ist freilich erst im geschichtlichen Wahrheitsverständnis des alten Israel bewußt erfaßt worden, während das mythische Bewußtsein das wahre Wesen der Dinge als das seit Urzeiten Bestehende auffaßte und die klassische griechische Philosophie es als zeitlos identische Wesensform dachte." (Pannenberg, 1983, S.510f)

und Ganzen erfasst, ist er auch fähig, das Gegenwärtige vom zukünftig Erstrebten oder Befürchteten und umgekehrt das Zukünftige vom Gegenwärtigen zu unterscheiden.[236]

Durch die Fähigkeit zur Sprache kann der Mensch Vergangenes oder Abwesendes begrifflich in der Gegenwart seines Bewusstseins festhalten. Durch dieses raum- und zeitüberbrückende Bewusstsein kann er, in den ihm gesetzten Grenzen, räumliche und zeitliche Unterschiede überbrücken und in der „Einheit und Kontinuität der eigenen Gegenwart" aufheben. Auf diese Weise hat er eine Ahnung bzw. teilweise sogar die Illusion von Ewigkeit. Durch die Antizipation erfasst der Mensch erst die bleibende Identität der Dinge, indem er die erfahrene Veränderung übergreift, ihre Vergangenheit und Zukunft in dem Begriff ihres Wesens zusammenfasst. So wird es durch die Zukunftsantizipation im Wahrnehmungsbewusstsein nach Pannenberg dem Menschen erst möglich, handelnd mit den Dingen umzugehen im Zusammenhang mit seiner Zielsetzung.[237]

Für Pannenberg ist die Geschichte als Bildungsprozess der „Weg zur Zukunft der eigenen Bestimmung".[238] Ist der Weg noch nicht abgeschlossen, kann er nur durch Antizipation seines Zieles beschrieben werden. Dazu muss der schon beschrittene Weg als Weg zu diesem Ziel hin gedeutet werden können. Auf die Lebensgeschichte eines Menschen übertragen, muss seine Vergangenheit in den Entwurf seiner Identität integrierbar sein. Dabei ist der „Mensch als geschichtliches Wesen [...] nicht nur das Ziel, sondern die Bewegung der auf das Ziel hinführenden Geschichte. Diese aber gewinnt ihre Einheit von der Zukunft ihrer Vollendung her. Daher kann der Mensch nur durch Antizipation dieser Zukunft gegenwärtig als er selbst existieren."[239]

Die Zukunft hat laut Pannenberg für die Geschöpfe eine ambivalente Bedeutung: Einerseits wird durch die Offenheit der Zukunft erst ihre Selbstständigkeit ermöglicht, andererseits wartet auf sie aber auch die Auflösung ihrer selbstständigen Gestalt.[240] In den Phänomenen der Hoffnung und des Vertrauens, mit denen die Geschöpfe in ihrer Ungewissheit reagieren können, zeigt sich für Pannenberg die Intention der ekstatischen Selbsttranszendenz. Beide sind durch den Bezug auf die Zukunft gekennzeichnet und erst die Zukunft wird auch zeigen, ob Hoffnung und Vertrauen gerechtfertigt waren. Sie können unberechtigt sein. „Doch so oder so erweist sich die grundlegende Bedeutung des Vertrauens für den Bildungsprozeß der Person, daß sie [...] aus der Zukunft lebt, auf die ihr Vertrauen geht. Gerade so lebt sie in der Gegenwart. Das ist die ekstatische Wesensverfassung der Person."[241]

Da die Zukunft der Ort ist, an dem die Ewigkeit Gottes in die Zeit hereinbricht, ist sie auch der eigentliche Ort seines Wirkens. Hier liegt der „schöpferische Ursprung aller Dinge in der Kontingenz ihres Daseins und zugleich der letzte Horizont für die definitive Bedeutung und

---

[236] Pannenberg, 1983, S. 510.
[237] Ebd.
[238] Ebd., S. 512.
[239] Ebd.
[240] „Dabei liegt es gerade in der geschöpflichen Selbstständigkeit – wegen der damit verbundenen Ablösung von ihrem schöpferischen Ursprung – begründet, daß die Geschöpfe dem Geschick der Auflösung ihrer Gestalt überantwortet sind." (Pannenberg, 1991, S. 118)
[241] Pannenberg, 1983, S. 512.

also für das Wesen aller Dinge und Ereignisse."[242] Das ist es, was Pannenberg unter „Macht der Zukunft" versteht. Das Ganze, die identitätsstiftende Vollendung allen Seins liegt in der Zukunft und bestimmt von dort aus schon jetzt das Wesen der Dinge. Als „Feld des Möglichen" ist sie die schöpferische Macht, durch die sich die Dynamik des göttlichen Geistes in der Schöpfung äußert.[243] Pannenberg merkt zwar an, dass dieses Verständnis der Zukunft auf den ersten Blick theologisch und naturphilosophisch vielleicht gewagt und unbegründet erscheint, trotzdem ist er der Meinung, dass sich bei genauerer Betrachtung doch Begründungen dafür finden lassen. So führt er für die theologische Begründung einige Bibelstellen an, in denen es um die eschatologische Vollendung der Schöpfung geht, die durch Jesus Christus schon angebrochen ist (z.B. Röm 8,2; 2. Kor 1,22; 5,5; Eph 1,1) und schreibt:

> Die Funktion des Geistes als Urheber allen Lebens erscheint als Vorbereitung der Vollendung seines Wirkens in der Hervorbringung des neuen, eschatologischen Lebens (1. Kor 45; 45ff). Muß die Theologie dieser Sachlage nicht dadurch Rechnung tragen, daß sie schon das allen Geschöpfen zugewandte, belebende Wirken des Geistes in der Schöpfung als vorlaufende Wirkung seiner eschatologischen Wirklichkeit zu verstehen sucht? Dann aber wird die Dynamik des Geistes in der Schöpfung von vornherein unter dem Gesichtspunkt der in ihr sich anbahnenden Vollendung, also als Äußerung der Macht seiner Zukunft zu würdigen sein[244]

Dieser Zusammenhang bleibt der alltäglichen Beobachtung und der wissenschaftlichen Beschreibung allerdings verborgen. Doch Pannenberg gibt sich auch hier nicht eher zufrieden, als bis er eine naturphilosophische Theorie findet, mit der er sein Konzept von der „Macht der Zukunft" zusätzlich unterlegen kann. Und er findet sie bei Hans-Peter Dürr und seiner Interpretation der Quantenfeldtheorie. Dürr verbindet den Möglichkeitsbegriff mit der quantenphysikalischen Unbestimmtheit, kann sich jedoch nicht entscheiden, ob nun „die Dynamik von der Zukunft aus [geht], der Dürr zuvor die größerer 'Mächtigkeit' gegenüber dem Faktischen zugesprochen hatte, oder [ob] die Zukunft durch das gegenwärtig 'gerinnende' Faktische festgelegt" wird. Pannenberg schlägt vor, von einer „Konkretisierung der 'Mächtigkeit' des 'Reiches des Möglichen' durch das jeweils gegenwärtig eintretende Ereignis" zu sprechen.[245] Dies würde der Zukunft Priorität gegenüber dem Faktischen einräumen im Sinne eine größeren „Mächtigkeit" und diese Einsicht sollte dann auch bei einer philosophischen Interpretation des Geschehens berücksichtigt werden. Im Grunde genommen ist dann, so Pannenberg, der naturwissenschaftliche Beschreibungsversuch kausaler Zusammenhänge eine „*Inversion* des realen Begründungszusammenhangs", da er vom Faktischen her versucht, die Zukunft zu bestimmen. Das wäre jedoch nur im Grenzfall der geschlossen Determination vollständig möglich. Wenn in diesem Sinne das Eintreten der „Mikroereignisse" im Augenblick als „Manifestation der Zukunft (hervorgehend aus dem 'Möglichkeitsfeld zukünftiger Ereignisse')" zu verstehen ist, folgen daraus schwerwiegende theologische und naturphilosophische Konsequenzen:

> Es legt sich damit eine Interpretation des Mikrogeschehens nahe, die jenseits der Alternative einer 'objektivistischen' und einer bloß 'epistemischen' Deutung der quantenphysikalischen Befunde steht: Eine ontologische Deutung des Naturgeschehens unter dem Gesichtspunkt eines Primats der

---

242 Pannenberg, 1993, S. 573.
243 Pannenberg, 1991, S. 119.
244 Ebd., S. 120.
245 Ebd., S. 121.

40

Zukunft[246] ist zweifellos nicht mehr 'objektivistisch' im Sinne der klassischen Physik. In einer solchen ontologischen Perspektive läßt sich das 'Möglichkeitsfeld zukünftiger Ereignisse' im eigentlichen Sinne als Kraftfeld verstehen, und zwar als ein Feld mit spezifischer temporaler Struktur. Als ein Kraftfeld muß es wohl auch verstanden werden, wenn die kontingent eintretenden Ereignisse jeweils aus ihm hervorgehen. Dabei wird durch die faktisch eintretenden Ereignisse auch das Möglichkeitsfeld selber, relativ auf die jeweilige Gegenwart, konturiert, ohne daß dadurch die Kontingenz der folgenden Ereignisse beeinträchtigt würde. Eine derartige Konstitution der elementaren Ereignisse bildete die Grundlage auch für das naturgesetzlich im klassischen Sinne ablaufende Makrogeschehen, schlüge aber [...] vielleicht in bestimmten Fällen, wie beim Auftreten thermodynamischer Fluktuationen, auf das Makrogeschehen durch. Das Kraftfeld des künftig Möglichen wäre so dafür verantwortlich, daß die im Ganzen durch das Entrophiewachstum zur Auflösung der Gestalten und Strukturen tendierenden Naturprozesse doch auch Raum bieten für das Entstehen neuer Strukturen, ja sogar für eine Entwicklung auf zunehmende Differenzierung und Komplexität hin, wie sie in der Evolution des Lebens stattgefunden hat.[247]

Mit diesem Gebrauch des Feldbegriffes erweitert Pannenberg wissentlich den der Physik hinsichtlich des Primats der Zukunft und dem darin enthaltenen Schöpfergedankens, um zu zeigen, dass seine Theorie von der Dynamik des göttlichen Geistes naturphilosophisch nicht abwegig sein muss, sondern vielmehr in einer aufzeigbaren Beziehung zu grundlegenden naturwissenschaftlichen Beschreibungen steht. Sie rückt diese Beschreibungen damit auch in ein anderes Licht, weil sie sich auf einer anderen „Argumentationsebene" abspielt. „Das schließt eine Verwechslung mit naturwissenschaftlich möglichen Aussagen aus, nicht aber eine Konvergenz in der philosophischen Reflexion auf deren Inhalt."[248] Die beschriebene „Macht der Zukunft" in der sich die schöpferische Dynamik des göttlichen Geistes äußert, ist sowohl Ursprung der Kontingenz als auch der dauerhaften Gestalten und der beständigen Ordnung d.h. auch Verlässlichkeit des Naturgeschehens. Nach Pannenberg gewährt die Dynamik des göttlichen Geistes den Geschöpfen Dauer durch die Teilhabe an seiner Ewigkeit und behauptet sie so gegen die Auflösungstendenz, die aus ihrer Verselbstständigung folgt. „Dabei stellt sich aus dem Standort des Geschöpfes sein Ursprung aus der Zukunft des Geistes als Vergangenheit dar. Aber das Wirken des Geistes selber begegnet dem Geschöpf jederzeit als seine Zukunft, die seinen Ursprung und seine mögliche Vollendung umschließt."[249] Dass in unserer sichtbaren Welt die von Pannenberg beschriebene Priorität der Zukunft so nicht erkennen lässt, liegt daran, dass die „temporale Inversion der Geschehensstruktur gegenüber ihrer Fundierung im Mikrogeschehen" Bedingung der Kontinuität des Naturgeschehens ist, also Grundlage für selbstständige Geschöpfe. Diese temporale Inversion wird allerdings widergöttlich, wenn sie sich gegenüber Gottes Reich der Möglichkeiten verschließt, also zu einem „geschlossenen System" wird. Nach Pannenberg lässt sich nicht ausschließen, dass Teile des Weltgeschehens unter dem Einfluss „solcher Machtzentren" stehen.[250] Jedenfalls spricht das Neue Testament auch davon, dass sogar die ganze Welt unter der widergöttlichen Macht des „Fürsten dieser Welt" steht (Joh 12,31; 14,30; 16; 11; Eph 2,2).[251]

---

[246] Die Skizze einer auf der „Macht der Zukunft" gegründete „eschatologische Ontologie" hat Pannenberg 1967 in *Eschatologie, Gott und Schöpfer* vorgestellt.

[247] Pannenberg, 1991, S. 122f.

[248] Ebd., S. 124.

[249] Ebd.

[250] Ebd., S. 131.

[251] Pannenberg merkt an, dass Gott selbst noch die Verderbensmacht als Diener nutzen kann, wenn man die Entropievermehrung als einen Aspekt dieser Macht betrachten kann. Niemals ist eine andere Macht stärker als das Wirken des göttlichen Geistes. (Pannenberg, 1991, S. 131)

2.2.3.5 Geist Gottes als Grundlage für Personalität und Sinn in der Zeit

Bisher wurde der Geist Gottes nur am Rande erwähnt. Pannenberg ist in seiner Anthropologie darum bemüht, den Geistbegriff erst einmal zurückzustellen, „um nicht unbefragte traditionelle Vorgaben in die Untersuchung und Deutung der anthropologischen Phänomene einzubringen."[252] Doch lässt sich in seinem Denksystem der Geistbegriff nicht vermeiden, da er im Grunde genommen für jeden Bereich seiner Anthropologie vorausgesetzt werden muss. In Bezug auf die Identitätsbildung, die Antizipation, das Gefühl und, wie sich noch zeigen wird, auch in Bezug auf die Sprachfähigkeit des Menschen sowie seiner Kulturfähigkeit findet Pannenberg „Hinweise auf eine konstitutive Bedeutung einer Sinngegenwart [...], die sich nicht menschlichem Handeln und menschlicher Sinnsetzung verdankt, sondern umgekehrt der Konstitution der menschlichen Subjektivität und aller menschlichen Sinndeutung schon zugrunde liegt." Die Sinngegenwart, die Präsenz des Ganzen wird von Pannenberg mit dem Geist Gottes identifiziert: „Die Gegenwart des Wahren und Endgültigen inmitten der unvollendet abbrechenden Prozesse der Geschichte, inmitten irdischen Mißlingens und irdischer Vergänglichkeit" nennt er Geist.[253]

Der Geistbegriff bedarf nach Pannenberg einer Revision, da für ihn kein Anlass besteht, am Ende seiner Untersuchung des Menschen als komplexem, aber einheitlichem Phänomen doch noch zum cartesianischen Dualismus zurückzukehren. Er will auch den Geist gar nicht vom Phänomen des Bewusstseins her verstanden wissen, sondern vielmehr als Grundlage, die das Bewusstsein und Subjektivität als Einheit des Bewusstseinslebens überhaupt erst möglich macht. Der Geist ermöglicht auch erst das soziale und kulturelle Leben der Menschen, ebenso wie er für den „Zusammenhang in der Geschichte in der Offenheit und Unabgeschlossenheit ihrer Prozesse" verantwortlich ist. „Allen diesen Phänomenen ist gemeinsam die wirksame Gegenwart einer den Individuen vorgegebenen, ihr Dasein übersteigenden und konstituierenden Sinnsphäre, die sich dem Erleben der Menschen wenigstens partiell erschließt und von ihnen mitgestaltet, nicht aber überhaupt erst hervorgebracht wird."[254] Pannenberg reflektiert das Verhältnis von Lebensgefühl, Ichbewusstsein und Entstehung, Subjekt-Objekt-Differenz, Unterscheidung und Zusammengehörigkeit der Dinge und des Ich. Er kommt zu dem Schluss: „Nicht das Ich, sondern der göttliche Geist ist der letzte Grund der Zusammengehörigkeit des im Bewußtsein Unterschiedenen, der Zusammengehörigkeit auch des Ich mit den Dingen seiner Welt und insbesondere mit den lebendigen Wesen seinesgleichen."[255] Denn das Ich entsteht ja erst im Zuge der Unterscheidung von den Dingen und für die Unterscheidungsfähigkeit des Menschen ist der göttliche Logos verantwortlich.[256] Auch für die Personalität des Menschen ist der göttliche Geist grundlegend. Denn der Mensch ist Person insofern er seine Identität nur durch Antizipation des Ganzen, der Wahrheit seines Lebens empfängt. Und diese Wahrheit ist dem Menschen nur durch den Geist im Medium des

---

[252] Pannenberg, 1983, S. 505.
[253] Ebd.
[254] Ebd., S. 506. Allerdings gesteht Pannenberg ein, dass er im Rahmen seiner Anthropologie nicht in der Lage ist, die Einführung des Geistbegriffes systematisch zu rechtfertigen. Dazu bedürfe es vielmehr einer allgemeinen Erörterung über das Verständnis von Wirklichkeit, etwa im Zusammenhang einer allgemeinen Ontologie. (Ebd., S. 507)
[255] Pannenberg, 1991, S. 225.
[256] Ebd., S. 226.

Lebensgefühls gegenwärtig.[257] Und so wäre dem Menschen ohne das Wirken des Geistes „keine Personalität im tieferen Sinne des Wortes zuzuerkennen."[258]

Der klassischen Dreiteilung des Menschen in Körper, Seele und Geist folgt Pannenberg also nicht. Für ihn ist der Mensch Körper und Seele, „aber nicht in gleicher Weise auch Geist." Denn der Geist ist die Quelle des Lebens, wirkt zwar im Menschen, aber ist nicht ein Bestandteil des Menschen.[259] Auch die Seele versteht Pannenberg nicht etwa als einen zusätzlichen Bestandteil des Menschen, sondern als das körperliche Wesen selbst als lebendes:

> Als das Leben ihres Leibes aber ist die Seele Wirkung des lebendig machenden Geistes. Der göttliche Schöpfergeist bewirkt, daß der Mensch Leben in sich selber hat: Insofern ist der Geist dem Menschen innerlich gegenwärtig, ohne ein ‚Teil' des Menschen zu werden. Darum besteht umgekehrt die Lebensbewegung der ‚Seele' alles Lebendigen in der Transzendenz über das eigene leibliche Dasein hinaus auf die Umwelt hin, in der sich das Leben des Lebewesens vollzieht.[260]

Schon in der Bedürftigkeit, die alle Lebewesen antreibt, äußert sich für Pannenberg die „lebensschaffende Dynamik des Geistes". Denn hier zeigt sich bereits die Selbstständigkeit der Geschöpfe, mit der sie ihre Bedürfnisse in ihrer Umwelt zu befriedigen suchen. Darin erkennt Pannenberg die Ekstatik allen Lebens und damit auch seine Geisthaftigkeit. Es zeigt sich also, dass der Geist die Grundlage allen Seins und nicht etwa nur die des Menschen ist. Der Geist Gottes ist immanent in der Selbsttranszendenz und wird von Pannenberg als Energiefeld beschrieben, als göttlich wirksame Energie im Evolutionsprozess. Dieses Energiefeld manifestiert sich in der „Selbsttranszendenz bzw. der ekstatischen Offenheit der lebendigen Organismen" und ist für die Hervorbringung allen Lebens wirksam.[261] Der Mensch ist für Pannenberg allerdings der Höhepunkt des Geistwirkens.[262] Denn das ekstatische Wesen des Lebens erreicht mit dem Menschen eine neue Stufe seiner Verwirklichung, einen neuen Höhepunkt: Dadurch dass der Mensch in seiner Exzentrizität beim anderen seiner selbst als einem anderen ist und sich erst von daher selbst erfährt, zeigt sich die Dynamik des Geistes in seinem Leben in besonderer Weise und erhebt ihn über seine Endlichkeit. Das Bewusstsein des Menschen ist also dem Wirken des Geistes nur darum besonders nahe, „weil und insoweit der Mensch vornehmlich und seinem Bewußtseinsleben seine exzentrische Seinsart realisiert."[263] Weil das ekstatische Weltverhältnis des Menschen von der Antizipation der Zukunft her strukturiert ist, kann der Mensch nur durch diese Antizipation existieren. In der ekstatischen Bewegung des Bewusstseins ist der Geist das Medium der Gegenwart der Identität, also nicht selbst Teil des Bewusstseins. Anders als die leblosen Dinge, die zwar „an sich in einer ihre Vorfindlichkeit übersteigenden Wahrheit fundiert sind", kann sich Lebendiges aktiv zu dieser Vorfindlichkeit, dessen übersteigende Dauer und Identität verhalten. Auf diese Weise wirkt der Geist intensiver in der ekstatischen Bewegung des Lebens und ganz besonders im menschlichen Bewusstsein

---

[257] Ebd., S. 230.
[258] Ebd., S. 227.
[259] Pannenberg, 1983, S. 508.
[260] Ebd., S 509.
[261] Munteanu, 2010, S. 125f.
[262] Pannenberg, 1983, S. 441.
[263] Ebd., S 509.

als Medium der Gegenwart der eigenen Identität in Unterscheidung von und Verbindung mit der Wahrheit der Dinge. Die Gegenwart des Geistes konstituiert so im Medium der menschlichen Seele und am Ort des beseelten Leibes die Identität der Person als Gegenwart des Selbst im Augenblick des Ich. Identität der Person in zeitüberbrückender Gegenwart aber ermöglicht allererst jene Selbstständigkeit, die den Menschen als Subjekt verantwortlichen Handelns auszeichnet.[264]

Durch seine Fähigkeit sich selbst bewusst in der Zeit wahrzunehmen, wird die Kategorie der Exzentrizität in die der Antizipation umgewandelt.[265] „Die Präsenz des Ganzen und Ewigen, die die Antizipation als geistgewirkten Lebensvollzug hervorruft, begründet den Menschen als Subjekt, indem es ihm seine Identität in zeitüberbrückender Gegenwart schenkt und somit seine Selbstständigkeit des Handelns ermöglicht."[266] Die Selbstständigkeit des Handelns hat ihre Bedingungen, die nach Pannenberg selbst nicht noch einmal als Produkte menschlichen Handelns beschrieben werden können. Diese Bedingungen müssen das Subjekt des Handelns zuerst einmal konstituieren. „Diese Konstitutionsbedingungen der Subjektivität lassen sich nur in der Formel zusammenfassen, daß der Mensch als Person Geschöpf des Geistes ist."[267] Die Vorstellung, dass die personale Selbstständigkeit des Menschen seiner Selbstkonstitution geschuldet sei, ist nach Pannenberg nicht nur eine theoretische Illusion, sondern ein „verführerisches Selbstmißverständnis der menschlichen Selbstständigkeit, das die eigentümliche Gebrochenheit und Verkehrung der menschlichen Subjektivität und Lebensführung bedingt."[268] Denn für Pannenberg bewirkt der Geist Gottes das Leben in den Geschöpfen, was sich daran zeigt, dass Leben immer ekstatisch aus sich heraustritt und damit dem Wirken des Geistes entspricht, sodass dieser trotz seiner Transzendenz in den Geschöpfen gegenwärtig ist. Wird jedoch eine Selbstkonstitution im Handeln angenommen, wird „die Ekstase des geschenkten Lebens in die Selbsterweiterung der partikularen Endlichkeit verkehrt, die sich ihrem göttlichen Ursprung wie auch den anderen Geschöpfen entgegensetzt und dadurch sowohl anderes Leben zerstört als auch selber an dessen Widerstand zugrunde geht."[269] Darin zeigt sich auch, dass kein Lebewesen mit der Dynamik des Geistes ganz eins ist, „weil jedes Lebewesen in seiner Selbstzentriertheit böse werden kann."[270] Das bedeutet jedoch nicht, dass das dem Handeln des Menschen gar keine Bedeutung zukommt. Gerade durch das menschliche Handeln hindurch verwirklicht Gott seinen Willen in der Geschichte. Gott initiiert durch die Schöpfung eine Zukunftsoffenheit, die er durch das Handeln des Menschen in der Geschichte realisiert.[271]

Sprache als Medium des Geistes
Mit dem Verweis auf Piaget schreibt Pannenberg, dass die Ausbildung des Denkens in der ontogenetischen Entwicklung dem Spracherwerb vorausgeht.[272] Er sieht in der Festigung der Objektkonstanz in der vorsprachlichen Entwicklung die unerlässliche Bedingung für die

---

[264] Ebd., S. 513.
[265] Waap vergleicht das Antizipieren des Menschen mit dem Atmen. Die Atmung ist ein vorbewusster Vorgang, der zwar aktiv vom Menschen vollzogen wird, aber trotzdem „kündet jeder Atemzug von geschenktem, d.h. passiv empfangenem Leben." (Waap, 2008, S. 442)
[266] Waap, 2008, S. 443.
[267] Pannenberg, 1983, S. 514.
[268] Ebd.
[269] Ebd.
[270] Pannenberg, „Bewußtsein und Geist", S. 140.
[271] Munteanu, 2010, S. 124.
[272] Pannenberg, 1983, S. 339.

Fähigkeit zur Sprache. Eine besondere Rolle scheint dafür das Symbolspiel der Kinder zu spielen:

> Im sensomotorischen Kontext der Sprachbildung liegt der gemeinsame Ursprung von Nomen und Aktionswort (Verb). Um so dringender stellt sich die Frage, wie das Moment der Benennung und das Moment der Tätigkeit auseinandertreten bzw. die von der Tätigkeit zunächst gelöste Benennung der Tätigkeit zugeordnet wird, so daß diese schließlich zur Tätigkeit des benannten, „objektivierten" Gegenstandes selber wird. Kein Zweifel, daß die vorsprachliche Entwicklung und Festigung der Objektkonstanz dafür unerläßliche Bedingung ist. Der eigentliche Übergang zur Verselbständigung der Benennung aber scheint mit dem Symbolspiel des Kindes als Darstellung eines durch das Spielobjekt angedeuteten, durch das begleitende Wort ihm verbundenen Gegenstandes zusammenzuhängen.[273]

In der Fähigkeit, sich in den anderen hineinzuversetzen und so die Sprache des anderen zu verstehen, sieht Pannenberg die speziell menschliche Fähigkeit zur Sachlichkeit des Weltverhältnisses, die wiederum in der Exzentrizität des Wesens des Menschen begründet ist. Der Mensch muss das, was seinem Leben Identität und Einheit geben soll, außerhalb seiner selbst suchen. Das zeigt sich auch als Thema in der sich entwickelnden Objektwahrnehmung, die ihren ersten Höhepunkt im Symbolspiel der Kinder erreicht. Schon Piaget hat auf den Zusammenhang zwischen Spracherwerb und kindlichem Spiel hingewiesen. Pannenberg hält jedoch das Spiel für noch bedeutender als Piaget und verweist auf die Ähnlichkeit der Darstellungs- und Nachahmungsmomente des Spiels mit denen des Kultus. „Wenn der kindliche Spracherwerb zusammenhängt mit dem kindlichen Symbolspiel, dem das Spielgerät zur Konkretisierung des in Erinnerung und Phantasie Vorgestellten dient, dann wird daraus der Übergang zur sprachlichen Benennung verständlich."[274] Pannenberg führt Cassirer an, nach dem der Gegenstand selbst im Wort in Erscheinung tritt. „Erst der Zusammenhang mit dem mythischen Wort, in welchem der Gegenstand selber gegenwärtig ist, erklärt nach Cassirer die Funktion der Sprache, Gegenstände und Sachverhalte darzustellen."[275] Für Pannenberg entsteht Sprache aus einer „im Ursprung religiösen Ergriffenheit".[276] Um sich in andere hinein versetzen zu können und sie zu verstehen, muss die Fähigkeit zur differenzierten Objektwahrnehmung schon vorausgesetzt werden. Wie der eigene Leib werden die Körper der anderen als Objekte verortet und durch ihren Zusammenhang in der Welt verstanden. Also kann davon ausgegangen werden, dass auch der andere sich ebenso wie man selbst von der Welt der Objekte her versteht. Das ist wiederum die Voraussetzung, um sich in ihn hineinversetzen zu können und um davon auszugehen, dass er mit seinen Worten den gleichen Sinn verbindet, wie man selbst es tut. Doch geht der Sinn eines Wortes, so Pannenberg, über das sinnlich Erfassbare hinaus. „So wird der gemeinsame Sprachgebrauch auch umgekehrt zur Beschwörung der Identität der Gegenstände und der Einheit der gemeinsamen Welt."[277] Diese gemeinsame Welt, die als Grundlage für die Einheit des eigenen Lebens gesucht wird, ist sowohl die gegenständliche als auch die soziale Welt. Zwar wird der andere durch den gemeinsamen Weltbezug verstanden, doch ist umgekehrt die Einheit der gegenständlichen Welt sozial durch die Gemeinschaft geschaffen im Medium der gemeinsamen Sprache. „Im Wirbewußtsein, das aus dem Bewußtsein eines gemeinsam

---

[273] Ebd., S. 347.
[274] Pannenberg, Religion und menschliche Natur, S. S. 14
[275] Ebd., S. 15.
[276] Ebd., S. 16.
[277] Pannenberg, 1983, S. 395ff.

45

erfassten, die Einheit einer Lebenswelt begründenden Sinngehalts erwächst, finden die Individuen den Boden außerhalb ihrer selbst, der dem je eigenen Leben Raum gibt für seine besondere Identität und Einheit."[278] Die Identität liegt jedoch nicht im Wirbewusstsein, sondern in den gemeinsam bejahten Sinngehalten.

Für Pannenberg ist die Sprache nicht vor allem die Fähigkeit zur Konstruktion neuer Sinngehalte, sondern eine Rekonstruktion des schon vorhandenen Sinns.[279] So betont Pannenberg auch gegen das autonome Konstruieren der Sprechakttheorie, das Ergriffensein von Sprache, wie es sich z.B. in einem gelungenen Gespräch zeigt. Dies beruht nicht auf den Sprechakten der Teilnehmer, sondern als Teilhabe an der Ganzheit, an der die einzelnen in einer Art „Trancezustand" über sich hinausgehen.[280] Trotzdem ist auch für Pannenberg die Sprache und Vernunft des Menschen, die als Grundlage der Kulturtätigkeit gesehen werden kann, als darstellendes Handeln zu verstehen. „In der Sprache kommt Sinn zur Darstellung, und durch sprachlichen Ausdruck wird er mitgeteilt. Die Vernunft aber löst den Sinngehalt aus der Zufälligkeit seiner sprachlichen Gestalt."[281] Die Sprache entsteht also zusammen mit dem Beginn des Denkens in der symbiotischen Sphäre der Ganzheit, in der frühen Entwicklung des Kindes. Aber auch phylogenetisch geht diese Ganzheit dem Denken und der Sprachbildung voraus, denn sie entwickelt sich wie auch beim Kind aus der „im Ursprung religiösen Ergriffenheit."[282] „Der Sinn des Wirklichen ist das gemeinsame Thema von Sprache und Vernunft"[283] so Pannenberg. Die intersubjektive Identität der Dinge, zu der der Mensch schon im Gefühl einen gewissen Zugang hat, tritt in der Sprache deutlicher in Erscheinung.[284] Wie oben beschrieben, wirkt der Geist im Menschen durch seine Exzentrizität, durch seine Fähigkeit beim anderen seiner selbst als einem anderen zu sein, auf besondere Weise. Diese Unterscheidungsfähigkeit des Menschen als Wirkung des Geistes zeigt sich besonders in der Sprache. Die Sprache bringt nicht etwa das Selbstbewusstsein oder den Menschen als Subjekt hervor. Die Voraussetzung für Identität, Selbstbewusstsein und Sprache ist für Pannenberg der Geist Gottes. Doch mithilfe der Sprache hat der Mensch Zugang zur „Gegenwart des Wahren und Endgültigen inmitten der unvollendet abbrechenden Prozesse der Geschichte". In diesem Sinne ist die Sprache bei Pannenberg als Medium des Geistes zu verstehen.

2.2.4 Sünde und Moral

Die christliche Charakterisierung des Bösen unterscheidet sich von der tief im Menschen begründeten Neigung, das Böse bei anderen zu suchen, weil sie die Wurzel des Bösen im Menschen selbst sieht.[285] Sünde ist zwar für Pannenberg direkt nicht mit Bosheit gleichzusetzen, aber sie ist als Schwäche des Willens zum Guten auch nicht neutral gegenüber dem Gegensatz von Gut und Böse. „Der Wille, der dem Guten gegenüber auch anders kann, ist insoweit immer schon in das Böse verstrickt."[286] Pannenberg versteht unter Sünde die reale

---

[278] Ebd., S. 395ff.
[279] Waap, 2008, S. 425.
[280] Pannenberg, 1983, S. 365.
[281] Ebd., S. 328.
[282] Ebd., S. 348.
[283] Ebd., S. 328.
[284] Overbeck 2000, S. 174.
[285] Pannenberg, 1991, S. 272.
[286] Ebd., S. 296.

Gottesferne und die damit zusammenhängende innere Zerrissenheit des Menschen.[287] Doch sucht er zunächst auch für die Sündhaftigkeit des Menschen nach empirischen Hinweisen. Denn die christliche Rede von der Sünde und von der Erlösungsbedürftigkeit des Menschen könnte sich auf nichts beziehen, wenn es keine Anzeichen für die menschliche Sündhaftigkeit gäbe. Sie muss sich vielmehr auf einen Sachverhalt beziehen, der für das menschliche Erscheinungsbild insgesamt unabweislich kennzeichnend ist. Auch wenn die Bedeutung dieses Sachverhaltes ohne theologischen Hintergrund nicht zu erkennen ist, muss doch der Sachverhalt selbst „auch ohne Voraussetzung der Offenbarung erkennbar" sein.[288]

2.2.4.1 Der Bruch in der menschlichen Natur

In der Zweideutigkeit der menschlichen Herrschaft über die Natur zeigt sich für Pannenberg beispielsweise die allgemeinere Zweideutigkeit des menschlichen Verhaltens. Herrschaft kann entweder verantwortungsbewusst ausgeführt werden, indem das Eigeninteresse für den Verantwortungsbereich erweitert wird. Oder aber sie kann als ausbeutende Herrschaft den Verantwortungsbereich dem eigenen Interesse unterordnen. Diese Zweideutigkeit im menschlichen Verhalten findet Pannenberg auch schon bei Plessner beschrieben, nämlich im Hinblick auf die Spannung zwischen Zentriertheit und Exzentrizität des Menschen.[289] Wie jedes höhere Tier ist auch der Mensch selbst die Mitte seines Lebens. Im Unterschied zu den Tieren weiß der Mensch aber um diese Mitte, erlebt sie selbstbewusst und ist darum über sie hinaus. In diesem Selbstbewusstsein findet sich der Bruch seiner Natur: Der Mensch unterscheidet sich selbst von seinem Leibe und zwischen seiner Seele und einzelnen Erlebnissen. Pannenberg sieht jedoch den Bruch nicht in nur zwischen Körper und Selbst, sondern vielmehr im Ich selbst, in seiner Struktur von Zentralität und Exzentrizität.[290] Denn Exzentrizität bedeutet ihm zufolge ja immer „ein Sein beim Anderen":

> Die exzentrische Selbsttranszendenz, das Sein beim andern seiner selbst [...] konstituiert das Ich oder die Person. Zugleich aber setzt das Ich in seiner Identität mit „sich selbst" auch wieder dem andern entgegen. Das ist die Wurzel seines Widerspruchs gegen seine eigene exzentrische Bestimmung.[291]

Allerdings handelt es sich hier zunächst nur um eine Spannung. Erst wenn die

> Entgegensetzung des Ich gegen das andere totalisiert wird, *alles* andere nur noch als Mittel seiner Selbstbehauptung dem Ich dienstbar gemacht werden soll, erst da wird der Bruch des Ich mit sich selber, mit der es immer schon konstituierenden Exzentrizität, akut. Erst die Verschlossenheit des Ich in seiner Entgegensetzung gegen alles andere fixiert es im Widerspruch zu seiner exzentrischen Bestimmung[292]

---

[287]   Pannenberg, 1983, S. 20.
[288]   Pannenberg, 1991, S. 271.
[289]   Pannenberg, 1983, S. 78.
[290]   Ebd., S. 79.
[291]   Ebd., S. 82.
[292]   Ebd.

47

2.2.4.1.1 Zentralität als Sünde

In der Angst um sich selbst zeigt sich die Dominanz der Zentralität über die Exzentrizität. „Die Ichzentrale stellt noch die Exzentrizität, die Fähigkeit zur weltoffenen Sachlichkeit, als Mittel in den Dienst ihrer Zwecke."[293] Wie Overbeck richtig betont, geht in der Bestimmung der Ichbezogenheit als Wesenskern der Sünde die „humanwissenschaftliche" Untersuchung in eine theologische Qualifizierung über.[294] Doch sieht sich Pannenberg mit dieser Deutung in guter Gemeinschaft.[295] Eine Zurückführung der moralischen Verkehrtheit des Ich auf eine Verkehrung seines Weltverhältnisses lag schon bei Augustin vor.[296] Denn Augustin hat die Verkehrung des Menschen auf die ganze Struktur der menschlichen Subjektivität bezogen. Durch die Sünde wird eine Verkehrung der Weltordnung vollzogen. Durch den Stolz des Menschen sieht er sich selbst als Mittelpunkt allen Geschehens. Schon in der Struktur seines Raum- und Zeiterlebens zeigt sich, dass der Mensch sich ganz selbstverständlich als Zentrum der zeitlichen und räumlichen Welt erlebt. Nach Augustin ist das die Verkehrung der Weltordnung, weil nicht der Mensch, sondern Gott die Mitte des Lebens sein sollte. Sünde geschieht als Implikation des menschlichen „Sichselberwollens", weil der Mensch so mit seinem Ich den Platz Gottes einnimmt.[297] Als Folge begehrt der Mensch alles für sich. Die augustinische Darstellung der menschlichen Sündhaftigkeit als Verkehrung des Begehrens (Verkehrung von Mittel und Zweck) ist nach Pannenberg zumindest in ihren psychologischen Elementen bis zu einem gewissen Grade empirisch überprüfbar. „Sünde" ist allerdings ein theologischer Begriff. Deshalb wird sie auch erst im Lichte des Gesetzes oder des Evangeliums als solche erkannt. Doch der dahinter stehende Sachverhalt ist nach Pannenberg „allgemein empirisch aufweisbar" und zwar in der Begierde als Merkmal menschlichen Verhaltens.[298] Die Bewertung der Begierde hängt allerdings mit dem Weltbild zusammen.[299] Wird jedoch die Verkehrtheit des Menschen eingestanden, wie bei Augustin, Kant oder Plessner, wird sie in ähnlicher Weise beschrieben.[300]

Wie tief diese Egozentrizität in der natürlichen Organisation des Menschen verankert ist, zeigt sich darin, dass er ebenso wie Zeit und Raum auch alle Dinge auf sein Ich als das Zentrum seiner Welt bezogen wahrnimmt. Pannenberg weist darauf hin, dass diese Egozentrizität nicht erst im moralischen Bereich, sondern vielmehr schon die ganze Wahrnehmung des Menschen

---

[293]   Ebd., S. 102f.
[294]   Overbeck, 2000, S. 133.
[295]   Kant hat die beschriebene Verkehrung des Ich als das *radikale Böse* bezeichnet, das bei ihm allerdings nur die Verkehrung des Verhaltens des Ich im Hinblick auf seine sittliche Erfahrung und nicht auf das Weltverhältnis überhaupt meint. Die Triebfedern des Menschen sind nach Kant verkehrt, weil sie zwar nach dem kategorischen Imperativ handeln wollen, er aber nicht an erster Stelle ihrer Motivation steht. Sie wollen ihn nur in Bezug auf ihren Vorteil beachten. (Kant, AA IV, 21-30)
[296]   Pannenberg, 1983, S. 83-88.
[297]   Pannenberg, 1991, S. 298.
[298]   Pannenberg, 1983, S. 134. In diesem Sinne versteht Pannenberg auch die Erbsündenlehre. Die Verteidigung eines Monogenismus wird für ihn von daher überflüssig.
[299]   Ebd., S. 91.
[300]   „In allen Fällen wird die Verkehrtheit des Menschen in der Überordnung seiner Egozentrizität über die sein egoistisches Dasein transzendierende Bestimmung erblickt, sei das nun die Bestimmung zur sittlichen Vernunft oder die Formalbestimmung der Exzentrizität, deren Integral die religiöse Thematik des menschlichen Lebens ist." Ebd., S. 92. Kierkegaard und Heidegger haben sich ausführlich dem Thema der Angst gewidmet, das nach Pannenberg auch als Ausdruck der Verkehrung des Ich verstanden werden kann.

konstituiert wird.[301] Doch obwohl die Sünde bereits in den natürlichen Bedingungen des Menschen durch die Egozentrizität angelegt ist, die Natur des Menschen an sich ist nicht sündhaft.[302]

> In der Tat ist der Mensch ‚seiner Natur nach', nämlich hinsichtlich seiner Bestimmung zur Humanität das exzentrische Wesen, das die vorgegebenen Bedingungen seines Daseins in ihm selber ebenso wie außer ihm durch Kulturbildung überformen und überwinden soll unter der Direktive letztlich religiöser Sinnerfahrung. Gerade die Naturbedingungen seines Daseins und also das, was der Mensch von Natur aus ist, müssen überwunden und aufgehoben werden, wenn der Mensch sein Leben seiner ‚Natur' als Mensch entsprechend lebt.[303]

Die Natur des menschlichen Wesens ist also nicht automatisch überall verwirklicht. Für Pannenberg ist der „Wesensbegriff des Menschen ein Sollbegriff".[304] Das Sollen ist aber nicht etwas, das von außen an ihn herangetragen wird, sondern ist gerade in der exzentrischen Struktur seines Wesens schon angelegt. Sein und Sollen sind hier nicht als Gegensätze zu verstehen, sondern das dem Menschen innewohnende Wissen um ein Sollen macht das menschliche Wesen in seiner Unabgeschlossenheit aus. Das erklärt auch, weshalb die Egozentrizität, die sich im Verhalten höherer Tiere findet, nicht schon als Sünde angesehen werden kann. Einzig der Mensch ist anscheinend in der Lage, sich als ein Selbst zu wissen, das sich entwickeln muss. Nur er kann sich selbst verfehlen, weil sein Selbst, seine Identität für ihn selbst zum Thema wird:

> Nur darum, weil die Bestimmung des Menschen exzentrisch ist und nur in der radikalen Exzentrizität seiner Eigenart als religiöses Wesen Erfüllung findet, - nur darum kann für ihn die der animalischen Zentralität analoge Ichzentriertheit zur Verfehlung seiner Existenz, seiner Bestimmung als Mensch werden.[305]

Exzentrizität und Weltoffenheit sowie Zentralität und Ichbezogenheit gehören konstitutiv zur Natur des Menschen. Sie deuten auf die Gottbezogenheit des Menschen und gleichzeitig auf seine Verschlossenheit gegenüber Gott hin. „Ausgetragen wird die Frage nach der Einheit dieser Doppelstruktur im menschlichen Selbstbewußtsein, und sie ist dort ‚immer schon im Sinne der Angst um sich selber, der Sorge um die eigene Selbstbehauptung wirksam"[306] Nicht die Zentriertheit des menschlichen Lebens an sich ist Sünde. Doch die „Verkehrung des Verhältnisses der Endlichkeit des Ich zum Unendlichen und Absoluten" liegt so nahe, dass „außer im Falle ausdrücklicher Selbstunterscheidung des Ich in seiner Endlichkeit von Gott faktisch immer das Ich selber sich zum unendlichen Boden und Bezugspunkt aller seiner Gegenstände wird und damit den Platz Gottes besetzt."[307] Dies geschieht häufig gar nicht in bewusster Auflehnung gegen einen wie auch immer offenbarten Gott, sondern durch die stetige Angst um sich selber und seiner unstillbaren Begierden. „Es ist die darin wirksame implizite Form absoluten Sichselberwollens, die den Menschen von Gott entfremdet, indem er durch sein

---

[301] Ebd., S. 104.
[302] Pannenberg, 1983, S. 105.
[303] Ebd.
[304] Ebd.
[305] Ebd., S. 106.
[306] Overbeck, 2000, S. 132, Pannenberg, 1983, S. 102.
[307] Pannenberg, 1991, S. 299.

eigenes Ich den allein Gott zukommenden Platz besetzt, ohne daß dabei das Verhältnis zu Gott überhaupt Gegenstand seiner Entscheidung wäre."[308] Die Naturbedingungen des menschlichen Daseins sind insofern eng verflochten mit der Sünde. Und sie hat so viel Macht über den Menschen, weil sie ihm auf trügerische Weise ein besseres Leben verspricht. Gottes Gesetze sollen den Menschen eigentlich vor den zerstörerischen Folgen der Sünde bewahren.[309] Doch durch die Begierde wird das Gesetz als lebensfeindlich wahrgenommen.

2.2.4.1.2 Tod als Folge der Sünde

Theologisch betrachtet ist der Tod laut Pannenberg die Folge der Sünde und nicht etwa ihre Strafe. Denn der Tod ist bereits durch die Trennung des Menschen von Gott durch die Sünde impliziert. Durch die Sünde ist die Gottesbeziehung des Menschen zerstört. Gott ist aber die Quelle des Lebens und der Mensch ist durch die Sünde von ihr abgeschnitten. Durch das gestörte Gottesverhältnis und die daraus folgende Angst vor dem Tod ist auch die Beziehung zu den Mitgeschöpfen entstellt. Die Angst vor dem Tod bestimmt das Leben der Menschen und animiert ihn zu „grenzenloser Selbstbehauptung", wobei er seine Sterblichkeit verdrängt. Andererseits nimmt sie ihm die Kraft, sein Leben wirklich anzunehmen. Darin zeigt dich der Zusammenhang von Tod und Sünde. Denn erst dann, wenn die Endlichkeit vom Menschen abgelehnt wird, wird aus dem zwar noch ausstehenden aber unentrinnbaren Ende, eine Todesmacht, die das menschliche Dasein mit Nichtigkeit bedroht. Gleichzeitig treibt die Angst vor dem Tod den Menschen noch tiefer in die Sünde hinein in der ständigen Angst um sich selbst. Die Struktur der Zeitlichkeit erschwert es dem Menschen, seine eigene Endlichkeit anzunehmen, weil sein eigenes Ende für ihn immer nur bevorsteht. „Diese Ausständigkeit von Ende und Ganzheit des endlichen Daseins in der Zeit kennzeichnet die Situation, in der es faktisch zur Sünde kommt, also zu jener schrankenlosen Selbstaffirmation des Menschen, die mit der Abwendung von Gott auch den Tod als Ende seines Daseins impliziert."[310] Die Sünde und ihr Zusammenhang mit dem Tod haben nach Pannenberg eine Vorgeschichte schon in der vormenschlichen Evolution des Lebens. „Schon hier scheint sich die dämonische Dynamik aufgebaut zu haben, die in der Sünde des Menschen und in der Herrschaft von Sünde und Tod über die Menschheit kulminiert".[311]

Pannenberg sieht in der menschlichen Sündhaftigkeit die Schwäche des Menschen in dessen Verhältnis zu seiner Bestimmung:[312] „Das ist der Zustand der menschlichen Wirklichkeit: Zerrissenheit zwischen seiner Bestimmung und seinem faktischen Lebensvollzug. Und die Aufgabe in jedem individuellen menschlichen Leben ist dann die Identitätsbildung, die Integration der unterschiedlichen Gegebenheiten des eigenen Lebens zu einer Einheit."[313]

---

[308] Ebd.
[309] Ebd., S. 303.
[310] Pannenberg, 1991, S. 312.
[311] Ebd., S. 313.
[312] Ebd., S. 296.
[313] Pannenberg, Anthropologie in theologischer Perspektive, S. 101.

2.2.4.2 Identität und Entfremdung

Identität findet der Mensch im „vorlaufenden Wissen um das Gegenwärtigsein des Ganzen, des in seinem geschichtlichen Gang noch unabgeschlossenen Lebens‘".[314] Es ist die Aufgabe der Identitätsbildung das bisherige und gegenwärtige Leben in den Zusammenhang der Idee zu integrieren, was ein Mensch sein kann und wird. Eine dauerhafte Identität kann also nur gefunden werden, wenn „wir unsere gegenwärtige Situation aus einer sachgerechten Antizipation dieses unseres Selbstseins verstehen".[315] Die Ganzheit des Selbstseins, die das bisherige Leben immer noch übersteigt, hat nach Pannenberg einen engen Zusammenhang mit der Gottesbeziehung eines Menschen. Ein Mensch ist er selbst als derjenige, der, und als das, wozu er von Gott bestimmt ist. Die Identitätsbildung hat die Aufgabe, „die Gegebenheiten unseres Lebens in der Perspektive unserer individuellen Berufung zu einem Ganzen zu integrieren."[316] Der Begriff der Entfremdung ist nach Pannenberg vor allem darauf zu beziehen, „ob die das Selbstsein konstituierenden Sinnstrukturen in der Geschichte der individuellen Identitätsbildung getroffen oder verfehlt werden. Das heißt: Der Begriff der Entfremdung muß in Korrespondenz zu dem der Identität gebraucht werden."[317] Ist die eigentliche Bestimmung des Menschen der Gottesbezug, dann lässt sich die Entfremdung von Gott durch die menschliche Eigenliebe als Ursprung aller Selbstentfremdung bestimmen. Das kann zu Identitätsproblemen und zu latentem Unbehagen führen oder zum Versuch dieses Unbehagen zu verdrängen.[318] Religionen befassen sich nach Pannenberg mit der Überwindung der Entfremdung des Menschen von dem sinngebenden Grund ihres Selbstseins. Trotzdem können sie noch „im Bann der Entfremdung" stehen. Die verschiedenen Gottesvorstellungen müssen sich daran messen lassen, ob und wieweit sie zum Verständnis der Welt beitragen. Wenn religiöse Aussagen nicht zu einem besseren Verständnis dieser Wirklichkeit und des Menschseins beitragen, sondern sich nur auf Jenseitiges beziehen, unterliegen sie selbst der Entfremdung.[319]

Weil die Identitätsfrage immer weniger durch die festgelegte soziale Ordnung bestimmt ist, stellt sich die Frage nach Identität oder Nichtidentität heute, so Pannenberg, vor allem als eine anthropologische Frage und erst nachgeordnet als eine soziologische oder ökonomische. Indem der Mensch sich um seine Identität sorgt und sich selbst verwirklichen will, verfehlt er sich selbst. Die Entfremdung wird von Gefühlen des Missmuts und des Unbehagens begleitet. „Der entfremdete Mensch fühlt sich nicht erhoben über sein Ich, sondern darauf zurückgeworfen und reduziert, eben dadurch von seinem wahren Selbst entfernt und zur *Frage* nach seiner Identität veranlasst."[320] Allerdings sind Gefühle der Entfremdung anders als konkrete Schuldgefühle unbestimmt. Konkrete Schuldgefühle beinhalten ein Wissen von der eigenen Identität und den mit ihr verbundenen Verhaltensforderungen und der aus deren Verfehlung begründeten Nichtidentität.[321]

---

[314] Overbeck, 2000, S. 173.
[315] Pannenberg, 1993, S. 687.
[316] Ebd., S. 687.
[317] Pannenberg, 1983, S. 270f.
[318] Ebd., S. 271f.
[319] Ebd., S. 272.
[320] Ebd., S. 278.
[321] Ebd.

Waap bemerkt, dass mit dem Thema der Entfremdung und der Lösung in der Religion das Kernstück von Pannenbergs Anthropologie beschlossen ist und einige anthropologische Themengebiete gar nicht von ihm in den Blick genommen werden. Z.B. die Frage nach der Leiblichkeit, das Verhältnis von Leib, Seele und Geist, oder die Existenz des Menschen als Mann und Frau. Daraus entsteht „der Eindruck einer abstrakten, anthropologischen Metatheorie antizipierter Ganzheit." Trotzdem lobt er Pannenbergs Beobachtungen und Rekonstruktionen zur Anthropologie als „in jedem Fall erhellend"[322]. Besonders die Abschnitte über Entfremdung und Selbstgefühle hält Waap für eindrücklich und hervorragend beschrieben. „Und überhaupt, dass Pannenberg ernst macht mit einer Entwicklung des Selbstverhältnisses, dass er die sozialen Bezüge, das Werden im Blick behält, insofern die Selbstvertrautheit als Selbstbewusstsein überhaupt erst auf einer späten Stufe explizit wird und zuvor in die Sphäre von Intuition und Emotion eingetaucht erscheint, das ist großes Verdienst und beweist, dass Pannenberg auf der Höhe moderner Anthropologie ist."[323]

2.2.4.3 Gewissen

Für die konkreten Schuldgefühle ist bei Pannenberg das Gewissen zuständig. Es gehört in den Bereich der Selbstgefühle und nimmt dort eine Sonderstellung ein. Denn es ist die Instanz, in der als Ahnung das Ganze des Lebens in positiver oder bedrückter Stimmung, das Selbst gegenwärtig ist und sich gleichzeitig das Ich seiner Taten bewusst wird. Im Gewissen geht es um das vieldimensionale Verhältnis des Menschen zu sich selber. Im Schuldbewusstsein des Gewissen werden die Verpflichtung, die Verantwortung für diese Verpflichtung und die Nichtidentität sowie die Bedeutung der menschlichen Ordnung für das Selbstsein erkennbar.[324] „Im Gewissen weiß der Mensch um die Differenz, ja die Trennung des Ich vom Selbst, er nimmt Maß am Ganzen seines Lebens, an der Wahrheit seiner Bestimmung."[325] Es handelt sich beim Gewissen für Pannenberg um einen Aspekt des Selbstbewusstseins und er versteht es als „Übergang von Selbstgefühl zum Selbstbewusstsein im engeren Sinne expliziter Selbsterfassung und Selbsterkenntnis".[326] Das Schuldbewusstsein ist die „Geburtsstätte des Selbstbewusstseins in Gestalt des Gewissens."[327] Denn im Gewissen ist das Ich Gegenstand des Bewusstseins, als handelndes und schuldfähiges Subjekt seiner Taten und Unterlassungen. In diesem negativen Urteil liegt zugleich ein Hinweis auf die Ordnung der Gemeinschaft, die durch sie verletzt wurde."[328]

Das Gewissen ist nach Pannenberg sozial eingebettet, da es durch die Sozialbedingungen, in denen sein Träger steht, entwickelt wird. Das Gewissen ist also durch äußere Einflüsse formbar und deswegen ist nach Pannenberg die religiöse Erziehung von großer Bedeutung. Nur mit einem gut ausgebildeten Gewissen kann der Mensch den Anspruch seines wahren Selbst als Stimme Gottes wahrnehmen. Hier zeigt sich für Pannenberg wieder die große Bedeutung der

---

[322] Waap, 2008, S. 421.
[323] Ebd., S. 421.
[324] Pannenberg, 1983, S. 294f.
[325] Waap, 2008, S. 420.
[326] Pannenberg, 1983, S. 300.
[327] Ebd., S. 286.
[328] Ebd., S. 300.

Religion für den Menschen. Denn durch sie kann der Mensch von seiner Entfremdung befreit werden und zur Identität mit seinem Selbst führen.

„Die Autorität des gesellschaftlichen Lebenszusammenhangs für das Selbstbewusstsein des Individuums ist nicht notwendigerweise heteronom, weil das Selbst seinerseits sozial konstituiert ist."[329] Durch Teilnahme am kulturellen Sinnbewusstsein, aus der sich für das Individuum bejahende Verhaltensregeln ableiten lassen, kann sowohl die Eigenständigkeit des Individuums bewahrt, als auch sein Gewissen geschult werden. „Diese Normen sind für das autonom urteilende Gewissen begründet im verstehend bejahten Sinnzusammenhang der sozialen Welt. Darin hat das Selbstbewußtsein seine Freiheit, die das autonome vom heteronomen Gewissen unterscheidet."[330]

2.2.4.4 Wohlwollen als Quelle der christlichen Moral

Die Personalität des Menschen ist begründet in seiner Bestimmung zur Gemeinschaft mit Gott. Die Beziehung zu Gott ist der der Menschen untereinander vorgeordnet und bildet die Grundlage für den moralischen Umgang miteinander.[331] Nach Pannenberg ist die ethische Einstellung zum Leben dadurch gekennzeichnet, dass ein Mensch das Leben nicht nur aus seiner Perspektive, seiner Selbstverwirklichung betrachtet und nach seinem Vorteil sucht. Dann würde er sich in seiner Zentralität gegenüber seiner eigentlichen Bestimmung zur Exzentrizität verschließen und die anderen nur noch als Mittel für seine Zwecke gebrauchen. Das Abstrahieren von der eigenen Perspektive ist also eine notwenige Bedingung um moralisch leben zu können. Jedoch kann das laut Pannenberg nicht (nur) aus Vernunftgründen geschehen. „Konkrete Moralität als Erhebung über die Schranken des egoistischen Eigeninteresses lebt aus einer anderen Quelle, nämlich aus dem Impuls des Wohlwollens gegenüber anderen. Der Impuls des Wohlwollens gehört zur menschlichen Natur [...]. Aber er ist durch kein Vernunftargument erzwingbar."[332] Damit wird die Ethik auf eine Neigung begründet, wenn auch auf keine zufällige, sondern auf eine, die zur menschlichen Natur gehört.[333] Deshalb ist die christliche Aufforderung zur Nächstenliebe nichts Unnatürliches, sondern bestärkt vielmehr eine Anlage des Menschen, die häufig durch Egoismus verschüttet ist.[334] In diesem Sinne ist das christliche Leben für Pannenberg im Grunde genommen das wahrhaft natürliche Leben, sofern darunter die Verwirklichung der menschlichen Bestimmung zu freier und ungezwungener Menschlichkeit verstanden wird. „Das und nichts anderes ist denn auch der Gegenstand christlicher Ethik: Einweisung in die Humanität."[335]

---

[329] Ebd., S. 298.
[330] Ebd., S. 298f.
[331] Die Gemeinschaft mit Gott ist also dem moralischen Handeln vorgeordnet. Im Vergleich mit Kant ist das Verhältnis von Gottesbeziehung und moralischer Selbstbestimmung genau umgekehrt. Deswegen könne Kant auch keine verpflichtende Kraft für sittliche Normen begründen. „Die sittliche Vernunftautonomie wird dann schließlich im Gang der Geschichte durch die Beliebigkeit individueller Selbstbestimmung ersetzt. Die Bestimmung des Menschen zur Gemeinschaft mit Gott bildet die unzerstörbare Basis für ein gegen solche Auflösungstendenzen resistentes Verständnis der Moralität." (Pannenberg, 1991, S. 258)
[332] Pannenberg, 1988, S. 77
[333] Pannenberg, 2003, S. 78.
[334] Ebd., S. 79.
[335] Ebd., S. 87.

Wenn das Verhalten des Menschen von Wohlwollen bestimmt ist, findet sich darin ein Abglanz der Liebe Gottes und damit auch der wahren Menschlichkeit, die der Bestimmung des Menschen entspricht. Wenn ein Mensch sich im Wohlwollen den anderen zuwendet, ist er über seine Ichzentriertheit und Sündhaftigkeit erhoben und entspricht seiner Bestimmung zur Exzentrizität.[336] Der gemeinsame Gottesglaube ist nach Pannenberg keineswegs entbehrlich für die Verbindlichkeit der ethischen Gebote.[337] Entsprechend ist der Glaube nicht nur eine zusätzliche Motivation zu dem von der Vernunft erkannten Urteil über das Richtige und Gute. Zwar haben die ethischen Anschauungen, die sich aus christlichen Wurzeln nähren, noch Kraft, das gesellschaftliche Leben zu prägen, obwohl sie bereits von ihren Wurzeln abgetrennt wurden. Doch wie bei abgeschnittenen Pflanzen hat diese Kraft laut Pannenberg irgendwann ein Ende. Er sieht im religiösen und ethischen Pluralismus der modernen Industriegesellschaft eben diesen Verfall an Kraft.[338]

Auch die Menschenwürde, die durch die Gottesebenbildlichkeit des Menschen als seine Bestimmung begründet ist, ist für christliche Ethik „anthropologisch allein stichhaltig [...] gegenüber den Versuchen, die Menschenwürde auf die Vernunftnatur des Menschen zu begründen."[339] Pannenberg hält die „Garantie der Unverletzlichkeit der Menschenwürde" letztlich nur im biblisch-christlichen Ursprung für begründbar, weil sie auf dem biblischen Gedanken der Gottesebenbildlichkeit des Menschen beruht.[340] Weder Armut noch Misshandlung können die Würde des Menschen beeinträchtigen. Nur der Widerstreit gegen seine Bestimmung zu Gemeinschaft mit Gott.[341] Die Bestimmung besteht auch dann weiter, wenn der Mensch sich von ihr entfremdet. Darin besteht gerade sein Elend: In der Ferne von Gott ist er seiner eigentlichen Identität beraubt. Es sind also nicht diejenigen am elendsten, die Krankheit, Leiden und Armut ausgesetzt sind, sondern diejenigen, die in Wohlstand noch unglücklich sind, weil sie unter innerlicher Leere leiden. Pannenberg benutzt für den Begriff des Elends auch den der Entfremdung, da hier ein aktiver und ein zuständlicher Zug erkennbar ist. „Der von Gott entfremdete Mensch lebt im Elend der Trennung von Gott, fern von der Heimat der eigenen Identität."[342]

2.2.4.5 Sünde und hedonistische Begründung der Ethik

Neben der Bestimmung zur Gemeinschaft mit Gott ist das Thema der Sünde der zweite maßgebliche Gesichtspunkt der christlichen Ethik: Der Mensch ist von anderen Menschen, den

---

[336] Ebd. Das findet sich keineswegs ausschließlich bei Christen. Doch nach Pannenberg werden die Menschen erst durch Glaube und Taufe definitiv über sich selbst hinausgehoben, sogar dann, wenn sie immer wieder „rückfällig werden durch die Verstrickung in das alte Leben der Sünde."

[337] Ebd., S. 93.

[338] Ebd., S. 100.

[339] Ebd., S. 105.

[340] Ebd., S. 111. „Die Bestimmung des Menschen zur Gemeinschaft mit Gott bildet die unerläßliche Voraussetzung auch für die Funktion der Menschenwürde als Inhalt eines obersten Rechtsgrundsatzes und als Basis der einzelnen Menschenrechte in modernen Deklarationen dieser Rechte" Pannenberg, 1991, S.204f. „Die Verbindung dieses Gedankens mit der Vorstellung einer Unantastbarkeit der Person jedes einzelnen Menschen ist von ihrem biblischen Ursprung nicht ablösbar, ohne einer tragfähigen Begründung überhaupt zu entbehren."(Ebd., S. 205)

[341] Ebd., S. 206.

[342] Ebd., S. 207.

Mitgeschöpfen und Gott durch seinen Narzissmus entfremdet.[343] Das zeigt sich auch in hedonistischen Versuchen eine Ethik zu begründen: Aus christlicher Perspektive kann ein Streben nach Glückseligkeit nicht als ein Recht gedacht werden, jedenfalls nicht ohne „Rücksicht auf die gebotene Unterordnung unter die Forderung des Guten und unter Gott als dessen Maßstab."[344] Ganz besonders kann es aus christlicher Sicht kein Recht sein, nach seinen individuellen Glücksvorstellungen zu leben. Denn eine

> im Prinzip unbeschränkte Selbstverfügung des Menschen ohne Bindung an Gott und an eine dem Menschen vorgegebene Norm des Guten ist kein dem Menschen durch Gottes Schöpfung verliehenes Recht, sondern Ausdruck der Sünde des Menschen, der nach Gen 3,5 sein will wie Gott, indem er selber für sich und für andere über Gut und Böse entscheidet.[345]

Pannenberg sieht das zeitgenössische Leben in den Dienst der Selbstverwirklichung gestellt. Das zeigt sich z.B. daran, dass die Arbeit zum Geldverdienen da ist, das dann zu Selbstverwirklichungszwecken ausgegeben werden kann. Die christliche Lebensführung ist dagegen dadurch gekennzeichnet, dass „sie im Zeichen des Dienstes an den Mitmenschen im Rahmen des Dienstes an Gott und seinem Willen für seine Schöpfung steht. Solcher Dienst fängt nicht erst bei speziellen karitativen Tätigkeiten an, sondern vollzieht sich in den jeweiligen sozialen Rollen, die ein jeder zu erfüllen hat."[346] Diese Haltung scheint auf den ersten Blick für einige der Selbstverwirklichung entgegenzustehen. Doch Pannenberg ist der Ansicht, dass ein erfülltes Leben keineswegs durch ein dienendes Leben ausgeschlossen. Im Gegenteil: Ein dienendes Leben wird immer ein erfülltes Leben sein. Ein Leben, das der Selbstverwirklichung nachjagt, wird dagegen letztendlich leer und unbefriedigt bleiben. Mit Platon glaubt Pannenberg, dass nur ein Leben, das sich dem Dienst am Guten verschreibt, den Menschen glücklich machen kann, während ein Leben, das auf das Glück selbst gerichtet ist und danach strebt, das Glück als Ziel verfehlen muss.[347] Die „Verkehrung des ethischen Strebens nach dem Guten in ein Streben nach Lust und eigenem Glück" ist jedoch nicht leicht zu vermeiden, wie Pannenberg am Beispiel Platons zeigt. Denn die Frage, was das Gute eigentlich ist, ist schwer zu beantworten. Wenn es eine feste Antwort gibt, dann sollte man unabweisbar um seiner selbst willen danach streben. Doch wenn diese Frage offenbleibt, drängt sich als Antwort schnell die „Glückserfahrung als die mit dem Besitz des Guten – als des Guten *für mich* – verbundene Folge" auf. Und diese Antwort ist dann wiederum „die Perversion des ethischen Themas, der Frage nach dem Guten."[348]

Durch die Situation des Menschen in Bezug auf die Offenheit seiner Zukunft lebt er in beständiger Unruhe, die auf eine Erfüllung bezogen ist, die immer noch aussteht. Oft ist sich der Mensch seiner Bedürftigkeit und der Unruhe, die sie anzeigt, gar nicht bewusst. Denn sie geht über seine Grundbedürfnisse hinaus und ist immer auf neue Inhalte bezogen. Doch kann die menschliche Bedürftigkeit von nichts endgültig befriedigt werden. Nur Gott kann sie befriedigen, „in dem allein die Unruhe unseres Herzens ans Ziel der endgültigen Ruhe und

---

[343] Pannenberg, 2003, S. 107.
[344] Ebd., S. 112.
[345] Ebd.
[346] Ebd., S. 115.
[347] Ebd.
[348] Pannenberg, 2003, S. 34.

Geborgenheit gelangen kann."[349] Durch die Befriedigung der eigenen Bedürfnisse durch materielle Güter lässt sich diese Ruhe dagegen nicht erreichen. Lebt der Mensch in einer intakten Gottesbeziehung, wird sie das Selbstverständnis seines Lebens verändern. Er akzeptiert seine Endlichkeit, indem er sich von Gott unterscheidet und sein Leben wird ihm zum gegebenen Leben, das er täglich neu in Dankbarkeit von Gott empfängt.[350] Trotz dieser Unterscheidung weiß er sich aber gleichzeitig mit Gott und der restlichen Schöpfung verbunden. So kann er andern ihr Leben gönnen, was die Bedingung zu reinem Wohlwollen als Grundlage der Ethik ist.[351]

2.2.5 Der Mensch in der Natur

Nicht nur der Mensch, sondern auch „das Tier" verhält sich zu sich selbst, indem es auf die Zukunft gerichtet ist und für sein leibliches Wohlergehen und das seiner Nachkommen sorgt. Allerdings ist Pannenberg der Ansicht, dass Tieren das Selbstbewusstsein fehlt und sie nicht oder nur in Ansätzen das Andere als anders von sich unterscheiden können. Erst der Mensch hat diese Fähigkeit. Und erst der Mensch kann die göttliche Wirklichkeit vom Endlichen unterscheiden, erst er hat Religion. Doch auch die Lebensbewegung der Tiere ist nach Pannenberg schon auf Gott ausgerichtet. Durch die Ausrichtung auf ihre Umgebung, sind sie gleichzeitig auf ihren Schöpfer ausgerichtet. Und auch sie haben schon „Lebensgeist" (Gen 1,30). Pannenberg sucht in der Biologie nach Möglichkeiten, diesen Lebensgeist „empirisch" als ekstatisch zu beschreiben. Er wird fündig in der Umweltbezogenheit aller Lebewesen. Alle Lebewesen hängen durch Stoffwechsel und Ökosystem von ihrer Umwelt ab. Er spricht von „ökologischer Selbsttranszendenz".[352] Leben an sich ist eben dadurch ekstatisch, dass es durch Selbstüberschreitung, Selbsttranszendenz gekennzeichnet ist.[353] In der Umweltbezogenheit findet Pannenberg auch die Antwort auf die Frage nach der Funktion des Bewusstseins für das Leben.[354]

> Die umgebende Wirklichkeit wird dem Lebewesen in seinem Wahrnehmungsbewußtsein thematisch. Durch die Wahrnehmung, die das Umfeld verinnerlicht, wird umgekehrt die Ekstatik des Lebens zum Selbstvollzug. Je weiter entwickelt das Bewußtseinsleben, desto mehr ist das Lebewesen in seinem Bewußtsein außer sich und desto mehr ist ihm zugleich sein Weltbezug innerlich, in ihm selber präsent.[355]

Der Mensch scheint in dieser Hinsicht das am weitesten entwickelte Wesen zu sein. Die Sachlichkeit des Gegenstandverständnisses ist die Bedingung dafür, sich selbst als Teil dieser Welt zum gedanklichen Gegenstand werden zu können und über seine eigene Rolle in der Natur und sein Verhältnis zu Gott nachzudenken.[356] Auch wenn die Tiere nach Pannenberg durch ihre Umweltbezogenheit schon einen Gottesbezug haben, wird dieser erst beim Menschen explizit thematisch, „und zwar als Bedingung des eigenen geschöpflichen Daseins und seines

---

[349] Ebd., S. 81.
[350] Ebd., S. 82.
[351] Ebd., S. 88.
[352] Pannenberg, Der Geist des Lebens, S 48.
[353] Pannenberg, Bewußtsein und Geist, 138.
[354] Pannenberg, 1991, S. 226.
[355] Ebd., S. 227.
[356] Ebd.

Bestandes."[357] Dem Menschen ist bewusst, was für alle Geschöpfe gilt: Sie sind von Gott geschaffen und werden von ihm erhalten. Der Mensch weiß sich selbst als Geschöpf und wird so zum Sprecher der Geschöpfe gegenüber Gott und zum Statthalter Gottes in seiner Schöpfung. Pannenberg geht davon aus, dass der Mensch das am höchsten entwickelte Lebewesen ist.[358]

2.2.5.1 Der Geist Gottes im Naturgeschehen

In einem Aufsatz über den Geist des Lebens geht Pannenberg auf das Geistverständnis von Teilhard de Chardin und Paul Tillich ein. Nach einem Vergleich der Positionen widmet er sich einer Revision von Teilhards Theorie, indem er versucht den Feldgedanken einzuflechten[359]. „Wenn Teilhard Energie als Feld aufgefasst hätte, so würde das in voller Übereinstimmung mit seinem Grundgedanken des Geistes gestanden haben, dessen schöpferische Kraft den gesamten Prozeß der Evolution bestimmt, gerade weil seine Wirklichkeit die aller einzelnen Lebewesen und Arten übersteigt."[360] Für Pannenberg erlaubt es seine Revision der teilhardschen Theorie, dessen Theorie zu verteidigen. Damit meint er vor allem die Kritik an der teleologischen Gerichtetheit des Evolutionsprozesses. Mit seiner Revision durch die Einflechtung des Feldbegriffes wird dem „Element des Zufalls oder der Kontingenz weit mehr Spielraum" gelassen.[361]

Pannenberg will aber noch prüfen, inwieweit eine solche Konzeption des belebenden Geistes auch im Einklang mit den biblischen Berichten steht. Auch wenn sich auf den ersten Blick eher ein Gegensatz zwischen der „modernen, immanentistischen" Lebensauffassung und der „alttestamentlichen Deutung des Lebens als von einem transzendenten Lebensprinzip" abzeichnet, findet Pannenberg bei näherer Betrachtung wiederum Anknüpfungspunkte: Denn die Biologie kann nicht alles außerhalb der lebendigen Zelle aus der Betrachtung des Lebens ausschließen; die Prozesse der Zelle sind von ihrer Umwelt abhängig. Ohne seine Umwelt ist kein Organismus lebensfähig. „In diesem Sinne existiert jeder Organismus über sich selbst hinaus." Hier schlägt Pannenberg die Brücke zu der Exzentrizität allen Lebens. Und deutet die biblischen Aussagen über den Geist als Lebensatem als metaphorische Aussagen über die Abhängigkeit des Lebens von seiner Umwelt (aber natürlich auch von seinem Schöpfer).[362] Für Pannenberg ist „im Hinausgehen des Lebewesens über sich selbst in der Bewegung seines Lebens" aber noch ein weiterer Aspekt interessant: „Indem es seine Umwelt in den Ort und in das Mittel seines eigenen Lebensvollzuges verwandelt, bezieht sich das Lebewesen zugleich auf seine eigene Zukunft, genauer gesagt, auf die Zukunft seiner eigenen

---

[357] Ebd., S. 160.
[358] Ebd., S. 157.
[359] Teilhard hatte Vorbehalte gegen Einsteins Feldtheorie und beharrte darauf, dass die treibende Kraft die Energie als eine Art seelische Innenseite der Körper sei und schrieb sie ihrem Subjekt zu. Deshalb musste er seiner eigentlichen Absicht entgegen, die Bewegung der Selbsttranszendenz und die Dynamik der Evolution auch den endlichen Wesen zuschreiben, statt sie dem transzendierenden Prinzip „Omega" zuzuschreiben, wie er es eigentlich wollte. „Hier tritt die fundamentale Zweideutigkeit, die Teilhards Denken durchzieht, hervor, die Zweideutigkeit einer seiner Antwort auf die Frage, was letzten Endes den Evolutionsprozeß in Bewegung hält: den Punkt Omega oder die sich entwickelnden Wesen selbst." (Pannenberg, Der Geist des Lebens, S. 45)
[360] Ebd., S. 44.
[361] Ebd., S. 46.
[362] Ebd., S. 47f.

Verwandlung."[363] Durch die Triebe zur Nahrungsaufnahme, Regeneration und Fortpflanzung ist das Tier auf seine Zukunft bezogen, wenn auch nicht immer bewusst. Für Pannenberg ein Ausdruck des ekstatischen Charakters der Selbsttranszendenz des Lebens, die Teilhard de Chardin als radikale Energie bezeichnet hat. Für Pannenberg ist es das Energiefeld, um das er Teilhards Theorie ergänzt, das den Evolutionsprozess bestimmt und das sich in der Selbsttranszendenz der Lebewesen manifestiert.[364] Sein Verständnis vom Wirken des Geistes in der Natur beschränkt den Geist also nicht nur auf das menschliche Bewusstsein. Das Leben an sich ist schon „geistig", weil es ekstatisch auf seine Umwelt bezogen ist. Alle Geschöpfe partizipieren darin am göttlichen Geist.

> Je weiter sich das Bewußtsein entwickelt desto mehr ist das Lebewesen in seinem Bewußtsein außer sich und desto mehr ist ihm zugleich sein Weltbezug innerlich, in ihm selbst präsent. Das menschliche Bewußtsein bildet die für unser Wissen höchste Stufe dieses Ineinanders von Ekstatik und Innerlichkeit.[365]

In besonderen menschlichen Leistungen wie der Fähigkeit zu abstrakten Gedanken, der Sprache und der Entwicklung von Kultur zeigt sich der Geist aber in besonderer Weise. Der Mensch wird als Geschöpf selbst zum Schöpfer. Die schöpferischen Akte sind nach Pannenberg Belege für diese Behauptung: „Der schöpferische Entwurf eines Künstlers, die plötzliche Entdeckung von Wahrheit, die Erfahrung der Befreiung im Augenblick sinnvollen Existierens, die Kraft eines moralischen Engagements – all das kommt durch eine Art von Inspiration. All diese Erfahrungen bezeugen die Wirklichkeit einer Macht, die unsere Herzen erhebt, der Macht des Geistes."[366] Doch der Mensch ist wie bereits beschrieben (noch) nicht uneingeschränkt mit dem göttlichen Geist verbunden. Das zeigt sich in Momenten des Missmuts und der Niedergeschlagenheit.

> Wir erleben Augenblicke, in denen uns unser Leben als bar aller wahrhaften Einheit und Bedeutung erscheint. Konflikte treten auf, Unterdrückung und Gewalt zwischen Individuen und in den Beziehungen zwischen Individuen und Gesellschaft. Da finden sich Versagen und Schuld, Unfähigkeit, Krankheit und Tod. Daneben blitzen Augenblicke eines sinnvollen und glücklichen Lebens auf, aber nur in fragmentarischer Gestalt, um im Augenblick des Todes bleibt die Ganzheit unseres Lebens eine offene Frage. […] Angesichts dessen müssen Erfahrungen liebevoller Zuwendung, gegenseitigen Vertrauens, Erfahrungen, die unserem Leben Sinn und Hoffnung geben, geradezu wie ein übernatürliches Geschehen berühren, zumal wenn unser Leben aus ihnen eine dauerhafte Identität und Integrität gewinnt, trotz seiner Zerbrechlichkeit und Gefährdung. Und eben in solcher Weise vermittelt die christliche Botschaft mit ihrer Zusage eines neuen Lebens, das nicht mehr dem Tode unterworfen sein wird, eine neue und unerschütterliche Zuversicht, eine neue Gegenwart des Geistes.[367]

---

[363] Ebd., S. 49.
[364] Pannenberg, Der Geist des Lebens, S. 49f.
[365] Pannenberg, 1991, S. 227.
[366] Pannenberg, Der Geist des Lebens, S. 54f.
[367] Ebd., S. 55.

2.2.5.2 Der Mensch als Krone der Schöpfung

Für Pannenberg lässt sich die Geschichte der Schöpfung „als Weg zur Realisierung des dem Geschöpf als Darstellung des Logos[368] gemäßen Verhältnisses zu Gott dem Vater" beschreiben. Damit meint Pannenberg, dass die volle Struktur der Beziehung der Selbstunterscheidung zwischen Sohn und Vater in den Geschöpfen realisiert werden soll. Das ist nicht schon bei allen Geschöpfen der Fall, sondern „vielmehr die besondere Bestimmung des Menschen in der Schöpfung, und diese Bestimmung des Menschen ist in dem einen Menschen Jesus von Nazareth erfüllt, während von den übrigen Menschen gilt, daß sie nur durch die Gemeinschaft mit Jesus an der in ihm realisierten Vollendung der menschlichen Bestimmung teilhaben können."[369] Aber von dieser Bestimmung des Menschen zur Gemeinschaft mit Gott aus gesehen, kann die Schöpfung in der Zeit, also das Evolutionsgeschehen als Weg zur Ermöglichung des Menschen betrachtet werden. „Der Weg der Schöpfung zum Menschen – in der geschöpflichen Perspektive temporaler Inversion des göttlichen Schöpfungshandelns gesehen – stellt sich konkret dar als Stufenfolge von Gestalten."[370] Das bedeutet nach Pannenberg nicht, dass alle Kreatur nur entstanden wäre, um letztlich den Menschen hervorzubringen. Vielmehr kommt in der Vielfalt der Kreaturen der schöpferische Reichtum Gottes zum Ausdruck. Nur durch die Vielfalt der Kreatur kann der Mensch auch als Krone der Schöpfung gedacht werden, dessen Bestimmung es ist, „Ort und Mittler für die Gemeinschaft der Schöpfung mit Gott" zu sein.[371] Die von Pannenberg beschriebene Natur des Menschen, diese besondere „exzentrische Selbsttranszendenz", die es ihm erlaubt über das unmittelbar Gegebene hinauszugreifen und so den einzelnen Gegenstand in seiner Bestimmtheit zu erfassen, bildet die Voraussetzung, um den in der Gottesebenbildlichkeit inhaltlich implizierten Herrschaftsauftrag (Gen 1, 26) erfüllen zu können.[372] Denn die Grundlage der menschlichen Naturbeherrschung ist es, die Dinge in ihrer Besonderheit zu bestimmen.[373] Also wird der gerade durch seine Exzentrizität zur Herrschaft über die Gegenstände in seiner Welt befähigt. Dabei bedeutet diese Herrschaft keine rücksichtslose Ausbeutung der Natur. Dieser der christlichen Anthropologie vorgeworfene Umgang mit der Schöpfung resultiert nicht aus dem Herrschaftsauftrag, da dieser treuhänderisch wahrgenommen werden soll. Die schrankenlose Ausbeutung der Natur ist vielmehr dem neuzeitlichen Prinzip der Autonomie geschuldet, in dem der Mensch sich selbst zum letzten Zweck seines Handelns setzt.[374]

2.2.5.3 Selbstständigkeit der Geschöpfe als Ziel Gottes

Die Freiheit und Allmacht in Gottes Schöpfungshandeln sind für Pannenberg der Ursprung sowohl der Kontingenz der Welt im Ganzen als auch jedes einzelnen Ereignisses. In dieser Freiheit zeigt sich die Liebe Gottes dadurch dass „überhaupt etwas ist und nicht nichts".[375] Nach

---

[368] Der Logos ist für Pannenberg die konkrete Ordnung der Welt. Anders als die Naturgesetze, die nur abstrakt sind.

[369] Pannenberg, 1991, S, 138.

[370] Ebd.

[371] Ebd.

[372] Pannenberg, 1983, S. 72. Waap merkt an, dass es sich bei Pannenbergs Begriff der Exzentrizität anders als bei Plessner um einen „Sollbegriff" handelt, er also die anthropologische Deskription verlässt. Dies tut er ohne „Ansage". (Waap, 2008, S. 374)

[373] Pannenberg, 1983, S. 73.

[374] Ebd., S. 76.

[375] Pannenberg, 1991, S 35.

Pannenberg ist die Schöpfung eine freie Tat Gottes. Das heißt, dass sie nicht notwendigerweise aus seinem Wesen hervorgeht; er hätte die Welt auch nicht schaffen können. Daher ist das Dasein der Welt kontingent als Ausdruck Gottes freien Wollens und Handelns zu betrachten.[376] Gott hat keinen Grund die Welt zu schaffen, außer demjenigen, der sich in der Schöpfung beobachten lässt. Gott gewährt seinen Geschöpfen ihr eigenes Dasein, das sich von seinem göttlichen Sein unterscheidet. Zu diesem eigenen Dasein gehört die „Dauer". Denn nur in der Dauer können die Geschöpfe Selbstständigkeit entwickeln und das ist nach Pannenberg die Intention Gottes.[377] Die Selbstständigkeit der Geschöpfe bedarf der Zeit als Daseinsform, denn als zeitliche Wesen können die Geschöpfe ihr Leben auf ihre Zukunft hin gestalten. Der Lauf der Zeit ist eine Bedingung für die Selbstständigkeit der geschöpflichen Wesen, sowohl untereinander als auch im Verhältnis zu Gott. „Weil das Handeln des Schöpfers auf das selbstständige Dasein seiner Geschöpfe als endlicher Wesen zielt, darum ist auch die Zeit als Form ihres Daseins von ihm gewollt. Das selbstständige Dasein der Geschöpfe hat die Form der Dauer als zeitübergreifende Gegenwart, durch die sie anderen gleichzeitig sind und sich zu ihnen verhalten – im Auseinander des Raumes."[378] Da die Geschöpfe frei sind, entspricht ihre Selbstbestimmung nicht automatisch der Bestimmung, die Gott ihnen zugedacht hat. Das zeigt sich in der „Selbstverfehlung der Menschen in ihrer Verselbstständigung gegen Gott". In vermeintlichem Eigeninteresse versuchen die Menschen dann sich gegen andere und gegen Gott durchzusetzen. „Das Ergebnis ist der Unfriede in der Schöpfung mit der Konsequenz, daß die Herrschaft des Schöpfers in ihr nicht ohne weiteres erkennbar ist."[379]

Gott will nach Pannenberg selbstständige Wesen schaffen. Doch geht ihre Selbstständigkeit in die Verselbstständigung gegen Gott über. Trotzdem unterstehen sie aber noch der Macht Gottes, sodass sie abgetrennt von Gott als Quelle des Lebens der Nichtigkeit verfallen müssen. „Auch darin noch bestätigt sich negativ die Macht des Schöpfers über sein Geschöpf."[380] Doch würde es nicht von Allmacht zeugen, wenn der Schöpfer keinen Weg hätte, sein Geschöpf vor der Preisgabe der Nichtigkeit zu bewahren. Seine Allmacht zeigt sich gerade darin, dass er das sich von ihm emanzipierende Geschöpf noch retten kann, indem er ihm durch die Menschwerdung Jesu in seinen Lebensbedingungen gegenübertritt.[381] In diesem Sinne versteht Pannenberg das Evangelium als „höchsten Ausdruck der Allmacht Gottes".[382] Die Zweck-Mittel-Struktur, die wir menschlichem Handeln zugrunde legen, lässt sich nach Pannenberg aber nicht ohne weiteres auf Gott übertragen, weil Gott so als ein abhängiges und bedürftiges Wesen vorgestellt und seine Herrschaft zur Tyrannei würde.[383] Doch hat die Zweck-Mittel-Struktur auch eine andere Funktion: „eine gegebene Vielheit in der zeitlichen Abfolge ihrer Elemente zur Einheit zu verbinden, und zwar so, daß die Einheit der Reihe von ihrem Ende her begründet ist. Im Hinblick auf diese Funktion der Integration einer Ereignisreihe in eine von ihrem Ende her begründete Einheit läßt sich von Zwecken und Mitteln auch des göttlichen

---

[376] Ebd., S. 15.
[377] Ebd., S. 34.
[378] Ebd., S. 117.
[379] Pannenberg, 1993, S. 626.
[380] Pannenberg, 1988, S. 454.
[381] Ebd.
[382] Ebd., S. 455.
[383] Vgl., S. 418ff.

Handelns sprechen."[384] Und auch die zeitliche Ordnung, in der die Welt verfasst ist, gibt dazu Anlass, einen Plan Gottes anzunehmen. „Wenn die Bestimmung alles geschöpflichen Geschehens und Daseins auf die Gemeinschaft mit Gott selbst hingeordnet ist, dann wird diese Vorstellung die gedankliche Form eines Heilsplans annehmen."[385] Doch eine Distanz zwischen "Handlungszweck" und "Handlungssubjekt" anzunehmen wäre wiederum eine unangemessene Vorstellung der Selbstidentität Gottes. Sie ist für Pannenberg nur als Teilhabe Gottes am geschöpflichen Leben denkbar. Denn eigentlich müsste das, was Gegenstand des göttlichen Willens ist, immer zugleich schon als realisiert gedacht werden. Nur wenn Gott die Realisierung seines Willens an die Geschöpfe bindet, an ihre Bedingungen und ihr Verhalten knüpft, können Wille und Realisierung zeitlich auseinanderfallen. „Nur unter der Bedingung der Teilhabe des trinitarischen Gottes am Leben seiner Geschöpfe und damit auch an der das geschöpfliche Leben kennzeichnenden Zeitdifferenz von Anfang und Ende kann von einem Auseinander-treten von Subjekt, Ziel und Gegenstand im göttlichen Handeln die Rede sein."[386] Die Überlegungen Pannenbergs zu Gottes Schöpfungshandeln gehen aber noch tiefer bis in seine Theorie zur trinitarischen Gottesvorstellung, wenn er schreibt:

> In der freien Selbstunterscheidung des Sohnes vom Vater ist das selbstständige Dasein einer von Gott unterschiedenen Schöpfung begründet, und in diesem Sinne läßt sich die Schöpfung als ein freier Akt nicht nur des Vaters, sondern des trinitarischen Gottes verstehen: Sie geht nicht schon notwendig aus dem Wesen der väterlichen Liebe hervor, die von Ewigkeit her auf den Sohn gerichtet ist. Ihr Möglichkeitsgrund ist die freie Selbstunterscheidung des Sohnes vom Vater, die aber noch im Heraustreten aus der Einheit der Gottheit mit dem Vater geeint ist durch den Geist, der der Geist der Freiheit ist (2.Kor 3, 17)[387]

In diesem freiwilligen Austritt aus der göttlichen Einheit ist der Sohn durch den Heiligen Geist mit dem Willen des Vaters vereint. „So ist die Schöpfung freier Akt Gottes als Ausdruck der Freiheit des Sohnes in seiner Selbstunterscheidung vom Vater und der Freiheit väterlicher Güte, die im Sohn auch die Möglichkeit und das Dasein einer ihm unterschiedenen Schöpfung bejaht, sowie auch des Geistes, der beide in freier Übereinstimmung verbindet."[388] Mit dieser trinitarischen Ausführung des Schöpfungsgedankens wird er auf die ganze Welt in ihrer Geschichte bezogen und nicht etwa nur auf ihren Anfang. Pannenberg sieht in den beiden Schöpfungsberichten der Genesis und ihren Schilderungen des Anfangsgeschehens Aussagen, die für alle Zeit maßgeblich Grundlegendes über die Wirklichkeit der Geschöpfe beinhalten.[389] So erklärt Pannenberg die Unterscheidung von Schöpfung, Erhaltung und Regierung der Welt: Die Schöpfung versteht er als "Konstituierung der endlichen Wirklichkeit der Geschöpfe mitsamt der Zeit als ihrer Daseinsform". Erhaltung setzt die Schöpfung schon voraus und ist also[390] - ebenso wie die Weltregierung Gottes in ihrer Zielbezogenheit - schon zeitlich strukturiert. Gemeinsam ist der Weltregierung mit der Erhaltung der Welt, dass sie die Gottes

---

[384] Pannenberg, 1991, S. 20.
[385] Ebd., S. 21.
[386] Ebd., S. 75.
[387] Ebd., S. 45.
[388] Ebd.
[389] Ebd., S. 49.
[390] Die Ewigkeit des Schöpfungsaktes, also die von Augustin verfochtene Auffassung, dass die Zeit von Gott mit der Schöpfung geschaffen wurde, bildet für Pannenberg die Voraussetzung für die creatio continua. Das bedeutet auch, dass es zu Gottes ewigem Wesen gehört, ein Schöpfer zu sein. (Pannenberg, 1991, S. 55)

Teilnahme am geschöpflichen Leben und dessen zeitlicher Struktur sind. Sie unterscheiden sich aber in ihrem zeitlichen Bezug. Während die Erhaltung auf den Anfang und damit auf die Vergangenheit bezogen ist, greift die Weltregierung, deren zentrales Thema „die Überlegenheit Gottes über den Mißbrauch der geschöpflichen Selbstständigkeit" ist,[391] auf die noch ausstehende, also auf die zukünftige Vollendung der Schöpfung. „Solcher Teilnahme Gottes am Leben der Geschöpfe, die sich als ihre Erhaltung und Regierung auswirkt, liegt letztlich die Selbstdifferenzierung Gottes in seinem trinitarischen Leben zugrunde, die Selbstunter-scheidung des Sohnes vom Vater, die durch ihr Heraustreten aus der Einheit des göttlichen Lebens zur Möglichkeitsbedingung selbstständigen geschöpflichen Daseins wird."[392] Das erhaltende Wirken Gottes ermöglicht nach Pannenberg erst die Selbstständigkeit seiner Geschöpfe und steht der Selbsterhaltung der materiellen Welt nicht entgegen.[393] Mit der Entwicklung der selbstständig existierenden Lebewesen erreicht Gott das Ziel seines Schöpfungshandelns.[394] Das Ziel der Heilsökonomie Gottes ist dagegen noch nicht eingetreten. Deswegen bleibt die göttliche Weltregierung noch verborgen.[395]

Das selbstständige Bestehen der Geschöpfe ist nur in der Teilhabe an Gott als dem unbeschränkt Beständigen möglich. Und sie kann von den Geschöpfen nur in der Bewegung ihres Lebens erreicht werden, wenn es seine eigene Endlichkeit überschreitet. Das Lebendige zeichnet sich nach Pannenberg dadurch aus, dass „es ein inneres Verhältnis zur Zukunft seiner eigenen Veränderung ebenso wie zur räumlichen Umgebung hat."[396] Dieses innere Verhältnis zeigt sich schon bei Pflanzen und Tieren. „Solche Verinnerlichung des Verhältnisses zu einer das eigene Sosein verändern Zukunft impliziert ein Sein jenseits der eigenen Endlichkeit, und die Bewegung solcher Selbsttranszendenz, insbesondere aber ihre Verinnerlichung, läßt sich als Teilhabe der Geschöpfe an dem sie belebenden Gott beschreiben."[397] Pannenberg beschreibt die Dynamik der Schöpfung als einen Prozess der zunehmenden *Verinnerlichung der Selbsttranszendenz der Geschöpfe*."[398] Die Grundform davon ist organisches Leben und die Stufen der Evolution lassen sich mit ihrer zunehmenden Komplexität und Intensität als Stufen „wachsender Teilhabe der Geschöpfe an Gott verstehen – einer ekstatischen Teilhabe, versteht sich, die nur im Medium des Außersichseins des Lebens möglich ist ohne Verletzung der Differenz von Gott und Geschöpf."[399] Diese Teilhabe an Gott wird durch den Geist bewirkt. „Das gilt nicht nur für das einzelne Geschöpf, sondern auch für die in der Interaktion der Geschöpfe sich konkretisierende Dynamik der Schöpfung insgesamt, für die 'Geschichte der Natur'".[400] Pannenberg stellt fest, dass die geschöpfliche Wirklichkeit immer eine Vielheit von Geschöpfen sein muss. Das folgt aus der Natur der Geschöpflichkeit,[401] braucht aber nicht zu

---

[391] Pannenberg, 1991, S. 76.
[392] Ebd., S. 75.
[393] Ebd., S. 69.
[394] Ebd.
[395] Pannenberg, 1993, S. 626.
[396] Pannenberg, 1991, S. 48.
[397] Ebd., S. 48.
[398] Ebd.
[399] Ebd.
[400] Pannenberg, 1991, S. 47f.
[401] Ebd., S. 79: „Ein einzelnes Geschöpf für sich allein wäre nur ein verschwindendes Moment gegenüber der Unendlichkeit Gottes; es hätte als endliches Wesen keine Selbstständigkeit. Zur Endlichkeit einer Sache gehört es, durch anderes begrenzt zu sein, und zwar nicht nur durch das Unendliche, sondern auch durch

bedeuten, dass diese Welt auch zeitlich schon immer in solcher Vielheit existiert hätte. Er führt die relativistische Kosmologie an, die nahelegt, dass das Universum einen zeitlichen Anfang hat. Diese lässt die „Vielheit endlicher Erscheinungen durch einen 'Urknall' ins Dasein treten, und zwar so, daß die Vielheit materieller Formen und Gestalten sich im Zuge der Expansion des Universums herausbildet."[402] Und nun fügt er nahtlos seine eigene theologische Theorie an:

> Das wäre dann die Form, in der der Logos als generatives Prinzip der Andersheit (also der Vielheit) der Geschöpfe wirksam ist. Jedenfalls wird an der Vorstellung der Kosmogonie als Expansion des Universums anschaulich, daß es für eine geschöpfliche Vielheit des Raumes bedarf, in welchem das eine vom anderen Distanz gewinnt. Die im Fortgang der Zeit erfolgende Expansion des kosmischen Raumes ist eine Grundbedingung für das Entstehen dauerhafter Gestalten.[403]

Im Laufe dieses Vorgangs bildet sich auch eine Ordnung aus, welche die Erscheinungen miteinander verbindet. Der Theologe sieht darin die Weisheit Gottes, die identisch ist mit dem Logos. Ist dieser Logos das generative Prinzip aller endlichen Wirklichkeit, das sich in der Selbstunterscheidung des Sohnes vom Vater gründet, dann entwickelt sich mit dem Entstehen immer neuer Lebensformen auch ein System der Beziehungen zwischen den Lebewesen und zwischen ihnen und ihrem Ursprung. Der Logos ist dabei nicht nur äußerlich wirksam, sondern auch in den Lebewesen selbst, „indem er ihr besonderes Dasein in dessen Identität konstituiert. Ordnung und Einheit bleiben den Geschöpfen nicht äußerlich."[404] Je selbstständiger ein Lebewesen ist, desto ausgeprägter ist seine es auszeichnende Struktur, durch die es sich als Ganzes von den anderen unterscheidet. Diese Ordnung kann auch naturgesetzlich beschrieben werden. Sie ist „der Inbegriff für das Hervortreten der Erscheinungen im Prozeß der Zeit, aber sie ist [...] dennoch abstrakt, losgelöst von der Vielheit der Geschöpfe in ihrer konkreten Realität."[405] Die Geschöpfe sind austauschbare "Beispiele für die Geltung des Gesetzes".[406] Der Logos ist anders als die naturwissenschaftliche Beschreibung dagegen nicht nur die abstrakte, sondern die konkrete Ordnung der Welt.[407] Die geschichtliche Ordnung der Welt hat für Pannenberg ihr „Integrationszentrum" in der Inkarnation Jesu, die zwar schon im Logos gründet, jedoch erst in der Zukunft bei der „Weltverwandlung zum Reiche Gottes" ihre vollendete Gestalt finden wird. Deshalb ist die Inkarnation für Pannenberg nicht nur ein nachträglicher Rettungsplan Gottes, der auf den Sündenfall reagiert, sondern sie „bildet vielmehr von vornherein den Schlußstein der göttlichen Weltordnung, die äußerste Konkretion der wirkenden Gegenwart des Logos in der Schöpfung."[408]

---

anderes Endliches. Erst dem anderen Endlichen gegenüber hat ein endliches Wesen seine Besonderheit. Nur im Unterschied zu anderem ist es etwas. Daher existiert Endliches nur als Vielheit von Endlichem."

[402] Ebd.
[403] Ebd. So äußert sich auch die Offenheit der Zukunft.
[404] Ebd., S. 80.
[405] Ebd.
[406] Ebd. .
[407] Ebd., S. 81. „Das ist darum so, weil im Begriff des göttlichen Logos die ewige Dynamik der Selbstunterscheidung (dem *logos asarkos*) nicht getrennt werden darf von ihrer Realisierung in Jesus Christus (dem *logos ensarkos*)".
[408] Pannenberg, 1991, S, 82.

2.2.5.4 Religion und menschliche Natur

Der Mensch unterscheidet sich vom Tier unter anderem dadurch, dass er Religion hat.[409] Pannenbergs Ansicht nach gibt es drei mögliche Sichtweisen auf die Religiosität als menschliches Phänomen. Erstens kann es als „primitiv unbeholfene Vorform des abstrakten Denkens reduziert" werden (Claude Lévi-Strauss). Zweitens kann man wie Plessner die Religion als Randerscheinung verstehen, in denen sich die „Grundstruktur menschlicher Wirklichkeit" äußert. Hier wird Religion zwar nicht zur Illusion erklärt, aber sie wird auch nicht als konstitutiv für die menschliche Natur betrachtet. Drittens lässt sich die Religion als Übergangserscheinung innerhalb der Menschheitsgeschichte behandeln (Habermas, Durkheim). Für den aufgeklärten Menschen ist dann die Religion überflüssig.[410] Laut Pannenberg haben alle drei Auffassungen gemeinsam, dass sie den Menschen von Anfang an für profan strukturiert halten, wie die moderne Wissenschaft ihn sieht. Dass sich der Mensch aber auf diese Weise verstehen lässt, hält Pannenberg für fragwürdig. Denn diese Auffassung steht seiner Ansicht nach im Widerspruch zum Material der Paläontologie, Ethnologie und Kulturgeschichte, welches die konstitutive Bedeutung der Religion in der anfänglichen Menschheitsentwicklung belegt. Pannenberg nennt drei solcher Hinweise[411]:

1. Das Alter von Bestattungen: Karl J. Narr benutzte das Auftreten von Bestattungen, die als Hinweis auf ein Weiterleben nach dem Tod gelten können, als Abgrenzungskriterium zwischen Mensch und Tier.
2. Die religiöse Fundierung aller alten Kulturen, die in der Anthropologie allgemein anerkannt ist.
3. Der Ursprung der Sprache. Hier führt Pannenberg die Psychologie der kindlichen Sprachentwicklung an. Piaget hat auf den Zusammenhang zwischen Spracherwerb und kindlichem Spiel hingewiesen. Pannenberg hält das Spiel für bedeutender als Piaget, indem er auf die Verbindung des Spiels als darstellendes und nachahmendes mit dem Kultus verbunden sieht. „Wenn der kindliche Spracherwerb zusammenhängt mit dem kindlichen Symbolspiel, dem das Spielgerät zur Konkretisierung des in Erinnerung und Phantasie Vorgestellten dient, dann wird daraus der Übergang zur sprachlichen Benennung verständlich."[412] Pannenberg führt Cassirer an, demnach der Gegenstand selbst im Wort in Erscheinung tritt. „Erst der Zusammenhang mit dem mythischen Wort, in welchem der Gegenstand selber gegenwärtig ist, erklärt nach Cassirer die Funktion der Sprache, Gegenstände und Sachverhalte darzustellen."[413] Für Pannenberg entsteht Sprache aus einer „im Ursprung religiösen Ergriffenheit".[414]

Weil diese Hinweise für sich genommen noch nicht belegen, dass Religion auch heute noch zur menschlichen Natur gehört, also nicht als überwunden gelten kann, verweist Pannenberg auf das verbreitete Gefühl von Sinnleere und Entfremdung in der säkularen Welt. Mit Entfremdung meint Pannenberg, dass der Mensch bestimmte Bereiche seiner Lebenswirklichkeit, die dann

---

[409]   Pannenberg, Religion und menschliche Natur, S. 9.
[410]   Ebd., S. 9ff.
[411]   Ebd., S. 12f.
[412]   Ebd., S. 14
[413]   Ebd., S. 15.
[414]   Ebd., S. 16.

als sinnlos erscheinen, nicht in sein Identitätsbewusstsein integrieren kann.[415] Er kann seinen Ort in der Welt, seine Identität und sein Selbstsein nicht mehr finden. Einen zweiten Hinweis dafür, dass „die Verselbstständigung der säkularen Lebenswelt von ihren religiösen Wurzeln" nicht zu einem in sich stabilen Zustand geführt hat, sieht er im Legitimitätsverlust der Institutionen der Gesellschaft, sowie ihrer politischen Ordnung. Ihre Berechtigung leuchtet den Individuen nicht mehr ein. „Die Ablösung des modernen Staates von der Religion als Maßstab seiner Ordnung führt in der Konsequenz [...] zur Unglaubwürdigkeit des Rechtes politischer Herrschaft überhaupt."[416] Solange es den Bürgern noch gut geht, kann die Ordnung trotzdem aufrechterhalten werden. Erst wenn die Zeiten außergewöhnliche Belastungen bringen, wird sich zeigen, ob ein Gesellschaftssystem ohne religiöses Fundament standhalten kann. Daher bleibt die Auffassung, dass die religiösen Anfänge der Menschheit einer überwundenen Phase der Menschheitsgeschichte angehören, für Pannenberg fragwürdig.[417]

Pannenberg nimmt an, dass die religiöse Anlage zur Humanität des Menschen gehört. Damit beansprucht er für das religiöse Bewusstsein und dessen Äußerungen Wahrheit. Das gilt allerdings nur im Allgemeinen und nicht im Besonderen. Denn diese Wahrheit ist „nicht die Wahrheit der Religion selbst, nicht die Wahrheit ihres Gegenstandes, nämlich des von einer Religion behaupteten Gottes und seiner Offenbarung, - sondern zunächst nur Wahrheit in dem Sinne, daß Religion konstitutiv für die Wirklichkeit des Menschen ist."[418]

Radikale Religionskritik behauptet, dass Religion nicht konstitutiv zum Menschsein gehört, sondern als eine Verirrung oder unreife Wirklichkeitsauffassung zu beurteilen ist. Da Pannenberg dagegen Religion als für das Menschsein konstitutiv hält, kann es seiner Meinung nach kein „allseitig ausgebildetes Leben ohne Religion geben".[419] Die moderne Kultur verdrängt die Abhängigkeit des Menschen von der Religion nur, was sich u.a. eben daran zeigt, dass die öffentlichen Institutionen an Legitimität verlieren. Das Selbstbewusstsein des Menschen hängt für Pannenberg eng mit der konstitutiven Bedeutung der religiösen Thematik seines Menschseins zusammen. Der Mensch unterscheidet Dinge voneinander und sich selbst von den Dingen und von den Wesen, auf die er sich bezogen weiß. Dabei erfasst er die Dinge und Wesen als endliche, die durch den Unterschied zu anderem bestimmt sind.

> Mit dem Gedanken des Endlichen ist aber zumindest implizit immer schon der des Unendlichen verbunden. Darum ist menschliches Bewußtsein wesentlich transzendierendes Bewußtsein im Überschritt über die Endlichkeit seiner Gegenstände hinaus. Bei der Erfassung endlicher Gegenstände in ihrer Besonderheit ist immer schon das Unendliche als Bedingung ihrer Erkenntnis und ihres Daseins mitgewußt. Daher ist der Mensch in seiner Daseinsverfassung als bewußtes Wesen auch immer schon als religiöses Wesen bestimmt.[420]

---

[415] Ebd., S. 17.
[416] Ebd., S. 18.
[417] Ebd., S. 20.
[418] Pannenberg, 1988, S. 170.
[419] Ebd., S. 171.
[420] Pannenberg, 1991, S. 331. „In dieser Verfassung bewußten Lebens ist nun in besonderer Weise der Logos präsent, der als das generative Prinzip der Besonderung das eigentümliche Dasein jedes Geschöpfes begründet und durchwaltet. Dem Menschen als seiner selbst im Verhältnis zu anderen bewußten Wesen wird das Unterschiedensein jedes Dinges und Wesens in seiner Andersheit von allem anderen zum Gegenstand seines Bewußtseins, während es alles sonstige geschöpfliche Dasein nur faktisch bestimmt. Insofern ist der Mensch in seinem bewußten Leben in spezifischer Weise des Logos inne, der die ganze Menschheit

In der Weltoffenheit, der Selbsttranszendenz oder Exzentrizität als dem Menschen eigene Struktur des Verhaltens hat Pannenberg die „faktisch allgemeine Verbreitung der religiösen Thematik"[421] aufgezeigt. In der Relevanz des Urvertrauens für den Prozess der Persönlichkeitsbildung, für die Konstitution der Ichidentität[422], zeigt sich die religiöse Thematik konkret im Leben des Einzelnen. Für die Ausbildung des Urvertrauens ist die Beziehung zur Mutter entscheidend, denn sie

> vertritt in den Anfängen der kindlichen Entwicklung für das Kind die Welt, und sie vertritt nicht nur die Welt, sie vertritt Gott, den letzten bergenden und tragenden Horizont für das Leben des Kindes, jenen Horizont, in bezug auf den die unbestimmte Ekstatik des symbiotischen Lebensvollzugs der ersten Lebenswochen schließlich übergeht in jenes erstaunliche Vertrauen, das sich auf eine Welt hin öffnet, von der wir Erwachsene nur zu genau wissen, wie wenig sie solches Vertrauen verdient.[423]

Im Laufe der Zeit zeigt sich, dass auch die Mutter oder die Eltern dieses Vertrauen nur begrenzt verdienen. Deswegen ist die religiöse Erziehung so wichtig. Denn hier wird das grenzenlose Grundvertrauen, das für die gesunde Persönlichkeitsentwicklung so entscheidend ist, auf Gott übertragen, der allein dieses Vertrauen verdient.[424] Im Hinblick auf die Bedeutung des Urvertrauens für die Ausbildung der Ichidentität spricht Pannenberg von der „Anlage" des Menschen zur Religion, die nicht von seiner Humanität getrennt werden kann. Daraus folgt zwar, wie er betont, freilich noch nicht die Wahrheit der konkreten religiösen Behauptungen,[425] denn es könnte sich auch um eine Anlage zur Illusion handeln. Trotzdem bildet die Annahme, dass Religion konstitutiv für das Menschsein des Menschen ist, für ihn eine notwendige Voraussetzung für die Wahrheit religiöser Behauptungen und besonders für die Wahrheit des monotheistischen Glaubens, wenn der eine Gott als Schöpfer der Welt gedacht wird.

> Wenn nämlich Gott der Schöpfer des Menschen sein soll, dann muß der Mensch als selbstbewußtes Wesen auch in irgendeiner, noch so inadäquaten Form um diesen seinen Ursprung wissen. Sein Dasein als Mensch müßte die Signatur der Geschöpflichkeit tragen, und das könnte dem Bewußtsein des Menschen von sich selber nicht gänzlich verborgen bleiben. Wäre Religion kein für das Menschsein konstitutives Thema, dann würde der Integrität menschlichen Lebens nichts mangeln, wo sie fehlt.[426]

Seine Behauptung, dass alle Menschen, auch Agnostiker und Atheisten, in der Welt leben, die von dem Gott der Bibel geschaffen ist, versucht Pannenberg zu belegen, indem er zeigt, dass sich atheistische Anthropologien und Weltbilder durch Reduktionen auszeichnen, welche wesentliche Bestandteile der menschlichen Lebenswirklichkeit ignorieren. Und dieser Mangel

---

durchwaltet." Ebd.. In diesem Sinne versteht Pannenberg Jesus Christus als Vollendung der Schöpfung des Menschen.

[421] Pannenberg, 1988, S. 172.

[422] „Der Mensch ist ja nicht von Anfang an ein Ich, das im Wechsel der Erfahrungsinhalte mit sich identisch bleibt als das einheitliche und Einheit gebende Subjekt all seines Verhaltens, seiner Tätigkeiten und Erlebnisse. Dieses Ich, wie die idealistische Subjektphilosophie es gedacht hat, ist ein ziemlich spätes Produkt der individuellen Entwicklung." (Pannenberg, Religion und menschliche Natur, S. 21)

[423] Ebd., S. 22.

[424] Ebd.

[425] Pannenberg, 1988, S. 172.

[426] Ebd., S. 173.

lässt sich seiner Ansicht nach auch belegen, sodass die theologische Anthropologie, welche die wissenschaftlichen Erkenntnisse mit einbezieht, der atheistischen überlegen ist.

Dies alles ist für Pannenberg kein Gottesbeweis. Es zeigt aber, dass Religiosität zur menschlichen Natur gehört und dass sie sozusagen ein „Fehlprodukt der Evolution" wäre, wenn es keinen realen Grund zum Religionsbedürfnis des Menschen gäbe. Wirklich für sich erkennen, dass es einen Gott gibt, kann der Mensch allerdings nur, wenn sich Gott selbst offenbart. „Daß aber Gott sich uns offenbart, würde eine fremde Botschaft bleiben müssen, eine Behauptung, die uns nicht erreicht, wenn uns nicht dadurch zu Bewußtsein käme, daß wir in den Tiefen unserer eigenen menschlichen Wirklichkeit als Geschöpfe immer schon zu ihm gehören."[427]

2.2.6 Der Mensch in der Gemeinschaft

2.2.6.1 Das Verhältnis von Ich und Du

Das Verhältnis von Ich und Du umfasst nach Pannenberg die Ausrichtung auf das Selbst des anderen und auf die Gemeinschaft. Im Du begegnet einem die andere Person, bzw. nur ihre Außenseite, weil ihre Ganzheit verborgen bleibt. Eine andere Person ist nicht verfügbar wie ein Gegenstand:

> Der andere ist immer noch mehr als die Rolle, in der er mir entgegentritt, mehr auch als der Charakter, der sich in seinem bisherigen Verhalten ausgeprägt hat. Seine Rolle und seinen Charakter mag ich einkalkulieren bei meinen Plänen und bei der Beurteilung einer Situation, aber über den anderen Menschen kann ich damit nicht verfügen[428]

Das verborgene Selbstsein einer andren Person kann Anstoß geben, sich der eigenen Personalität und ihres Grundes gewahr zu werden.[429] Da der Mensch in seiner Exzentrizität auf andere ausgerichtet ist, ist auch nur in der Gemeinschaft mit anderen der Sinn der menschlichen Bestimmung zu finden. Trotzdem kann und muss sich das Individuum seine Differenz vor der Gruppe behaupten können. Andere Menschen können nicht über eine Person verfügen, weil die jeweilige Personalität in der Gottesbeziehung begründet ist.

Der Mensch strebt seiner exzentrischen Natur entsprechend nach Gemeinschaft und kann in ihr seine Bestimmung finden. „In der Gemeinschaft kommt die Begegnung von Ich und Du zum Ausdruck in der freien Geselligkeit und Liebe. Durch die Liebe sind Ich und Du einander verbunden und in ihrem Zueinander kann Gemeinschaft gefunden werden."[430] In der Liebe, die Ich und Du verbindet, ist schließlich auch der Ursprung von Pannenbergs Konzeption der Ethik begründet.

---

[427] Pannenberg, Religion und menschliche Natur, S. 24.
[428] Pannenberg, Was ist der Mensch? S. 60.
[429] Pannenberg, 1991, S. 228.
[430] Cristescu, 2003, S. 63.

2.2.6.2 Kultur

Schon die biologische Verfassung des Menschen ist nach Pannenberg durch Sprache und Vernunft gekennzeichnet. Das gilt auch für seine Kultur. Denn der Mensch ist in seiner Weltoffenheit von Natur aus ein Kulturwesen, dessen unspezialisierte Antriebe besonders auf eine soziale Geborgenheit angewiesen sind, die einer kulturellen Ordnung bedürfen, welche die natürlichen Bedingungen übersteigt. Sprache und Vernunft sind darin mit der Bildung der Kultur verbunden, dass beide über das Natürliche hinausgehen, indem sie es durch Benennung seines Wesens zu erfassen suchen. Die Sprache ist das Medium des gemeinschaftlichen Sinnbewusstseins, „das den Boden für die exzentrische Identität der Individuen bildet".[431] Schon indem sich der Mensch an die Natur anpasst, eignet er sie sich an und gestaltet sie um. Und er schafft auf diese Weise Kultur. „Die umgestaltende Bearbeitung der Natur ist dabei nur ein Aspekt, nicht etwa das Ganze der Kultur; denn zu diesem Begriff gehört auch, wozu solche Bearbeitung dient: die Einbeziehung der Natur in die Ordnung der gemeinsamen Welt."[432]

In seinem Durchgang durch die Kulturtheorien von Cassirer, Malinowski und Huizinga zeigt Pannenberg, dass der Einheitsgrund der Kultur weder durch die Symbolisierungsfähigkeit noch durch die mythologische Rede verstanden werden kann. Es ist gar nicht möglich, dass der Mensch durch sein Handeln die Einheit der Kultur herstellt, denn „ es ist vermessen, die Ganzheit des Lebens durch das eigene Handeln konstituieren zu wollen."[433] So stellt nach Pannenberg der Mensch die Einheit der Kultur nur dar; er sieht die Kultur wie Huizinga im darstellenden Spiel begründet. „Im Spiel nämlich ist der Mensch selbstvergessen aufgehoben in eine Sphäre der Einheit, ja er bringt die Einheit zunächst [in] der Spielwelt zur Darstellung."[434] Im Kultus, indem die mythische Ordnung des Kosmos dargestellt wird[435], liegt nach Pannenberg der Ursprung der Kultur, weil in ihm das Leben als die Ordnung Gottes gefeiert und damit der einende Grund der gemeinsamen Welt dargestellt wird. Im „bestimmten Stil" der verschiedenen Lebensformen unterscheiden sich die Kulturen voneinander. Kultur lässt sich nach Pannenberg weder aus der gesellschaftlichen Ebene der Institutionen noch aus der Ebene der Tätigkeiten der einzelnen Menschen erklären. Vielmehr wird dazu eine dritte Ebene benötigt: Nämlich „der Schatz der Erschließung von Wirklichkeit"[436]. Es ist dieser Schatz der Erschließung von Wirklichkeit, der im Prozess kultureller Überlieferung zu einer bestimmten Kultur geformt wird. Dabei wird nur das überliefert und bewahrt, was „den Umgang mit erfahrbarer Wirklichkeit zu erweitern und zu vertiefen verspricht. Dieser Prozeß des Sichzeigens der Wirklichkeit durch das Medium schöpferischer Tätigkeit des Menschen darf über dem Gesichtspunkt menschlichen Schöpfertums nicht vergessen werden."[437]

Der Mythos formuliert nach Pannenberg die Wirklichkeit, wie sie sich in der „Ordnung der Gesellschaft im Ganzen und in Korrespondenz zur kosmischen Ordnung" zeigt und sie

---

[431] Pannenberg, 1983, S. 385.
[432] Ebd., S. 329.
[433] Ebd., S. 356.
[434] Waap, 2008, S. 424. „Im Spiel realisiert der Mensch das Außersichsein seiner exzentrischen Bestimmung. Das fängt beim Symbolspiel des Kindes an und findet seine Vollendung in der Anbetung." Pannenberg, 1983, S. 328.
[435] Ebd., S. 316.
[436] Ebd., S. 310.
[437] Ebd.

begründet. Es ist die Spannung zwischen den Aussagen der religiösen oder mythischen Überlieferung auf der einen und der sich ständig wandelnden Lebenserfahrung auf der anderen Seite, in der sich die konkrete Kultur ausbildet und ständig erneuert wird. Mythos und Religion unterliegen dabei selbst dem Wandel, weil sich die gemeinschaftliche Erfahrung der Wirklichkeit selbst, die sie eigentlich beschreiben wollen, immer wieder verändert.[438] Die kulturelle Welt ist gesellschaftlicher Natur. Deshalb ist es nach Pannenberg nicht möglich sie in die „symbolisierende Tätigkeit des individuellen Bewusstseins aufzulösen. Was durch solche Tätigkeit erfasst wird, muss ihr schon voraus gehen."[439] Aber auch die Einheit der Gesellschaft bedarf ihrerseits der grundlegenden Wertordnung des Kultursystems. „Es bedarf also zum Verständnis der Kultur einer dritten, von Individuum und Gesellschaft verschiedenen Ebene, auf der die symbolisierende Tätigkeit des Individuums mit den Grundlagen des gesellschaftlichen Lebens in Beziehung tritt."[440]

Nach Pannenberg rühren die Probleme in der Diskussion um den Kulturbegriff der achtziger Jahre daher, dass diese dritte Ebene, die im Selbstverständnis der meisten Kulturen als Mythos thematisiert worden ist, nicht mehr als selbstständig gegenüber dem Individuum oder der Gesellschaft gedacht wird. Sie wird entweder einbezogen in die schöpferische Tätigkeit des Individuums oder in die Überlegenheit der gemeinschaftlichen Natur des Menschen über die Individuen.[441] Die Einheit der Kultur lässt sich aber laut Pannenberg nur in der Religion begründen, weil sie in ihrem Universalismus die Kultur überschreitet.[442] Deshalb darf auch die Religion für die Erklärung von Kultur nicht einfach beiseitegelassen werden, etwa indem behauptet wird, dass Kultur ausschließlich Schöpfung des Menschen sei.[443]

Psychologische Strukturen individuellen Verhaltens sind ebenso veränderlich wie soziale Strukturen gemeinschaftlichen Zusammenlebens. Die Ursache dafür sieht Pannenberg in der Exzentrizität des Menschen gegeben, die es ihm ermöglicht, sich von dem konkret Gegebenen zu distanzieren. Die Exzentrizität des Menschen erklärt auch das spezifische Verhältnis von Individuum und Gemeinschaft. Einerseits kann das Individuum auf die Ordnung des Gemeinschaftslebens einwirken und andererseits wirkt aber umgekehrt auch die gesellschaftliche Ordnung auf die Individuen. Die von Einzelnen ausgehende Veränderung kann außerdem „erst im Medium der gemeinsamen Welt und ihrer Institutionen bedeutsam und folgenreich" werden. Das wird nach Pannenberg erst von der

Exzentrizität als Grundform menschlichen Verhaltens her verständlich. Das Zentrum außerhalb seiner selbst findet der Mensch in der gemeinsamen Welt und ihrer Ordnung, allerdings nur insofern als sie ihm Ort der Präsenz der göttlichen Wirklichkeit ist. Der religiöse Sinn der sozialen Ordnung, die Voraussetzung ihrer Korrespondenz zur kosmischen Ordnung, erklärt, warum sich ihre

---

[438] Ebd., S. 311.
[439] Ebd., S. 308.
[440] Ebd., S. 309.
[441] Ebd. „Die Formel von N. Landmann, der Mensch sei sowohl Schöpfer als auch Geschöpf seiner Kultur, bringt – freilich ohne daß ihr Autor sich dessen bewusst zu sein scheint – diese Aporie auf eine prägnante Formel." Ebd.
[442] Ebd., S. 466.
[443] Ebd., S. 311.

Veränderung über lange Perioden der Menschheitsgeschichte hin in engen Grenzen hielt, warum vor allem die Veränderung dieser Ordnung kein Wert in sich sein konnte.[444]

2.2.6.3 Institutionen

Die Ordnung der Kultur, d.h. die regelmäßigen Formen des Zusammenlebens werden als Institutionen bezeichnet.[445] Dazu gehören sechs Bereiche: 1. Ehe und Familie 2. Staat und politische Organisationsformen 3. Wirtschaftliche Organisationsformen, 4. Recht, 5. Bildungs-institutionen und 6. Religiöse Organisationen.[446] Diese sind dem einzelnen zwar vorgegeben und überdauern ihn auch, trotzdem wirkt der einzelne durch sein Verhalten auf die Institutionen ein. Die Funktion der Institutionen ist die soziale Integration menschlichen Verhaltens, wie es sich beispielsweise in der Integration des sexuellen Verhaltens in das Leben von Familie und Sittenverband zeigen.[447]

Bei der Erklärung des Verhältnisses von Individuum und Gesellschaft beschreibt Pannenberg zunächst die beiden Denkmöglichkeiten anhand soziologischer Theorien. Die eine Möglichkeit geht von der Gesellschaft aus, gibt ihr die Priorität vor dem Einzelnen. Beispiel hierfür ist die Systemtheorie (z.B. Durkheim). Auf diesem Wege, so Pannenberg, kommt dem Individuum jedoch zu wenig Bedeutung zu. Die andere Möglichkeit beschreibt die Institutionen durch die Handlungen der Einzelnen als einen „Prozeß der Ausbildung stereotypisierter Interaktion".[448] Dann aber wird das Individuum zu stark betont, durch eine Überbewertung der Handlungen des Ich. Nach Pannenberg wird also eine dritte Größe benötigt, die beide Perspektiven integrieren und ihnen einen Einheitsgrund geben kann. Diese ist das Sinnbewusstsein: Die individuelle Identität liegt nicht im Wirbewusstsein, sondern in den von der Gemeinschaft bejahten Sinngehalten begründet. Aus ihnen zieht das Bewusstsein der Zusammengehörigkeit selbst seine Kraft. Sie können aber auch „den einzelnen zum Widerstand gegen Denken und Verhalten der Gruppe befähigen und motivieren".[449] Durch dieses Sinnbewusstsein, Pannenberg meint damit die Religion, muss die Spannung zwischen Gesellschaft und Individuum nicht zur einen oder anderen Seite hin aufgelöst werden. „Die menschliche Gemeinschaft in ihrer institutionellen Struktur [beruht] auf einer religiösen Basis [...] auf die sich der einzelne auch gegen die faktische Gestalt der gemeinsamen Welt berufen kann. Erst auf dieser Ebene findet der Antagonismus von Individuum und institutioneller Ordnung in der Gesellschaft seine Auflösung."[450] Institutionen sind für Pannenberg „dauerhafte Sinngestalten menschlichen Zusammenlebens", welche die „naturalen Grundlagen der Bedürfnisse" überschreiten und ihre Befriedigung in eine übergreifende Sinngestalt des Zusammenlebens einbindet.[451] Sie dienen zwar der Bedürfnisbefriedigung, aber Institutionen wie Familie und Staat haben die Tendenz die Individuen ganz an sich zu binden. Das lässt sich durch die Bedürfnisse der Individuen erklären. Außerdem kann es in „anormalen Zuständen der Gesellschaft" auch vorkommen, dass

---

[444] Ebd., S. 476f.
[445] Ebd., S. 386.
[446] Ebd. Pannenberg beruft sich dabei auf H. Spencers *Principles of Sociology* von 1876.
[447] Ebd., S. 415-431.
[448] Ebd., S. 392.
[449] Ebd., S. 397.
[450] Ebd., S. 433.
[451] Ebd., S. 394.

die Individuen ihre Bedürfnisse auch ohne Institutionen befriedigen. Deshalb hält Pannenberg es für erklärungsbedürftig, dass sich die wichtigsten Institutionen der verschiedenen kulturellen Systeme ähneln. Die Gemeinsamkeit der Grundbedürfnisse allein kann dies seiner Ansicht nach nicht erklären.[452] Pannenberg fragt, was die Institutionen eigentlich leisten, wenn die Grundbedürfnisse, wie Nahrung, Obdach und geschlechtliche Vereinigung, sich im Prinzip auch ohne institutionellen Rahmen befriedigen lassen. Die Antwort findet er in der Regelung „der *Beziehungen zwischen den Individuen* im Zusammenhang mit der Befriedigung ihrer menschlichen Grundbedürfnisse". „In der Wechselseitigkeit der Beziehungen zwischen den Individuen muß darum der Schlüssel für die Grundformen der Institutionenbildung gesucht werden."[453] In der Wechselseitigkeit der Beziehungen zwischen den Individuen sucht Pannenberg also nach Konstanten in der Natur des Menschen, „die geeignet scheinen, jene erstaunliche Gleichförmigkeit der Institutionenbildung trotz anderweitig großer Unterschiede der kulturellen Lebenswelten zu erklären."[454]

Die Strukturelemente der Partikularität und der Gemeinschaftlichkeit sind im Verhalten der Wechselseitigkeit miteinander verbunden. Auf der einen Seite will sich jeder in der Partikularität gegen den anderen behaupten. Aus diesem Verhalten kann keine dauerhafte Beziehung entstehen. Dazu braucht es das Moment der Gemeinschaftlichkeit. Die Anlage zur Gemeinschaftlichkeit motiviert dazu, sich auf den anderen einzustellen und ist ein Aspekt der menschlichen Exzentrizität.[455]

Voraussetzung für die Bildung einer institutionellen Bindung ist die Gegenseitigkeit der Interaktion, d.h. dass das Gemeinschaftlichkeitsmoment auf allen Seiten wirksam ist. „Die Institutionalisierung ist erfolgt, sobald ein Maß der Korrespondenz das gegenseitige Verhalten bestimmt: Das Verhalten wird dann reziprok. Reziprozität ist die Grundform der Gemeinschaftlichkeit auf der Basis der partikularen Existenz unabhängiger Individuen."[456] Allerdings gibt es auch Beziehungen, die sich nicht als Interaktion selbstständiger Individuen bezeichnen lassen. Hier steht das Gemeinschaftsmoment im Vordergrund. Die Familie sieht Pannenberg als Grundform dieses Beziehungstyps an. Die Zugehörigkeit zur Gruppe hat mehr Bedeutung als die Reziprozität. Im Bereich des Eigentums dagegen spielt die Partikularität und Reziprozität die größere Rolle. Es ist jedoch wichtig, dass bei beiden Formen der Institutionalisierung der untergeordnete Aspekt nicht vollkommen vernachlässigt wird, da sonst der „Wesensbestand der Institution" zerstört wird.[457]

> Wird im Leben der Familie die Selbstständigkeit ihrer Glieder unterdrückt, so muß das zur Zerstörung der Familiengemeinschaft führen. Bemerkenswerterweise kann das die Folge davon sein, daß familiäre Beziehungen von einem Mitglied mit Eigentumsverhältnissen verwechselt werden. Umgekehrt wird die Institution des Eigentums zerstört, wenn der Gemeinschaftsbezug des

---

[452] Ebd., S. 398.
[453] Ebd., S. 399.
[454] Ebd.
[455] Ebd., S. 399f.
[456] Ebd., S. 400.
[457] Ebd.

Eigentums und das damit verbundene Moment der Gegenseitigkeit vernachlässigt werden: Dann wird Eigentum leicht als Diebstahl erscheinen.[458]

Alle anderen Institutionen lassen sich nach Pannenberg auf die beiden Grundtypen der Familie und des Eigentums zuordnen. Wie bei der Familie steht auch bei der Sippe, dem Volksverband, dem Staat oder der religiösen Gemeinschaft die Gemeinschaftlichkeit im Vordergrund. Die Selbstständigkeit der Individuen spielt dagegen im Wirtschaftsleben und Recht die größere Rolle. Es gibt aber auch verschiedene Mischformen wie Familienunternehmen. Aber auch Bildungs- und Gesundheitssystem rechnet Pannenberg dazu.[459]

Interessant für die theologische Deutung der Institutionenbildung ist nach Pannenberg, dass die Spannung zwischen Partikularität und Gemeinschaftlichkeit an die zwischen Zentralität und Exzentrizität erinnert. Die Institutionalisierung soll nun diese beiden Momente menschlichen Verhaltens in einer dauerhaften Form des Zusammenlebens integrieren. Damit wird die Sozialanthropologie an die „Grundlagen der Anthropologie überhaupt" zurückgebunden.[460] Institutionen als „dauerhafte Sinngestalten menschlichen Zusammenlebens" können nur dann, wenn sie durch den Bezugsrahmen der Religion gestützt sind, dauerhaft ein gelingendes Zusammenleben bewirken. Die Religion, in der es um die Einheit der Wirklichkeit geht, ist nach Pannenberg der Bezugsrahmen der gesellschaftlichen Ordnung überhaupt. „Denn nur die Religionen (und allenfalls noch die in der Neuzeit an ihre Stelle getretenen weltanschaulichen Ersatzgebilde) erfassen das Universum als eine sinnhafte Ordnung, so daß sich auch die Ordnung des gesellschaftlichen Lebens durch die Einbettung in den damit gegebenen Sinnzusammenhang als sinnvoll verstehen lässt."[461]

Die Säkularisierung ist für Pannenberg eine Entfremdung der Gesellschaft und des Einzelnen von ihrer und seiner Bestimmung. Daraus folgt ein Legitimitätsverfall der Institutionen, der gesellschaftlichen und politischen Ordnungen durch eine Überbewertung des Individuums. Pannenberg zweifelt daran, dass „die säkulare Gesellschaft ohne religiös begründetet Legitimität auf Dauer bestehen kann".[462] Deshalb muss sie sich auf religiöse Quellen zurückbesinnen,

> wenn sie nicht am Zerfall aller verbindlichen Normen im Antagonismus entfesselter egoistischer Interessen zugrunde gehen soll. Solche Besinnung kann nur aus der Einsicht erwachsen, daß es sich bei der Religion nicht um überkommenen oder neu wuchernden Aberglauben handelt, sondern um eine Konstante des Menschseins von seinen Anfängen an, die für die Eigenart des Menschen kennzeichnend ist.[463]

---

[458] Ebd., S. 400f.
[459] Ebd., S. 401.
[460] Ebd., S. 402.
[461] Ebd., S. 461.
[462] Ebd., S. 462.
[463] Ebd., S. 469.

2.3 Der Mensch im theologischen Rahmen: Sinn der Schöpfung und Eschatologie

Schöpfung und Eschatologie gehören laut Pannenberg zusammen, weil sich erst in der Zukunft bei der eschatologischen Vollendung die Bestimmung des Geschöpfes endgültig realisiert.[464] Und erst vom Standpunkt dieser Vollendung in der Zukunft aus gesehen wird der Sinn der Schöpfung verständlich.[465] In der christlichen Verkündigung wird das darin deutlich, dass Jesus als eschatologischer Heilsbringer gleichzeitig als Mittler der Weltschöpfung vorgestellt wird. „Alles, was seinem irdischen Erscheinen vorausgegangen ist, wird darum in der Sicht christlicher Typologie zur schattenhaften Vorausdarstellung der mit ihm an den Tag kommenden Wahrheit."[466]

2.3.1 Ganzheit

In der Zukunft wird laut Pannenberg die Ewigkeit Gottes in die Zeit eintreten und offenbaren, was im Lauf der Zeit noch nicht erkennbar ist: „die Ganzheit des Lebens, darum auch seine wahre und definitive Identität."[467] Deswegen ist auch das eigentliche Wesen jedes Geschöpfes in der eschatologischen Zukunft begründet, das sich zwar schon während der Dauer seines Lebens zeigt, aber erst am Ende der Zeit in seiner Ganzheit offenbar wird.[468] Das weltliche Leben kann sozusagen als Werdeprozess der eschatologisch zu offenbarenden Wesensgestalt verstanden werden. Das zeigt sich an dem Verlangen der Menschen nach einer Ganzheit ihres Lebens, wie sie in diesem Leben gar nicht erreicht werden kann.[469] Der Mensch weiß, dass er die Ganzheit seines Lebens nicht besitzt. „Nur eine Zukunft der Vollendung unseres Lebens – im Unterschied zur Zukunft des Todes, die das Leben abbricht, daher eine Zukunft über den Tod hinaus – kann jene Ganzheit realisieren, die die Identität unseres Daseins in voller Entsprechung zum Schöpferwillen Gottes zur Erscheinung bringt".[470] Und auch nur auf der Grundlage der Ewigkeit Gottes können die auseinanderfallenden Momente des menschlichen Lebens zu Einheit und Ganzheit integriert werden. Das kann jedoch nur geschehen, wenn der Mensch Gott als Gott anerkennt. Und dafür muss „die Trennung von Gott, die durch das Wie-Gott-sein-Wollen des Ich verursacht wird, überwunden sein, so daß im Verhältnis des Geschöpfes zu Gott das Verhältnis des Sohnes zum Vater in Erscheinung treten kann."[471]

2.3.2 Versöhnung

Das gestörte Verhältnis des Menschen zu seinem Schöpfer, das sich in Pannenbergs Anthropologie in der Übermacht der Zentralität des Menschen über seine Exzentrizität zeigt, kann durch das Versöhnungsgeschehen wiederhergestellt werden. Aber wie stellt sich Pannenberg diese Wiederherstellung vor? Eine wichtige Rolle spielt dabei die Selbstunterscheidung des Sohnes, die sich schon innerhalb des trinitarischen Lebens Gottes zeigt und die in seinem Tod am Kreuz gipfelt. Jesu Tod wurde „zum Siegel seiner Selbstunterscheidung von Gott und darum auch zur Bewährung seiner Einheit mit Gott als Sohn des himmlischen

---

[464] Pannenberg, 1991, S. 164.
[465] Ebd., S. 172.
[466] Ebd.
[467] Pannenberg, 1993, S. 649f.
[468] Ebd., S. 649f.
[469] Ebd., S. 647.
[470] Ebd., S. 648.
[471] Ebd., S. 648.

Vaters."[472] Indem nun der Mensch Jesus in dieser Selbstunterscheidung zum Vorbild nimmt und sich selbst von Gott unterscheidet und so seine Endlichkeit annimmt, kann er sich durch Taufe und Bekenntnis mit dem Tod Jesu verbinden lassen.[473] Das ist der Gedanke der Stellvertretung, in dem die Sühne für den einzelnen vollzogen werden kann[474]: Die Glaubenden, die Jesu Tod für sich in Anspruch nehmen, sind damit frei von der Herrschaft des Todes. Sie sind frei von der Todesangst, weil sie in Hoffnung auf das neue Leben aus Gott leben, das sich schon in Jesu Auferstehung gezeigt hat. Sie sind auch frei von der Sünde, weil die Sünde mit dem Tod zum Ende kommen wird und ihr Tod in der Taufe schon vorweggenommen wurde. Durch die Gemeinschaft mit Gott gewinnt der Glaubende die Unabhängigkeit von der Welt und die Distanz sich selbst gegenüber, die ihn fähig macht, Gottes Willen gemäß zu leben.

> Es ist die Freiheit einer neuen Unmittelbarkeit zu Gott, die die Glaubenden als Kinder Gottes haben (Gal 4,4-6). Sie ist vermittelt durch die Sendung des Sohnes und durch seinen stellvertretenden Tod. Aber realisiert ist sie durch den Geist der Sohnschaft durch den Glaubenden selbst. Darum findet die Sendung des Sohnes ihre Vollendung durch den Geist.[475]

Letztlich also nur durch die Annahme der eigenen Endlichkeit im Verhältnis zu seinem unendlichen Schöpfer kann der Mensch also wieder zur Gemeinschaft mit Gott kommen und auf diese Weise seiner Bestimmung entsprechen.[476] Dafür ist es notwendig, dass sich der Mensch seiner Selbstverfehlung bewusst wird und sie als Sünde anerkennt.[477] Der Mensch muss gerade nicht für seine Selbstständigkeit kämpfen und alles in den Dienst seiner Zentralität stellen. Die Selbstständigkeit des Menschen ist ja ohnehin Gottes Ziel und kann ohne ihn auch keinen Bestand haben.[478] Deshalb verfällt der Mensch gerade seiner Endlichkeit, wenn er sich in seiner Selbstbejahung gegen sie wehrt. Sie kann nur überwunden werden, indem „das Endliche sich als von Gott gerade in seiner Grenzen und in der Annahme seiner Grenze ewig bejaht erweist."[479] Es ist also Gott selbst, der die Menschen von ihrer Endlichkeit befreit. Die christliche Zukunftshoffnung erwartet ein Dasein ohne Tod, dass durch eine vollkommene Gemeinschaft mit Gott gekennzeichnet ist und in dem die Menschen teilhaben werden an der göttlichen Ewigkeit. „So wie das Leben der Geschöpfe in der Ganzheit seiner zeitlichen Erstreckung vor den Augen des ewigen Gottes steht, so werden die Erlösten auch für sich selber

---

[472] Pannenberg, 1991, S. 479.
[473] Pannenberg gibt zu bedenken: „Viele Menschen sind nie von der Verkündigung des Evangeliums erreicht worden. Ausschlaggebend für ihr ewiges Heil kann nicht die von historischen und lebensgeschichtlichen Zufälligkeiten abhängige Tatsache persönlicher Begegnung mit Jesus durch die Verkündigung der Kirche sein, wohl aber die faktische Übereinstimmung oder Nichtübereinstimmung des individuellen Verhaltens mit dem von Jesus verkündigten Gotteswillen." (Pannenberg, 1993, S. 661) Für ausschlaggebend hält Pannenberg die Bergpredigt mit ihren Seligpreisungen (Mt 5,3ff), die auch für Menschen gilt, die nicht vom Evangelium gehört haben.
[474] Pannenberg, 1991, S. 474.
[475] Ebd., S. 483. Das Wirken des Geistes konvergiert in der Schöpfung „auf die Inkarnation des Sohnes hin, die nach dem biblischen Zeugnis in besonderer Weise das Werk des Geistes ist und in der die Schöpfung zur Vollendung kommt durch das volle Inerscheinungtreten des göttlichen Ebenbildes des Menschen." (Ebd., S. 49)
[476] Ebd., S. 265f: „Die Menschen müssen dem Bilde des Sohnes gleichgestaltet werden, seiner Selbstunterscheidung vom Vater. So werden sie auch an der Gemeinschaft des Sohnes mit dem Vater teilnehmen."
[477] Pannenberg, 1983, S. 149.
[478] Pannenberg, 1991, S. 160.
[479] Pannenberg, 1988, S. 456.

74

in der Ganzheit ihres Daseins vor Gott stehen und ihn als den Schöpfer ihres Lebens verherrlichen."[480] Soweit die christliche Hoffnung. Doch für Pannenberg muss sich auch das Versöhnungsgeschehen noch an der Wirklichkeit bewähren:

> Die Aussagen über Jesus als Versöhner und Heilbringer der Menschheit wären nicht wahr ohne ihr Korrelat, die geheilte und versöhnte Menschheit. Nur in Beziehung zu ihr ist Jesus tatsächlich der universale Versöhner und Erlöser. Aber ist die Menschheit denn tatsächlich mit Gott versöhnt und von Sünde und Tod erlöst? Der Augenschein und der Anschauungsunterricht der Weltgeschichte sprechen bis heute nicht dafür.[481]

Das bedeutet für Pannenberg allerdings noch nicht, dass die christliche Hoffnung widerlegt wäre. Ihre Wahrheit muss sich jedoch nach wie vor noch am Ende der Zeit erweisen.[482]

2.3.3 Explizit Übernatürliches bei Pannenberg: Auferstehungsglauben

Pannenberg hält die Tatsache der Auferstehung historisch und sachlich für das christliche Bekenntnis für unumgänglich.[483] Denn in der Theologie, in der es um die Wahrheit der christlichen Lehre geht, zählen wie in anderen Wissenschaften nur Argumente. Und auch die Entstehung des christlichen Glaubens gehört für Pannenberg zur Begründung des Glaubens dazu. Also muss der tatsächliche Begründungszusammenhang des christologischen

---

[480] Pannenberg, 1991, S. 311.

[481] Ebd., S. 489f.

[482] Pannenberg gibt sich also bewusst, dass es den Anschein macht, als ob sich der christliche Gott der Liebe als ohnmächtig erwiesen hat im Lauf der Geschichte, der Kirche und des einzelnen Christen und dass damit die Wahrheit der biblischen Offenbarung in Frage steht. (Pannenberg, 1988, S. 476) Doch auch hier verweist Pannenberg wieder auf die Vollendung des Endgeschehens. Während die Welt und mit ihr der Mensch noch auf dem Weg zur Vollendung ist, muss der Wahrheitsanspruch des christlichen Glaubens strittig bleiben. Die Theologie kann das nicht ändern und auch den Glauben nicht ersetzen. „Aber sie kann zu klären versuchen, inwieweit sich der Glaube, dem Wahrheitsanspruch der christlichen Verkündigung entsprechend, im Bunde mit der wahren Vernunft wissen darf." (Pannenberg, 1988, S. 477)
Obwohl Pannenberg es auf den ersten Blick für plausibel hält, dem biblischen Gott die Schöpfung zuzuschreiben, sieht er zwei Probleme mit dem Schöpfungsglauben: Zum einen die Selbstständigkeit der Kreatur und zum anderen die Frage nach dem Leid in der Welt. (Pannenberg, 1991, S. 189) Denn der Versuch, den Ursprung des Bösen und des Leidens in der Selbstständigkeit der Geschöpfe zu suchen und den Schöpfer so von seiner Verantwortung zu befreien, muss scheitern, weil es schließlich immer Gottes Geschöpfe bleiben.
In anderer Hinsicht ist jedoch der Verweis auf die Selbstständigkeit und Freiheit des Geschöpfes laut Pannenberg bedeutsam: Wenn Gott seine Geschöpfe mit Selbstständigkeit und Freiheit ausstatten will, kann er das nur unter der Bedingung des Missbrauchs. D. h. Leid und Übel sind nicht von Gott gewollt, sie sind nicht Zweck seines Willens. (Damit sind allerdings noch nicht die Leiden erklärt, die durch Naturkatastrophen oder Krankheit entstehen.) „Aber sie werden als faktische Begleiterscheinung und so als Bedingungen geschöpflicher Realisierung der Absicht Gottes mit seiner Schöpfung hingenommen unter dem Gesichtspunkt der göttlichen Weltregierung, die noch aus Bösem Gutes zu schaffen vermag, indem sie auf die Versöhnung und Erlösung der Welt durch Jesus Christus gerichtet ist." (Pannenberg, 1991, S. 194)
Leid und Böses sind also nicht positiver Gegenstand des Willens Gottes. Trotzdem trägt Gott die Verantwortung für ihr Auftreten durch seine „vorausschauende" Zulassung und steht dafür ein, indem er seinen Sohn am Kreuz sterben lässt. (Pannenberg, 1991, S. 196f)
Pannenberg schließt sich der Kritik Barths an und hält mit ihm leibnizsche Lösungsansätze für eine Bagatellisierung des Leidens in der Welt. Für ihn kann die Theodizee nur dann gelöst werden, wenn es eine reale Überwindung des Übels gibt. „Daher ermöglicht erst die Einheit von Schöpfung und Erlösung im Horizont der Eschatologie eine haltbare Antwort auf die Frage der Theodizee, die Frage nach der Gerechtigkeit Gottes in seinen Werken." (Pannenberg, 1991, S. 191) Durch das Versöhnungsgeschehen haben die Menschen schon einen Anhaltspunkt für die Überwindung des Bösen und die Aussicht auf die kommende Vollendung der Schöpfung.

[483] Ebd., S. 325.

Bekenntnisses rekonstruiert werden. „Dabei macht theologische Argumentation weder hier noch sonst den Glauben oder den Heiligen Geist überflüssig, aber umgekehrt muß auch gelten, daß die Berufung auf Glauben und Geist für sich noch kein Argument ist."[484] Der Anspruch auf Historizität ist in der Behauptung, dass Jesus Christus von den Toten auferstanden ist, laut Pannenberg mitgegeben.[485] Folglich muss sie auch kritischer Nachprüfung standhalten können. Das ist deswegen überhaupt möglich, weil das Ereignis der Auferstehung Jesu kein vollkommen transzendenter Sachverhalt ist, sondern historisch nachweisbare Spuren hinterlassen hat. Dabei muss nach Pannenberg Historizität nicht bedeuten, dass dieses als historisch behauptete Ereignis in jeder Hinsicht mit anderen als historisch behaupteten Ereignissen vergleichbar ist. „Der *Anspruch* auf Historizität, der von der Behauptung der Tatsächlichkeit eines geschehenen Ereignisses untrennbar ist, beinhaltet nichts mehr als dessen Tatsächlichkeit".[486] Die Historizität eines Ereignisses zu behaupten, bedeutet auch keineswegs schon, dass das Behauptete gesichert wäre. Es gibt viele historische Tatsachenberichte, die umstritten sind. Und im Falle des Auferstehungsberichts wird dies noch bis zur Wiederkunft Jesu so bleiben.[487] Die Einstellung, die jemand zur Frage der Historizität des Auferstehungsereignisses einnimmt, hängt nicht nur von der Prüfung der historischen Befunde ab. Ganz entscheidend ist auch das Wirklichkeitsverständnis, das den Urteilenden leitet, d.h. was er überhaupt für möglich oder generell für ausgeschlossen hält, noch bevor er die Einzelbefunde auswertet.[488] Wenn jemand z.B. davon ausgeht, dass es so etwas wie Totenauferstehung auf keinen Fall geben kann, wird er natürlich auch nicht ernsthaft prüfen, ob Jesus vielleicht von den Toten auferstanden ist, egal welche Hinweise es auch geben mag, die dafür sprechen. „Man sollte aber zugeben, daß ein derartiges Urteil auf dogmatischer Vorentscheidung beruht und nicht kritisch (im Sinne unvoreingenommener historischer Prüfung überlieferter Dokumente) genannt zu werden verdient."[489] Allerdings, so gesteht auch Pannenberg zu, orientiert sich auch die historische Rekonstruktion an einem Common-Sense-Verständnis der Wirklichkeit, das dem Zeitgeist unterworfen ist. Es führt zu der verbreiteten Annahme, es müsse sich wohl bei den Erscheinungen der Jünger nach Jesu Tod um visionäre Erlebnisse gehandelt haben. Für Pannenberg ist damit jedoch „noch nichts gegen ihren Realitätsgehalt entschieden, es sei denn, im Einzelfall wären die Zusammenhänge nachweisbar mit Umständen, unter denen nach allgemeiner Erfahrung Halluzinationen auftreten"[490], wie es zum Beispiel beim Genuss von Rauschmitteln der Fall sein kann. Allein die Unterstellung, es würde sich bei visionären Erlebnissen immer um psychische Projektionen handeln, die keinerlei gegenständlichen Bezug haben, kann dafür nicht genügen, um über den Realitätsgehalt zu entscheiden und muss als „nicht hinreichend begründetes weltanschauliches Postulat abgewiesen werden."[491]

Die Überzeugung von der Historizität der Inkarnation Jesu ist „nicht ohne die Relativität und Vorläufigkeit zu haben, die alles geschichtliche Wissen umgibt, und zwar noch gesteigert durch

---

484   Ebd., S. 326.
485   Ebd., S. 402.
486   Ebd., S. 403.
487   Ebd., S. 405.
488   Ebd.
489   Ebd.
490   Ebd., S. 396.
491   Ebd. Pannenberg diskutiert die historischen Daten zur Möglichkeit von Jesu Auferstehung in auf S. 398ff.

die Ungewöhnlichkeit vieler der christlichen Überlieferung von Jesus Christus behaupteten Ereignisse."[492] Den sich daraus ergebenden Einwänden sollte man nach Pannenberg nicht aus dem Wege gehen, indem man die dem Glauben vorausgehende Geschichtsgrundlage selbst zur Glaubensfrage macht, um sich damit einfach der Kritik zu entziehen. Denn damit verfiele ein solcher Glaube der „Perversion der Selbstbegründung". Vielmehr muss das „Wahrheitsbewusstsein des Glaubens selbst [...] der Relativität und Vorläufigkeit unseres Wissens vom Gegenstand des Glaubens Raum geben."[493] Christen sollten sich keine Sorgen machen, dass bei kritischer Exegese und Rekonstruktion der Geschichte Jesu der christliche Glauben zerstört werden würde. Denn wenn es die Wahrheit ist, dass sich in der Geschichte Jesu Gott offenbart hat, dann sollten sich auch bei kritischer Untersuchung Hinweise darauf finden lassen.[494] Letztendlich kann sich der christliche Glaube an die Auferstehung Jesu nach Pannenberg erst am Tag der eschatologischen Totenauferstehung bewahrheiten. Denn dieses Ereignis ist eine der Wahrheitsbedingungen für die Behauptung der Auferstehung Jesu, wenn auch nicht die einzige. „Diese Behauptung impliziert ein Wirklichkeitsverständnis, das auf der Vorwegnahme einer noch nicht eingetretenen Vollendung des menschlichen Lebens und des Weltgeschehens beruht. Schon aus diesem Grunde wird die christliche Osterbotschaft so lange umstritten bleiben, wie die allgemeine Auferstehung der Toten in Verbindung mit der Wiederkunft Jesu noch nicht eingetreten ist."[495] Deswegen ist nach Pannenberg eine Argumentation für die Plausibilität der Auferstehung der Toten erforderlich. Diese ist nur dann vorstellbar, wenn

die Unverlierbarkeit des in der Zeit Geschehenen für die Ewigkeit Gottes bedacht wird: Ihm bleibt alles gegenwärtig, was einmal war, und zwar bleibt es *als* Gewesenes im Ganzen seines Daseins gegenwärtig. [...] Die Auferstehung der Toten und die Erneuerung der Schöpfung stellen sich darum dar als der Akt, durch den Gott dem in seiner Ewigkeit bewahrten Dasein der Geschöpfe durch seinen Geist die Form des Fürsichseins wiedergibt. Die Identität der Geschöpfe bedarf dabei keiner Kontinuität ihres Seins auf der Zeitlinie, sondern ist hinlänglich dadurch gesichert, daß ihr Dasein in der ewigen Gegenwart Gottes nicht verloren ist.[496]

2.3.4 Die Bedeutung des Glaubens für die Versöhnung

Durch den Glauben können die Menschen an Jesus Christus und seinem Versöhnungshandeln teilhaben. Der Geist bewirkt diesen Glauben, den Pannenberg wieder der ekstatischen Bestimmung des Menschen zuordnet. „Der Glaubende ist ekstatisch außer sich, indem er bei Christus ist (Röm 6,6 und 11). Dadurch – und nur so – ist umgekehrt auch Christus in ihm (Röm 8,10)."[497] Dies ist an sich nicht unnatürlich, weil der Mensch ja seiner Natur nach schon ekstatisch ist und so in ihm die Eigenart des Lebens in besonderer Weise realisiert ist. Der Mensch kann dank seines Bewusstseins beim anderen seiner selbst sein und ist in dieser seiner ekstatischen Struktur vom Geist belebt. Weil der Mensch darüber hinaus noch ein selbstbewusstes Wesen ist, ist er sich diesem Sein beim anderen bewusst „und ist darum seinem

---

[492] Pannenberg, 1993, S. 176.
[493] Ebd.
[494] Ebd.
[495] Pannenberg, 1991, S. 392f.
[496] Pannenberg, 1993, S. 652.
[497] Pannenberg, 1991, S. 498f.

Wesen nach in seinem anderen bei sich selbst, weil eben das Sein beim anderen sein Wesen bestimmt."[498] Aber der Mensch ist nicht in jedem „Außersichsein" ganz bei sich selbst. Menschen können auch im Rausch oder Selbstvergessenheit oder vor Zorn außer sich sein, aber auch in Abhängigkeit und Verfallenheit wie es Augustin mit der Konkupiszenz beschrieben hat. Wenn jedoch der Mensch dem hingegeben ist, was seiner Bestimmung entspricht, dann kann Selbstvergessenheit zur Selbsterfüllung werden. Das ist laut Pannenberg der Fall im Glauben an Jesus Christus:

> Im ekstatischen Sein bei Jesus Christus ist der Glaubende nicht einem anderen hörig, weil Jesus als Sohn des Vaters seinerseits der ganz Gott und darum den anderen Menschen hingegebene Mensch ist. Indem der Glaubende durch den Geist bei Jesus ist, nimmt er an der Sohnesbeziehung zum Vater und an der von der Schöpfergüte des Vaters ausgehenden Bejahung der Welt, an seiner Liebe zur Welt teil. Darum ist der an Jesus Glaubende nicht sich selbst entfremdet; denn er oder sie ist mit Jesus bei dem Gott, der Ursprung des eigenen endlichen Daseins jeder Kreatur und ihrer besonderen Bestimmung ist.[499]

Das Wesen des Glaubens besteht für Pannenberg darin, seinen Existenzgrund außerhalb zu haben, indem man sich auf das andere seiner selbst, d.h. auf Gott verlässt.[500] Anders als das Wissen, das sich an den schon gemachten Erfahrungen und der Gegenwart ausrichtet, „richtet sich der Glaube als Vertrauen auf die Zukunft." [501] Und weil nach Pannenberg erst die Zukunft zeigen wird, was letztendlich wahr ist, ist gerade der Glauben entscheidend für das Verhältnis zur Wahrheit. „Die Möglichkeit des Wissens als Zugang zum wahrhaft Beständigen ist daher begrenzt, während der Glaube sich über diese Grenze hinauswagt."[502] Dabei muss sich aber auch der Glauben an Gott im Erfahrungsprozess bewähren und ist daher immer Anfechtungen ausgesetzt.[503]

Hoffnung gehört für Pannenberg wesentlich zur Natur des Menschen. Dem Menschen ist bewusst, dass alles, was er schon hat und ist, durch die Vergänglichkeit letztlich ungenügend ist. Der Mensch ist unterwegs zu einer künftigen Wesensverwirklichung, die alles gegenwärtig Vorhandene übersteigt und Bestand hat. Darum sind die Menschen von immer neuen Hoffnungen erfüllt, oder vielmehr: Sie schwanken zwischen Hoffnung und Verzweiflung. Worauf soll sich nämlich ihre Neigung zur Hoffnung gründen? Wo findet sie Halt?[504] Im Glauben. Denn im Glauben wird der Mensch aus dem Kreislauf von Sünde und Tod hinausgehoben, weil er mit Christus verbunden ist. Er gewinnt im ekstatischen Außersichseins des Glaubens eine Hoffnung über den Tod hinaus und wird gleichzeitig über die egoistische Hoffnung hinausgehoben. Denn die christliche Hoffnung ist nicht nur eine Hoffnung für den einzelnen, sondern für die ganze Schöpfung.[505] Das Heil, auf das die christliche Hoffnung zielt, ist die Integrität und Ganzheit des individuellen und des gemeinschaftlichen Lebens. Individuelles Heil ist ohne die Gemeinschaft gar nicht möglich. Ein einzelner Mensch „kann

---

[498] Ebd.
[499] Ebd.
[500] Pannenberg, 1993, S. 175.
[501] Ebd.
[502] Ebd.
[503] Ebd., S. 194.
[504] Ebd., S. 198.
[505] Ebd., S. 201.

seine Identität in der Ganzheit seines Daseins nicht erreichen ohne die anderen, und die gesellschaftliche Bestimmung des Menschen ist erst dann realisiert, wenn alle Individuen ihre unverkürzte Individualität gewonnen haben."[506] In dieser Welt ist eine solche Ganzheit nicht voll realisierbar. Sie wird verhindert durch die gesellschaftlichen und natürlichen Übel, die manche Menschen oder Gruppen benachteiligen. Diese Übel können vielleicht verringert, jedoch nicht vollkommen überwunden werden. „Vor allem verhindert die Selbstsucht der Individuen immer wieder das sonst vielleicht erreichbare Maß an Förderung des Allgemeinwohls."[507]

2.3.5 Kirche als Zeichen der eschatologisch vollkommenen Gemeinschaft

Erst wenn die eschatologische Vollendung angebrochen ist, also letztlich erst im Reich Gottes werden alle Menschen zur Ganzheit ihrer Individualität gelangen und erst dann wird auch eine vollkommene Gemeinschaft möglich sein. In Christus ist die endgültige Wirklichkeit des Reiches Gottes laut Pannenberg schon angebrochen und bleibt durch Taufe und Abendmahl den Glaubenden gegenwärtig. Die Kirche ist als Gemeinschaft der Glaubenden ein Zeichen der eschatologischen Wirklichkeit[508], die mit Jesus Christus schon angebrochen ist. Pannenberg betont immer wieder die Zeichenhaftigkeit der Kirche:

> Ein Zeichen weist über sich selbst hinaus zur Sache. Zeichen und Sache zu unterscheiden, ist also für die Funktion des Zeichens unerläßlich. Die Sache darf nicht etwa mit der Ähnlichkeit des Zeichens verwechselt werden. Nur durch Unterscheidung des Zeichens von der Sache kann letztere in bestimmten Sinne präsent sein durch ihr Zeichen. So verhält es sich auch mit der Kirche und Reich Gottes. Die Kirche muss sich selbst unterscheiden von der künftigen Gemeinschaft der Menschen im Reiche Gottes, um als Zeichen des Gottesreiches erkennbar zu sein, durch das seine Heilszukunft den Menschen in ihrer jeweiligen Zeit schon gegenwärtig wird. Unterläßt es die Kirche, diesen Unterschied deutlich zu machen, dann maßt sie sich selber die Endgültigkeit und Herrlichkeit des Gottesreiches an und macht umgekehrt durch ihre Erbärmlichkeit und das allzu Menschliche in ihrem eigenen Daseinsvollzug die christliche Hoffnung unglaubwürdig.[509]

Nur wenn die Kirche diese Selbstunterscheidung demütig vollzieht, kann sie der Ort sein, an dem die eschatologische Zukunft der Herrschaft Gottes schon jetzt zum Heil der Menschen wirksam werden kann. Die Kirche muss sich ihrer Veränderungsfähigkeit und Bedürftigkeit im noch offenen Prozess der geschichtlichen Erfahrung bewusst sein. Das schließt für Pannenberg auch Toleranz gegenüber unterschiedlichen Glaubensformen ein.[510]

In der Geschichte zeigt die Kirche das „göttliche Heilsmysterium" leider nur in gebrochener Weise. Die Kirche und das Leben ihrer Glieder ist eine bis zur Unkenntlichkeit entstellte Darstellung der Zukunft des Gottesreiches.[511] Sie ist durch das Versagen der Christen, oft auch der Amtsträger und durch Spaltungen gekennzeichnet. Nach Pannenberg können die

---

[506] Ebd., S. 204.
[507] Ebd.
[508] „Die Gemeinschaft der Kirche ist die vorlaufende Darstellung des eschatologischen Gottesreiches einer neuen Menschheit in Gemeinschaft mit Gott." (Pannenberg, Die Bestimmung des Menschen, S. 26)
[509] Pannenberg, 1993, S. 45.
[510] Ebd., S. 138.
[511] Ebd., S. 503.

Kirchenspaltungen als Ausdruck des Gerichtes Gottes verstanden werden[512] und sie sind außerdem verantwortlich für den Säkularismus.[513]

> Wie der Einsicht des Apostels zufolge der Abfall und die zeitweilige Verwerfung des jüdischen Volkes in Gottes Geschichtsplan zum Mittel für die Einbeziehung der Heiden in das Heil der Gottesherrschaft geworden ist, so könnten die Entstellungen der Gemeinschaft des Leibes Christi im Leben der Kirche als ein Mittel der göttlichen Weltregierung zu betrachten sein, auch denen noch eine Chance zur Teilnahme am Heil der Gottesherrschaft offenzuhalten, die sich an der Kirche ärgern. Auch für solche allerdings bleibt der von der Kirche verkündigte Christus Jesus das Kriterium der Teilhabe am Heil Gottes.[514]

Die Existenz der Kirche als besonderer Institution gegenüber der politischen Ordnung verweist darauf, dass der Charakter des Staates provisorisch ist. Wäre die gesellschaftliche Bestimmung des Menschen zur Gemeinschaft durch die politische Ordnung schon adäquat verwirklicht, dann wäre die Kirche überflüssig.[515] Schon Marx hat gesehen, dass diese Bestimmung der Menschen zu Gemeinschaft nicht ohne die Abschaffung der Herrschaft von Menschen über Menschen verwirklicht werden kann und die Geschichte hat gezeigt, dass auch sozialistische Revolutionen die politische Herrschaft nicht abschaffen können.[516]

Die symbolische Funktion der Kirche steht scheinbar im Widerspruch zum Missionsbefehl, demnach alle Menschen zu Jüngern gemacht werden sollen (Mt. 16, 19). Doch Pannenberg hält es für ein Missverständnis des Missionsbefehls und eine imperialistische Konzeption, wenn die Bemühung um Bekehrung das Hauptmerkmal der Beziehungen zwischen Menschheit und Kirche wird. Es ist vielmehr die Symbolik des Gottesreiches, die Menschen zu Gott hinziehen soll. „Alles Handeln und Reden der Kirche im Hinblick auf die Menschheit sollte dieser symbolischen (oder sakramentalen) Eigenart ihres Wesens entsprechen."[517]

---

[512] Ebd., S. 557.
[513] Ebd., S. 558.
[514] Ebd., S. 567.
[515] Pannenberg, Die Bestimmung des Menschen, S. 27.
[516] „Diese Erfahrung unseres Zeitalters bestätigt einmal mehr, daß nur das Reich Gottes die Herrschaft von Menschen über Menschen beseitigen kann. So gesehen hat die Religion keineswegs ihre Funktion und ihre erhellende Kraft für das menschliche Leben und gerade auch für das gesellschaftliche Leben verloren. Sie ist im Gegenteil durch die Erfahrung dieses Jahrhunderts aus neue bestätigt worden darin, daß die Zukunft der Gottesherrschaft allein die radikale Lösung für die Probleme des gesellschaftlichen Lebens und der politischen Ordnung ist." (Pannenberg, Die Bestimmung des Menschen, S. 28)
[517] „Das gilt für die Lehre der Kirche, für ihren Gottesdienst, ihre Versammlungen und Ämter, für ihre ökumenischen und missionarischen Aktivitäten und schließlich auch für ihre caritativen Funktionen und in der Hilfe für die Armen und Unterdrückten." (Pannenberg, Die Bestimmung des Menschen, S. 34)

2.4 Kritik an Pannenberg

Pannenberg hat mit seiner Anthropologie den wohl umfassendsten Entwurf zeitgenössischer protestantischer Theologie vorgenommen. Mit seiner Theorie versucht er alle Phänomene der menschlichen Lebenswirklichkeit einheitlich auf theologischer Grundlage verständlich zu machen. Dabei greift er auf zahlreiche bereits vorhandene Theorien zurück und verwertet sie soweit wie möglich für seinen Gesamtentwurf. Pannenberg vernetzt also seine theologische Theorie mit den verschiedenen wissenschaftlichen Theorien, indem er ihnen durch seinen theologischen Überbau Richtung und Sinn zu verleihen sucht. „Pannenberg ist ein Denker der Identität, der Ganzheit, der Einheit, wenn man so will: ein Holist. Pannenbergs Anthropologie und Theologie bilden das exakte Gegenteil zu heutigen postmodernen Lebenskonzepten mit ihrem Primat der Vielheit."[518]

Mit Waap lässt sich an dieser Vorgehensweise kritisieren, dass sie „keinem fairen Gespräch zwischen Partnern oder auch Gegnern" entspricht, sondern dass es dabei vielmehr um den „*Versuch des Heimholens* ins eigene anthropologisch-theologische System" geht.[519] Das zeigt sich daran, dass es prinzipiell nichts gibt, „keine Erkenntnis, keinen Befund, keine Theorie, die Pannenberg nicht in sein Konzept der Antizipation integrieren könnte. Seine Anthropologie saugt alles auf und stellt alles im Angesicht der Ganzheit an seine richtige, vorläufige Stelle."[520] Dadurch werden die eingebauten Theorien aber teilweise extrem verändert, anstatt wie angekündigt, sie nur zu vertiefen, um die religiösen Gründe aufzuzeigen. In Bezug auf Plessner und Gehlen beispielsweise beachtet Pannenberg in seiner Interpretation deren deutlich markierte Grenzen zur Religion nicht und überschreitet sie „mit Leichtigkeit". Außerdem missachtet er die „Differenzen der wissenschaftlichen Rationalitäten" zugunsten seines idealistischen Ganzheitskonzepts.[521] Die Vereinnahmung anderer Theorien gilt laut Waap für alle Bereiche: „Die Spieltheorie Huizingas, Cassirers Kulturanthropologie oder Piagets Beschreibung der kognitiven Entwicklung des Kindes, sie alle werden ausgewertet, bearbeitet und zurechtgestutzt, bis sie passen." Er bemerkt, dass Pannenberg versucht, alles in ein „*Korsett der Ganzheitsideologie*" zu pressen und zwar „ohne Rücksicht auf Verluste".[522] Man kann sich auch, so Waap, dem Eindruck eines argumentativen Zirkels nicht erwehren. Denn die Ganzheitsthematik wird von Pannenberg an die anthropologischen Befunde herangetragen. Dabei löst er die Theorien und Beobachtungen aus ihrem Zusammenhang und fügt ihn in seine eigene, religiös motivierte Fragestellung ein. Anschließend kritisiert er dann die Ursprungstheorie, weil ihr die religiöse Dimension fehlt.

> Das Ganze bzw. der Ganzheitsbezug erweist sich immer als ‚Gewinner', als Ergebnis, das zu Beginn schon feststeht. Dabei wird es aber vom theologischen Anthropologen als Hypothese bzw. von außen herangetragen, auch wenn behauptet wird, die religiöse Tiefe liege in den Phänomenen vor. Das aber ist eine Strategie der Selbstimmunisierung, in der selbst wiederum nichts von außen an sich herangelassen wird.[523]

---

[518] Boss, 2006, S. 235.
[519] Waap, 2008, S. 454.
[520] Ebd., S. 454.
[521] Ebd., S. 455.
[522] Ebd., S. 431.
[523] Ebd., S. 432.

Durch die Vereinnahmung aller Theorien in seine eschatologische Wahrheitskonzeption der Ganzheit lehnt Pannenberg die Pluralität der Moderne ab und versteht nach Waap das anthropologische Feld nicht mehr als „Diskussionsarena" sondern als zurückzueroberndes Terrain.[524] Pannenberg würde das vermutlich nicht als Einwand sehen: Wer es für wahr hält, dass Gott die alles bestimmende Wirklichkeit ist, muss diese Wahrheit auch für andere behaupten. Pluralität kann es nur durch die verschiedenen Perspektiven geben, in der Theologie geht es aber ums Ganze. Es muss kein Nachteil sein, sich nicht einfach dem Zeitgeist anzuschließen. Ein Kritikpunkt, den auch Pannenberg anerkennen müsste, ist in diesem Zusammenhang jedoch, dass die Übergänge zwischen herangezogenen Theorien und theologischer Ausdeutung bei weitem nicht deutlich genug markiert sind. Z.B. ergibt sich aus den psychologischen Erkenntnissen nicht notwendig Pannenbergs Personbegriff, auch wenn der unkritische Leser leicht diesen Eindruck gewinnen könnte. Pannenbergs Personen-verständnis wurzelt aber, wie Kaufner-Marx richtig bemerkt, nicht in psychologischen Erkenntnissen, sondern vielmehr in seinem eschatologisch geprägten Geschichtsverständnis und seiner Abgrenzung „zum Subjektbegriff der Transzendentalphilosophie. Damit liegt sein Personbegriff im Kern schon vor seiner Auseinandersetzung mit Ergebnissen empirischer Wissenschaften vor."[525]

2.4.1 Verharmlosung der Sünde

Aus theologischer Perspektive wird immer wieder Kritik an Pannenbergs Sündenverständnis geäußert. Für Pannenberg besteht Sünde darin, dass der Mensch sein Verhältnis zu Gott pervertiert, indem er etwas Endlichem den Platz zukommen lässt, der eigentlich nur Gott zukommen kann. „Dies geschieht faktisch immer dann, wenn der Mensch sich nicht ausdrücklich in seiner Endlichkeit von Gott unterscheidet und damit das gegebene, ‚ursprüngliche' Verhältnis nicht anerkennt."[526] Der Mensch verschließt sich dann in seiner Zentralität gegenüber seiner exzentrischen Bestimmung. Die menschliche Zentralität gehört aber zu seinen natürlichen Wurzeln und so erscheint die Sündhaftigkeit als Teil der menschlichen Natur, für die er nicht verantwortlich sein kann. Damit hängt laut Waap auch die ungenaue Verwendung des Exzentrizitätsbegriffs zusammen: Einmal verwendet Pannenberg ihn als Seins- und dann wieder als Sollensbegriff. Wird er als Seinsbegriff gebraucht, hat der Mensch eigentlich gar nicht die Freiheit zu sündigen. Wird er aber als Sollensbegriff verstanden, wird die „Wirklichkeit der Sünde als falsche Zentralität überbewertet, dann wäre kaum noch von der guten Natur des Menschen zu sprechen."[527] Pannenbergs Anthropologie gerät durch den „schwachen, entwerteten Gottesebenbildlichkeitsbegriff" laut Waap in eine „(sünden-) pessimistische Schieflage." Die Natur des Menschen rückt zu nah an die Sünde heran. Es wird „nur noch die Selbstverfehlung beschreibbar, nicht mehr aber die Selbstfindung oder Selbstverwirklichung."[528] Waap fragt, ob Pannenberg in Bezug auf den Ursprung der Sünde nicht die „Quadratur des Kreises versucht", indem er *„einen Mittelweg zwischen zwei totalen Alternativen* finden will": Auf der einen Seite will er die Sünde nicht mit der Natur des Menschen gleichsetzen. Die Sünde wurzelt zwar in der Natur, weil hier eine Möglichkeit zur

---

[524] Ebd., S. 455.
[525] Kaufner-Marx, 2007, S. 142.
[526] Ebd., S. 201.
[527] Waap, 2008, S. 459.
[528] Ebd., S. 460.

Sünde vorhanden ist. Der Mensch jedoch, als derjenige, der diese Schwachstelle in seiner Natur ausnutzt, ist für seine Sünde selbst verantwortlich. Auf der anderen Seite kann Pannenberg jedoch die Sünde eben nicht allein aus menschlicher Freiheit begründet sehen. Je nach dem, was Pannenberg gerade verteidigen will, macht er die entsprechende Gegenposition stark. Dadurch erscheint sein Sündenbegriff im Schwebezustand und entbehrt der Klarheit.[529] Weiterhin bemängelt Waap, dass Pannenberg in der gesamten Anthropologie nicht zeigt, wie denn eine *„positive Subjektivität"* aussehen sollte. Durch die Betonung der Bestimmung des Menschen von außen rückt die Selbstständigkeit des Menschen in den dunkeln Bereich der Sünde.[530]

2.4.2 Unterbewertung der menschlichen Freiheit und schwaches Subjekt

Nach Pannenberg entsteht die Ursünde nicht aus einer freien Entscheidung zwischen Gut und Böse. Der Mensch kann sich nicht frei für Gut oder Böse entscheiden, weil ein Wille, der sich gegen Gott entscheiden kann, „immer schon sündhaft" ist.[531] Freiheit ist von Gott eigentlich als Freiheit zum Guten geschaffen. Die Freiheit des Menschen ist aber nicht an Gott orientiert, sondern die Menschen lassen sich von Selbstliebe und Angst leiten, die in ihren Naturbedingungen verankert sind.[532] Wirklich frei ist der Mensch daher nach Pannenberg erst im Eschaton. Durch die Entsprechung seiner exzentrischen Anlage hat der Mensch aber auch schon in der Gegenwart eine gewisse „Freiheit zum Guten, nicht aber eine Freiheit der Wahl zwischen dem Guten und seinem Gegenteil"[533]. Waap kritisiert, dass die Freiheit des Menschen bei Pannenberg zu kurz kommt, dem Menschen daher nicht wirklich Schuld zugesprochen werden kann und damit auch das Rechtfertigungsthema weitgehend ausfällt.[534] Boss sieht ebenfalls ein Problem bei der Freiheitsthematik, allerdings glaubt er den Kern des Problems in der *alles* bestimmenden Wirklichkeit Gottes ausmachen zu können. Wie „kann dem Menschen dann noch Freiheit zukommen? Das Verhältnis von göttlicher Bestimmung und menschlicher Freiheit entpuppt sich als Zentralproblem."[535]

Mit der Freiheitsproblematik hängt ein weiterer Pannenberg-Kritikpunkt zusammen: Waap kritisiert an Pannenberg, dass dem Ich bei Pannenberg zu wenig Bedeutung eingeräumt wird. „Entscheidend ist, dass der Mensch alles, was er ist (oder besser was er *wird*), einem geschichtlichen Prozess verdankt, dessen belebende Kraft der Geist Gottes ist."[536] Damit richtet sich Pannenberg gegen die kantische Transzendentalphilosophie. Waap sieht dadurch Autonomie und Freiheit, wie sie mit dem traditionellen Personenbegriff verbunden sind,

---

[529] Ebd., S. 394.
[530] Ebd., S. 395. Auf diese Kritik ließe sich aber erwidern, dass die Zentralität der menschlichen Natur an sich noch keine Sünde ist, sondern nur dadurch sündhaft wird, wenn sich ein Mensch entgegen seiner Anlage zur Exzentrizität nur noch um sich selbst kreist.
[531] Pannenberg, 1991, S. 296.
[532] „Die fundamentale verfehlte Orientierung des Menschen geschieht allerdings nicht notwendigerweise, vielmehr ist sie [nur] faktisch bei allen Menschen zu konstatieren." (Kaufner-Marx, 2007, S. 205. Für eine ausführlichere Darstellung der Freiheitsproblematik bei Pannenberg siehe auch S. 144-168.)
[533] Pannenberg, 1983, S. 113.
[534] Waap, 2008, S. 444.
[535] Boss, 2006, S. 268. Allerdings kann man Pannenberg sicherlich zugutehalten, dass das nicht nur ein Zentralproblem seiner Theologie ist, sondern ein Zentralproblem der Theologie insgesamt.
[536] Ebd., S. 251.

gefährdet.[537] Pannenberg betont die Abhängigkeit der Person von ihrer gesellschaftlichen Umgebung und vom Selbst. „Die Tätigkeit des Ich wird in Gegensatz dazu und im Zuge der Abwehr eines ‚starken Subjektbegriffes' allerdings unterbewertet."[538] Außerdem entfernt sich Pannenberg vom traditionellen Themenfeld, indem er die *„zeitlichen Grenzen der Person transzendiert"*. Die Fähigkeiten, die den Menschen vom Tier unterscheiden, spielen hier also keine Rolle, sondern Pannenberg formt den Personenbegriff zu einer *„transtemporalen Kategorie"* um.[539]

> Eine Person ist ein solches Individuum, dem die Ganzheit bzw. das Ende der eigenen Lebensgeschichte gerade in ihr, d.h. auf dem Weg, proleptisch präsent ist und das dann auch die Fähigkeit hat, sich gerade das bewusst zu machen; oder anders ausgedrückt, dem es möglich ist, den Endzustand seiner Geschichte zu antizipieren. Es ist diese spezielle Seinsform, die die Personalität des Menschen begründet.[540]

Des Weiteren bringt Pannenbergs Konzeption laut Waap eine *„Entwertung der Gegenwart"* mit sich. Der Mensch ist erst von seiner Vollendung her Ebenbild Gottes und somit liegt das Entscheidende in der Zukunft. Damit wird jedoch so Waap die Gegenwart als „bloße Vorläufigkeit des Wesens, das eben in seinem Sinne erst auf dem Weg dazu ist, ein Mensch im Vollsinn zu werden."[541] Auch Overbeck schließt sich dieser Kritik an, wenn er schreibt: „Die menschliche Identitätsproblematik wird in philosophischer und trinitätstheologischer Perspektive aufgrund des Primats Gottes zugunsten einer eschatologischen Ontologie – durch den Geist vermittelt! – entschieden, d.h. einer Sichtweise, die den Menschen als Subjekt marginalisiert und seine Identität von Gott aus der Zukunft kommend bestimmt."[542] Es ist nicht mehr der Mensch, „sondern Gott, der im Vollsinn des Wortes *handelt, sich selbst verwirklicht.*"[543] Die Antizipation des Ganzen ist es nach Waap auch, was die menschliche Gottesbeziehung bei Pannenberg charakterisiert. Deshalb muss auch in der Anthropologie nicht mehr unbedingt von Jesus Christus gesprochen werden. Dadurch kann leichter an die moderne Anthropologie angeschlossen werden. Der Preis, den Pannenberg dafür bezahlt, ist jedoch laut Waap sehr hoch, „denn er führt ein abstraktes, in philosophischer Terminologie formuliertes Konzept der Präsenz der Sinntotalität bzw. Ganzheit ein, das von der Konkretion gelebten Lebens abgehoben erscheint und die Selbstdeutung des religiösen Subjekts als vorläufig und fragmentarisch abtut."[544]

2.4.3 Verhältnis zur Naturwissenschaft

Anja Lebkücher hat sich in ihrer Dissertation ausführlich mit Pannenbergs Verhältnis zur Naturwissenschaft beschäftigt. Hinsichtlich seiner wissenschaftstheoretischen Überlegungen hält sie seinen Versuch, theologische Aussagen im Sinne Poppers als Hypothesen zu verstehen, für nicht zielführend. Zum einen wendet sie ein, dass Poppers Theorie für die

---

[537] Waap, 2008, S. 414.
[538] Ebd.
[539] Waap, 2008, S. 414f.
[540] Ebd., S. 415. Antizipation muss aber, anders als es hier erscheint, kein bewusster Akt sein. Auch Säuglingen oder bewusstlose Menschen sind ja Dank ihres Selbst Personen.
[541] Waap, 2008, S. 457.
[542] Overbeck, 2000, S. 436.
[543] Boss, 2006, S. 263.
[544] Waap, 2008, S. 457.

Naturwissenschaften konzipiert ist. Durch die Anwendung auf die Theologie muss Pannenberg jedoch die Falsifikation durch empirisch überprüfbare Aussagen aufgeben. So handelt es sich dann bei ihm mehr um ein Verifikationmodell.[545] Religiöse Behauptungen bewähren sich dann anhand ihres „Interpretationspotentials", d.h. die Fähigkeit Veränderungen in der Welt zu interpretieren.[546] Zum anderen kann es ihrer Ansicht nach in den Geisteswissenschaften nicht um Hypothesen, sondern nur um Deutungsvorschläge handeln.[547] Lebkücher plädiert also im Gegensatz zu Pannenberg für eine scharfe Unterscheidung zwischen empirischen und hermeneutischen Wissenschaften. Theologie führt wie andere hermeneutische Wissenschaften keine Experimente durch und deshalb können auch nicht dieselben wissenschaftstheoretischen Kriterien angelegt werden wie in den Naturwissenschaften. Intersubjektivität ist in gewisser Hinsicht aber trotzdem möglich, auch wenn keine zwingende Nachweisbarkeit erreicht werden kann. Pannenbergs Verdienst in Bezug auf seine wissenschaftstheoretischen Überlegungen sieht Lebkücher „vor allem darin, dass er die Theologie stets an ihre Verantwortung zum argumentativen Begründen ihrer Aussagen erinnert und darauf hinweist, dass sich Behauptungen über Gott an der Erfahrung messen lassen müssen".[548]

Weiter kritisiert Lebkücher Pannenbergs Umgang mit naturwissenschaftlichen Theorien und deren Verhältnis zu theologischen Aussagen. So bemängelt sie, dass er die Überzeugungskraft theologischer Theorien, wie z.B. der Schöpfungstheologie von Theorieentwicklungen innerhalb der Naturwissenschaft abhängig macht. Daraus folgt dann auch, dass Pannenbergs Theologie bestimmte Ergebnisse der Naturwissenschaften bevorzugen muss. Außerdem wird so impliziert, dass die Naturwissenschaften Gottes Handlungen untersuchen.[549] Mit der Annahme des Geistes Gottes als Grundlage der Evolution fügt Pannenberg außerdem eine Erklärung hinzu, die für die Naturwissenschaften überflüssig ist.[550] Beides halte ich für weniger problematisch. Ersteres, weil es Pannenbergs Anspruch entspricht, dass die Theologie mit den Ergebnissen der Naturwissenschaften übereinstimmen muss, bzw. ihnen zumindest nicht widersprechen darf. Und letzteres, weil es kein Problem ist, wenn Pannenberg theologische Gedanken über eine naturwissenschaftliche Theorie legt. Pannenberg ist ja kein Naturwissenschaftler, sondern Theologe. Ich stimme Lebkücher jedoch in ihrer Kritik zu, dass Pannenberg die unterschiedlichen Ebenen von Naturwissenschaft und Naturphilosophie zu wenig beachtet.[551] Es entsteht bisweilen der Eindruck, dass Pannenberg voreilige Schlüsse zieht. So bezieht er sich häufig auf einzelne philosophische Interpretationen von physikalischen Theorien (z.B. Georg Süßmanns), als ob sie physikalische Tatsachenbeschreibungen wären.[552] Des Weiteren entsteht bei Pannenberg zum Teil der Eindruck, dass er das Handeln Gottes doch noch in den Lücken des naturwissenschaftlichen Kausalzusammenhangs sucht. Die Unterscheidung zwischen finaler und kausaler Perspektive ermöglicht es nach Lebkücher

---

[545] Lebkücher, 2011, S. 199.
[546] Pannenberg, 1988, S. 179.
[547] Lebkücher, 2011, S. 42-50.
[548] Ebd., S. 62
[549] Ebd., S. 198.
[550] Ebd., S. 167.
[551] Ebd., S. 193.
[552] Ebd., S. 94.

dagegen auch in einer durchgängig von Kausalität bestimmten Welt, Gottes Handeln denkbar zu machen.[553]

Gegen Pannenbergs undifferenzierten Gebrauch des Feldbegriffs wendet Lebkücher ein, dass es überhaupt nicht zu einer Identifikation eines physikalischen Begriffs mit Gott kommen darf. Denn schließlich ist „Gott [...] kein physikalisches Feld".[554] Ansonsten drohe Gott ein Teil dieser Welt zu werden. Das ist aus theologischer Perspektive als Pantheismus abzulehnen.[555] Boss bemerkt, dass man sich bisweilen wundert, weil Pannenberg so viel über Gott „weiß" und sich fragt, „woher er diese Einsichten in Gottes Wirklichkeit und Gottes Handeln gewinnt."[556] Pannenberg hat vielleicht ein zu stabiles System geschaffen, in dem er nur schwer angreifbar ist, wenn man nicht den Systemgedanken als solchen kritisieren will. „Er kann immer antworten: ‚Hab' ich ja'. Der Hinweis, er habe diese oder jene Fachwissenschaft falsch interpretiert oder nicht auf dem aktuellsten Stand rezipiert, berührt nur die Oberfläche, lässt das System nicht als solches einstürzen."[557]

> Pannenberg kann über viele hundert Seiten hinweg Vorstellungen, Gedanken, Auffassungen, und Theorien aus Schrift, Überlieferung und Wissenschaft zusammentragen, kann sie gegeneinander abwägen und auf ihre innere Konsistenz hin befragen, muss aber im Grunde nie entscheiden, wie es um ihre Adäquation mit der Wirklichkeit bestellt ist – besser: Er kann diese Entscheidung am Ende der Geschichte überlassen.[558]

---

[553] Ebd., S. 201.
[554] Ebd., S. 206.
[555] Pannenbergs Modell ließe sich jedoch eher als Panentheismus denken. Gott wäre dann nicht *nur* ein physikalisches Feld.
[556] Boss, 2006, S. 267.
[557] Ebd., S. 272.
[558] Ebd., S. 343.

Die Natur des Menschen bei Pannenberg

Die ausführliche Darstellung von Pannenbergs Anthropologie hat gezeigt, wie tief seine Gedanken über den Menschen von seinem theologischen Ansatz geprägt und in ihren Ausläufern in theologische Spekulationen verwickelt sind. Daran werden sich vermutlich in kleiner Zahl diejenigen stören, deren Theorien er seinem System einverleibt, in großer aber all diejenigen, die mit theologischen Spekulationen nichts anfangen können. Die starke theologische Färbung seiner Anthropologie verhindert dann in der Folge, was Pannenberg mit seinen Bemühungen eigentlich erreichen will: Nämlich den Dialog mit den Naturwissenschaften um zu zeigen, was die Theologie dem Menschen für ein Erklärungsangebot macht. Um diesen zu ermöglichen, wäre es meiner Ansicht nach vor allem nötig, die Grenzen zwischen den verwendeten Theorien und der theologischen Weiterentwicklung immer wieder und sehr viel deutlicher zu markieren, indem offen gelegt wird, welche Veränderungen er dafür vornimmt und welche zusätzlichen Prämissen[559] dafür verantwortlich sind. Mir scheint, dass Pannenberg durch die Einverleibung wissenschaftlicher Theorien beabsichtigt, etwas von ihrer Wissenschaftlichkeit in seine Theologie aufzunehmen und auf diese Weise versucht, die Wissenschaftlichkeit der Theologie anzureichern. Durch dieses Vorgehen entsteht jedoch mitunter der Eindruck, dass die von ihm eigentlich angestrebte und wünschenswerte Konsonanz von Wissenschaften und Theologie (Pannenbergs) erzwungen wird. Durch seinen überzeugten Schreibstil drängt sich tatsächlich mitunter die Frage auf, wo er eigentlich so viel „Wissen" über Gott her hat und überhaupt darüber, wie die Welt beschaffen ist. Jedenfalls scheint sich dieses Wissen nicht allgemein nachvollziehbar aus den Erkenntnissen der Naturwissenschaft und den Inhalten der biblischen Offenbarung zu ergeben. Es ist vielmehr seine eigene Sicht auf die Dinge, die sich in seinem theologischen Denken zeigt. Zusammengenommen mit der Reichweite seines Gedankenentwurfes ergeben sich die unzähligen Kritikmöglichkeiten (von theologischer, philosophischer als auch von naturwissenschaftlicher Perspektive). Die sind hier nur ausschnittsweise angeklungen, weil es in dieser Arbeit um den theologisch-anthropologischen Erklärungsversuch Pannenbergs im Ganzen geht. Und ein derartiger Versuch ist für sich genommen meines Erachtens nicht nur gerechtfertigt, sondern für die Theologie, sofern sie ernst genommen werden will, unverzichtbar und zwar aus genau den Gründen, die Pannenberg anführt. Dennoch weisen die angedeuteten Kritikpunkte, die sich auf seinen Umgang mit naturwissenschaftlichen Theorien beziehen, auch auf eine grundsätzliche Gefahr bei Pannenberg hin. Vielleicht ließen sich die Probleme, die Pannenbergs Vorgehensweise mit sich bringt, durch zwei Maßnahmen entschärfen: Zum einen müssten, wie bereits erwähnt, die Übergänge der einzel-wissenschaftlichen Theorien zu der theologischen Interpretation sehr deutlich markiert und damit auch seine Argumentation transparenter gemacht werden. Und zum anderen würde das Denken Pannenbergs dadurch entlastet, dass er darauf verzichten würde, die Theologie als Wissenschaft von Gott über den Hypothesenbegriff im direkten Vergleich mit der Naturwissenschaft zu sichern. Unbezweifelbar hat die Theologie in ihren Teilbereichen wissenschaftliche Komponenten aufzuweisen. Es gibt aber keine Notwendigkeit, ihre Glaubensanteile „wegzusystematisieren" oder durch die teilweise undurchsichtige Einverleibung von wissenschaftlichen Teiltheorien darüber hinwegzutäuschen, dass die

---

[559] Z.B. dass der Geist Gottes eigentlich die die ontologische Grundlage der Wirklichkeit ist.

Theologie keine empirische Wissenschaft ist, sondern besser als systematisch-wissenschaftliche Weltanschauung zu betrachten ist. Auf dieser weltanschaulichen Ebene konkurriert mit anderen Weltanschauungen (z.B. mit dem Atheismus) um eine sinnvolle Ausdeutung des wissenschaftlichen Weltbildes. Dass sie als Weltanschauung eine interessante und bereichernde Ergänzung zum wissenschaftlichen Weltbild sein kann, zeigt sich meiner Ansicht nach im Vergleich mit Wilson, der ebenfalls der Ansicht ist, dass nur seine eigene Perspektive, die menschliche Natur erklären kann. Bevor aber Wilson zu Wort kommt, sollen die Eckpfeiler von Pannenbergs theologischer Anthropologie zum Schluss dieses Kapitels noch einmal knapp zusammengefasst werden:

Wissenschaftstheorie der Theologie und das Verhältnis von Theologie und Naturwissenschaft
Pannenberg betrachtet die Theologie als Wissenschaft. Die Theologie ist aber keine positive Einzelwissenschaft, sondern muss die Wirklichkeit als Ganze untersuchen: Sie ist Wissenschaft von Gott als der alles bestimmenden Wirklichkeit. Ihre Aussagen sind dabei als Hypothesen zu verstehen, die sich an der Erfahrung bewähren müssen und die nicht im Widerspruch zu den Erkenntnissen der Naturwissenschaften stehen dürfen. Ihre Aufgabe besteht darin, das empirische und geschichtliche Wissen mit der Offenbarung zu vereinbaren und so die Wirklichkeit mit allen verfügbaren Methoden zu erklären und ihren Sinn verständlich zu machen. Um die Theologie als Wissenschaft zu beschreiben, verwirft Pannenberg die strikte Unterscheidung von empirisch-analytischen und historisch hermeneutischen Wissenschaften und versucht die Differenzen zu überwinden. Beide Typen von Wissenschaft beziehen sich nämlich laut Pannenberg auf Sinntotalitäten, die als Hypothese vorausgesetzt werden müssen. Wahrheit ist bei Pannenberg aus zeitloser Perspektive im korrespondenztheoretischen Sinne zu verstehen, insofern als dass wahre Aussagen die eine Wirklichkeit beschreiben und diese eine Wahrheit für alle gilt, auch wenn es verschiedene Perspektiven darauf geben mag (die aber konvergieren sollten). Da aber die Wirklichkeit noch im Werden ist, wird die letztgültige Wahrheit erst am Ende der Zeit offenbar. Und da der Mensch als zeitliches Wesen über keinen direkten Zugang zur Wahrheit verfügt, sind Konvergenz und Kohärenz die besten Kriterien für Wahrheit.

Naturwissenschaft und Theologie kann man sich nach Pannenberg als verschiedene Perspektiven auf diese Wahrheit vorstellen. Die Theologie hat dabei allerdings die Wirklichkeit als Ganze im Blick und muss deshalb die Theorien der Naturwissenschaften einbeziehen, aber darüber hinausgehen. Das Verhältnis naturwissenschaftlicher und theologischer Aussagen sollte dabei von Konsonanz bestimmt sein. Konsonanz bedeutet laut Pannenberg mehr als Widerspruchsfreiheit, die auch auf Aussagen zutrifft, die keine Beziehung miteinander haben. Konsonanz schließt zusätzlich zur Widerspruchsfreiheit die Vorstellung der Harmonie ein. Die Naturwissenschaften beschreiben dieselbe Wirklichkeit, aber in abstrakter und reduzierter Weise. Die Theologie sollte den naturwissenschaftlichen Aussagen vervollständigend Sinn verleihen können.

An seinem Umgang mit Theorien aus der Physik und Biologie wird schnell deutlich, dass Pannenberg nicht genügend Fachkenntnis besitzt, um eine durchgehend qualifizierte Einschätzung der Theorien vorzunehmen. Eine gründliche Auseinandersetzung und philosophische Vermittlung wäre an dieser Stelle, wie Pannenberg ja auch selbst feststellt, sicher hilfreich. Man könnte Pannenberg aber zu Gute halten, dass von einem einzigen Menschen eine derartige Aufgabe nicht zu bewältigen ist und dass es einen Theologen bei dem Versuch, die Dinge selbst in die Hand zu nehmen, schon einmal „aus der Kurve tragen"[560] kann. Sein Anliegen, naturwissenschaftliche Erkenntnisse in die Theologie zu integrieren, scheint mir jedenfalls durchaus berechtigt zu sein und seine Gedanken führen darüber hinaus zu m.E. interessanten innertheologischen Überlegungen.

Anthropologie
Die Anthropologie spielt laut Pannenberg eine entscheidende Rolle in der Theologie. Sie ist der Hauptkampfplatz zwischen Theisten und Atheisten. Die Theologie muss mit ihrer Anthropologie im Vergleich mit atheistischen Entwürfen das adäquatere und wirklichkeitsentsprechendere, also das überzeugendere Menschenbild vermitteln, um die Auseinandersetzung zu gewinnen. Deswegen will Pannenberg nicht dogmatisch vorgehen, sondern an die „naturwissenschaftlichen"[561] Theorien anknüpfen, um aufzuzeigen, dass ihre Betrachtungsweise schon in gewisser Hinsicht auf Gott hinweist, zumindest aber erst durch theologische Gedanken wirklich einen Sinn ergibt. Dabei bilden die Gedanken der Exzentrizität und der Zentralität, die Pannenberg von Plessner übernimmt, den Kern seiner Überlegungen. Allerdings vertieft er Plessners Verständnis von Exzentrizität so weit, dass er es letztlich umdeutet. Während bei Plessner der Mensch noch sein Zentrum in sich selbst hat, obschon er zwar über sich selbst hinausgehen kann und daher um dieses Zentrum weiß, beschreibt Pannenberg die (Soll-) Natur des Menschen als „Sein beim anderen als einem anderen". Das Zentrum des Menschen hat er nach Pannenberg nicht mehr in sich selber, sondern er muss es außerhalb suchen. Das Hinausgehen über sich selbst ermöglicht die Sachlichkeit des Menschen, sein Abstraktionsvermögen. Weil seine Antriebe nicht durch ererbte Verhaltensdispositionen festgelegt sind wie bei Tieren, wird sich der Mensch bei seinem Hinausgehen über die Gegenstände selbst zur Frage. Er versucht sich durch Erfahrungen und Orientierung über seine Welt selbst zu verstehen und wird dabei über die endlichen Gegenstände hinaus zu der Frage nach Gott geführt.

Die Exzentrizität ist ein mehrdimensionaler Begriff bei Pannenberg. Neben der Bedeutung als Bewegung des Geistes, die Sachlichkeit ermöglicht, gibt es auch Exzentrizität im Lebensgefühl und der Beziehung zu anderen. Als Offenheit und Bezogenheit auf das andere seiner selbst ist sie laut Pannenberg die Natur des Menschen, die er verwirklichen *soll* auf dem Weg zu seiner Ebenbildlichkeit Gottes. Die Offenheit, das Wohlwollen und die Liebe zu anderen ist deswegen für ihn auch die einzig denkbare Grundlage der Ethik.

Selbstbewusstsein und Personalität
Dass der Mensch Selbstbewusstsein (ein Ich) hat, macht ihn laut Pannenberg noch nicht zur Person (einem Selbst). Person ist der Mensch als seine zeitliche Ganzheit, die das Fragmentarische seiner momentanen Wirklichkeit überschreitet. Eine Person zeigt sich im gegenwärtigen Ich nur als das „Antlitz" dessen, was noch auf dem Wege zu sich selbst und

---

[560] Diese treffende Formulierung stammt von Manfred Stöckler.
[561] So richtig naturwissenschaftlich erscheinen die Theorien allerdings nicht, an die er anknüpft.

seiner Bestimmung ist. Das bedeutet, dass der Mensch als Person nicht auf seinen momentanen Zustand reduziert werden kann. Das, was man selbst von sich und von anderen sehen kann, ist immer nur ein Ausschnitt aus einer noch unabgeschlossenen Geschichte. Darin sieht Pannenberg die Personenwürde begründet. Diese Sichtweise überschreitet jede empirische Beschreibung, da es bei der Personalität des Menschen um die Bestimmung zur „Ganzheit seines Selbstseins" geht. Dass es so etwas wie Personalität wirklich gibt, lässt sich also nicht beweisen, sondern wird unmittelbar in der Begegnung mit dem „Du" erfahren oder gefühlt. Auch zu der eigenen Person hat man nur einen Zugang durch das Lebensgefühl. Für Pannenberg ist das Ganze, das aus der zeitlichen Perspektive nicht gesehen werden kann, durch das zeitliche Fragment gegenwärtig und hat damit an dessen Wahrheit teil. Die Grundlage für den Zusammenhang der zeitlichen Momente und der Möglichkeit das Ganze seiner Person im Lebensgefühl zu antizipieren, bildet der Geist Gottes, den Pannenberg als eine Art Kraftfeld der Möglichkeiten denkt. Der Geist Gottes bewirkt (eigentlich aus der Zukunft heraus) das Leben mitsamt seiner Stufenfolge an deren Spitze der Mensch mit seiner Bestimmung zur Ebenbildlichkeit Gottes steht. In der exzentrischen Natur des Menschen tritt das ekstatische Wirken des Geistes Gottes am deutlichsten in Erscheinung.

Sünde

Sünde ist für Pannenberg die Schwäche des Willens zum Guten. Sie ist die durch Gottesferne entstandene Zerrissenheit des Menschen. Doch muss es laut Pannenberg empirische Anhaltspunkte für die Sündhaftigkeit des Menschen geben. Er findet sie in der Dominanz der Zentralität über die Exzentrität, in der das Ich beständig um sein eigenes Wohl besorgt ist. Sünde zeigt sich also dort, wo der Mensch seiner Soll-Natur, seiner Bestimmung und Anlage zur Exzentrizität nicht entspricht, sondern sich in Zentralität gegenüber dem anderen verschließt und die erkenntnistheoretischen Vorteile der Exzentrizität noch in den Dienst der Sorge um sich selbst stellt. Anders als das Tier, begreift sich der Mensch als ein Selbst, das sich noch entwickeln muss und sündigt deshalb, wenn er seine Bestimmung ignoriert.

Gott als die alles bestimmende Wirklichkeit

In allen Bereichen der Anthropologie versucht Pannenberg den Gottesbezug des Menschen aufzuzeigen. Gott als die alles bestimmende Wirklichkeit gibt dem Menschen seine Existenzgrundlage, seinen Sinn und sein Ziel. Mit einer naturwissenschaftlichen Sichtweise allein können Sinn und Ziel seiner Ansicht nach nicht generiert werden. Aus der zeitlosen Gottes-Perspektive, die Pannenberg einnimmt, aus dieser Ganzheitsschau auf das menschliche Leben, bekommt der einzelne Moment seinen Sinn und der Mensch seine Personalität und Würde. Verschließt sich der Mensch seiner Bestimmung zur Exzentrizität und dreht sich in seiner Zentralität nur noch um sich selbst, entspricht er nicht seinem Auftrag zur Ebenbildlichkeit. Ohne die Verbindung zum Geist Gottes, lebt der Mensch durch seine Sündhaftigkeit in Entfremdung von seiner eigentlichen Bestimmung. Er will dann sein wie Gott, statt sich wie der Sohn als Kreatur von Gott zu unterscheiden und durch die Gottesbeziehung selbstständig seine eigene Identität zu leben. In dem Sinne, dass der Mensch ohne den Geist Gottes nichts ist, aber unter den Geschöpfen, wenn er seiner Bestimmung entspricht, der höchste Ausdruck des Geistes Gottes ist, kann man ihn Geistwesen nennen.

3 Die soziobiologische Erklärung der menschlichen Natur bei E. O. Wilson

Nach der ausführlichen Darstellung der theologischen Anthropologie Pannenbergs, hat nun in diesem Abschnitt ein prominenter Vertreter des naturalistischen Menschen- und Weltbildes das Wort, den man gut als Gegenstück zu Pannenberg betrachten kann: Edward O. Wilson ist einer der bekanntesten Biologen unserer Zeit. Der passionierte Ameisenforscher hat durch seinen Weitblick und seinen Sinn für Synthese[1] erstmals 1975 für Aufregung gesorgt, als er in seinem Werk *Sociobiology* neben vielen anderen Tieren auch das Sozialverhalten des Menschen als biologisch begründet beschrieb. Dabei hat er keine neuen Informationen in Bezug auf das Sozialverhalten vorgelegt, sondern bereits vorhandenes Wissen verknüpft und konsequent auf den Menschen angewendet. Schon damals war er der Ansicht: Die Natur des Menschen können wir nur dann wirklich verstehen, wenn wir ihre biologische Entstehungsgeschichte kennen. Denn wie andere Eigenschaften des *Homo sapiens* wurde auch sein „Geist" durch natürliche Selektion geformt. Dieses Wissen ist unverzichtbar, wenn wir die Zukunft des Menschen und seiner Geburtsstätte – unserer Erde – in eine für alle Bewohner angenehme Richtung lenken wollen.

In jüngster Vergangenheit sorgte er erneut für Aufsehen, indem er sich von dem lange und fest etablierten Paradigma der Verwandtenselektion abwandte. Er macht stattdessen jetzt die sogenannte Multilevel-Selektion für die Entstehung des menschlichen Altruismus verantwortlich und wird dafür von Verächtern der Gruppenselektion wie Richard Dawkins aufs Schärfste verurteilt. Wilson scheint es aber um mehr zu gehen, als um die reine Erklärung des altruistischen Verhaltens von *Homo sapiens*. Wilson will durch die Multilevel-Selektion, in der Individual- und Gruppenselektion sowohl gemeinsam als auch gegeneinander auf den Menschen gewirkt haben, seine zerrissene Natur erklären - den Kampf zwischen ‚Engelchen und Teufelchen' - aber auch sein geniales Potential.[2]

Dieses Kapitel soll einen Einblick in Wilsons Denkweg geben, indem zunächst die anthropologisch relevanten Inhalte chronologisch anhand der Hauptwerke[3] vorgestellt werden, um sie anschließend systematisch auf aktuellem Stand zusammenfassen zu können. Dadurch kommen einige Themen wiederholt vor, jedoch immer im Kontext ihres Werkes. Diese Darstellungsweise trägt der Denkentwicklung Wilsons Rechnung, der im Gegensatz zu Pannenberg kein systematischer Denker ist und seine Bücher an ein breites Publikum gerichtet hat. Wie im letzten Kapitel werde ich wieder die Position weitgehend unkommentiert vorstellen, um das Menschenbild Wilsons für sich sprechen zu lassen, und erst am Ende wieder einen kleinen Überblick zu den Kritikmöglichkeiten sowie eine eigene Bewertung geben.

---

[1]   Wilson bezeichnet sich selbst als „Synthesizer" wissenschaftlicher Erkenntnis, d.h. er will aus allem Sinn machen und übersieht dabei auch gern mal das Detail (Wilson, 1994, S. 302). Zu dieser Neigung gehört es auch gern Parallelen zu ziehen (Ebd., S. 167).

[2]   Schon in *Sociobiology* stellt Wilson allerdings fest, dass der Mensch unter verschiedenen Selektionsdrücken steht, was sein ambivalentes Verhalten erklären kann: "Above all, it predicts ambivalence as a way of life in social creature. Like Arjuna faltering on the Field of Righteousness, the individual is forced to make imperfect choices based on irreconcilable loyalties – between the ‚rights' and ‚duties' of self and those of family, tribe, and other units of selection, each of which evolves its own code of honor. No wonder the human spirit is in constant turmoil." (Wilson, 2000, S. 129)

[3]   Kleinere Veröffentlichungen und Artikel werden in die Darstellung der entsprechenden Hauptwerke der Zeit aufgenommen.

© Springer-Verlag GmbH Deutschland, ein Teil von Springer Nature 2018
A. C. Thaeder, *Geistwesen oder Gentransporter*,
https://doi.org/10.1007/978-3-476-04779-3_3

3.1 Der Ausgangspunkt: Sociobiology 1975

Wilson ist Anhänger der Synthetischen Evolutionstheorie, welche die klassische Evolutionstheorie nach Charles Darwin mit neueren Erkenntnissen der Biologie insbesondere der Genetik in sich vereint. Die von ihm mitbegründete[4] Soziobiologie sollte auf dem Hintergrund dieses Wissens das Sozialverhalten aller Tiere erklären.[5] Schon in den frühen 60ern fing Wilson an, in der Populationsbiologie eine mögliche Grundlage der Soziobiologie zu sehen.[6] In den darauf folgenden Jahren sammelte Wilson die Elemente der soziobiologischen Theorie aus verschiedenen Quellen zusammen.[7] Vorerst wandte er die neuen Erkenntnisse ausschließlich auf Insekten an. Doch sein Ehrgeiz und Drang zur Synthese trieb ihn weiter[8]; er weitete seine Untersuchungen auch auf andere Tiergruppen aus und veröffentlichte seine Ergebnisse schließlich in *Sociobiology. The New Synthesis*. Darin stellt er die Grundlagen der sozialen Evolution vor, die relevanten Prinzipien der Populationsökologie, die Erklärung zur Entstehung von Altruismus, die wichtigsten sozialen Mechanismen und erklärt damit das Sozialverhalten der sozialen Tierarten inklusive des Menschen. Wilson hat dazu Material über alle Tierarten zusammengetragen, die in irgendeiner Form soziales Verhalten zeigen. Dabei entdeckte er vier Spitzenkandidaten der sozialen Evolution: Siphonophoren und andere Invertebraten, soziale Insekten, soziale Vertebraten und den Menschen. Wilson schreibt in seiner Autobiographie: „Perhaps I should have stopped at chimpanzees when I wrote the book. Many biologists wish I had. Even several of the critics said that Sociobiology would have been a great book if I had not added the final chapter, the one on human beings."[9] Doch für Wilson ist der Mensch eine biologische Spezies unter anderen und so kann auch seine arttypische Natur nur genauso erforscht werden, wie die der anderen Tiere.

3.1.1 Entstehung altruistischen Verhaltens

Aus evolutionstheoretischer Perspektive lebt ein Organismus - und damit auch der Mensch - nicht für sich selbst. Seine vornehmliche Funktion besteht nicht einmal darin, sich fortzupflanzen und auf diese Weise andere Organismen zu produzieren, sondern sie besteht darin, Gene zu reproduzieren und ihnen zeitweise als Transporter zu dienen. Jeder Organismus, der durch sexuelle Reproduktion entstand, ist ein einzigartiger und zufälliger Ausschnitt aus all

---

[4]   Als Mitbegründer der Soziobiologie nennt Wilson in seiner Autobiographie Irenäus Eibl-Eibesfeld, George Williams, Richard Dawkins und William Hamilton (Wilson, 1994, S. 212).

[5]   1956 nahm Wilson an einem Zoologie-Projekt über Rhesus-Affen mit Stuart Altmann teil. Die beiden Tage, die er mit den Rhesus-Affen lebte, waren ihm Offenbarung und Wendepunkt (Wilson, 1994, S. 308f). Die abendlichen Unterhaltungen mit Altmann führten zu Vergleichen zwischen dem Sozialverhalten von Ameisen und Primaten zur Idee einer Synthese aus aller erhältlichen Information zum Sozialverhalten verschiedener Tiere. Die allgemeine Theorie dazu sollte in einer Disziplin namens Soziobiologie entwickelt werden. Eine Untergruppe der „Ecological Society of America" trug bereits den Namen "Animal Behavior and Sociobiology", aber es gab noch kein Konzept der Disziplin, nur Beschreibungen von Sozialverhalten, keine Erklärungen. Wilson hielt an der Idee fest. „As congenital synthesizer, I held on to the dream of a unifying theory. " (Wilson, 1994, S. 312)

[6]   Er trieb nicht etwa Populationsbiologie zu diesem Zwecke, sondern weil er sie als Gegengewicht zur Molekularbiologie unterstützen wollte. He „believed that populations follow at least some laws different from those operating at the molecular level, laws that cannot be constructed by any logical progression upward from molecular biology." (Wilson, 1994, S. 312)

[7]   Als wichtigste Idee nennt er William Hamiltons Theorie der Verwandtenselektion von 1964 gegen die er sich anfangs auf äußerste gewehrt hat (Wilson, 1994, S. 315).

[8]   „Knowing where my capabilities lay, I chose the second of the two routes o success in science: breakthroughs for the extremely bright, synthesis for the driven." (Wilson, 1994, S. 323)

[9]   Wilson, 1994, S. 328.

den Genen, die seine Spezies ausmachen. Die natürliche Selektion ist der Prozess, durch den einige Gene sich gegenüber anderen durchsetzen können, die auf derselben Chromosomenposition angesiedelt sind. In diesem Sinne ist nach Wilson unser Körper - und damit auch unser Geist - ein Gentransporter; nur *ein* Mittel, mit dem sich Gene sich in die nächste Generation bringen können. Auch unser Hypothalamus und unser limbisches System sind zu diesem Zweck entstanden.[10]

Für Wilson ist das „Geistige" auf Verhaltensweisen reduzierbar und die spielen eine ganz entscheidende Rolle im Prozess der natürlichen Selektion: „any device, that can insert a higher proportion of certain genes into subsequent generations will come to characterize the species."[11] Z.B. könnte ein Verhalten zu längerem individuellen Überleben führen oder eine verbesserte Balzstrategie zu mehr Nachkommen. Sobald komplexeres soziales Verhalten einiger Organismen zu den Techniken der Selbstreplikation hinzukommen, kann es sein, dass auch altruistisches Verhalten entsteht. Das ist für Wilson 1975 das zentrale theoretische Problem der Soziobiologie: Wie kann Altruismus entstehen, der per Definition die Fitness des Individuums zugunsten eines anderen reduziert? Eine Lösung verspricht die Theorie der Verwandtenselektion: „If the genes causing the altruism are shared by two organisms because of common descent, and if the altruistic act by one organism increases the joint contribution of these genes to the next generation, the propensity to altruism will spread to the gene pool."[12] In Kapitel 5 der *Sociobiology* führt Wilson sein Verständnis zur Entstehung altruistischen Verhaltens genauer aus.

3.1.1.1 Verwandtenselektion als Gruppenselektion

Die Selektion arbeitet laut Wilson auf verschiedenen Ebenen. Wenn Selektion auf Familien oder verwandte Gruppen wirkt oder auch nur auf Individuen, sodass dadurch die Genfrequenz gemeinsamer Nachkommen bei Verwandten beeinflusst wird, nennt Wilson dies „kin selection". Das, was gemeinhin unter Gruppenselektion verstanden wird, bezeichnet Wilson als „interdemic selection".[13] Wilson versteht die Verwandtenselektion also als eine Form von Gruppenselektion. Gruppenselektion dient ihm dabei als Oberbegriff für alle Formen von Selektion bei der mehrere Individuen als Selektionseinheit fungieren. Dazu gehört neben der Verwandtenselektion auch die interdemische Selektion.[14]

---

[10] Wilson, 2000, S. 3.

[11] Ebd.

[12] Ebd., S. 4. "The modern genetic theory of altruism, selfishness and spite was launched [] by William D. Hamilton in a series of important articles (1964, 1970, 1971a,b, 1972). Hamilton's pivotal concept is inclusive fitness: the sum of an individual's own fitness plus the sum of all the effects it causes to the related parts of the fitness of all its relatives." (Wilson, 2000, S. 118).

[13] „Selection can be said to operate at the group level, and deserves to be called group selection, when it affects two or more members of a lineage group as a unit. [...] If selection operates on any of the groups as a unit, or operates on an individual in any way that affects the frequency of genes shared by common descent in relatives, the process is referred to as kin selection." (Ebd., S. 106)

[14] Dafür wurde er von Richard Dawkins auch sehr deutlich kritisiert. „E.O. Wilson, in his otherwise admirable Sociobiology: The New Synthesis, defines kin selection as a special case of group selection. He has a diagram which clearly shows that he thinks of it as intermediate between 'individual selection' and 'group selection' in the conventional sense [...] Now group selection – even by Wilson's own definition – means the differential survival of groups of individuals. There is, to be sure, a sense in which a family is a special kind of group. But the whole point of Hamilton's argument is that the distinction between family and non-family is not hard and fast, but a matter of mathematical probability. It is no part of Hamilton's theory that animals

„Pure kin and pure interdemic selection are two poles at the ends of a gradient of selection on ever enlarging nested sets of related individuals."[15] In einigen Fällen, in einigermaßen abgeschlossenen Gruppen, in denen sich unabhängig vom Verwandtschaftsgrad alle gleich behandeln, kann es zu interdemischer Selektion kommen.

> kin selection and interdemic selection are the same process. If the closed society is small, say with 10 members or less, we can analyze group selection by the theory of kin selection, If it is large, containing an effective breeding size of 100 or more, or if the selection proceeds by the extinction of entire demes of any size, the theory of interdemic selection is probably more appropriate.[16]

Die Entstehung altruistischen Verhaltens lässt sich aber nach Wilson am besten durch Verwandtenselektion erklären. Denn eine Gruppe von Altruisten würde schnell von egoistischen Individuen zersetzt, die auf der Ebene der Individualselektion durch ihr egoistisches Verhalten Fitnessvorteile gegenüber ihren altruistischen Gruppengenossen hätten. Zu einer interdemischen Selektion an altruistischen Populationen, bei der die altruistischsten Gruppen sich durch ihre bessere Kooperationsfähigkeit gegen weniger altruistische Gruppen behaupten könnten, würde es also gar nicht erst kommen. Damit eine Selektion auf dieser Ebene hätte stattfinden können, hätte es sehr hohe Aussterberaten gegeben haben müssen. Wilson hält dies 1975 jedoch noch für unwahrscheinlich. Und so erklärt er die Entstehung des altruistischen Verhaltens mithilfe des Konzepts der Verwandtenselektion[17] und dem des reziproken Altruismus.

3.1.1.2 Reziproker Altruismus

Das Modell des reziproken Altruismus wurde 1971 von Robert L. Trivers entwickelt. Es beinhaltet den rationalen Gedanken, dass altruistische Investitionen sich deshalb lohnen, weil im Gegenzug mit der Hilfe des anderen gerechnet werden kann. Zwar ist dieser Altruismus nicht so „rein", wie derjenige, der sich durch Verwandtenselektion durchgesetzt hat, doch haben die Individuen einer Gruppe, in der er betrieben wird, individuelle Fitnessvorteile, weil sie von gegenseitiger Hilfe profitieren und so den Selektionsdrücken bzw. den Umständen des Lebens besser trotzen können. Damit es zu gegenseitiger Hilfe kommt, müssen die Individuen der Gruppe sich aber merken können, wem sie geholfen haben und wer sie vielleicht betrogen hat, damit sie ihm nicht nochmal helfen und dadurch ihre Ressourcen verschwenden. Für die Entwicklung von reziprokem Altruismus innerhalb einer Gruppe, bestehen also gewisse Mindestanforderungen an Selbstbewusstsein und Gedächtnis, weshalb der reziproke Altruismus kaum bei nichtmenschlichen Tieren anzutreffen ist.[18] In einer hochentwickelten,

---

15 should behave altruistically towards all 'members of the family', and selfishly to everybody else. There are no definite lines to be drawn between family and non-family. [...] Kin selection is emphatically not a special case of group selection. It is a special consequence of gene selection." (Dawkins, 2006, S.94)

15 Wilson, 2000, S. 107.

16 Ebd., S. 117.

17 Ihm ist ein gewisses Unbehagen bei dieser Art der Erklärung schon anzumerken, wenn er schreibt: „The theory of group selection has taken most of the good will out of altruism. When altruism is conceived as the mechanism by which DNA multiples itself through a network of relatives, spirituality becomes just one more Darwinian enabling devise". (Ebd.)

18 "Human behavior abounds with reciprocal altruism consistent with genetic theory, but animal behavior seems to be almost devoid of it. Perhaps the reason is that in animals relationships are not sufficiently enduring, or memories of personal behavior reliable enough, to permit highly personal contracts associated with the more human forms of reciprocal altruism." (Ebd., S. 120)

personalisierten Gesellschaft zahlt sich also egoistisches Verhalten auf Dauer nicht mehr aus; zumindest dann nicht, wenn es bemerkt wird. In diesem Zusammenhang erklärt Wilson auch das schlechte Gewissen: „The emotion of guilt may be favored in natural selection because it motivates the cheater to compensate for his misdeed and to provide convincing evidence that he does not plan to cheat again."[19]

3.1.2 "Man"[20]: Besonderheiten des menschlichen Sozialverhaltens

Den Abschnitt, der in *Sociobiology* explizit dem Menschen gewidmet ist, beginnt Wilson mit der Beschreibung des Blickwinkels, von dem aus er die Menschheit betrachten will:

> Let us now consider man in the free spirit of natural history, as though we were zoologists from another planet completing a catalog of social species on Earth. In this macroscopic view the humanities and social sciences shrink to specialized branches of biology; history, biography, and fiction are the research protocols of human ethology; and anthropology and sociology together constitute the sociobiology of a single primate species.[21]

Homo sapiens ist allein ökologisch betrachtet schon eine recht besondere Spezies: Moderne Menschen haben sowohl die größte geographische Reichweite als auch die größte Bevölkerungsdichte im Vergleich zu anderen Primatenarten. Der Mensch hat alle vorstellbaren ökologischen Nischen ausgefüllt und andere Menschenarten verdrängt. Auch anatomisch betrachtet ist der Mensch einzigartig. Die aufrechte Haltung und zweibeinige Fortbewegung wurde von anderen Primaten nicht erreicht, auch wenn diese gelegentlich einmal auf zwei Beinen laufen. Sie ermöglicht es ihm, die Hände für andere Aufgaben frei zu haben.[22] Seine runde Kopfform ist die Voraussetzung seines für Primaten überdurchschnittlich großen Hirnvolumens, das seine ebenfalls überdurchschnittlichen geistigen Leistungen bedingt. Dazu gehört seine einzigartige Sprachfähigkeit, die wiederum ganz entscheidend sein ebenso einzigartiges Sozialverhalten prägt.[23]

3.1.2.1 Sex

Sex ist nach Wilson generell eine antisoziale Kraft, bedingt durch einen Interessenkonflikt zwischen Männchen und Weibchen und Eltern und Kindern. Wie lässt sich dieser Konflikt erklären? Sexuelle Reproduktion ist nur dann sinnvoll, wenn die Individuen genetisch unterschiedlich sind.[24] Wenn Männchen und Weibchen sich fortpflanzen, kann also jeder jeweils die Hälfte seiner Gene an den gemeinsamen Sprössling weitergeben. Entsprechend weichen Eltern und ihre Nachkommen genetisch mindestens zur Hälfte voneinander ab und die Reproduktionspartner müssen sich ihren Reproduktionserfolg teilen. Dabei verfolgt nun der

---

[19] Ebd., S. 120.
[20] "Yes, *man*; that is the word I used in 1975, before it became unacceptably sexist and still meant generic humanity, while it still exercised the same resonant monosyllabic authority as earth, moon, and sun." (Wilson, 1994, S. 328)
[21] Wilson, 2000, S. 547.
[22] Und es gibt noch viele andere anatomische Besonderheiten. Z.B. fehlt dem Menschen fast die ganze Körperbehaarung. Es ist, so Wilson, nicht genau geklärt, warum sich der Menschen zum „nackten Affen" entwickelt hat. Möglicherweise erlaubte die nackte Haut mit vielen Schweißporen einen geeigneten Kühlungsmechanismus, der in der Hitze und bei ständiger Bewegung von Vorteil war.
[23] Wilson, 2000, S. 555.
[24] Durch die Rekombination von Genen entstehen neue Organismen, die besser gewappnet sind im Kampf gegen Viren und sich daher auf Sicht gesehen, immer gegen Klone durchsetzen werden.

befruchtende Partner zwangsläufig, andere Interessen als der Partner, der die Nachkommen austrägt.[25] Daraus folgt ein erster Interessenkonflikt: Das Männchen wird davon profitieren zusätzliche Weibchen zu befruchten, sogar dann, wenn es dadurch riskiert, die inklusive Fitness zu verlieren, die er durch die Nachkommen seiner ersten Partnerin hätte. Umgekehrt profitiert das Weibchen von der ungeteilten Unterstützung des Männchens, unabhängig von dessen genetische Kosten durch den Verzicht auf zusätzliche Weibchen. Daraus resultiert der Konflikt zwischen den Geschlechtern.

Aber es gibt auch einen Konflikt zwischen den Generationen, der sich durch sexuelle Reproduktion erklären lässt. Die Nachkommen können nämlich ihre individuelle Fitness erhöhen, wenn sie länger die Fürsorge ihrer Eltern beanspruchen, die diese ansonsten in weitere Nachkommen investieren könnten. "The adults will oppose these demands by enforcing the weaning process, using aggression if necessary. The outcomes of these conflicts of interest are tension and strict limits on the extent of altruism and division of labor."[26]

Da sich auch der Mensch sexuell reproduziert, werden sich diese Konflikte auch im Sexualverhalten des Menschen zeigen.[27] Allerdings hat er eine besondere Art entwickelt, mit ihnen umzugehen. Sein einzigartiges Reproduktionsverhalten hat wiederum Auswirkungen auf sein einzigartiges Sozialverhalten. Der wichtigste Unterschied im Vergleich zu anderen Primatenarten ist, dass es beim Menschen keine spezielle Brunstzeit gibt. Die fruchtbaren Tage der Frau sind äußerlich nicht zu erkennen, was eine kontinuierliche Sexualität mit sich bringt.

> The females of some other primate species experience slight bleeding, but only in women is there a heavy sloughing of the wall of the ‚disappointed womb‘ with consequent heavy bleeding. The estrus, or period of female 'heat', has been replaced by virtually continuous sexual activity. Copulation is initiated not by response to the conventional primate signals of estrus, such as changes in color of the skin around the female sexual organs and the release of pheromones, but by extended foreplay entailing mutual stimulation by the partners. The traits of physical attraction are, moreover, fixed in nature. They include the pubic hair of both sexes and the protuberant breasts and buttocks of women. The flattened sexual cycle and continuous female attractiveness cement the close marriage bonds that are basic to human social life.[28]

Die kontinuierliche, meist seriell monogame[29] Sexualität dient beim Menschen nicht mehr nur der reinen Fortpflanzung, sondern außerdem der Beziehungspflege der Partner. Die Frau ist auf die Unterstützung des Mannes angewiesen und durch eine gute Zusammenarbeit haben Eltern viel größere Chancen ihren Nachwuchs durchzubringen, also haben auch Männer einen Fitness-vorteil[30]. Eine Folge davon ist, so Wilson, die Familie als Grundbaustein fast aller menschlichen Gesellschaften. Sie ist die Einheit, um die sich fast alles andere organisiert, ob in New York

---

[25]   Wilson erklärt auch warum es nur zwei Geschlechter gibt: Weil zwei ausreichen, um das maximale Potenzial genetischer Rekombination zu erreichen. Und auch die Unterschiede zwischen den Geschlechtern lassen sich durch sexuelle Selektion erklären (Ebd., S. 316-334).

[26]   Ebd., S. 314.

[27]   Untersucht werden diese Theorien in der Evolutionären Psychologie. Ein guter Einblick findet sich in *Evolutionäre Psychologie* von David M. Buss.

[28]   Wilson, 2000, S. 547f.

[29]   Polygamie wird wenn dann meistens nur Männern vorbehalten.

[30]   Außerdem erhöht sich für Männer durch eine monogame Beziehung die Wahrscheinlichkeit, dass sie wirklich der Vater der Kinder sind, für die sie sorgen.

oder einer Gruppe von Sammlern und Jägern in der australischen Wüste.[31] Aber auch die weitläufige Verwandtschaft nimmt bei Menschen einen wichtigen Stellenwert ein, die durch Ausmaß und Formalisierung wiederum einzigartig ist. Die Vorteile, die von diesen verlässlichen Beziehungen ausgehen, sind nach Wilson Allianzmöglichkeiten zwischen Stämmen, z.B. durch Heirat, sie spielen eine Rolle beim Tauschhandel und dienen als Absicherung in harten Zeiten: „When food grows scarce, tribal units can call on their allies for altruisitc assistance in a way unknown in other social primates."[32]

3.1.2.2 Plastizität der sozialen Organisation

Gruppengröße, Hierarchieeigenschaften, und Genaustausch variieren bei menschlichen Populationen viel mehr als bei anderen Primatenarten. Ein gewisser Anstieg der Plastizität der sozialen Organisation ist zwar in Anbetracht der Beobachtungen im Vergleich mit anderen Primaten zu erwarten, doch ist es nach Wilson wirklich überraschend, in welch extremem Ausmaß dieser Anstieg stattfindet.[33] Wie kommt es, dass menschliche Gesellschaften derart flexibel sind? Zum Teil sicherlich, so Wilson, weil schon die einzelnen Mitglieder so stark in Verhalten und Leistungsvermögen variieren. Sowohl in einfachen als auch in komplexeren Gesellschaften gibt es Menschen, die ehrgeizig sind und sich um ihren Status und Vermögen bemühen und andere, die das nicht tun. Aber auch die Funktionen, die Menschen innerhalb einer Gesellschaft einnehmen können, sind flexibel.

Woher kommt aber ein derartiger Spielraum in der sozialen Struktur und wieso kann er überhaupt erhalten bleiben? „No species of ant or termite enjoys this freedom. The slightest inefficiency in constructing nests, in establishing odor trails, or in conducting nuptial flights could result in the quick extinction of the species by predation and competition from other social insects."[34] Laut Wilson liegt es vermutlich an dem, was Biologen, „ecological release" nennen; an dem Mangel an Konkurrenten aus anderen Spezies und damit an mangelndem Selektionsdruck. Andere Tiere haben in ihrer ökologischen Nische vergleichsweise wenig Verhaltensspielraum. Der Mensch ist dieser Begrenzung durch Konkurrenz mit anderen Arten gegenwärtig entkommen.[35]

3.1.2.3 Arbeitsteilung und Rollenspiel

Im Gegensatz zu Tieren sind also die Rollen, die das Individuum in der Gesellschaft einnimmt, von großer Vielfalt und Bedeutung. Die menschliche Existenz besteht zu großen Teilen darin, in der Gegenwart von anderen bestimmte Rollen zu spielen. „Each occupation – the physician, the judge, the waiter, and so forth – is played just so, regardless of the true workings of the mind behind the persona. Significant deviations are interpreted by others as signs of mental incapacity and unreliability."[36] Das differenzierte Rollenspiel wiederum ist mit der hohen Intelligenz des Mensch und seiner Sprachfähigkeit verbunden. Die Rollen werden mit

---

[31] Ebd., S. 553.
[32] Ebd., S. 554.
[33] Ebd., S. 548.
[34] Ebd., S. 550.
[35] Möglichweise könnte aber die Flexibilität der sozialen Ordnung auch einen Selektionsvorteil auf der Ebene der Gruppenselektion gehabt haben? Dieser Gedanke passt aber besser zum späten Wilson.
[36] Ebd., S. 312f.

Selbstbewusstsein wahrgenommen: Der Spielende weiß, dass er die Rolle in gewisser Hinsicht für die anderen spielt und er schätzt sich selbst und die Auswirkungen seines Verhaltens auf andere ständig ein. Dabei nimmt er die Rolle vollständig ein: Er trägt andere Kleidung, legt anderes Verhalten an den Tag und verwendet sogar eine andere Sprechweise. Neben den beruflichen, gibt es auch noch die verschiedenen privaten Rollen innerhalb der Familie, im Freundeskreis oder Vereinsleben. Daher können die Rollen, die ein einzelner in seinem Leben spielen muss, sehr vielfältig sein.

Die Arbeitsteilung der Menschen ähnelt scheinbar der Arbeitsteilung der sozialen Kasten einiger Insekten. Doch die Arbeitsteilung der menschlichen Gesellschaften basiert auf reziprokem Altruismus zwischen den einzelnen Personen, der Bewusstsein voraussetzt. Die Rollen werden also selbstbewusst wahrgenommen, sie sind nicht genetisch programmiert wie beispielsweise bei Ameisen. Wenn es in einem Berufsgebiet zu viel Konkurrenz gibt, kann eine Person sich für einen andere Rolle in der Gesellschaft entscheiden. Wenn es dagegen zu viele Insekten in einer Kaste gibt, werden physiologische Inhibitoren eingesetzt, damit sich die Insekten zu Mitgliedern einer anderen Kaste entwickeln. Diese menschliche Besonderheit des bewussten Rollenspiels zeigt sich bereits beim Spielen der Kinder. Auch andere Tierkinder spielen verstärkt und üben ihre Verhaltensweisen für ihr späteres Leben. Das Spiel hat also schon eine wichtige Funktion in der Sozialisation von Säugetieren allgemein und es lässt sich davon ausgehen, dass je intelligenter eine Spezies ist, desto ausgeprägter und freier wird ihr Spielverhalten sein. Während also beim Kätzchen das Erjagen von Beute geprobt wird, spielen Kinder verschiedene Rollen und Geschichten.

Nichtmenschliche Säugetierarten haben keine Möglichkeiten der fortgeschrittenen und flexiblen Arbeitsteilung entwickelt, unter anderem deshalb sind Menschen einzigartig im qualitativen Sinne.[37] Doch diese Fähigkeit hat auch ihren Preis. Der Mensch muss ja nicht nur im Berufsleben verschiedene Rollen spielen, sondern auch im Privatleben. In der modernen Gesellschaft hat die Vielfältigkeit des Rollenspiels einen Grad erreicht, der teilweise nicht mehr leicht zu bewältigen ist. So ist es auch nach Wilson kein Wunder, dass Identitätsfragen zu den dringendsten inneren Problemen des Menschen gehören.[38]

3.1.2.4 Tauschgeschäfte und reziproker Altruismus

Bei anderen Primaten ist die Bereitschaft zum Teilen rar gesät. In rudimentärer Form lässt sie sich z.B. bei Schimpansen finden. Dem Menschen aber kommt diese Fähigkeit als eine seiner stärksten sozialen Eigenschaften zu, die in ihrer Intensität durchaus mit der von Ameisen verglichen werden kann.[39] Aber Menschen teilen nicht nur, sondern sie tauschen auch. Und das erfordert eine hohe Intelligenz sowie ein ausgeprägtes Gedächtnis. Vielleicht hat sich, so Wilson, der Handel in frühen menschlichen Gesellschaften durch den Tausch von Fleisch, welches die Männer erbeutet haben, und Gemüse, das von Frauen gesammelt wurde,

---

[37] Ebd., S. 313.
[38] Ebd., S. 554.
[39] Zum Einstieg in das beeindruckende Sozialverhalten der Ameisen sei auf das bebilderte Gemeinschaftswerk mit Hölldobler (1995) verwiesen. Außerdem ist jedem, der sich für Ameisen interessiert, auch das faszinierende Kapitel „Ameisenchronik" in seinem *Ameisenroman* zu empfehlen, in dem Wilson das Ameisenleben aus der Perspektive eines Ameisenvolkes beschreibt.

entwickelt. Aber auch der Tausch von Frauen zwischen den Stämmen dürfte eine wichtige Rolle in der sozialen Entwicklung gespielt haben. Am Ende dieser Entwicklung steht das einzigartige Wirtschaftssystem des Menschen, in dem Gegenstände und Leistungen gegen Geld getauscht werden, das an sich überhaupt keinen Wert hat, sondern nach Wilson vielmehr als Quantifizierung von reziprokem Altruismus zu sehen ist.[40]

3.1.2.5 Religion

Eine weitere Besonderheit des menschlichen Verhaltens ist seine Religiosität, die laut Wilson als fester Bestandteil der menschlichen Natur zu betrachten ist. Die jeweiligen Inhalte des einzelnen Glaubens sind allerdings austauschbar und variieren deshalb erheblich.

> It is a reasonable hypothesis that magic and totemism constituted direct adaptations to the environment and preceded formal religion in social evolution. Sacred traditions occur almost universally in human societies. So do myths that explain the origin of man or at the very last the relation of the tribe to the rest of the world. But belief in high gods is not universal.[41]

Wilson interessiert sich dafür, wie die Religiosität des Menschen entstanden ist und nicht für den Inhalt einzelner Religionen. Er findet es erklärungsbedürftig, dass obwohl inhaltlich nachweislich so vieles an Religion falsch ist, sie doch beständig eine treibende Kraft in allen Gesellschaften bleibt. „Man would rather believe than know, have the void as purpose, as Nietzsche said, than be void of purpose. "[42] Dabei sind die Inhalte der einzelnen Religionen stark von der Umwelt abhängig, in der sie entstanden sind. Das christliche Konzept eines aktiven, moralischen Gottes, der die Welt geschaffen hat, ist im Vergleich gar nicht so weit verbreitet. „The greater the dependence on herding, the more likely the belief in a shepherd god of the Judeo-Christian model. In other kinds of societies the belief occurs in 10 percent or less of the cases."[43]

Woher kommt aber nun dieses tiefe menschliche Bedürfnis? Wilsons erklärt es schon 1975 durch Gruppenselektion: Religion leistet einen großen Beitrag zum Zusammenhalt und zur Funktion einer Gruppe, die durch ihren besseren Zusammenhalt anderen Gruppen gegenüber im Vorteil ist. Denn die oben beschriebene extreme Plastizität im Sozialverhalten des Menschen ist nicht nur eine große Stärke, sondern auch eine echte Gefahr: Wenn jede Familie ihre eigenen Verhaltensregeln aufstellen würde, versänke eine Gesellschaft schnell im Chaos. Um egoistischem Verhalten und der auflösenden Kraft hoher Intelligenz etwas entgegenzusetzen, muss jede Gesellschaft Regeln für das Zusammenleben kodifizieren. „Within broad limits virtually any set of conventions works better than none at all. Because arbitrary codes work, organizations tend to be inefficient and marred by unnecessary inequities."[44] Sakralisierungen dienen dazu, willkürliche Setzungen als notwendig auszuzeichnen. Regelmäßige Mechanismen, die eigentlich willkürlich sind, werden daher als heilig erklärt.

---

[40]   Ebd., S. 553.
[41]   Ebd., S. 560.
[42]   Ebd., S. 561.
[43]   Ebd., S. 560f.
[44]   Ebd., S. 562.

Mit regelkonformen Verhalten hängt auch die starke menschliche Neigung zur Indoktrinierbarkeit zusammen. Menschen, so schreibt Wilson, sind absurd einfach zu indoktrinieren; ja sie verlangen geradezu danach. Eine extreme aber mögliche Erklärung ist nach Wilson die Gruppe als Einheit der Selektion anzunehmen. Wenn nämlich Konformität einen bestimmten Anteil in der Gruppe unterschreitet, also selbstsüchtige Individuen die Oberhand gewinnen, stirbt die Gruppe aus. So setzen sich auf Dauer diejenigen Gruppen durch, deren Mitglieder eine höhere Frequenz an „Konformitätsgenen" aufweisen. Die Erklärung der menschlichen Indoktrinierbarkeit durch Gruppenselektion ist nach Wilson für sich genommen schon hinreichend. Doch es gibt noch eine andere Erklärungsmöglichkeit mithilfe der Individualselektion, die ebenfalls hinreichend ist: Sie besagt, dass Gruppenmitglieder, die sich konform verhalten, ohne großen Aufwand oder großes Risiko von den Vorteilen ihrer Gruppenzugehörigkeit profitieren. Auch wenn ihre selbstsüchtigen Rivalen einen kurzfristigen Vorteil haben mögen, verlieren sie auf lange Sicht gesehen durch Ächtung und Repressionen innerhalb der Gruppe. Die Konformisten verhalten sich also nicht deswegen altruistisch, weil ihre selbstlosen Gene auf Gruppenebene selektiert würden, sondern weil Gruppe gelegentlich auch Vorteile durch die Indoktrinierbarkeit hat, durch die das Individuum bei anderen Gelegenheiten wiederum selbst profitiert. Hier wird auch ganz deutlich, dass sich Individual- und Gruppenselektion gegenseitig nicht ausschließen, sondern wechselwirken.[45]

Das Fazit, das Wilson 1975 über die menschliche Natur zieht, ist, dass Menschen in ihrer sozialen Struktur Vertebraten geblieben sind. Aber sie haben es zu einer Komplexitätsebene des Sozialverhaltens gebracht, die so hoch ist, dass Wilson von einem vierten Gipfel der sozialen Evolution spricht. Sie haben die Begrenzungen des Egoismus nicht durch eine Reduktion der Selbstsucht durchbrochen, sondern durch die Intelligenz aus der Vergangenheit zu lernen und die Zukunft zu planen. „Human beings establish long-remembered contracts and profitably engage in acts of reciprocal altruism that can be spaced over long periods of time, indeed over generations. "[46] Dabei berücksichtigen Menschen intuitiv die Verwandtenselektion bei dem Kalkül dieser Beziehungen. „They are preoccupied with kinship ties to a degree inconceivable in other social species. Their transactions are made still more efficient by a unique syntactical language. Human societies approach the insect societies in cooperativeness and far exceed them in powers of communication."[47] Aus dieser Perspektive betrachtet, ist es nach Wilson nicht erstaunlich, dass sich die menschliche Form der Eusozialität nur einmal entwickelt hat, während sich die anderen drei[48] Formen mehrfach unabhängig voneinander entwickelten. Die Religion hat bei Wilson auch schon 1975 einen besonderen Stellenwert im Zusammenhang mit der Gruppenselektion, doch die Verwandtenselektion steht zu dieser Zeit noch im Vordergrund.

3.1.3 Wissenschaftstheoretische Selbstreflektion

Wilson reflektiert in dem Werk, das ihn berühmt gemacht hat, auch über die grundlegenden Konzepte der Soziobiologie und erläutert kurz seine wissenschaftstheoretischen Ansichten.[49]

---

[45] Ebd., S. 562f.
[46] Ebd., S. 380.
[47] Ebd.
[48] Colonial invertebrates, social insects and nonhuman mammals.
[49] Ebd., 22-29.

Den größten Fallstrick der Soziobiologie sieht er in der Leichtigkeit, mit der sie ausgeführt wird. Im Gegensatz zur Physik, die mit exakten Ergebnissen arbeitet, die Nichtfachleuten für gewöhnlich schwer zu erklären sind, arbeitet die Soziobiologie mit ungenaueren Daten, die oft viel zu einfach von vielen verschieden Schemata erklärt werden können.[50] Deswegen ist sie auch ganz besonders gefährdet durch den „Fallacy of Affirming the Consequent"[51], bei dem dann von dem Phänomen auf eine (der vielen möglichen Erklärungen) geschlossen wird. Ein anderer potentiell irreführender Gedankengang in der Soziobiologie kann als „Fallacy of Simplifying the Cause" bezeichnet werden. Die einfachste Erklärung muss jedoch nicht immer die richtige sein: Deswegen muss es das Ziel sein, nicht die einfachste Erklärung zu finden, sondern alle möglichen Erklärungen, sogar die unwahrscheinlichen, zu testen und so einige auszuschließen.[52] Die Soziobiologie ist aber keine Wissenschaft, deren Ideen schnell und elegant durch Experimente im Labor getestet werden können. Deshalb brauchen die Testverfahren sehr viel Zeit.[53]

3.1.4 Kritik an der Soziobiologie

Wilsons Idee, die biologischen Untersuchungsergebnisse auf den Menschen und die Sozialwissenschaften anzuwenden, stieß recht schnell auf massiven Widerstand. Eine Gruppe radikaler Linker sahen die Soziobiologie beispielsweise nicht als Forschungsunternehmen, sondern eher als Quelle eines gefährlichen Menschenbildes, das rechte Ideologie und Sexismus befördern würde. 1975 gründete sich die *Sociobiology Study Group of Science for People*, der unter anderem Wilsons Harvard- Kollegen Stephen Jay Gould und Richard Lewontin angehörten, die mit ihrer ideologisch motivierten Kritik Wilson öffentlich verunglimpfte, indem sie die Ideen der Soziobiologie mit Rockefeller und Hitler[54] in Verbindung brachte.[55] Eine Schwäche dieser Argumentationsweise, die recht schnell von vielen Autoren erkannt wurde, ist die These, dass die Entdeckungen der Wissenschaft nach ihren möglichen politischen Folgen beurteilt werden sollten, statt daran, ob sie falsch oder richtig sind.[56] Es wurde erkannt, dass *Science for People* eine „Aktionsgemeinschaft zur Förderung des Marxismus-Leninismus" war, die sich darauf spezialisiert hatte, „die Naturwissenschaft in den Dienst dieser Ideologie zu nehmen".[57] Und so ging der „politische Krieg um die Soziobiologie" 1978 zu Ende.[58]

Vieles in der Auseinandersetzung um die Soziobiologie ging also weit über die wissenschaftliche Diskussion hinaus und in den persönlichen, philosophischen und weltanschaulichen

---

[50] Ebd., S. 28.
[51] Ebd., S. 29.
[52] Ebd., S. 30.
[53] Dieselben Probleme ergeben sich auch für die Methode der Evolutionären Psychologie. Für weitere Information zu deren Vorgehen siehe Buss, 2004.
[54] Ruse, 1985, S. 1.
[55] Wilson selbst bemerkt zu dieser Vorgehensweise, dass es dabei gar nicht darum geht, sich mit den Argumenten auseinanderzusetzen, sondern nur um die Verunglimpfung der Person, um so ihre Glaubwürdigkeit zu zerstören. „Das gilt besonders für die Universität Harvard, wo sich ein Professor, dem vorgeworfen wird, mit Faschisten zu sympathisieren, etwa in der gleichen Lage befindet, wie ein Atheist in einem Benediktinerkloster." (Wilson u. Lumsden, 1984, S. 68.)
[56] Wilson u. Lumsden, 1984, S. 69.
[57] Ebd., S. 72.
[58] Ebd., S. 73.

Bereich hinein. Der Wissenschaftstheoretiker Michael Ruse hat sich der Untersuchung dieser Kritik angenommen und sich in seinem Buch *Sociobiology – Sense or Nonsense* ausführlich damit beschäftigt.[59] Ein Hauptkritikpunkt richtete sich demnach gegen den angeblich in der Soziobiologie enthaltenen genetischen Determinismus. Gegen diesen Vorwurf lässt sich nach Ruse einwenden, dass die Soziobiologie der Kultur und der Umwelt durchaus eine Rolle zukommen lässt, wenn es um menschliches Verhalten geht. Sie weist lediglich darauf hin, dass dem menschlichen Verhalten und damit auch der Kultur gewisse genetische Dispositionen zu Grunde liegen, die gemeinsam mit den Umweltbedingungen das menschliche Wesen erklären sollen. Dass es gewisse genetische Unterschiede zwischen Menschen gibt, steht ja außer Frage. Wenn man also überhaupt naturwissenschaftlich über den Menschen arbeiten möchte, muss man sich mit seiner Genetik auseinandersetzen. Allein deswegen wird man noch nicht zum Rassisten. Wilson schreibt später in seiner Autobiographie *Naturalist* in diesem Zusammenhang worum es ihm eigentlich geht:

> Human beings inherit a propensity to acquire behavior and social structures, a propensity that is shared by enough people to be called human nature. The defining traits include division of labor between sexes, bonding between parents and children, heightened altruism toward closest kin, incest avoidance, other forms of ethical behavior, suspicion of strangers, tribalism, dominance orders within groups, male dominance overall, and territorial aggression over limiting sources. Although people have free will and the choice to turn in many directions, the channels of their psychological development are nevertheless – however much we might wish otherwise – cut more deeply by the genes in certain directions than in others.[60]

Ideologische Hintergedanken hatte Wilson nicht, als er die Menschen in seine *Soziobiologie* aufnahm. Er wollte nur die intellektuelle Erklärungskraft der Evolutionsbiologie aufzeigen. [61] Die Kritik von Marshal Sahlins hatte eine etwas andere Stoßrichtung: Er empörte sich hauptsächlich gegen die angebliche Unterstützung des Kapitalismus durch die Soziobiologie. Wenn Soziobiologen vielleicht nicht den Rassismus befördern, dann doch zumindest „an extremely right-wing free enterprise system."[62] Ruse argumentiert dagegen, dass aus der Evolutionstheorie und der Soziobiologie ohne weiteres überhaupt keine normativen Implikationen folgen und daher die Soziobiologie auch nicht den Kapitalismus unterstützen kann. Sie kann ihn höchstens erklären.[63] Aber ob er auch gutzuheißen ist, das ist eine ganz andere Frage.[64] Der Vorwurf einer kapitalistischen Ideologie wurde jedoch von einigen

---

59 Ruse, 1985, S. 3.
60 Wilson, 1994, S. 332.
61 „As I proceeded, I recognized an opportunity: the animal chapters would gain intellectual weight from their relevance to human behavior. At some point I turned the relationship around: I came to believe that evolutionary biology should serve as the foundation of the social sciences" (Ebd., S. 336). Die Vorwürfe aus dem links-politischen Lager trafen Wilson unvorbereitet. Er war nach eigenen Angaben zu der Zeit völlig politisch naiv gewesen und hatte keine Ahnung von der linksaktivistischen Gruppe „Science for People" die sich inoffiziell direkt unter seinem Büro in Richard C. Lewontins Büro trafen. Auch hatte er keinen Rückhalt von Kollegen, die eigentlich theoretisch auf seiner Seite waren. Doch nach anfänglichem Selbstzweifel und Ängsten in Bezug auf seine Karriere, war sein Ehrgeiz davon nur mehr angespornt.
62 Ruse, 1985, S. 79. Sahlins war auch der Ansicht, dass die kapitalistische Ideologie bereits die Selektionstheorie beeinflusst hätte. Ruse widerspricht dem jedoch ausführlich. (Ruse, 1985, S. 82)
63 Laut Wilson selbst liegen die sozialen Positionen die sich aus der Perspektive der Soziobiologie ergeben, „quer" zu allen Ideologien. „Einige – darunter die neue Auffassung der Homosexualität – stehen den Ansichten der radikalen Linken näher, während andere – etwa die Interpretation der Familienstruktur – eher den traditionellen Liberalen und Konservativen gefallen werden" (Wilson, 1980, S. 7).
64 Ruse, 1985, S. 83.

Soziobiologen, z.B. Michael Ghiselin[65], auch provoziert, sodass Ruse die Kritik insofern teilweise auch für berechtigt hält.[66]

Neben der politisch-moralischen gab es auch wissenschaftstheoretische Kritik. Wie Wilson selbst schon bemerkt hatte, steht die Soziobiologie in der Gefahr, den Fehlschluss „Affirming the Consequent" zu begehen. Ruse sieht hier aber keine besondere Gefährdung der Soziobiologie, sondern ein Problem, mit dem alle Wissenschaften zu tun haben und entsprechend auch keinen Grund bei der Soziobiologie besondere epistemologische Probleme zu sehen.[67] Bei der Frage, ob Soziobiologie überhaupt falsifizierbar sei, stellt Ruse sie unter den Schutzmantel der allgemeinen Evolutionstheorie. „Coming towards the end of this discussion of falsifiability, what I would conclude is that no sound case for the genuine unfalsifiability of sociobiology has been established. Inasmuch as it is proper to regard falsifiability as an essential ingredient of the scientific endeavor, sociobiology passes the test."[68]

Insgesamt macht Ruse die Wissenschaftlichkeit der Soziobiologie weitgehend von der Wissenschaftlichkeit der Evolutionstheorie abhängig und sieht die Soziobiologie als legitime Ausweitung auf die Verhaltensforschung. Deshalb darf man sie auch nicht nach strengeren Maßstäben bemessen als die Evolutionstheorie selbst. Denn die Soziobiologie gehört zur „evolutionären Familie".[69]

Doch es gab noch ernstzunehmende Kritik anderer Art: Marshall Sahlins und andere waren der Ansicht, dass die Soziobiologie zwar auf Tiere Anwendung finden könnte, aber nur in sehr eingeschränkter Weise auf Menschen. Zwar können Phänomene wie Territorialverhalten oder Inzesttabu biologische Wurzeln haben, aber die Lebensgewohnheiten des Menschen könnten insgesamt nicht auf seine Biologie zurückgeführt werden. „Menschen seien keine Automaten, die nur den Anweisungen ihrer Gene folgen. Sie besitzen einen Geist und einen freien Willen. Sie vermögen die Folge ihres Handelns wahrzunehmen und darüber nachzudenken. Dieses hohe Niveau der geistigen Aktivität des Menschen läßt die Kultur entstehen, die jenseits der durch die Biologie gesetzten Grenzen ein eigenes Leben entfaltet."[70] Diese Kritik war nicht so

---

[65] Ebd., S. 88.
[66] Ruse selbst kritisiert Wilson für seine Annahme, die Soziobiologie würde zeigen, es könne überhaupt keine allgemeingültigen Moralvorschriften geben. Ruse war 1985 noch der Überzeugung, dass aus den deskriptiven Beschreibungen der Soziobiologie rein gar nichts für die Fragen der Ethik folgen würde. Er ändert seine Meinung jedoch später, stellt sich vollends auf Wilsons Seite und wird zu dessen Verteidiger.
[67] Ebd., S. 106.
[68] Sehr eindrücklich kann man das am beliebten Beispiel des Inzesttabus sehen: Wenn man einen Stamm finden würde, der konsequent über einen langen Zeitraum Inzest betreibt, dann wäre die soziobiologische Behauptung, dass Inzesttabus genetischen Ursprungs sind, falsifiziert. „Here, as in the cases earlier, sociobiology does not fall down as a genuine science" (Ruse, 1985, S. 119). Auch Tautologievorwurf und Adaptationismusdebatte müssen seiner Ansicht nach nicht noch einmal für die Soziobiologie separat abgehandelt werden (Ruse, 1985, S. 113ff).
[69] Ebd., S. 21. Ruse zum Kriterium der Wissenschaftlichkeit: „Wherein lies the essence of science, that which distinguishes it from non-science? I would argue that the key feature of science is the attempt to understand the physical world of experience by reference to law, that is to say, by reference to unbroken natural regularities. Filling out this point, I can do no better than to quote the judge in the Arkansas Creation trial [...] (1) It is guided by natural law; (2) It has to be explanatory by reference to natural law; (3) It is testable against the empirical world; (4) Its conclusions are tentative, i.e., are not necessarily the final word; and (5) It is falsifiable" (Ruse, 1985, S. 225f).
[70] Wilson u. Lumsden, 1984, S. 75.

103

leicht von der Hand zu weisen wie die des politischen Krieges um die Soziobiologie und wurde schließlich weitestgehend angenommen, sodass die Soziobiologie-Kontroverse im Großen und Ganzen 1978 beendet war.

Ähnlich wie Darwin, der in seiner *Origin of Species* mit sehr wenigen Worten über den Menschen für großes Aufsehen sorgte, schlug Wilson mit dem sehr kleinen Kapitel über den Menschen in *Sociobiology* große Wellen. Und ähnlich wie Darwin sich einige Jahre später mit *Descent of Man* ausführlicher über die Folgen der natürlichen Selektion auf die Natur des Menschen äußerte, widmete auch Wilson der Erklärung der menschlichen Natur ein eigenes Buch.

3.2 Biologie als Schicksal

In seinem 1978 erschienenen Buch, mit dem er ein Jahr später seinen ersten Pulitzer Preis gewann, führt Wilson also seine Überlegungen zur menschlichen Natur trotz massiver Kritik weiter aus. Er betont wiederholt, dass die natürliche Selektion nicht nur zu den körperlichen, sondern auch zu den geistigen Merkmalen des Menschen geführt hat, die sich aus den Verhaltensweisen seiner Vorfahren entwickelte. Schon in *Sociobiology* hatte er mit dem Abschnitt über die Verhaltensweisen der menschlichen Spezies ganz bewusst den Menschen zu den Tieren gerechnet, weil es für ihn keinen Grund zur Annahme gibt, die Verhaltensweisen des Menschen seien grundsätzlich der natürlichen Selektion entzogen. Genauso wenig wie seit Darwin Gott noch für die Erklärung des Körperbaus und der physiologischen Funktionen des *Homo sapiens* gebraucht wird, ist er für die „Natur" des Menschen verantwortlich oder für deren Erklärung noch notwendig. Verantwortlich ist auch hier die natürliche Selektion, und die Soziobiologie hat sich zur Aufgabe gemacht entsprechende evolutionäre Erklärungen zu liefern. Jetzt kann man Gott, wenn man das denn möchte, höchstens noch für die Entstehung der letzten Bausteine der Materie verantwortlich machen.[71]

Aus der naturalistischen Lehre von der Natur des Menschen folgen allerdings zwei schwerwiegende Konsequenzen: Die erste ist, dass „keine Spezies, unsere eingeschlossen, einen Sinn oder Zweck besitzt, der über die durch ihre genetische Geschichte geschaffenen Imperative hinausgeht."[72] Das Gehirn - und mit ihm die Vernunft - dienen im Grunde genommen lediglich zur Vermehrung der Gene, die seinen Aufbau steuern. Deshalb ist es überhaupt nicht dazu gemacht, sich selbst zu verstehen. Auch ein bestimmtes Ziel, auf das die Entwicklung der Menschheit gerichtet ist, gibt es in der naturalistischen Erklärung der menschlichen Natur nicht. Weltanschauungen, die ein Ziel für die Menschheit behaupten, sind selbst nur komplexe Mechanismen, die zum Überleben beitragen. „Wie auch andere menschliche Institutionen entwickeln sich Religionen in dem Maße, wie sie das Weiterleben und den Einfluß ihrer Anhänger fördern."[73]

Aus dieser Erkenntnis folgt die Gefahr der schnellen Auflösung „transzendentaler Ziele, auf die hin die Gesellschaften ihre Energien organisieren können."[74] Ohne Ziele gibt es nichts, worauf hin wir unsere Handlungen ausrichten können. Dafür brauchen wir eine neue Quelle von Normen. Und wenn diese nicht mehr als durch Gott gegeben verstanden werden können, müssen wir nach einer anderen Quelle suchen. Bei dieser Suche nach einer neuen Moral müssen wir laut Wilson nun erst einmal uns selbst erkennen, „nach innen" schauen, den menschlichen Geist untersuchen und seine Entstehung rekonstruieren. Dabei werden wir dann aber die zweite Schwierigkeit entdecken: Wenn wir die verschiedenen moralischen Instinkte ausgemacht haben, müssen wir uns entscheiden, welche wir fördern und welche nicht. Wir haben „die unausweichliche Wahl zwischen den der biologischen Natur des Menschen inhärenten ethischen Grundlagen."[75]

---

[71] Wilson, 1980, S. 9.
[72] Ebd., S. 10.
[73] Ebd., S. 11.
[74] Ebd., S. 12.
[75] Ebd.

3.2.1 Naturwissenschaftliche Methode: Schlüssel zur menschlichen Natur

Nach Wilson gibt es demnach im Gehirn angeborene Zensoren und Motivatoren, welche unbewusst das Verhalten von Menschen stark beeinflussen und in denen unsere Moral als Instinkt wurzelt. Bedauerlicherweise, so Wilson, beachten die Philosophen bei ihren ethischen Erwägungen die evolutionäre Geschichte nur selten. Stattdessen begründen sie ihre ethischen oder politischen Positionen mit ihren Intuitionen, „als würden sie ein verborgenes Orakel befragen."[76] Einen wirklichen Einblick in die menschliche Natur lässt sich aber laut Wilson nur mithilfe der naturwissenschaftlichen Methode und durch die Integration der Sozial- und Geisteswissenschaften mit den Naturwissenschaften gewinnen.[77]

Der Kern der wissenschaftlichen Methode ist laut Wilson die „Reduktion von wahrgenommenen Phänomenen auf fundamentale, überprüfbare Prinzipien."[78] Entscheidend ist das Verhältnis der Einfachheit zu der Anzahl der Phänomene, die eine Theorie erklären kann. Doch die Reduktion ist nur die eine Seite des naturwissenschaftlichen Vorgehens. Laut Wilson gehört zur wissenschaftlichen Methode auf der anderen Seite auch die Synthese, welche die Komplexität wiederherstellen soll. Reduktion trifft nun in Bezug auf ihre Anwendung auf den menschlichen Geist häufig auf Ablehnung, weil damit vermutlich der Anschein erweckt wird, dass die Menschheit dadurch weniger besonders und einzigartig ist. Die Sonderstellung wird angetastet und so manch einer fühlt sich vielleicht enthumanisiert oder irgendwie entwertet. Wilson entgegnet einer solchen Abwehrhaltung:

> Aber diese Ansicht, welche die Methode der Reduktion mit der Philosophie der Verminderung gleichsetzt, geht völlig in die Irre. Die Gesetze eines Gegenstandsbereichs sind für die Disziplin der nächsthöheren Stufe notwendig, sie fordern eine Umstrukturierung heraus, erzwingen sie geradezu, die das Denken weiterbringt, aber sie sind für die Zwecke der betreffenden Disziplin nicht ausreichend. Die Biologie ist der Schlüssel zur menschlichen Natur, und die Sozialwissenschaftler können es sich nicht leisten, ihre immer unabweisbarer werdenden Gesetze zu ignorieren. Nichtsdestoweniger sind die Sozialwissenschaften in ihrem Inhalt potentiell weitaus reicher. Schließlich werden sie die relevanten Ideen der Biologie aufnehmen und dann über sie hinausgehen.[79]

3.2.2 Die Macht der Gene

Wilson ist überzeugt, dass das, was wir als menschliche Natur bezeichnen, also die typisch menschlichen Verhaltensweisen und dazugehörige Empfindungen, genetisch bedingt sind. Dazu gehört auch das besondere Sozialverhalten des Menschen inklusive seiner Moral.[80] Ein

---

[76] Ebd., S. 13. Dadurch befragen sie genau ihre unbewussten Motivationszentren.
[77] Ebd., S. 14.
[78] Ebd., S. 18.
[79] Ebd., S. 20.
[80] Aber nicht nur bei Menschen und anderen Primaten zeigt sich soziale Organisation. Auch viele andere Tierarten sind sozial organisiert. Wilson teilt die sozialen Lebewesen in drei Gruppen: 1. Korallen und andere koloniebildende Wirbellose; 2. soziale Insekten, wie Ameisen, Termiten und Bienen; und 3. die sozialen Fische, Vögel und Säuger. Diese Tiere sind die Hauptobjekte der Soziobiologie, „die als die systematische Erforschung der biologischen Grundlage aller Formen von Sozialverhalten bei jeglichen Arten von Organismen einschließlich des Menschen definiert wird." (Wilson, 1980, S. 21) Sie ist eine Mischdisziplin aus Ethologie, Ökologie und Genetik, die durch den Vergleich von sozial lebenden Arten allgemeine Prinzipien der genetischen sozialen Evolution formuliert, um diese Erkenntnisse nicht zuletzt auch auf den Menschen anzuwenden. (Ebd., S. 22f.)

Hinweis darauf sind unter anderem die Ähnlichkeiten in den Verhaltensweisen anderer Primatenarten, die durch die enge genetische Verwandtschaft auch zu erwarten sind. Z.B.:

- Die sozialen Gruppen umfassen 10-100 Erwachsene, niemals nur zwei wie so häufig bei Vögeln oder tausende wie bei vielen Fischen oder Insekten.
- Die Kindheit ist überdurchschnittlich lang.
- Das soziale Spiel spielt eine wichtige Rolle.

Es gibt aber auch Hinweise aus der Psychologie, die auf so etwas wie genetisch fixierte, menschliche Instinkte hinweisen. Es gibt beispielsweise. sogenannte „kulturell Retardierte", die eine unterdurchschnittliche Intelligenz aufweisen, aber ganz eindeutig menschliche Verhaltensweisen zeigen (wie Kommunikation, Körperpflege, Kleidungstausch, Rauchen, Musik hören und Singen, Zeitschriften durchblättern). Anders die „nichtkulturell Retardierten": Sie zeigen so gut wie keine Kommunikation oder sonstiges kulturelles Verhalten, allerdings einige „instinkthafte" Verhaltensweisen: Sie geben emotionsgeladene Laute von sich und haben Mimik, beobachten andere, verteidigen sich und spielen, untersuchen Gegenstände, stecken Territorien ab und verlangen nach Zuwendung. „Praktisch keine ihrer Reaktionen ist abnormal im biologischen Sinne. Das Schicksal hat diesen Patienten lediglich den Zugang zur kulturellen Welt der Großhirnrinde verwehrt."[81]. Die Verhaltensweisen der nichtkulturell Retardierten zeigen sich also unabhängig von Kultur und können daher als instinktiv betrachtet werden. Wilson schließt daraus außerdem, dass kulturelles Verhalten eine Art psychologischer Gesamtkomplex ist, der im Gehirn entweder funktioniert oder nicht.[82]

Was bedeutet es aber, dass das Verhalten der Menschen von ihren Genen vorgegeben wird? Nach Wilson muss man deshalb nicht damit rechnen, dass die Gene ganz bestimmte Verhaltensweisen festlegen. So wird man wohl keine Gene für einen bestimmten Kleidungsstil finden. Die Gene, die für bestimmtes Verhalten kodieren, wirken sich eher aus auf „den Spielraum von Form und Intensität emotionaler Reaktionen, die Erregungsschwellen, die Bereitschaft, eher auf diese als auf andere Stimuli zu reagieren, und die unterschiedliche

---

[81] Ebd., S. 46.
[82] Ebd., S. 45. Nach Wilson gibt es zwei Möglichkeiten, sich die weitere Entwicklung des menschlichen Sozialverhaltens vorzustellen. Zum einen könnte die genetische Variabilität erschöpft sein. Das würde bedeuten, dass es nur einen genetischen Satz für menschliches Sozialverhalten gab, der es den langen Weg durch die menschliche Vorgeschichte bis in die Gegenwart geschafft hat. In der Gegenwart kann folglich nur noch kulturelle und keine biologische Evolution mehr stattfinden. Die andere Möglichkeit wäre, dass es immer noch eine gewisse genetische Variation in Bezug auf das soziale Verhalten gibt. Das würde heißen: Auch wenn durch die kulturellen Errungenschaften die biologische Selektion ihren Griff vielleicht gelockert hat, unterliegt die Menschheit doch weiterhin auch der genetischen Evolution. Wilson hält letzteres für wahrscheinlicher, auch wenn beide Positionen mit der soziobiologischen Theorie des Menschen vereinbar sind. Als exemplarischer Beleg dient ihm der sogenannte XYY-Mann an, der zwei Y-Chromosomen trägt und der eine höhere Wahrscheinlichkeit aufweist, kriminell zu werden. Und es gibt noch weitere Syndrome, bei denen das Verhalten durch einzelne Gene stark von der Norm abweicht. Daraus zieht Wilson den Schluss: „Mein Gesamteindruck aus den vorliegenden Erkenntnissen ist der, daß *Homo sapiens* im Hinblick auf Qualität und Umfang der sein Verhalten betreffenden genetischen Vielfalt eine nicht aus dem Rahmen fallende Tierart ist. Die psychische Einheit der menschlichen Art wurde – man gestatte mir dieses Bild – von einem Glaubenssatz zu einer nachprüfbaren Hypothese heruntergeschraubt." (Wilson, 1980, S. 50)

Empfänglichkeit für zusätzliche Umweltfaktoren, welche die kulturelle Evolution mehr in die eine als in die andere Richtung lenken."[83]

3.2.2.1 Die Entwicklung des Individuums

Nachdem für Wilson feststeht, dass die sozialen Verhaltensweisen des Menschen als Art genetisch dispositioniert sind, wendet er sich der Entwicklung des Individuums zu. Eindrücklich beschreibt er die menschliche Ontogenese und wie der junge Organismus von seinen Eltern geprägt wird. Erst wenn er von den Eltern ab dem Kleinkindalter nach und nach in seine Umwelt entlassen wird, entwickelt er sich zu einem unabhängig denkenden und fühlenden Wesen. Und erst dann kommen die nach Wilson wesentlichen Komponenten des Sozialverhaltens hinzu: „Sprache, Paarbindung, Wut bei Ichkränkung, Liebe, Stammestreue und all die übrigen Bestandteile des spezifisch menschlichen Repertoires."[84] Wilson interessiert sich dafür, inwieweit diese soziale Entwicklung durch die Gene vorherbestimmt und inwieweit sie von außen durch Prägung beeinflussbar ist. Die Gene des Menschen legen ja, wie Wilson bereits dargelegt hat, nicht einfach ein bestimmtes Verhaltensmerkmal fest, sondern vielmehr die Fähigkeit, ein bestimmtes Spektrum an Merkmalen zu entwickeln. Einige Verhaltenskategorien haben ein enges, andere wiederum ein weites Spektrum. Bei ersteren lässt sich das Ergebnis kaum verändern, während die Ergebnisse des weiten Spektrums leicht zu beeinflussen sind.[85] Ein anschauliches Beispiel ist die Disposition zur Rechts- bzw. Linkshändigkeit. Die Händigkeit ist genetisch festgelegt und ohne äußere Beeinflussung setzen sich die Gene durch. So wird sich ein Mädchen mit der genetischen Veranlagung zur Linkshändigkeit zur Linkshänderin entwickeln, sofern sie nicht daran gehindert wird. Wird jedoch von außen strenger Druck zugunsten der Rechtshändigkeit ausgeübt, kann das Ergebnis verändert und das Mädchen zur Rechtshändigkeit erzogen werden. Um die Reichweite der genetischen Determination eines Verhaltens zu verstehen, müsste der Prozess von den Genen zum Endprodukt dargestellt werden, was meistens nicht durchführbar ist. Manche Verhaltensweisen sind aber einer solchen Darstellung eher zugänglich als andere. Gesichtsausdrücke z.B. scheinen invariante Merkmale aller Menschen zu sein.[86] Auch das Lächeln der Babys scheint beinahe eine Art Instinkt zu sein, da sogar taubblinde Kinder das Lächeln im gleichen Zeitraum entwickeln.[87] Der menschliche Geist ist also nach Wilson ganz und gar keine *Tabula rasa*. Wilson beschreibt ihn eher als „autonomen Apparat der Urteilsbildung", der seine Umwelt aufmerksam beobachtet, genetisch dispositioniert bestimmte Optionen präferiert,

und den Körper nach einem flexiblen Plan, der sich von Kindheit bis zum Alter automatisch und allmählich verändert, [...] in Aktion versetzt. Die Speicherung früherer Entscheidungen, die Erinnerung an sie, das Nachdenken über künftige Entscheidungen, das Wiederholen von Emotionen, aus denen Entscheidungen hervorgingen, das alles macht den menschlichen Geist aus. Eigentümlichkeiten des Entscheidungsprozesses unterscheiden den einen Menschen von anderen. Die Regeln, denen er dabei folgt, sind jedoch so verbindlich, daß in den Entscheidungen sämtlicher

---

[83]   Ebd., S. 51.
[84]   Ebd., S. 56.
[85]   Ebd., S. 58.
[86]   Ebd., S. 62.
[87]   Ebd., S. 63.

Individuen eine breite Überschneidung entsteht und insofern eine Konvergenz, die stark genug ist, um sie als menschliche Natur zu bezeichnen.[88]

Dabei kann man in der Regel sagen, dass je weniger rational aber bedeutsamer ein Entscheidungsprozess ist, desto emotionaler wird er sein. Das liegt daran, dass einige Entscheidungen ganz schnell und deswegen automatisch ablaufen müssen, weil sie für das Überleben wichtig sind. Als anschauliches Beispiel nennt Wilson Phobien. Ihre Gegenstände sind meist Dinge, die für unsere Vorfahren potentielle Gefahrenquellen waren, wie z.B. Spinnen, Schlangen, große Höhen usw.[89]

3.2.2.3 Freier Wille

Wenn der Mensch genetisch veranlagt ist und man seine Umweltbedingungen kennt, kann man dann vorhersagen, was er tun wird? Wilsons Antwort: Theoretisch ja, praktisch nein. Denn schon bei einer geworfenen Münze ist es schwierig, ihre Bahn vorherzusagen. Noch schwieriger ist es z.B. bei einer Biene. Theoretisch jedoch, wenn man das Verhalten und ihre persönliche Bienengeschichte kennen würde, könnte man den Flugweg der Biene mithilfe neuester Computertechniken wohl recht genau vorhersagen. Menschliches Verhalten ist zwar noch viel komplizierter als das von Bienen, aber das Prinzip bleibt das gleiche. Theoretisch ist das Verhalten eines Menschen vorhersagbar. Nur übersteigt die Komplexität der Variablen die Kapazität jeder vorstellbaren Intelligenz.

> Der Geist ist eine zu komplizierte Struktur, und die sozialen Beziehungen der Menschen beeinflussen seine Entscheidungen auf eine zu verwickelte und variable Weise, als daß die detaillierte Geschichte einzelner Menschen von den betroffenen Individuen oder anderen Menschen vorhergesagt werden könnte. In diesem fundamentalen Sinne sind Sie und ich daher freie und verantwortliche Personen.[90]

Und trotzdem ist das menschliche Verhalten determiniert, auch wenn es nicht vorhergesehen werden kann. Und wenn man Verhaltenskategorien weit genug fast, können manche Ereignisse eben doch vorausgesagt werden: „Die Münze wird sich drehen und nicht auf der Kante stehenbleiben, die Biene wird aufrecht im Raum umherfliegen und der Mensch wird sprechen und vielfältige soziale Aktivitäten entfalten, die für die menschliche Spezies charakteristisch sind."[91] Damit identifiziert Wilson Freiheit als Nicht-Vorhersagbarkeit.

3.2.2.4 Kulturelle Evolution und Zivilisation

Umwelt und Sozialisation eines Menschen haben auf den genetisch prädisponierten Menschen große Auswirkungen. Seine sozialen Verhaltensweisen werden teilweise anerzogen, man könnte auch sagen: kulturell weitervererbt. So spricht Wilson davon, dass sich die soziale Entwicklung „auf einer doppelten Spur der Vererbung – einer kulturellen und einer biologischen" vollzieht. Dabei verläuft die kulturelle Evolution eher sehr schnell und gleicht der Evolutionstheorie von Lamarck, weil die in einer Generation erworbenen Verhaltensweisen an die nächste weitergegeben und darüber hinaus auf andere Menschen derselben Generation

---

[88]   Ebd. S. 68.
[89]   Ebd., S. 69.
[90]   Ebd., S. 76f.
[91]   Ebd., S. 77.

übertragen werden, sodass sich erfolgreiche Verhaltensweisen sehr schnell ausbreiten können. Die biologische Evolution durch genetische Variation und natürliche Auslese verläuft dagegen sehr langsam.[92]

Den Kern der soziobiologischen Theorie des menschlichen Sozialverhaltens bildet laut Wilson das, was er als *Autokatalyse-Modell* bezeichnet. Den Begriff Autokatalyse hat er der Chemie entlehnt. Autokatalytisch nennt man „einen Vorgang, der sich mit der Menge der durch ihn erzeugten Produkte beschleunigt. Je länger der Vorgang dauert, desto schneller läuft er ab."[93] So verhält es sich auch mit der kulturellen Evolution des Menschen. Als die ersten Exemplare der Vorfahren des *Homo sapiens* begannen, aufrecht zu gehen und ihre Hände für Werkzeuge frei wurden, wuchsen Intelligenz und Werkzeuggebrauch durch gegenseitige Verstärkung und die materielle Kultur erweiterte sich immer schneller.

> Nunmehr beschritt die Spezies den zweifachen Weg der Evolution. Die genetische Evolution durch natürliche Auslese erweiterte die Befähigung zur Kultur, und die Kultur förderte die genetische Tauglichkeit derer, die sie am stärksten nutzten. Die Kooperation bei der Jagd wurde vervollkommnet und gab einen neuen Anstoß zur Evolution der Intelligenz, das wiederum gestattete eine noch weitergehende Verfeinerung des Werkzeuggebrauchs, und so ging es im wechselseitigen Verursachungszusammenhang immer weiter. Das Aufteilen der Jagdbeute und anderer Nahrungsmittel trug zur Verfeinerung der sozialen Fähigkeiten bei.[94]

Autokatalytische Reaktionen, so bemerkt Wilson, kommen normalerweise irgendwann zu einem Ende. Bei der Evolution der geistigen Fähigkeiten des Menschen ist das aber bisher nicht geschehen, was an ein Wunder grenzt. In den letzten zwei - drei Millionen Jahren scheint es einen beständigen Fortschritt der geistigen Fähigkeiten gegeben zu haben.[95] Laut Wilson bleibt allerdings die kulturelle stets an die genetische Evolution gebunden. Ein Beispiel dafür ist das Versagen der Sklaverei, die keinen dauerhaften Bestand haben kann, weil die menschliche Natur sich immer wieder dagegen auflehnen wird. Sie durchläuft immer den gleichen Lebenszyklus, „an dessen Ende die eigentümlichen Umstände, die ihrer Entstehung zugrunde lagen, zusammen mit den hartnäckigen Qualitäten der menschlichen Natur ihre Zerstörung herbeiführen."[96] In diesen hartnäckigen Qualitäten der menschlichen Natur sieht Wilson auch die Menschenrechte begründet.

Die moderne Zivilisation versteht Wilson als Hypertrophie der sozialen und kulturellen Fähigkeiten des Menschen. Hypertrophie bezeichnet ein außerordentliches Wachstum von bereits vorhandenen Strukturen.[97] Zwischen dem ursprünglichen Leben der Menschen in kleinen Gruppen und der modernen Zivilisation besteht ein gewaltiger kultureller- jedoch kein entscheidender biologischer Unterschied. Und laut Wilson fällt es den Menschen deswegen auch schwer, mit dem übermäßigen kulturellen Wandel fertigzuwerden; ist er doch soziobiologisch für eine einfachere Daseinsweise ausgerüstet: Als Jäger und Sammler hatten die Menschen nur wenige soziale Rollen, der Mensch der modernen Industriegesellschaft muss

---

[92] Ebd., S. 78.
[93] Ebd., S. 84.
[94] Ebd.
[95] Ebd., S. 86.
[96] Ebd., S. 79.
[97] Ebd., S. 88.

sich dagegen unter unzähligen für ihn möglichen Rollen für ca. 10 entscheiden und zwischen diesen Rollen hin und her wechseln. Für jeden Beruf z.B. ist eine soziale Fassade nötig und auffällige „Abweichungen im Handlungsablauf werden von anderen als Anzeichen geistiger Unfähigkeit und Unzuverlässigkeit gedeutet."[98] Es ist also für Wilson nicht verwunderlich, dass sich die Menschen nach einem einfacheren Leben zurücksehnen und es so viele Neurosen infolge von Identitätskrisen gibt.[99]

Das Anhäufen und die Verbreitung von Wissen stellt für Wilson die bedeutsamste hyperthrophe Erscheinung dar. Denn theoretische Erkenntnis ist seiner Meinung nach der Weg zur Lösung unserer Probleme. „Sie macht Menschen und souveräne Staaten einander gleich, trägt die uralten Barrieren des Aberglaubens ab und verspricht, den Verlauf der kulturellen Evolution auf eine andere Ebene zu heben."[100] Wilson glaubt zwar nicht, dass sich die genetisch festgelegten Grundregeln menschlichen Verhaltens dadurch ändern lassen. Aber die Erkenntnis der menschlichen Natur kann helfen, „genauer zwischen sicheren und gefährlichen Strategien der Zukunft zu unterscheiden. Wir dürfen hoffen, mit mehr Einsicht darüber zu entscheiden, welche Elemente der menschlichen Natur wir zu pflegen und welche wir zu bekämpfen haben, an welchen wir uns offen freuen dürfen und welche wir mit Vorsicht behandeln müssen."[101] Als vier elementare Verhaltenskategorien des Menschen untersucht Wilson im weiteren Verlauf seines Buches Aggression, Sexualität, Altruismus und Religion.

3.2.3 Aggression

Nach Wilson sind Menschen von Natur aus aggressiv. Krieg gibt es überall und immer wieder; selten gab es mehr als hundert Jahre durchgängig Frieden in einem Land. In allen Gesellschaften finden sich Sanktionen gegen Mord und andere Gewalttaten. Einige Wissenschaftler, die sich wohl wünschen, dass Aggressivität nicht zur menschlichen Natur gehörte und die sie lieber auf die Umwelt schieben wollen, verweisen auf wenige kleine Gesellschaften, die völlig friedlich zu sein scheinen, wie z.B. die !Kung San. Doch die Ursachen dieser Friedlichkeit findet man laut Wilson in den Bedingungen, in denen diese Menschen leben. Es gibt eine Verhaltensskala innerhalb derer Menschen, wie auch alle anderen Säugetiere, ein Spektrum von Reaktionen zeigen.[102]

> Die Aggression bei einer bestimmten Spezies ist, wie so viele andere Verhaltens- und Triebformen, in Wirklichkeit ein unklares Sammelsurium von unterschiedlichen Reaktionen, die von eigenen Steuerungszentren im Nervensystem abhängen. Nicht weniger als sieben Kategorien lassen sich unterscheiden: die Verteidigung und Eroberung des Reviers, die Behauptung der Vorherrschaft innerhalb wohlorganisierter Gruppen, die sexuelle Aggression, feindselige Handlungen, mit denen die Entwöhnung abgeschlossen wird, die Aggression gegen Beutetiere, defensive Gegenangriffe gegenüber Freßfeinden sowie eine moralistische und disziplinierende Aggression, die der Durchsetzung der gesellschaftlichen Regeln dient.[103]

---

[98] Ebd., S. 91.
[99] Ebd., S. 92.
[100] Ebd., S. 95.
[101] Ebd.
[102] Ebd., S. 97. Er bemerkt, dass sowohl S. Freud als auch K. Lorenz mit ihren Theorien über Aggression falsch lagen.
[103] Ebd., S. 98.

Es gibt nach Wilson keinen Anhaltspunkt für etwas wie einen allgemeinen Aggressionstrieb. Die ökologische Forschung hat jedoch gezeigt, dass die meisten Formen aggressiven Verhaltens eine Reaktion auf eine Überbesetzung der Umwelt, also ein „dichteabhängiger Faktor" des Populationswachstums ist.[104] Es ist auch nicht etwa so, dass Menschen die aggressivsten Säugetiere wären. Wilson hat den „Verdacht, daß Mantelpaviane, hätten sie Atomwaffen, die Welt innerhalb einer Woche vernichten würden. Und verglichen mit Ameisen, bei denen Ermordungen, Scharmützel und regelrechte Schlachten zu Alltagsroutine gehören, wirken Menschen fast wie befriedete Pazifisten."[105]

Nach Wilson müsste diese soziobiologische Theorie, die Aggressionsverhalten als „Interaktionsmuster zwischen Genen und Umwelt deutet", eigentlich bei beiden Seiten des alten Streites „Natur oder Kultur" Zustimmung finden. Denn auf der einen Seite ist es richtig, dass aggressive Verhaltensweisen gelernt sind. Aber dieses Lernen ist *genetisch vorbereitet*.

> Menschen „besitzen eine starke Prädisposition, unter bestimmten definierbaren Bedingungen in eine tiefe, irrationale Feindseligkeit hineinzuschlittern. Mit bedrohlicher Leichtigkeit kann diese Feindseligkeit sich selbsttätig verstärken und unkontrollierte Reaktionen in Gang setzen, die unversehens in Wahn und Gewalt enden. Die Aggression entspricht weder einer Flüssigkeit, die beständig Druck auf die Wände ihres Behälters ausübt, noch ähnelt sie einer Reihe von Wirkstoffen, die in ein leeres Gefäß geschüttet werden. Treffender ist sie zu vergleichen mit einem vorhandenen Gemisch aus Chemikalien, die sich leicht umwandeln lassen, wenn man bestimmte Katalysatoren hinzufügt, erhitzt und dann umrührt.[106]

Territorialität ist beispielsweise eine Quelle für aggressives Verhaltens, die sich auch beim Menschen findet. Darunter muss nicht nur das Verteidigungsbestreben eines bestimmten Jagdgebietes oder einer Wasserquelle verstanden werden. Auch unsere heutigen Vorstellungen von Besitz und Eigentum lassen sich nach Wilson auf die biologische Formel der Territorialität zurückführen.[107] Dass Menschen eine kriegerische Ader haben, wird also auf dem Hintergrund ihrer biologischen Natur verständlich. In der Evolution der Kriegsführung sieht Wilson wiederum eine „autokatalytische Reaktion". Die einzelnen kriegerischen Gruppen wurden durch verbesserte Waffen und Kriegsführung erfolgreicher und die dazugehörige genetische Ausstattung konnte sich durchsetzen. Keine einzelne Gruppe hätte aus diesem Prozess aussteigen können, ohne der Vernichtung zu entgehen. „Ein neuer Modus der natürlichen Auslese wurde auf der Ebene von Gesamtgesellschaften wirksam."[108]

3.2.4 Sex: Unterschiede zwischen Mann und Frau

Die menschliche Sexualität dient laut Wilson nicht in erster Linie der Fortpflanzung oder dem Lustgewinn. Ungeschlechtliche Fortpflanzung kann viel weniger kostenintensiv vollzogen werden und die meisten Tierarten vollziehen den geschlechtlichen Akt ohne jegliches Vorspiel. „Die Lust ist im besten Falle eine Stütze für kopulierende Tierarten, ein Anreiz, der Lebewesen mit einem vielseitigen Nervensystem veranlaßt, die große Investition an Zeit und Energie

---

[104] Ebd., S. 99.
[105] Ebd., S. 101.
[106] Ebd., S. 102.
[107] Ebd., S. 105.
[108] Ebd., S. 112.

aufzubringen, die für Werbung, Geschlechtsverkehr und Elternschaft erforderlich ist."[109] Doch die Investition lohnt sich: Sexuelle Fortpflanzung führt zu genetischer Vielfalt und damit im Vergleich zur ungeschlechtlichen Vermehrung zu größerer Anpassungsfähigkeit. Ein befruchtetes Ei „enthält eine neu zusammengestellte Mischung von Genen"[110] weswegen sich so viele Arten mit der kostenintensiveren geschlechtlichen Fortpflanzung abmühen. Dabei gibt es einen enormen unterschied im Ausmaß der Investition zwischen Weibchen und Männchen: Frauen investieren in der Regel nicht nur viel mehr in jede ihrer Geschlechtszellen, sondern auch in der Aufzucht der Jungen.[111] Daraus resultiert ein Interessengegensatz zwischen Männchen und Weibchen, zwischen Mann und Frau. Fast allen gesunden Weibchen gelingt es, sich ohne Anstrengung befruchten zu lassen, während die Männchen mit mehr oder weniger Aufwand um die Weibchen werben müssen. Deswegen lohnt es sich für Männchen vieler Spezies, wenn sie „aggressiv, hitzig, wechselhaft und wahllos" sind. Für die Damen der Art ist es dagegen theoretisch mehr von Vorteil sich zurückzuhalten, bis sie „das Männchen mit den besten Genen" ausfindig gemacht haben.[112] Außerdem müssen die Weibchen darauf achten, dass die männlichen Exemplare, die sie sich zur Befruchtung ausgesucht haben, anschließend auch bei ihnen bleiben. Zumindest, wenn es sich um Arten handelt, bei denen die Kinder (mühsam) aufgezogen werden müssen. Menschen entsprechen diesen biologischen Prinzipien genau. Auch wenn sexuelle Gebräuche und Rollenverteilung sich kulturell unterscheiden mögen, ist diese Flexibilität, so Wilson, nicht unbegrenzt. Er zählt die biologisch bedeutsamen Allgemeinerscheinungen auf:

- Menschen sind maßvoll polygyn, wobei der Sexualpartnerwechsel meistens von den Männern ausgeht.
- Es gibt vielmehr polygyne Gesellschaften, als solche in denen eine Frau mit mehreren Männern verheiratet ist.
- Männer werben, drängen, stoßen sich die Hörner ab, während Töchter verführt zu werden drohen.
- Prostituierte sind meistens Frauen und Männer sind so gut wie immer die Freier. Prostituierte werden erwartungsgemäß gesellschaftlich verachtet, weil sie ihre „wertvolle Fortpflanzungsanlage" an Fremde verkaufen.[113]

Der sexuelle Dimorphismus hat tiefgreifende gesellschaftliche Folgen. So sind Männer im Durchschnitt größer und stärker als Frauen, was sich auch in der Arbeitsteilung niederschlägt. Die körperlichen Unterschiede und die des Temperaments wurden durch die Kultur zur „universalen männlichen Vorherrschaft verstärkt".[114] Laut Wilson unterscheiden sich Männer und Frauen also durchaus genetisch voneinander und die biologischen Unterschiede werden häufig durch die Kultur noch zusätzlich verstärkt.[115] Wilson ist der Auffassung, dass „Widersprüche in den überlebenden Relikten unserer genetischen Vorgeschichte wurzeln und

---

[109] Ebd., S. 116.
[110] Ebd., S. 119.
[111] Ebd.
[112] Ebd., S. 119f.
[113] Ebd., S. 121.
[114] Ebd., S. 122.
[115] Ebd., S. 123f.

daß eines der lästigsten und sinnlosesten dieser Überbleibsel, das aber gleichwohl unausweichlich ist, in der maßvollen Prädisposition zu Unterschieden in den Rollen der Geschlechter besteht."[116]

3.2.5 Familie

Ein anderer genetisch verwurzelter Bestandteil der menschlichen Natur ist die Institution der Familie. Wilson definiert Familie allgemein als „eine Gruppe von eng verwandten Erwachsenen mit ihren Kindern". Sie bleibt seiner Ansicht nach trotz aller Verfallserscheinungen „eine der Universalien der menschlichen Sozialorganisation"[117], was sich daran zeigt, dass sie selbst unter unnatürlichen Umständen beobachtet werden kann.[118] Wilson erklärt den menschlichen Familieninstinkt durch den Vorteil der Zusammenarbeit bei der mühsamen und langwierigen Aufzucht der Nachkommen (zumindest in den ersten Jahren nach der Geburt). Wie bereits erwähnt, dient die sexuelle Lust nicht nur dem Anreiz zur Herstellung genetischer Vielfalt, sondern auch zur Etablierung verschiedener Bindungen, die nicht zwangsläufig mit Fortpflanzung zu tun haben müssen. „Diese vielfältigen Funktionen und komplexen Kausalzusammenhänge sind der tiefere Grund dafür, daß das menschliche Dasein so stark von sexuellen Gedanken durchzogen ist."[119] Menschen zeichnen sich im Gegensatz zu anderen Tieren durch ständige sexuelle Reaktionsbereitschaft aus. Wilson ist der Ansicht, dass sich die versteckte Fruchtbarkeitsperiode der Frau zu dieser permanenten Bereitschaft und dadurch auch zu einer engeren Bindung innerhalb von menschlichen Sippen geführt hat.

> Die geschlechtliche Liebe und die emotionale Befriedigung, die aus dem Familienleben fließt, werden, wie man wohl mit einigem Recht unterstellen darf, durch physiologische Mechanismen im Gehirn ermöglicht, die durch die genetische Verfestigung dieses Kompromisses gewissermaßen programmiert worden sind. Und weil Männer in kürzeren Abständen fortpflanzungsfähig sind als Frauen, wurde die Paarbindung ein wenig durch die verbreitete Praxis der Polygynie, der Vielweiberei, abgeschwächt.[120]

Wie bei allen Tieren, die langfristige Bindungen eingehen, nehmen Balzrituale auch bei Menschen einen breiten Raum ein. Ständig halten sie Ausschau nach potentiellen Partnern, haben sexuelle Phantasien, Flirten usw. Für Wilson sind all dies Belege dafür, dass die menschliche Sexualität als Verstärker für die Entstehung von Bindung fungiert. „Liebe und Sexualität gehen in der Tat Hand in Hand."[121]

Dieses Wissen über die Funktion der Sexualität hat für Wilson auch ethische Folgen. Man kann z.B. ein Verhütungsverbot nicht mehr damit begründen, dass Fortpflanzung ihr alleiniger

---

[116] Ebd., S. 129.
[117] Ebd., S. 130.
[118] Ebd., S. 131. So gibt es ein Frauengefängnis in West Virginia, deren Insassinnen sich zu Familien organisieren. Im Mittelpunkt steht dann ein sexuell aktives Paar, als Mann und Frau. Andere Frauen übernehmen dann die Rollen von Brüdern, Schwestern, Tanten und Onkel oder Großmütter. „Die Pseudofamilie des Gefängnisses versorgt ihre Mitglieder mit Stabilität, Geborgenheit und Ratschlägen". Interessanterweise findet man in Männergefängnissen eher Hierarchien oder Kasten, bei denen es um Dominanz und Rang geht. Auch hier gibt es sexuelle Beziehungen, bei denen allerdings dem weiblichen Teil für gewöhnlich Verachtung entgegengebracht wird.
[119] Ebd., S. 131.
[120] Ebd., S. 133.
[121] Ebd., S. 135.

Zweck wäre, wie die katholische Kirche das lange getan hat. Die Kirche verhält sich auch mit ihrer Ablehnung homosexueller Menschen falsch. Seiner Ansicht nach spricht alles dafür, dass homosexuelles Verhalten durch natürliche Selektion entstanden ist. Sie findet sich auch bei anderen Tierarten. Ihr Fitnessvorteil kann mithilfe der Verwandtenselektion oder der Gruppenselektion erklärt werden. Da sie selbst seltener Nachkommen hervorbringen, haben sie Zeit in die Nachkommen ihrer Geschwister oder in die Gruppe zu investieren. Aus biologischer Hinsicht kann sie also als völlig normal bezeichnet werden, weil sie eine „ausgesprochen vorteilhafte Verhaltensweise darstellt, die sich als ein wichtiges Element der frühmenschlichen Sozialorganisation entwickelte. Möglicherweise sind die Homosexuellen die genetischen Träger gewisser altruistischer Antriebe, die ansonsten in der Menschheit so selten auftreten."[122]

Das soziobiologische Wissen über Sexualität stellt eine Gesellschaft nun vor die Frage, wie sie mit den Prädispositionen in Bezug auf das Sexualverhalten ihrer Mitglieder umgehen will. Sie muss Entscheidungen treffen, die sich auf die Förderung der Familien und sexuelle Diskriminierung beziehen:

> Wir glauben, daß Kulturen rational gestaltet werden können. Wir können belehren, belohnen und Zwang anwenden. Dabei müssen wir aber gleichzeitig den Preis bedenken, den jede Kultur fordert, einen Preis, der in dem Zeit- und Energieaufwand für Erziehung und Durchsetzung von Normen sowie in der weniger greifbaren Währung menschlichen Glücks gemessen wird und den wir für die Überlistung unserer angeborenen Prädispositionen entrichten müssen.[123]

3.2.6 Altruismus

In der Alltagssprache bezeichnet man jemanden als altruistisch, der seine eigenen Interessen hinter das Allgemeinwohl oder hinter das Wohl einzelner Mitmenschen zurückzustellen bereit ist, der also eine gewisse Opferbereitschaft mitbringt. Altruistisches Verhalten im Sinne der Opferbereitschaft genießt hohes Ansehen - man denke etwa an Mutter Theresa – und nicht selten wird altruistisches Verhalten als geradezu übernatürlich verstanden. Wilson möchte mit einem Vergleich zwischen menschlichem Sozialverhalten und dem von Ameisen zeigen, dass die heiligen Taten der Menschen durchaus auf natürliche Weise entstanden sein können. Und seine Ausführungen über den menschlichen Altruismus haben die Debatte über das Verhältnis von Evolution und Ethik neu belebt.[124]

> Die gemeinsame Fähigkeit zum äußersten Opfer bedeutet nicht, daß der menschliche Geist und der ‚Geist' eines Insekts (falls es so etwas gibt) in der gleichen Weise arbeiten. Es bedeutet aber, daß es sich dabei nicht unbedingt um einen göttlichen oder sonstwie transzendental bestimmten Antrieb handelt und daß wir nach einer konventionelleren biologischen Erklärung suchen dürfen. Im Zusammenhang mit einer solchen Erklärung entsteht sogleich ein elementares Problem: Gefallene Helden haben keine Kinder.[125]

---

[122] Ebd., S. 137.
[123] Ebd., S. 141.
[124] Für eine schöne Aufsatzsammlung zu diesem Thema siehe: *Evolution und Ethik*, Kurt Bayertz (Hg.), Stuttgart: Reclam 1993, S. 135. Wilsons Beitrag „Altruismus" (S. 133-152) ist dem Teil über Altruismus aus *Biologie als Schicksal/On Human Nature* entnommen.
[125] Wilson, Altruismus, S. 137.

Die Verwandtenselektion ist eine Lösung dieses Problems und scheint besonders wahrscheinlich bei der Entstehung des selbstlosen Verhaltens der Ameisen.[126] Aber lässt sich der menschliche Altruismus, der für Wilson den Kern der Moral ausmacht, auch so einfach mit Verwandtenselektion erklären? Einen Versuch ist es laut Wilson mindestens Wert. Beim Menschen könnte die Verwandtenselektion deswegen gegriffen haben, weil die Familie die soziale Einheit war, die einen starken Zusammenhalt schuf. Zusätzlich konnte sich der Mensch durch seine hohe Intelligenz und sein gutes Gedächtnis in seinem Handeln gezielt an Verwandtschaftsklassifikationen orientieren. Das könnte erklären, weshalb die Verwandtenselektion bei Menschen stärker war als bei anderen Primaten und Säugern.[127] Wilson gesteht zu, dass Form und Ausprägung altruistischen Verhaltens beim Menschen vornehmlich kulturell bestimmt sind. Die dem Verhalten zugrunde liegende Neigung jedoch - die Emotion - ist in allen Kulturen die gleiche, was den Schluss nahelegt, dass sie genetisch fixiert ist. Die Soziobiologie kann folglich nicht unbedingt die Unterschiede des moralischen Verhaltens zwischen den Kulturen erklären, aber sie kann erklären, inwiefern sich Menschen von anderen Säugertieren unterscheiden und warum sie in bestimmter Hinsicht eher Ameisen ähneln. Erschwert wird die evolutionstheoretische Erklärung des menschlichen Altruismus dadurch, dass hinter den allermeisten altruistischen Handlungen letztlich doch (zumindest teilweise) auch egoistische Motive stecken. Ein Beispiel dafür wäre die Hoffnung auf jenseitige Belohnung hinter den scheinbar so selbstlosen Taten. In diesem Zusammenhang ist laut Wilson eine „merkwürdige Selektivität" der menschlichen Hilfsbereitschaft zu beobachten. Um sie zu erklären, unterscheidet Wilson zwischen zwei Formen des Altruismus. Einmal nennt er den „strengen Altruismus", der sich durch totale Selbstlosigkeit auszeichnet.

> Wo ein solches Verhalten vorliegt, hat es sich wahrscheinlich durch eine natürliche Auslese entwickelt, die an ganzen, miteinander konkurrierenden Familien- oder Stammesgruppen wirkte. Man kann davon ausgehen, daß der strenge Altruismus den engsten Verwandten des Altruisten zugutekommt und an Häufigkeit und Intensität stark nachläßt, je ferner die Beziehungen werden.[128]

Anders sieht es mit dem von Wilson sogenannten „milden Altruismus" aus, der sich auf Trivers Konzept des reziproken Altruismus zurückführen lässt. Er ist letztlich egoistisch motiviert und hat sich laut Wilson wahrscheinlich durch Individualselektion entwickelt. Außerdem ist er stark durch die kulturellen Bedingungen beeinflusst. „Seine psychologischen Vehikel sind Lüge, Verstellung und Täuschung einschließlich der Selbsttäuschung, denn am überzeugendsten handelt derjenige, der an die Ehrlichkeit seines Auftretens glaubt."[129] Der menschliche Altruismus ist also ein Gemisch aus strengem und mildem Altruismus zu erklären. Nur gegenüber Verwandten kann man von strengem Altruismus sprechen, wenn er auch nicht in so hohem Maße wie bei sozialen Insekten ausgeprägt ist. Alle anderen sozialen Interaktionen beruhen auf reziprokem Altruismus. „Das absehbare Ergebnis ist ein Gemisch aus ambivalenten Einstellungen, Selbsttäuschungen und Schuldgefühlen, das den einzelnen ständig beunruhigt."[130]

---

[126] Ebd.
[127] Ebd., S. 138. Hier klingt schon die Erklärung durch Multilevel-Selektion an. Zumindest merkt man auch hier, dass Wilson mit der Verwandtenselektion seine Probleme hat.
[128] Ebd., S. 140f.
[129] Ebd., S. 141.
[130] Ebd., S. 145.

Für die Gesellschaftstheorie ist laut Wilson damit die Frage nach dem Verhältnis von mildem und strengem Altruismus entscheidend. Während bei den sozialen Insekten nur der strenge Altruismus vorkommt, hat sich beim Menschen der milde Altruismus ausgeprägt und macht den Großteil der menschlichen Moral aus.[131] Diese Vorherrschaft des milden Altruismus gibt Wilson Grund zur Hoffnung auf eine bessere Zukunft.[132] Wäre dagegen der strenge Altruismus bei Menschen stärker ausgeprägt, wäre eine weltweite Harmonie so gut wie ausgeschlossen. Man darf sich von der Begrifflichkeit des *milden* Altruismus nicht täuschen lassen. Auch er wird von „machtvollem Emotionen" getrieben. „Moralische Angriffe sind dort am heftigsten, wo es um die Durchsetzung des Grundsatzes der Gegenseitigkeit geht. Der Betrüger, der Überläufer, der Abtrünnige und der Verräter werden überall gehaßt."[133] Treue, Solidarität, Ehrlichkeit und Loyalität werden dagegen entsprechend gerühmt und durch Moralvorschriften und Gesetzgebung verstärkt, bzw. Fehlverhalten sanktioniert. Wilson vermutet, dass diese Werte gegenüber der Eigengruppe durch „Lernregeln, die auf angeborener, primärer Verstärkung beruhen" zur Natur des Menschen gehören. Sie sind das „spiegelbildliche Gegenstück zu der vorgeprägten Entwicklung von Territorialität und Xenophobie, jener gleichermaßen emotionalen Einstellungen gegenüber Mitgliedern von Fremdgruppen."[134] Dabei sind die Grenzen zwischen Eigen- und Fremdgruppe variabel. Es ist ein charakteristisches Merkmal des menschlichen Sozialverhaltens, leicht Bündnisse einzugehen, die ebenso leicht wieder gebrochen werden, „jeweils mit starken emotionalen Appellen an Regeln, die als absolut gelten."[135]

Natürlich spielt auch die Kultur bei der Entwicklung moralischer Normen eine wichtige Rolle. Wilson glaubt aber nicht, dass die kulturelle Evolution höherer ethischer Werte die der genetischen verdrängen kann.

> Die Gene halten die Kultur im Zaum. Der Zügel ist sehr lang, aber die ethischen Werte werden unausweichlich bestimmten Zwängen unterworfen. Je nachdem, wie sie sich auf den menschlichen Genbestand auswirken. Das Gehirn ist ein Produkt der Evolution. Das menschliche Verhalten ist, genau wie die tiefverwurzelten Anlagen zur emotionalen Reaktion, die es antreiben und lenken, das an Umwegen und Einfällen reiche Verfahren der Natur, durch das sie das menschliche Erbmaterial intakt gehalten hat und intakt halten wird. Eine andere nachweisbare Funktion hat die Moral letzten Endes nicht.[136]

Gemeinsam mit dem Philosophen Michael Ruse hat Wilson 1986 einen Aufsatz veröffentlicht, der ebenfalls viel Aufmerksamkeit auf sich gezogen hat. In "Moral Philosophy as Applied Science" argumentieren Wilson und Ruse dafür, dass es keine absolute Sein-Sollen-Dichotomie gibt und außerdem keine „extrasomatischen" moralischen Wahrheiten existieren.[137] Moralischen Bewertungen spielen sich ausschließlich in unserem Gehirn ab. Dieses Gehirn

---

[131] Ebd., S. 141.
[132] „Die Menschen scheinen genügend egoistisch und berechnend zu sein, um einer sehr viel größeren Harmonie und sozialer Homöostase fähig zu sein. Das ist kein Widerspruch in sich. Durch wahren Egoismus wird man, sofern die übrigen Imperative der Säugetierbiologie beachtet werden, eher zu einem nahezu perfekten Gesellschaftsvertrag gelangen." (Ebd., S. 142)
[133] Ebd., S. 154.
[134] Ebd.
[135] Ebd., S. 145.
[136] Ebd., S. 150.
[137] Wilson und Ruse, Moral Philosophy, S. 173.

jedoch, das sich über Millionen von Jahren als Ergebnis einer „idiosynkratrisch genetischen Geschichte" so entwickelt hat, kann aber nichtsdestotrotz durch die Allgemeinheit der abgespeicherten Regeln als Grundlage für einen neuen ethischen Code dienen:[138] „Human mental development has proved to be far richer and more structured and idiosyncratic than previously suspected. The constraints on this development are the sources of our strongest feelings of right and wrong, and they are powerful enough to serve as a foundation for ethical codes."[139] Wilson und Ruse gehen nicht davon aus, dass Menschen nur dann altruistisch handeln, wenn es sich für sie lohnt. Im Gegenteil sind die beiden der Ansicht, dass Menschen durch ihre genetische Veranlagung bedingt, daran glauben, dass es so etwas wie interessen-unabhängige objektive Moral gibt. Und es ist gerade diese Täuschung, die sie zu effizienten moralischen Wesen macht.[140]

> The empirical heart of our discussion is that we think morally because we are subject to appropriate epigenetic rules. These predispose us to think that certain courses of action are right and certain courses of action are wrong. The rules certainly do not lock people blindly into certain behaviors. But because they give the illusion of objectivity to morality, they lift us above immediate wants to actions of which (unknown to us) ultimately serve our genetic best interests.[141]

Wilson und Ruse folgern aus der Evolutionsgeschichte der menschlichen Moral metaethische Konsequenzen[142] und betonen, dass man dennoch keinen ethischen Relativismus zu fürchten braucht. Denn die epigenetischen Regeln des Moralverhaltens sind für die beiden eine ver-lässlichere Grundlage für das praktische Zusammenleben als religiös begründete Moral-vorstellungen.[143]

3.2.7 Religion

Für Wilson ist Religion ein fester Bestandteil der menschlichen Natur. Die Neigung des Menschen an etwas Sinnstiftendes zu glauben ist für ihn die „komplexeste und mächtigste Kraft des menschlichen Geistes". Sie lässt sich kulturell nicht eliminieren, also auch nicht mit Wissen bekämpfen.[144] Obgleich die Soziobiologie nicht die Bedeutung des Wesens der Religion vermindern kann, wird sie doch einen Beitrag dazu leisten, die Entstehung der grundlegenden menschlichen Glaubens-Prädisposition zu erhellen[145] und vermag den aufgeklärten Menschen

---

[138] Ebd.

[139] Ebd., S. 174.

[140] Ebd., S. 179.

[141] Ebd., S. 180.

[142] Ebd., S. 186. Dafür wurden sie unter anderem von Kitcher stark kritisiert.

[143] Ebd., S. 188.

[144] Wilson, 1980, S. 160. „Es ist eher so, daß die Erkenntnis begeistert in den Dienst der Religion gestellt wird." Ebd. Wilson führt als Beispiel die Prozesstheologie von Whitehead an und zeigt, wie dieser wissenschaftliches und religiöses Denken für miteinander vereinbar hält. Er kommt zu dem Schluss: „Dies alles hat jedoch, wie der Leser sogleich bemerkt haben wird, wenig mit der realen Religion der nächtlichen Beschwörungstänze australischer Eingeborener und des Konzils von Trient zu tun." S.162. Der Versuch ein theologisches System mit den aktuellen Theorien aus der Naturwissenschaft zu vereinbaren, wie auch Pannenberg es durchzuführen versucht, dürfte von Wilson also ein Beispiel der religiösen Veranlagung intelligenter Menschen sein.

[145] Ebd., S. 163. „Die Manifestationen religiöser Erfahrung sind gewiß von beeindruckender Vielfalt und mehrdimensional, und in ihren verwickelten Labyrinthen verlieren sich selbst die besten Psychoanalytiker und Philosophen, doch glaube ich, daß sich die religiösen Praktiken in den zwei Dimensionen des genetischen Vorteils und des evolutionären Wandels darstellen lassen." (Wilson, 1980, S. 163)

vielleicht sogar eine Art Ersatzreligion zu bieten. Das Phänomen der Religiosität ist für Wilson eine besondere Gelegenheit der Soziobiologie, sich zu einer eigenständigen Disziplin zu entwickeln. Denn Religiosität ist eine Besonderheit des Menschen und deshalb können nicht einfach, wie in vielen anderen Fällen, Erkenntnisse von anderen Spezies zur Erklärung herangezogen werden.[146] Darüber hinaus entziehen sich die „entscheidenden Lernregeln und ihre letztlich genetische Motivation" wahrscheinlich dem bewussten Denken, „da die Religion vor allem in einem Prozeß besteht, durch den Individuen dazu gebracht werden, ihr unmittelbares Eigeninteresse den Interessen der Gruppe unterzuordnen."[147] Wilson will die Tiefenstruktur der Religiosität erhellen, indem er die Wirkung der natürlichen Selektion auf drei verschiedenen Ebenen annimmt: Als erste Ebene nennt er die ekklesiastische Ebene. Hier entscheiden sich seiner Ansicht nach die religiösen Machthaber für bestimmte Dogmen und Konventionen aufgrund ihrer Wirkung in der gegeben Situation.[148] Diese Ebene ist kulturell und nicht genetisch vermittelt. Auf der zweiten Ebene wird ökologisch selektiert.[149] Hier muss sich die religiöse Gruppe in den Umweltbedingungen bewähren. Und auf der dritten Ebene findet „eine genetische Auslese statt, denn von den sich überschneidenden Wirkungen der kulturellen Evolution und der Populationsschwankungen werden die Häufigkeiten verschiedener Gene beeinflußt."[150] Wilson vertritt die Hypothese, dass sich bestimmte Genhäufigkeiten „in der Übereinstimmung mit der ekklesiastischen Auslese ändern."[151] Denn die Gene bestimmen ja die Ausprägung bestimmter Verhaltensweisen und Lernregeln.

> Inzesttabus, Tabus überhaupt, Xenophobie, Einteilung von Objekten in heilige und profane, hierarchische Dominanzsysteme, gespannte Aufmerksamkeit gegenüber Führern, Charisma, Errichtung von Denkmälern und Tranceerzeugung gehören zu den Elementen religiösen Verhaltens, die höchstwahrscheinlich durch Entwicklungsprogramme und Lernregeln beeinflußt sind.[152]

Der Vorteil dieser Verhaltensweise ist die Stärkung der Bindung der einzelnen Gruppenmitgliedern und der Solidarität innerhalb der sozialen Gruppe. Der Gruppenzusammenhalt hat wiederum Fitnessvorteile für die Gruppenmitglieder. Wilsons Hypothese besagt also, dass die ekklesiastischen Entscheidungen durch gewisse genetisch bedingte Verhaltenstendenzen beeinflusst werden, die sich durch die verschiedenen Ebenen der Selektion als für ihre Anhänger von Vorteil erwiesen haben.[153] Wenn also „religiöse Praktiken das Überleben und die Fortpflanzung der Anhänger fördern, werden sich die physiologischen Steuerungsmechanismen, die den Erwerb solcher Praktiken durch das Individuum begünstigen, ausbreiten."[154] Gleichzeitig werden nach Wilson auch diejenigen Gene begünstigt, die diese Steuerungsmechanismen begünstigen. Weil die religiösen Praktiken während des individuellen Lebens keinem direkten genetischen Einfluss unterliegen, gibt es innerhalb der kulturellen Evolution eine große Variationsbreite. Es kann sogar vorkommen, dass sich Praktiken entwickeln, welche die genetische Fitness zuerst einmal verringern. Doch langfristig geht dann

---

146 Ebd., S. 166.
147 Ebd.
148 Ebd., S. 167.
149 Ebd.
150 Ebd.
151 Ebd.
152 Ebd.
153 Ebd.
154 Ebd., S. 167f.

ihr Anteil in der Gesamtbevölkerung zurück. Andere Verhaltensweisen, welche die genetische Tauglichkeit steigern, werden sich durchsetzen. „Die Kultur testet also unablässig die verhaltenssteuernden Gene, aber sie kann dabei nicht mehr tun, als einen Gensatz durch einen anderen zu ersetzen."[155]

Testen lässt sich diese Hypothese nach Wilson dadurch, dass die Auswirkungen religiöser Praktiken auf ökologischer und genetischer Ebene untersucht werden. Es stellt sich also die Frage, welche Auswirkungen die religiösen Praktiken auf die Wohlfahrt von Stämmen und Individuen haben und unter welchen Umweltbedingungen sie entstanden sind. Lässt sich ein religiöses Phänomen[156] als eine Reaktion auf einen Selektionsdruck erklären oder zeigen, dass es der Gruppe generationsübergreifend Vorteile verschafft, wird damit Wilsons Interaktionshypothese gestützt. Erfüllt sie aber umgekehrt diese Funktionen offensichtlich nicht und kann „nicht einmal in einem relativ einfachen, plausiblen Sinne mit der Reproduktions-fähigkeit in Beziehung gebracht werden", dann würde es um seine Hypothese schlecht bestellt sein.[157] Doch allein schon durch die Funktion der Förderung des Gruppenzusammenhaltes scheint Wilson seine Hypothese schon bestätigt zu sehen. „Wenn den Göttern gedient wird, ist letzten Endes, obwohl unerkannt, die biologische Tauglichkeit der Stammesangehörigen der Nutznießer."[158] Ein weiteres Phänomen der menschlichen Natur, das für Wilson in Zusammenhang mit der Religion steht, ist die allzu leichte Indoktrinierbarkeit des Menschen. Auch diese „neurologisch begründete Lernbereitschaft" entwickelte sich seiner Meinung nach durch Gruppenauslese. „Gestützt wird diese einfache biologische Hypothese durch die Tatsache, daß die blind-machende Kraft der religiösen Treue auch ohne Theologie wirksam sein kann", wie z.B. im Kommunismus.[159] Aber auch die modernen, esoterischen Gemeinschaften sieht Wilson als Phänotyp dieser genetisch dispositionierten Indoktrinierbarkeit.

> Die sich selbst erfüllenden Kulte von heute, etwa Esalen, est, Arica und Scientology, sind der vulgäre Ersatz für die traditionellen Formen. Ihren Führern wird von sonst intelligenten Amerikanern ein Maß an Gehorsam entgegengebracht, das dem fanatischen Sufi-Scheich ein Lächeln der Bewunderung abnötigen würde.[160]

Eine solch bereitwillige Unterordnung kann für die Gesellschaft und selbst für das Individuum von Vorteil sein: Um allzu egoistischem Verhalten vorzubeugen, muss es in einer Gesellschaft Regeln und Gesetze geben und selbst willkürliche Konventionen funktionieren besser als gar keine. Durch die adaptive menschliche Neigung Regelsysteme zu akzeptieren, kommt es leicht zu überflüssigen Regeln und Ungerechtigkeiten in Organisationsformen,[161] die wiederum Revolutionäre oder Seher heraufbeschwören, welche das System verbessern oder umstürzen wollen. „Ihre Absicht ist es letztlich, Regeln zu errichten, die sie selbst ersonnen haben."[162] Doch die bestehenden Regeln wurden oft geheiligt und so wird ihr Aufstand zumeist auf

---

[155] Ebd., S. 168.
[156] Für Wilson gehören zu den religiösen Phänomenen auch Magie, Stammesrituale und mythologische Vorstellungen. (Wilson, 1980, S. 169)
[157] Ebd., S. 168.
[158] Ebd.
[159] Ebd., S. 174.
[160] Ebd., S. 174f.
[161] Ebd., S. 175.
[162] Ebd..

hartnäckigen Widerstand stoßen und von den meisten als „Lästerung" der zweifelsfreien Konventionen verstanden werden.[163] Unterstellt man, dass die Neigung zu Konformität und Heiligung gewisser Verhaltensformen genetisch bedingt ist, stellt sich die Frage, wie sie entstanden sein können. Dieser Frage geht er weiter nach, wobei sich interessante Parallelen zu seiner Erklärung der Entstehung des menschlichen Altruismus abzeichnen.

3.2.7.1 Gruppen und Individualselektion

Denn Religiosität kann laut Wilson durch Individualselektion oder durch Gruppenselektion erklärt werden. Dabei ist er der Auffassung, dass strenge Religiosität eher durch Gruppenauslese entstanden sein dürfte und sich die milde Variante durch Individualselektion herausgebildet hat[164], dadurch dass die Fähigkeit zu konformen Verhalten dem Einzelnen die Vorteile der Gruppenmitgliedschaft ermöglicht. Zwar können Egoisten als Rivalen der Konformisten einen kurzfristen Vorteil haben, werden jedoch langfristig die gesellschaftlichen Vorzüge entbehren müssen.[165] Beide Ebenen der Selektion können sich auch gegenseitig verstärken, schließen sich also keineswegs aus. Laut Wilson verschafft also die Religiosität so oder so einen Fitnessvorteil. Darüber hinaus stabilisiert sie auch die Identität des Individuums. Religion gibt Sicherheit in der chaotischen Welt des täglichen Lebens, sie weist einem einen Platz in einer Gruppe zu, gewährt Schutz „und vermittelt einem dadurch ein vorwärtstreibendes Ziel im Leben, das mit dem Eigeninteresse vereinbar ist."[166]

3.2.7.2 Komponenten von Religiosität

Wilson nennt drei Komponenten, aus denen sich eine Religion zusammensetzt. Die erste ist die *Objektivierung* der Welt. Damit meint er eine bildliche und definitorische Darstellung der Wirklichkeit, die (zumindest auf den ersten Blick) verständlich und widerspruchsfrei ist. Ein Beispiel für das, was Wilson als Objektivierung bezeichnet, ist die christliche Vorstellung von Himmel und Hölle, Gut und Böse und dem menschlichen Leben als deren Kampfschauplatz. „Die Objektivierung schafft ein Gerüst, das sich dafür anbietet, mit Symbolen und Mythen ausgeschmückt zu werden."[167] Als zweite Komponente nennt Wilson das *Gelöbnis* als eine Art Unterwerfung unter die Gruppe, das oft bei Zeremonien abgelegt wird. „Die Gläubigen weihen ihr Leben den objektivierenden Ideen und dem Wohlergehen derer, die das gleiche tun."[168] Und drittens nennt Wilson den *Mythos*. Er dient dazu die Sonderstellung des Stammes geschichtlich zu erklären. Der Mythos soll die Welt und ihre Entstehung verständlich machen.[169] Mythologie spielt auch heute noch eine große Rolle.

---

[163]   Ebd.
[164]   Analog zu der Unterscheidung von strengem Altruismus, der durch Verwandtenselektion zu erklären ist, und mildem Altruismus, der durch reziproken Altruismus entstanden ist, der Vorteile für das Individuum bringt.
[165]   „Das altruistische Handeln der Konformisten, das möglicherweise bis zur Gefährdung des eigenen Lebens geht, beruht nicht auf einer genetischen Prädisposition, die durch den Wettbewerb zwischen ganzen Gesellschaften herausselektiert wurde, sondern es beruht darauf, daß die Gruppe gelegentlich imstande ist, sich die Indoktrinierbarkeit zunutze zu machen, die bei anderen Gelegenheiten für das Individuum vorteilhaft ist." Ebd., S. 177.
[166]   Ebd.
[167]   Ebd., S. 178.
[168]   Ebd.
[169]   Der Glaube an einen erhabenen Schöpfergott ist jedoch nicht sehr verbreitet und entstammt überwiegend aus der Vorstellungswelt der Hirtenexistenz. (Ebd., S. 179)

Wilson sieht einen großen Teil der modernen politischen und geistigen Konflikte durch drei sich widersprechenden Mythologien begründet: dem Marxismus, der traditionellen Religion und dem wissenschaftlichen Materialismus.[170] Der Marxismus bereitet Wilson aber keine großen Sorgen, weil die Entdeckungen der Soziobiologie des Menschen für ihn zur Bedrohung geworden sind. Er wird seine Überzeugungskraft mehr und mehr verlieren. Nicht ganz so einfach ist es mit der traditionellen Religion. Denn auch wenn die wissenschaftliche Aufklärung die falschen religiösen mythischen Darstellungen zerschlägt, versteht es die Theologie doch, sich in ihre „letzte Verschanzung" zurückzuziehen, aus der sie sich auch wohl niemals vertreiben lässt. Diese Verschanzung ist die Vorstellung eines Schöpfergottes. „Gott als Wille, als Ursache alles Seienden, als die Kraft, die sämtliche Energie in dem Feuerball des Urknalls erzeugte und die Naturgesetze bestimmte, nach denen sich das Universum entwickelte."[171] Wilson hofft aber dennoch, dass sich der wissenschaftliche Materialismus auf Dauer gegen die traditionelle Religion durchsetzen wird. Denn auch er hat eine Mythologie anzubieten und zwar eine, die nicht dem Gefühl, sondern dem Verstand überzeugend erscheint.

> Ihre Erzählform ist das Epos: Beginnend mit dem Urknall vor fünfzehn Millionen Jahren, handelt es von der Evolution des Universums über die Entstehung der Elemente und Himmelskörper bis zu den Anfängen des Lebens auf der Erde. Das evolutionäre Epos ist insofern Mythologie, als die Gesetze, die es hier und jetzt anführt, Gegenstand des Glaubens sind, ohne daß sie definitiv bewiesen werden können, so daß sich ein Ursache- und Wirkungs-Kontinuum von der Physik zu den Sozialwissenschaften, von dieser Welt zu allen übrigen Welten im sichtbaren Universum und zeitlich zurück bis zum Anfang des Universums ergeben würde. Alle Teile des Daseins gelten als Naturgesetzen unterworfen, die keiner äußerlichen Kontrolle bedürfen. Die Verpflichtung des Wissenschaftlers zu Sparsamkeit bei der Erklärung schließt den göttlichen Geist und andere Kräfte aus. Das Bedeutsamste ist, daß wir jetzt die entscheidende Etappe in der Geschichte der Biologie erreicht haben, wo die Religion selbst zum Gegenstand der naturwissenschaftlichen Erklärung wird.[172]

Die Überlegenheit des wissenschaftlichen Naturalismus gegenüber der Religion besteht nach Wilson darin, dass er sie, seine Hauptkonkurrentin, als materielles Phänomen erklären kann. Deswegen glaubt Wilson auch nicht daran, dass die Theologie als unabhängige Disziplin auf Dauer überleben wird. Die Kräfte der Religion werden aber trotzdem innerhalb der Menschheit weiterwirken, weil sie genetisch zur Religiosität prädisponiert ist; weil der Mensch religiöse Instinkte hat. Aber der wissenschaftliche Materialismus hat im Vergleich zur Religion eine entscheidende Schwäche: Er spricht die religiösen Instinkte nicht an, er verleiht keine Identität, keine Sonderstellung des Menschen, keinen Sinn und verspricht keine Unsterblichkeit.[173]

3.2.8 Hoffnung

Eine schwerwiegende Folge des Sinnverlustes durch die unaufhaltsame Zerstörung der religiösen Mythen durch die Wissenschaft ist der fehlende moralische Konsens. Um einen moralischen Konsens auf soziobiologischer Grundlage zu schaffen, muss zunächst laut Wilson

---

[170] Nach Wilson ist der Marxismus keine Form des wissenschaftlichen Materialismus. Er stützt sich auf eine falsche Interpretation der menschlichen Natur und ist eine Soziobiologie ohne Biologie. (Wilson, 1980, S. 179f)
[171] Ebd., S. 181.
[172] Ebd.
[173] Ebd., S. 182.

die menschliche Natur noch viel gründlicher erforscht und die Ergebnisse der Biologie mit denen der Sozialwissenschaften verbunden werden. Er hofft durch die Ausweitung von Neurobiologie, Soziobiologie und Ethologie eine Grundlage für die Sozialwissenschaften zu schaffen, um so den Bruch zwischen Sozial- und Geisteswissenschaften auf der einen und den Naturwissenschaften auf der anderen Seite zu heilen. Das ist aber nur der erste Schritt. Denn damit ist das Problem noch nicht gelöst, welche unserer „moralischen Instinkte"[174] wir für wertvoll halten und welche wir lieber bekämpfen sollten. Damit stehen wir nach Wilson aber vor einem Zirkel:

> Wenn wir zwischen den verschiedenen Elementen der menschlichen Natur wählen müssen, so können wir uns dabei nur auf Wertsysteme beziehen, die von eben diesen Elementen hervorgebracht wurden in einer Evolutionsperiode, die inzwischen längst entschwunden ist. Zum Glück ist dieser Zirkel, vor dem die Menschheit steht, nicht derart ausweglos, daß er nicht durch eine Willensanstrengung überwunden werden könnte. Die Humanbiologie hätte vorrangig die Zwänge zu erkunden, von denen Moralphilosophen und auch sonst jedermann in seinen Entscheidungen beeinflußt wird, und ihre Bedeutung anhand einer neurophysiologischen und phylogenetischen Rekonstruktion des Geistes zu erschließen. Das wäre eine notwendige Ergänzung des weiterzuführenden Studiums der kulturellen Evolution. Dadurch würde die Grundlage der Sozialwissenschaften verändert, deren Vielfalt und Bedeutung aber keineswegs geschmälert. Gleichzeitig würde dadurch eine Biologie der Ethik geschaffen, auf deren Grundlage man sich für einen gründlicher durchdachten und dauerhafteren Kodex moralischer Werte entscheiden könnte.[175]

Als erstes werden sich die Theoretiker der neuen Ethik mit der Bedeutung „des Überlebens der menschlichen Gene in Gestalt eines Generationen umfassenden gemeinsamen Pools" beschäftigen müssen.[176] Wilson glaubt nämlich, dass die richtige Anwendung der Evolutionstheorie auf die Ethik „die Vielfalt im Genpool als einen kardinalen Wert begünstigt."[177] Als weiteren primären Wert lassen sich nach Wilson die allgemeinen Menschenrechte geltend machen. Ihre Vorrangstellung sieht er darin begründbar, dass Menschen Säugetiere sind: Während eine Ameise so etwas wie Ameisenrechte als Grundübel empfinden würde, weil die Kolonie einen viel größeren Stellenwert hat, als die einzelne Ameise, kämpft bei den Säugetieren vor allem das Individuum um sein Überleben und seine Fortpflanzung und vielleicht noch um den seiner nächsten Verwandten. Widerwillig „geduldete Kooperation stellt einen Kompromiß dar, den man einging, um die Vorzüge der Gruppenzugehörigkeit genießen zu können."[178]

Außerdem muss laut Wilson der menschliche Drang zur Mythenbildung in den Dienst der Aufklärung gestellt werden. Und zwar dadurch, dass der wissenschaftliche Materialismus als eine „im noblen Sinne verstandene Mythologie" betrachtet wird.[179] Er ist anderen Mythologien

---

174 Wilson verwendet den Begriff des Instinktes nicht. Vermutlich weil Instinkte stärker sind als die genetischen Prädispositionen des Menschen, auf bestimmte Weise zu fühlen und sich zu verhalten. „Die menschliche Natur besteht aus Lernregeln, emotionalen Verstärkern und hormonalen Regelkreisen, welche die Entwicklung des Sozialverhaltens in ganz bestimmte Kanäle lenken." (Ebd., S. 183) Für Wilson gehört zur Natur des Menschen nicht bloß das, was gerade in den Gesellschaften zu beobachten ist, sondern auch das, wozu Menschen in der Lage sein könnten. Also das, was der menschlichen Natur alles möglich wäre.
175 Ebd., S. 184.
176 Ebd.
177 Ebd., S. 185.
178 Ebd., S. 186.
179 Ebd., S. 188.

insofern überlegen, als dass er erfolgreich die Welt erklärt und sie fortschreitend beherrschen kann, weil er zur Selbstkorrektur fähig ist. Er ist bereit alles in der Welt zu erforschen, er macht keinen Halt vor heiligen Bereichen. Dadurch kann er die traditionelle Religion mithilfe der natürlichen Selektion erklären, was in Zukunft ihre Macht als „äußere Quelle der Moral" brechen wird, sodass der Weg frei ist für die laut Wilson notwendige Erneuerung der Ethik auf Grundlage der wahren Natur des Menschen.[180] Doch der wissenschaftliche Materialismus kann auch als rivalisierende Mythologie Gott und die Kirche nicht abschaffen. Denn dass „Gott der ursprüngliche Schöpfer aller Dinge sei, bleibt weiterhin eine vertretbare Hypothese, sowenig diese Vorstellung auch zu definieren und zu überprüfen sein mag."[181] Und die praktischen religiösen Rituale werden schon allein durch die Angst vor dem Tod aufrechterhalten. Wilson ist sich dessen bewusst und will auch keine alternative Form der organisierten Religion schaffen. Er findet es „rührend zu sehen, wie Humanisten glauben, dass Erkenntnis und die Idee des evolutionären Fortschritts Macht über die Seelen der Menschen hat."[182] Wilson Ansicht nach muss der wissenschaftliche Humanismus begreifen, dass die mentalen Prozesse der Religiosität durch die genetische Evolution im menschlichen Gehirn verankert sind. „Das ist der Grund, warum sie so machtvoll und unauslöschlich sind und warum das gesellschaftliche Dasein der Menschen um sie dreht."[183] Der wissenschaftliche Materialismus sollte sich nach Wilson dieser Herausforderung als eines wissenschaftlichen Rätsels annehmen und überlegen, wie sich diese Energiequellen lenken lassen, wenn erst der wissenschaftliche Materialismus als die überlegene Mythologie anerkannt ist."[184] Und das wird nach Wilson immer rascher geschehen. Denn Erkenntnis ist ein großer Vorteil für den Menschen. Wer über Erkenntnisse verfügt, kann andere dominieren.

> Kulturen mit einheitlichen Zielvorstellungen werden rascher lernen als andere, denen solche Vorstellungen fehlen, und es wird zu einem autokatalytischen Wachstum des Lernens kommen, weil der wissenschaftliche Materialismus die einzige Mythologie ist, die aus dem stetigen Streben nach reiner Erkenntnis große Ziele zu entwickeln vermag.[185]

Wilson ist optimistisch, dass durch das Fortschreiten des Wissens über die menschliche Natur und die Entstehung eines neuen und objektiveren Wertesystems, „Geist und Herz endlich im Einklang miteinander sind", sodass die Auswahl der weiteren Wege immer klarer werden wird.[186] Und unsere Nachfahren werden einen größeren Weitblick entwickeln, sodass Wilson guter Hoffnung für die Zukunft der Menschheit ist.[187]

Wilson hat in seinem Hauptwerk zur menschlichen Natur u.a. die Religion als wesentlichen Bestandteil der Anthropologie ausgemacht, einen Versuch unternommen ihre Entstehung mithilfe natürlicher Selektion zu erklären und erste Überlegungen dazu angestellt, wie mit diesem Wissen umzugehen ist. Nachdem nun Wilson seine Sicht des Menschen ausgearbeitet

---

[180] Ebd.
[181] Ebd., S. 193.
[182] Ebd., S. 194.
[183] Ebd.
[184] Ebd.
[185] Ebd.
[186] Ebd., S. 195.
[187] Ebd.

124

hat, verteidigt er sich gegen Sahlins Einwand, dass die Soziobiologie auf den Menschen nicht anwendbar sei, weil dessen Kulturfähigkeit seine biologischen Instinkte überlagert.

3.3 Von den Genen zur Kultur: Epigenetische Regeln

Gemeinsam mit dem Physiker Charles J. Lumsden entwickelt Wilson dazu eine Theorie von der „Gen-Kultur-Evolution" und die Idee der epigenetischen Regeln, die sie in ihren (wenig diskutierten) Büchern *Genes, Mind and Culture* und *Das Feuer des Prometheus* darstellen.

3.3.1 Genes, Mind and Culture

Wilson und Lumsden sind der Ansicht, dass der Schlüssel zum Verständnis der Interaktion zwischen Natur und Kultur in der menschlichen Evolution in der ontogenetischen Entwicklung der geistigen Aktivität und des Verhaltens zu finden ist. Es sind sogenannte epigenetische Regeln[188], die als molekulare Einheiten gedacht werden können, welche den Weg zwischen Genen und Kultur leiten.[189] Für ihre Theorie der Gen-Kultur-Koevolution tragen sie die Ergebnisse aus verschiedenen relevanten Forschungsfeldern zusammen, wie z.B. Populationsgenetik, Kulturanthropologie und mathematischer Physik. Lumsden hat sich als Physiker viel mit theoretischer Biologie befasst, während Wilson sich als Biologe überwiegend mit Evolutionstheorie und sozialen Systemen beschäftigt hat. Für ihre gemeinsame Thematik haben sich beide ausgiebig mit den Sozialwissenschaften, Neurowissenschaften und Psychologie beschäftigt. Der Inhalt ihres Buches lässt sich laut Autoren folgendermaßen zusammenfassen: Sie beginnen mit einer Untersuchung der möglichen Sozialisationsformen und zeigen auf, dass die „gene-culture-transmission" am wahrscheinlichsten ist bei allen Spezies, die eine hochentwickelte Kultur aufweisen (euculture)[190]. Menschen sind allerdings die einzige eukulturelle Spezies.[191] Dass der menschliche Geist und mit ihm die Kultur aber nun von ihren biologischen Wurzeln unabhängig sein sollen, halten Wilson und Lumsden für sehr unwahrscheinlich. Vielmehr werden sich Verbindungen zwischen Kultur und Genen finden lassen. Um mit ihrer Analyse fortzufahren, definieren sie das „Kulturgen" als grundlegende

---

[188] „Epigenetisch" steht bei Wilson und Lumsden nicht im Zusammenhang mit dem aktuellen Forschungsfeld der Epigenetik. Sie definieren die epigenetischen Regeln wie folgt: Any regularity during epigenesis that channels the development of an anatomical, physiological, cognitive, or behavioral trait in a particular direction. Epigenetic rules are ultimately genetic in basis, in the sense that their particular nature depends on the DNA developmental blueprint. They occur at all stages of development, from protein assembly through the complex events of organ construction to learning. Some epigenetic rules are flexible, with the final phenotype being buffered from all but the most drastic environmental changes. Others permit a flexible response to the environment; yet even these may be invariant, in the sense that each possible response in the array is matched to one environmental cue or set of cues through the operation of special control mechanisms. In cognitive development, the epigenetic rules are expressed in any one of the many processes of perception and cognition to influence the form of learning and the transmission of culturgenes." (Wilson und Lumsden, 1981, S. 370)

[189] Ebd., S. IX. „In this book we propose a very different view in which the genes prescribe a set of biological processes, which we call epigenetic rules that direct the assembly of the mind. This assembly is context dependent, with the epigenetic rules feeding on information derived from culture and physical environment." (Ebd., S. 2)

[190] Eukulturelle erfüllen im Gegensatz zu akulturellen und prokulturellen Spezies vier von Wilson und Lumsden aufgestellte Kriterien: Learning, imitation, teaching und reification (including symbolisation). (Ebd., S. 3)

[191] Ebd., S. 4. „In short, human beings differ quantitatively from animals in the magnitude of the enculturation process. There is in addition a unique activity that fully separates mankind from the most advanced procultural animal species and makes it the only known eucultural species. This is the process we have called reification." (Ebd., S. 5)

125

Vererbungseinheit der kulturellen Evolution.[192] Als Epigenese bezeichnen die beiden den Interaktionsprozess zwischen Genen und der Umwelt, der zu den letztlichen unterschiedlichen anatomischen, physiologischen, kognitiven Unterschieden, sowie zu Verhaltenseigenschaften der Organismen führt.

> Epigenetic events occur from the moment that RNA is transcribed from DNA, then forward through all phases of development to the final assembly of tissues and cognition itself; the inter-acting environment first is composed entirely of the cell medium but then expands until – in the case of human beings especially – it includes all aspects of culture.[193]

Kultur wiederum definieren Wilson und Lumsden recht weit, um die Gesamtheit der geistigen Konstrukte und des Verhaltens einzuschließen, inklusive der Artefakte, die von einer Generation zur nächsten durch soziales Lernen übertragen werden.[194] Menschen erschaffen eine abstrakte Gedankenwelt, in der nicht nur Dinge symbolisiert werden, sondern in der es auch sogenannte „mentifacts", wie Götter, Geister usw., also nicht-reale Gedankengebilde gibt.[195]
Viele Sozialwissenschaftler glauben laut Wilson, dass es keine biologisch definierte Natur des Menschen gäbe, die zu den sichtbaren Kulturphänomenen führen würde. Die biologischen Faktoren sind für sie also völlig irrelevant, wenn es um menschliches Verhalten geht. Menschliche Natur zeichne sich stattdessen eher durch solche Konstanten wie „Weltoffenheit" aus. Die entgegengesetzte Position wäre, das menschliches Verhalten vollständig durch Instinkte geregelt ist, wie z.B. bei Tieren. Wilson und Lumsden wollen dagegen eine Position vertreten, die zwischen diesen Polen liegt, und welche die Phänomene des menschlichen Geistes und der Kultur auf materieller Grundlage erklären kann, ohne dass dazu eine neue Ebene nötig wäre.[196]

> The intermediate case is *gene-culture transmission*, defined as transmission in which more than one culturgen is accessible and at least two culturgens differ in the likelihood of adaption because of the innate epigenetic rules. *Gene-culture coevolution* is correspondingly defined as any change in the epigenetic rules due to shifts in gene frequency, or in culturgen frequencies due to the epigenetic rules, or in both jointly. As we shall demonstrate, both kinds of shifts inevitably occur, given enough time, and they exert a reciprocal influence. The formal conceptualization and analysis of this interaction may be called gene-culture coevolution theory or, more concisely, *gene-culture theory*.[197]

Die epigenetischen Regeln werden von Wilson und Lumsden in primäre und sekundäre unterteilt. Primäre epigenetische Regeln sind automatische Abläufe, die zur bewussten Wahrnehmung führen. „For example, the cones of the retina and the internuncial neurons of the lateral geniculate nucleus are constructed so as to facilitate a perception of four basic colors."[198] Sekundäre epigenetische Regeln reagieren auf die Informationen, die durch die Sinne

---

192 Ebd., S. X. Ein Kulturgen ist definiert als eine „relativ homogene Gruppe geistiger Konstruktionen oder ihrer Produkte. Nach unserer Klassifizierung ist die Herstellung oder Verwendung eines Artefakts, das einem bestimmten Typus zugeordnet werden kann, ein Kulturgen. [...] Der Begriff des Kulturgens, des Kultur schaffenden Faktors, läßt sich sowohl in der Psychologie als auch in den Sozialwissenschaften anwenden." (Ebd., S. 172)
193 Ebd., S. 370.
194 Ebd., S. 3.
195 Ebd., S. 6.
196 Ebd., S. 303.
197 Ebd., S. 11.
198 Ebd., S. 36.

aufgenommen werden. Sie beinhalten Bewertungen der Wahrnehmung durch das Gedächtnis und die Entscheidungsfindung durch die ein Individuum dazu prädisponiert ist, bestimmte Kulturgene gegenüber anderen vorzuziehen. Die Angst gegenüber Fremden ist ein Beispiel für vorbereitetes Lernen, das Kinder zwischen dem Alter von sechs bis acht Monaten und 18 Monaten zeigen.[199] Diese Unterscheidung unterlegen Wilson und Lumsden mit vielen weiteren Beispielen: Für die primären epigenetischen Regeln z.B. Geschmackssinn, Geruchssinn und Gehör. Für die sekundären epigenetischen Regeln nonverbale Kommunikation, Ängste und Phobien, Inzestvermeidung u.a.

3.3.2 Das Feuer des Prometheus

Wilson und Lumsden wollen in einem weiteren gemeinsamen Buch erklären, wie das menschliche Denken entstanden ist. Sie wollen mit *Das Feuer des Prometheus* auch Laien die Möglichkeit geben, sich intensiv mit der menschlichen Natur zu beschäftigen. Es geht um das „fundamental Menschliche, wie es mithilfe wissenschaftlicher Untersuchungen interpretiert werden könnte."[200] Zu den Fragen, wie ist der menschliche Geist entstanden ist und was das Bewusstsein des Menschen ausmacht, gestehen Wilson und Lumsden ein, dass sich diese nicht mit Sicherheit oder genau beantworten lassen. Trotzdem wollen sie aber die bisherigen wissenschaftlichen Erkenntnisse mit fruchtbaren Spekulationen verbinden, um so Antworten auf diese Fragen zu geben.

Eine notwendige Bedingung für Bewusstsein ist das Langzeitgedächtnis, das enorme Informationsmengen verarbeiten kann. Durch Symbole und Begriffe erzeugt der menschliche Geist eine Abbildung der Welt. Er kann sich an die Vergangenheit erinnern und über die Zukunft phantasieren. Er kategorisiert und beschleunigt so die Abbildung der äußeren Welt. Er ist sich seiner selbst bewusst und er erzeugt Intentionalität, die vornehmlich darauf abzielt, „das Wohlbefinden des Gehirns und des Körpers zu steigern."[201] Mittendrin entsteht das bewusste Denken, in dem sich das Erinnerungsvermögen und die Fähigkeit, Vorstellungen neu zu ordnen, miteinander verbinden. Hinter dem Denken stehen Gefühle, die zwar Einfluss nehmen, aber oft nicht bewusst wahrgenommen werden. Für diese Skizze des menschlichen Geistes entwerfen Wilson und Lumsden nun eine evolutionäre Geschichte, in der sie den vierten großen Schritt der Evolution skizzieren, der zum Ursprung des Geistes führt.[202] Dieser Prozess, so betonen die beiden, ist von außerordentlicher Bedeutung, weil sie den „Kern aller für uns geltenden ethischen, politischen und sozialen Maßstäbe" betrifft.[203] Im Gegensatz zu der Vorstellung, dass der Geist irgendwo außerhalb des Körpers existiert und er sich niemals durch materialistische Analysen erklären lassen wird, vertreten Wilson und Lumsden die Annahme, dass der Geist plötzlich entstanden ist und zwar durch die Aktivierung eines Mechanismus, „der physikalischen Gesetzen gehorcht und allein bei der Spezies Homo anzutreffen ist. Irgendwie hat diese Spezies im Verlauf der Evolution ein Feuer des Prometheus entzündet, eine sich selbst am Leben erhaltende Reaktion, welche die Menschheit über die bis dahin vorhandenen

---

[199] Ebd.
[200] Ebd., S. 11.
[201] Ebd., S. 17.
[202] Die anderen drei Schritte sind: Der Ursprung des Lebens, die erste komplexe Zellstruktur und der erste vielzellige Organismus. (Ebd., S. 23)
[203] Ebd., S. 22.

biologischen Grenzen hinausgeführt hat."[204] Dies ist der Prozess der Gen-Kultur-Koevolution, den die beiden wie folgt zusammenfassend charakterisieren:

> Zunächst setzen wir voraus, daß gewisse einzigartige und bemerkenswerte Fähigkeiten und Eigenschaften des menschlichen Geistes eine enge Verknüpfung zwischen der genetischen und der kulturellen Evolution zur Folge haben. Die menschlichen Erbanlagen beeinflussen die Ausformungen des menschlichen Geistes. Sie bestimmen, welche Reize wahrgenommen werden und welche nicht, wie Informationen verarbeitet werden, welche Ereignisse am leichtesten im Gedächtnis haftenbleiben, welche Emotionen sie am ehesten wecken usw. Die Vorgänge die solche Wirkungen erzeugen, bezeichnet man als epigenetische Regeln. Diese Regeln haben ihre Wurzeln in den biologischen Besonderheiten des Menschen, und sie beeinflussen die Ausformung der Kultur.[205]

Wilson u. Lumsden betonen, dass der Mensch trotz epigenetischer Regeln einen freien Willen besitzt. Der Mensch ist kein Automat, er ist nicht instinktgebunden, sondern um ein Vielfaches flexibler als andere Tiere. Er muss ständig eine Auswahl treffen und sich entscheiden, wie er sich verhalten will. Dass epigenetische Regeln ihn in gewisse Richtungen lenken ändert daran nichts. Im Gegenteil sind die epigenetischen Regeln sogar gewissermaßen für die Freiheit verantwortlich:

> Es gibt „so etwas wie ein genetisches Schicksal, das aber gleichwohl dafür gesorgt hat, daß die Menschen sich von einem unerbittlichen Fatum zur freien Willensentscheidung hin entwickelt haben. Augustinus hat sich geirrt. Wir sind nicht nach Gottes Willen auf immer von der Art unseres Geschaffenseins beeinträchtigt. Sein großer theologischer Gegenspieler Pelagius ist der Sache näher gekommen. Wir sind aufgrund unseres freien Willens besserungsfähig.[206]

Das bedeutet aber eben gerade nicht, dass wir frei von unseren Genen wären. Die Gene und die Kultur sind durch ein „elastisches, aber unzerreißbares Band miteinander verknüpft".[207] Gene und Kultur entwickeln sich gemeinsam, wobei laut Wilson u. Lumsden folgende Abfolge von Generation zu Generation wiederholt wird:

- Die Gene bestimmen die Regeln der Entwicklung (die epigenetischen Regeln), nach denen sich der Geist des Individuums gestaltet.
- Der Geist wächst, indem er sich Elemente der schon bestehenden Kultur aneignet.
- Die Kultur wird in jeder Generation durch die Summe der Entscheidungen und Entdeckungen aller Mitglieder der Gesellschaft neu geschaffen.
- In einigen Individuen wirken epigenetische Regeln, die sie befähigen, innerhalb ihrer gegenwärtigen Kultur besser zu überleben und sich fortzupflanzen als andere Individuen.
- Die epigenetischen Regeln, die den größten Erfolg bringen, breiten sich mit den Genen, in denen sie verschlüsselt sind, in der Population aus; mit anderen Worten, die Population erfährt eine genetische Evolution.
  Das heißt, die Kultur wird durch biologische Vorgänge geschaffen und gestaltet, während die biologischen Vorgänge gleichzeitig von den kulturellen Veränderungen beeinflußt werden.[208]

Innerhalb dieses Wechselspiels, formte sich der menschliche Geist, den Wilson und Lumsden als groteske Mischung aus freiem Willen und instinktbedingten Zwängen bezeichnen.[209] Ihrer

---

[204] Ebd., S. 39f.
[205] Ebd., S. 40.
[206] Ebd., S. 88.
[207] Ebd., S. 91.
[208] Ebd., S. 168.
[209] 'Ebd., S. 229.

Ansicht nach hat sich nur ein einziges Mal solch eine groteske Mischung durch natürliche Selektion entwickelt. Prometheus „stahl den Göttern das Feuer und schenkte den Menschen dessen schöpferische Kraft."[210]

> Heute ist aus diesem Geschenk das Instrument zur Erlangung der Unabhängigkeit geworden. Der Mensch hat die Reflektion über sich selbst zum Mittelpunkt seiner Existenz gemacht; wir können die Geschichte erforschen und weit in die Zukunft vorausplanen, sogar in unserer genetischen Zukunft. Mithilfe der Kultur haben wir buchstäblich die Form der organischen Evolution verändert und können sie, wenn wir es wollen, selbst in die Hand nehmen. Aber wir leben in der gefährlichsten aller Zeiten. Die Schlüsselereignisse dieser Übergangsphase sind aus dem Takt geraten. Wir sind noch zu unwissend, um frei zu sein, zu gefährlich, um Sklaven unserer Erbanlagen zu bleiben, und vielleicht zu eitel und zu furchtsam, um einen Ausweg zu finden.[211]

Deshalb ist es für Wilson und Lumsden so wichtig, dass eine neue Anthropologie auf Grundlage der wahren Natur des Menschen entsteht, welche als Grundlage für die wichtigen ethischen und politischen Entscheidungen dienen kann. Denn durch die Erkenntnis über die wahre Natur des Menschen, können sich die Fachleute in Ethik und Politik von kulturell determinierten Vorurteilen reinigen. Wilson und Lumsden halten es für geradezu gefährlich, wenn sich Ethik und Politik außerhalb der Naturwissenschaft abspielen.[212] Ein Verweis auf die Geschichte zeigt die Notwendigkeit einer wissenschaftlichen Grundlage, eine neue wissenschaftliche Anthropologie. Das Leitprinzip muss dabei die Einheit des Wissens sein, das besagt, dass „alle Natur- und Sozialwissenschaften ein nahtloses Ganzes bilden."[213]

---

[210] Ebd., S. 230.
[211] Ebd.
[212] Ebd., S. 243f.
[213] Ebd., S. 239.

3.4 Die Einheit des Wissens

In *Consilience – The Unity of Knowledge* von 1998 führt Wilson dieses Leitprinzip als seinen Glauben an die Möglichkeit der Einheit des Wissens näher aus. Dieser Glaube lässt ihn darauf vertrauen, dass „die Welt geordnet und mit ein paar wenigen Naturgesetzen erklärbar ist."[214] Wilson berichtet, wie es zu diesem Einheitsglauben kam: Bei den Südstaaten Baptisten christlich fundamentalistisch aufgewachsen, wiedergeboren und getauft, las Wilson als sehr frommer Teenager zweimal die Bibel komplett durch und erfuhr die heilende Kraft der Erlösung.[215] Doch im College erschien es ihm dann nicht mehr plausibel, weshalb die wahren Glaubenssätze gerade vor 3000 Jahren von Hirten und Bauern südöstliche des Mittelmeers in Stein gemeißelt worden sein sollten. Trotzdem glaubte er noch an Gott und hoffte, dass er niemanden im Stich lassen würde, der aufgrund seiner Wahrheitsliebe die wörtliche Auslegung der Schrift in Frage stellte. Wilsons Glaube wurde immer abstrakter und er ging immer seltener in Gottesdienste. "In essence, I still longed for grace, but rooted solidly on Earth."[216] Leider ließ der baptistische Glaube weder Raum für philosophische Gedanken, noch für die Evolutionstheorie, die Wilson so überzeugte.[217] Aus seinen religiösen Gefühlen wurde die Suche nach Wahrheit und Sinn, die ihn weiter zum Forschen motivierten. In der Suche nach der Wahrheit sieht Wilson die Verbindung der Religiosität und der Idee von der Einheit der Wissenschaft. Vermutlich war die Religion nur ein früher Entwurf, der das Weltall erklären sollte, um unserem Leben darin einen Sinn zu geben. Und jetzt ist die „Wissenschaft eine Fortsetzung dieses Versuchs auf neuem und besser erprobtem Gelände, aber zum selben Zweck. Wenn ja, könnte man wohl sagen, daß Wissenschaft in diesem Sinne deutliche befreite und freiheitliche Religion ist."[218] Wilson sieht also in der Suche nach objektiver Wahrheit, nach der Einheit des Wissens eine (bessere) Möglichkeit, das menschliche Religionsbedürfnis zu stillen. Auch hier ist seiner Ansicht nach das Ziel die Errettung der Seele, wenn auch nur im übertragenen Sinne. Gemeint ist eigentlich die Erkenntnis der menschlichen Natur und ihrer Entstehungsgeschichte durch die Vereinigung (Konziliation)[219] von Natur- und Geisteswissenschaft, die eine gut begründete Orientierung und Ausrichtung zu einer besseren Zukunft ermöglichen würde.[220]

Wilson betont, dass der Glaube an die Einheit des Wissens an sich noch nicht wissenschaftlich ist, sondern eine metaphysische Weltanschauung darstellt. Er kann nicht experimentell überprüft werden. Allerdings gibt es einen überzeugenden Hinweis darauf, dass er richtig ist: Der naturwissenschaftliche Erfolg, denn das „Vertrauen in das Einheitsprinzip ist das Fundament der Naturwissenschaft."[221] Nun muss sich dieses Prinzip laut Wilson auch an den Geisteswissenschaften bewähren. Und die naturwissenschaftliche Erforschung des mensch-

---

[214] Wilson, 1998, S. 11.
[215] Ebd., S. 12. In seiner Autobiographie berichtet Wilson ausführlicher von seiner Bekehrung. (Wilson, 1994, S. 36)
[216] Ebd., S. 44.
[217] Wilson war besonders beeindruckt von Erwin Schrödingers *What is life*? Und Ernst Mayrs *Systematics and the Origin of Species*. (Ebd., S. 44)
[218] Wilson, 1998, S. 13.
[219] William Whewell sprach 1840 als erster von Konziliation mit dem Ziel eine allgemeine Erklärungsgrundlage zu schafften. (Ebd., S. 15)
[220] Ebd., S. 13f.
[221] Ebd., S. 18.

lichen Geistes ist der Schlüssel dazu. Denn schließlich gibt es „nichts von Bedeutung, was den Gang der menschlichen Geschichte vom Gang der physikalischen Geschichte trennt, ob es nun um die Sterne geht oder um die organische Vielfalt."[222] Dass mit dieser Ansicht nicht alle einverstanden sind, ist Wilson durchaus bewusst. Er antwortet auf die Anklagen der Philosophen, die ihn des ontologischen Reduktionismus, der Simplizität und des Szientismus bezichtigen: „Darauf kann ich mich nur schuldig, schuldig, schuldig bekennen! Also lassen wir das, und gehen weiter."[223]

3.4.1 Philosophie und Naturwissenschaft

Der Philosophie kommt laut Wilson bei der intellektuellen Synthese eine wichtige Rolle zu. „Sie ist es, die uns für die Kraft und Kontinuität des Denkens vergangener Jahrhunderte empfänglich macht. Sie späht für uns in die Zukunft, um dem Unbekannten Gestalt zu verleihen".[224] Allerdings gibt es auf lange Sicht keine Fragen, die sich nicht von der Naturwissenschaft beantworten ließen. Aber solange sie das noch nicht kann, wird die Philosophie weiterhin gebraucht. Wilson kommentiert:

> Nie gab es eine bessere Zeit für die Zusammenarbeit von Wissenschaftlern und Philosophen als heute, vor allem natürlich dort, wo sie sich längst begegnet sind, nämlich in den Grenzbereichen von Biologie, Sozialwissenschaften und Geisteswissenschaften. Wir nähern uns einem neuen Zeitalter der Synthese, in dem die größte aller intellektuellen Herausforderungen die Erprobung von Vernetzung sein wird. Die Philosophie, das Nachdenken über das Unbekannte, wird sich als Wissensgebiet zusehends verkleinern. Daher ist unser gemeinsames Ziel, soviel Philosophie wie nur möglich in Wissenschaft zu verwandeln.[225]

Wilson versteht, dass das naturwissenschaftliche Selbstverständnis als anmaßend empfunden werden kann, findet die Selbstsicherheit der Naturwissenschaften aber vollkommen berechtigt, weil sich andere Methoden schlichtweg als nicht annähernd so erfolgreich bewährt haben.[226] Nur über den wissenschaftlichen Weg findet der Mensch laut Wilson die Antwort auf seine Fragen und Wilson ist optimistisch: Das Universum ist verstehbar und es ist die größte Leistung des Menschen, dass er sich selbstständig seinen Weg durch die „überraschend wohlgeordnete materielle Realität zu bahnen begann."[227] Denn die Evolution der menschlichen Wahrnehmung hat ja nicht dazu geführt, dass die Rekonstruktion der Realität mit dieser auch übereinstimmt. Die menschliche Wahrnehmung ist durch natürliche Selektion auf Überleben und Fortpflanzung zugeschnitten. Die Aufgabe der Wissenschaft sieht Wilson nun darin, die „falsche", subjektive menschliche Wahrnehmung zu korrigieren, zu objektivieren.

3.4.1.2 Parsimonie und Reduktionismus

Ein wichtiges Prinzip, das zur Objektivierung der menschlichen Wahrnehmung beiträgt, ist das der Parsimonie, d.h. der möglichst sparsame Umgang mit Annahmen, die man in einer Theorie benötigt, um die beobachteten Phänomene zu erklären. Dadurch wird willkürlichen Elementen

---

[222] Ebd., S. 18f.
[223] Ebd., S. 19.
[224] Ebd.
[225] Ebd.
[226] Ebd., S. 20.
[227] Ebd., S. 65.

vorgebeugt und die Sicht auf die Wirklichkeit wird klarer.[228] Wilson beschreibt Wissenschaft als das „organisierte, systematische Unterfangen, Wissen über die Realität zusammenzutragen und es zu überprüfbaren Gesetzen und Prinzipien zu verdichten."[229] Als ihre Methode hat sich der Reduktionismus bewährt, den Wilson mit Nachdruck als den „Dreh- und Angelpunkt von Wissenschaft" beschreibt. Unter Reduktionismus versteht er die „Aufspaltung der Natur in ihre natürlichen Bestandteile"[230] sowie die Überzeugung, dass alle Gesetze einer Organisationsebene im Prinzip auf die Gesetze einer niedrigeren also allgemeineren Ebene reduzierbar sein müssen (z.B. die Gesetze der Biologie auf die der Chemie, der Chemie auf die der Physik usw.). Diese reduktionistische Annahme ist für Wilson das Licht, das ihm den Weg weist. Es ist ihm bewusst, dass es sich aufgrund der starken Vereinfachung auch um ein Irrlicht handeln könnte. „Denn auf jeder Organisationsebene, vor allem bei lebenden Zellen und höheren Ebenen, gibt es Phänomene, die völlig neue Gesetze und Prinzipien erfordern, welche noch nicht durch all diejenigen vorausgesagt werden können, die auf allgemeineren Ebenen Gültigkeit haben."[231] Es ist möglich, dass es sich nur um ein vorübergehendes, epistemisches bedingtes Problem handelt, aber es könnte sich auch herausstellen, dass eine Voraussage komplexerer Systeme auf Basis der elementareren Gesetze prinzipiell nicht möglich ist. Aber selbst das wäre laut Wilson kein Problem, denn die bleibende Unsicherheit macht für ihn den metaphysischen Reiz der Wissenschaft aus.[232] Und trotz ihrer Unzulänglichkeiten bleibt sie für ihn das „Schwert des Geistes" mit dem der Mensch die entscheidenden Fragen beantworten kann. Wilson ist folglich der Ansicht, dass mithilfe der wissenschaftlichen Methode objektives Wissen erreichbar ist und dass es „die eine Wahrheit" gibt, auch wenn die allermeisten Wissenschaftler und Philosophen die Suche danach aufgegeben haben. Den Schlüssel dazu sieht er in den bisher noch weitgehend unerforschten Funktionsweisen des menschlichen Verstandes, der die von ihm unabhängige Realität im Bewusstsein rekonstruiert. Ausschlaggebend dafür sind die Sinnesreize, die zusammen mit den selbstentworfenen Vorstellungen den Verstand formen. Davon abgesehen gibt es keinen „Geist in der Maschine", den man irgendwie vom Körper trennen könnte. Allen geistigen Prozessen liegt eine physikalische Basis zugrunde, die von der Naturwissenschaft erklärbar ist. Auf dieser These gründet sich der Glaube an die Einheit des Wissens. „Daß der Verstand von überragender Bedeutung für das Vernetzungsprojekt ist, hat einen beinahe verstörend elementaren Grund: Alles, was wir über das Leben wissen und jemals wissen werden, wird von ihm produziert."[233]

---

[228] „Parsimonie ist ein gutes Kriterium für eine solide Theorie." „Ich gebe zwar zu, daß wissenschaftliche Theorien weniger dichterische Freiheiten für New-Age-Träumereien lassen, aber dafür stellen sie die Realität dar, wie sie ist." (Ebd., S. 73)

[229] Ebd. Die Kriterien, die er zur Unterscheidung von Pseudowissenschaft anführt, sind folgende: 1. Wiederholbarkeit: Ein Phänomen kann erneut erforscht werden und seine Interpretation entweder bestätigt oder widerlegt werden. 2. Ökonomie: Damit meint Wilson die Eleganz einer Theorie. Information möglichst einfach und ästhetisch zu formulieren, dabei soll sie die größtmögliche Erkenntnis ermöglichen und möglichst einfach zu testen sein. 3. Berechenbarkeit 4. Heuristik: Auf eine gute Theorie folgt neue Forschung 5. Konfliktlösungen durch Vernetzung: Theorien werden durch ihre Kompatibilität mit anderen Theorien gestärkt.

[230] Ebd., S. 75.

[231] Ebd., S. 76.

[232] Ebd.

[233] Ebd., S. 131.

3.4.1.3 Gehirn und Geist

Das Gehirn des Menschen ist das komplexeste der ihm selbst bekannten Objekte im Universum.[234] Es steht für Wilson außer Frage, dass dieses Gehirn gleichbedeutend mit dem Bewusstsein oder dem menschlichen Geist ist, schließlich sind sich die bedeutenden Fachleute darüber einig. Es steht jedenfalls fest, dass es im Gehirn keinen Ort gibt, an dem ein körperloser Geist wohnen könnte und dass es auch keine Schnittstelle gibt, die etwa für Kommunikation zwischen Geistigem und Körperlichem sorgen würde.[235] Deswegen ist die Hirnforschung für das Verständnis des Menschen von besonderer Bedeutung. Sie fügt sich wunderbar in die naturalistisch evolutionäre Sicht auf den Menschen ein:

> Das menschliche Gehirn trägt den Stempel einer 400 Millionen Jahre währenden Geschichte von Versuch und Irrtum, die in beinahe ununterbrochener Folge durch Fossilien und molekulare Homologie nachzuweisen ist [...] In der letzten Entwicklungsstufe wurde das Gehirn auf eine vollständig neue Ebene katapultiert und für Sprache und Geistesbildung ausgerüstet. Aber wegen seines uralten Stammbaums konnte es nicht einfach wie ein neuer Computer in eine leere Hirnschale eingebaut werden. Diesen Platz nahm noch immer das evolutionär alte Gehirn ein, ein Vehikel des Instinkts, und es blieb lebenswichtig - Herzschlag für Herzschlag -, während ihm neue Teile hinzugefügt wurden. Das neue Gehirn mußte behelfsmäßig, Schritt für Schritt in und um das alte herum gebaut werden, sonst hätte der Organismus nicht von einer Generation zur nächsten überleben können. Das Ergebnis war die menschliche Natur – ein von animalischer Schlauheit belebter und von Gefühlen beseelter Genius, der seine Leidenschaft für manipulative Findigkeit und künstlerische Erfindungskraft mit Rationalismus verband, um so ein neues Instrument zum Überleben zu schaffen.[236]

Wilson beschreibt den Verstand als Strom der bewussten und unbewussten Erfahrungen, als eine verschlüsselte Darstellung von Sinneseindrücken. Und es gibt keine Instanz, die diesen Strom überwacht. „Das Bewußtsein ist kein eigenständiges Kommandozentrum, sondern Teil des Systems, untrennbar mit allen neuronalen und hormonellen Schaltkreisen verkabelt, welche die Physiologie regulieren."[237]

3.4.1.4 Gefühle und Sinnbewusstsein

Auch die menschlichen Gefühle lassen sich auf dieser Grundlage erklären. Wilson schließt sich Damasios Unterteilung in primäre und sekundäre Gefühle an. Unter primären Gefühlen versteht er angeborene oder instinktive Gefühle, die kaum Bewusstseinsaktivität erfordern. Bestimmte Auslöser rufen sie als vorprogrammiertes Verhalten hervor. Dazu gehören z.B. sexuelle Reize, laute Geräusche oder Schmerzen. Der Mensch teilt sie mit den anderen Wirbeltieren. „Sie werden von den Schaltkreisen des limbischen Systems aktiviert, wobei die Amygdala die entscheidende Integrations- und Relaisstation zu sein scheint."[238] Sekundäre Gefühle werden

---

[234] Ebd., S. 132.
[235] Ebd., S. 134.
[236] Ebd., S. 143f.
[237] Ebd., S. 153. „Es gibt keinen Teil des Gehirns, der sich diese Szenarien betrachten würde. Sie *sind*. Bewußtsein ist die aus solchen Szenarien zusammengesetzte virtuelle Welt. [...] Es gibt keine einzige Bewußtseinsströmung, bei der alle Informationen von einem Exekutiv-Ich gebündelt würden. Stattdessen gibt es viele unterschiedliche Aktivitätsströmungen, von denen einige einige Augenblick lang zum Bewußtsein beitragen und wieder erlöschen. Das Bewußtsein ist das gekoppelte Aggregat aller beteiligten Schaltkreise. Der Verstand ist ein sich selbst organisierendes Gemeinwesen einzelner Szenarien, die jeweils unabhängig voneinander entstehen, wachsen, sich entwickeln, verschwinden und manchmal alle anderen dominieren, um neue Gedanken und aktuelle Körperbewegungen zu erzeugen." (Ebd., S. 148f.)
[238] Ebd., S. 154.

dagegen durch persönliche Lebensumstände hervorgerufen. Um sich über das Treffen eines Freundes zu freuen, muss dieser zuerst auch als solcher erkannt und vom Feind oder Fremden unterschieden werden können. Die sekundären Gefühle kommen also über denselben „Kanal" zum Ausdruck wie die primären Gefühle, „allerdings erst nachdem zuvor die höchsten integrativen Prozesse der Großhirnrinde in Aktion getreten sind."[239] Diese integrativen Prozesse sind auch für unser Sinnempfinden verantwortlich. Für Wilson lässt sich Sinn demnach erklären als „die Koppelung verschiedener neuronaler Netzwerke, die zustande kommt, wenn sich Erregung ausbreitet und so unsere Vorstellung erweitert und zugleich Gefühle ins Spiel bringt."[240]

Das materielle Zustandekommen verschiedener Geisteszustände ist für Wilson nur das „leichte Problem". Das „harte Problem" ist das Phänomen der subjektiven Erfahrung. Was bedeutet es, eine Farbe als Rot zu empfinden? Frank Jacksons Gedankenexperiment, in dem die Neurobiologin Mary alles über Farben und ihre Verarbeitung im Gehirn weiß, aber selbst niemals eine Farbe gesehen hat, weil sie ihr ganzes Leben in einem Raum ohne Farben verbracht hat, soll zeigen, dass „bewusste Erfahrung von Merkmalen geprägt ist, die nicht aus der Kenntnis physikalischer Abläufe im Gehirn abgeleitet werden können."[241] Wilson ist der Ansicht, dass dieses „harte Problem" letztlich begrifflich leicht zu lösen ist. Natürlich können wir nicht fühlen, was z.B. eine Fledermaus fühlt, aber darum geht auch gar nicht. Die leichte Lösung sucht der Leser jedoch in den folgenden Ausführungen und Gedankenexperimenten Wilson vergeblich.[242]

3.4.1.5 Der freie Wille und das Ich

Anschließend kommt Wilson auf die Problematik der Willensfreiheit zu sprechen. Für ihn steht außer Frage, dass der „Wille von den Zwängen abhängig ist, die vom physikalisch-chemischen Zustand des eigenen Körpers und Geistes verursacht werden. Naturalistisch betrachtet ist freier Wille demnach in einem tieferen Sinn das Ergebnis des Konkurrenzkampfes der verschiedenen Szenarien, die das Bewußtsein bilden."[243] Die Szenarien, die dominieren, aktivieren die stärksten Emotionen und bereiten den Körper auf bestimmte Aktivitäten vor. „Diese Entscheidungen trifft offenbar das Ich. Aber wer oder was ist 'Ich'?"[244] Wilson hat ja bereits betont, dass das Ich keine vom Körper unabhängige Instanz ist. Es ist nur der gefühlte „Hauptdarsteller in all unseren Szenarien". Der Körper kreiert den Verstand oder das Ich, wie immer man es nennen will. Daraus folgt zum einen, dass ein körperloses Weiterexistieren nach dem Tod ausgeschlossen ist und außerdem, das Ich nicht die gefühlte alleinige Entscheidungsgewalt über seine Handlungen hat. Zum großen Teil sind die Impulse völlig

---

239 Ebd., S. 155.
240 Ebd.: „Die Auswahl eines von mehreren konkurrierenden Szenarien des Verstandes entspricht dem, was wir *Entscheidungsprozeß* nennen. Das Ergebnis, also das jeweilige Siegerszenarium, stimmt immer mit den Zuständen überein, die uns durch Instinkt oder Erfahrung vorteilhaft in Erinnerung geblieben sind. Es bestimmt die Art und Intensität des hervorgerufenen Gefühls. Ein in Art und Intensität beständiges Gefühl nennen wir *Stimmung*. Die Fähigkeit des Gehirns, neue Szenarien zu entwickeln und sich auf das effektivste von allen einzustellen, bezeichnen wir als *Kreativität*. Die unentwegte Produktion von Szenarien, welche jeglicher Realität entbehren und ohne Überlebenswert sind, nennen wir *Wahnsinn*."
241 Ebd., S. 157.
242 Ebd., S. 157-160.
243 Ebd., S. 160.
244 Ebd.

unbewusst, welche die „Ego-Puppe tanzen" lassen. Das Gefühl von freiem Willen ist nur eine nützliche Illusion. Doch laut Wilson ist das gefühlte Maß an freiem Willen ausreichend, um glücklich zu werden und Fortschritt voranzutreiben. Die Entscheidungen des Ichs mögen zwar im Prinzip vorhersagbar sein, praktisch ist das aber ganz unmöglich.[245]

3.4.2 Kultur

1998 bettet Wilson sein Konzept der epigenetischen Regeln in eine allgemeinere Betrachtungsweise ein: Kultur wird vom kollektiven Verstand einer Gesellschaft geschaffen, die sich aus biologischen Individuen zusammensetzt, deren Gehirne genetisch strukturiert sind. „Gene und Kultur sind daher untrennbar miteinander verbunden. Diese Verbindung ist jedoch flexibel und bis zu einem gewissen Grad noch unbestimmt. Außerdem ist sie äußerst kompliziert."[246] Die epigenetischen Regeln[247] formen laut Wilson den Verstand, der sich während der ontogenetischen Entwicklung ständig erweitert. Dabei muss der Verstand zwischen den kulturellen Einflüssen eine Auswahl treffen, die wiederum von seinen individuell ererbten epigenetischen Regeln beeinflusst wird, aber auch von dem, was sein bisheriges Leben geprägt hat. Einige der epigenetische Regeln führen zu höherer Fitness, haben einen Selektionsvorteil und sind daher adaptiv, wodurch sich im Laufe der Zeit die menschliche Natur herausgebildet hat, die uns heute noch ausmacht.[248]

---

[245] „Denn sobald wir versuchen, die Operationen des Gehirns zu verstehen und zu meistern, haben wir sie bereits wieder verändert. Außerdem werden die mathematischen Prinzipien des Chaos immer gültig bleiben. Körper und Geist bestehen aus streitbaren Legionen von Zellen, die sich unentwegt mikroskopisch zu neuen diskordanten Mustern verändern, die sich der unbeholfene Verstand nicht einmal vorstellen kann. Sie werden in jedem Augenblick mit äußeren Reizen bombardiert, welche die menschliche Intelligenz im Voraus nicht erkennen kann. Jeder dieser Vorgänge kann Kaskaden von mikroskopischen Geschehnissen nach sich ziehen, die jeweils zu wieder völlig neuen Nervenmustern führen. [...] Hinzu kommt, daß die Szenarien des Verstandes vom unendlichen Detailreichtum der einzigartigen Geschichte und Physiologie eines jeden Individuums geprägt sind. [...] Es kann also gar keinen Determinismus im menschlichen Denken geben, zumindest nicht im Sinne eines Kausalprinzips analog zu den physikalischen Gesetzen" [...] Weil der individuelle Verstand niemals vollständig erklär- und voraussagbar sein wird, kann das Ich also weiterhin leidenschaftlich an seinen eigenen freien Willen glauben. Und das ist ein Glück. Denn das Vertrauen auf freien Willen führt zu biologischer Anpassungsfähigkeit." (Ebd., S. 162)

[246] Ebd., S. 171.

[247] Wilson ist der Auffassung, dass epigenetische Regeln genau wie Emotionen auf zwei Ebenen funktionieren: „Primäre epigenetische Regeln sind jene automatischen Prozesse, die sich von der Reizfilterung und – Verschlüsselung in den Sinnesorganen bis zur Wahrnehmung dieser Reize im Gehirn erstrecken. Diese Abfolge wird kaum – wenn überhaupt – von Erfahrung beeinflußt. Sekundäre epigenetische Regeln sind hingegen die Regelmäßigkeiten, die bei der Integration großer Mengen neuer Informationen auftreten. Unter Rückgriff auf Wahrnehmungsfragmente, das Gedächtnis und emotionale Einfärbung veranlassen diese Regeln den Verstand zu prädisponierten Entscheidungen, indem sie bestimmte Meme und Reaktionen anderen vorziehen." (Ebd., S. 203)
„Auf den höchsten Ebenen mentaler Aktivität wird den komplexen sekundären epigenetischen Regeln mit einem Prozeß Folge geleistet, den man Reifikation nennt – Verdinglichung oder auch Vermenschlichung. Dabei geht es um die Komprimierung von Vorstellungen und komplexen Phänomenen zu einfacheren Begriffen, die dann mit vertrauten Objekten und Handlungsweisen verglichen werden können." (Ebd., S. 205)
Wilson bezeichnet Reifikation als den schnellen und einfachen Algorithmus, der es ermöglicht Ordnung in der Welt zu schaffen, die sonst zu detailreich wäre. Dazu gehört z.B. auch der „dyadische Instinkt", die Tendenz Zweiteilungen vorzunehmen, wie In- und Out-Gruppen, Verwandte und Nichtverwandte, Singles und Verheiratete usw. (Ebd., S. 206)

[248] Ebd., S. 172.

Verhalten wird von epigenetischen Regeln gelenkt. Epigenese, einst ein rein biologischer Begriff, steht für die Entwicklung eines Organismus unter dem kollektiven Einfluß von Erbmaterial und Umwelt. Die epigenetischen Regeln [...] sind die angeborenen Operationsweisen des Sinnessystems und Gehirns, sozusagen die Faustregeln, die es dem Organismus erlauben, schnelle Lösungen für Probleme zu finden, auf die er in der Umwelt stößt. Sie prädisponieren Individuen, die Welt auf bestimmte Weise wahrzunehmen und automatisch bestimmte Entscheidungen anderen vorzuziehen. Aufgrund dieser Regeln sehen wir zum Beispiel den Regenbogen in vier Grundfarben und nicht als ein Kontinuum von Lichtfrequenzen, vermeiden wir sexuellen Kontakt zu nahen Verwandten, sprechen in grammatikalisch zusammenhängenden Sätzen, lächeln Freunden zu und fürchten uns vor Fremden, wenn wir ihnen allein begegnen. Die typischerweise emotional gelenkten epigenetischen Regeln veranlassen das Individuum in allen Verhaltenskategorien zu jenen relativ schnellen und richtigen Reaktionen, die unsere Überlebens- und Reproduktionsfähigkeit am ehesten garantieren.[249]

Nun ist das Verhältnis zwischen Genen und Kultur kein einfaches. Es ist nicht etwa so, dass ein paar Gene eine bestimmte Kultur festlegen würden.

Das Kausalnetz der genetisch-kulturellen Evolution ist sehr viel komplizierter geflochten – und auch wesentlich interessanter. Tausende von Genen legen das Gehirn, den Sinnesapparat und all die anderen physiologischen Prozesse fest, die mit der materiellen und sozialen Umwelt interagieren, um die ganzheitlichen Fähigkeiten des Verstandes und damit Kultur zu produzieren. Und durch natürliche Auslese bestimmt letztlich die Umwelt, welche Gene die Präskription vornehmen.[250]

Bei der Interaktion zwischen Genen und Umwelt spielt die *Reaktionsnorm* eine bedeutende Rolle. Reaktionsnorm ist die Variationsbreite eines Merkmals, das von einer Gengruppe hervorgerufen wird, in allen bekannten Umwelten, in denen ein Organismus überleben kann.[251] Diese Reaktionsnorm findet sich „in jeder Kategorie der Humanbiologie [...] einschließlich des Sozialverhaltens."[252] Das heißt dieselbe genetische Struktur kann unter verschiedenen Umweltbedingungen ganz verschiedene Verhaltensweisen hervorrufen. Das Verhältnis zwischen Genen und Kultur wird aber noch weiter verkompliziert durch die Tatsache, dass kulturelle Merkmale viel flexibler sind und sich auf einem „Parallelgleis" schneller weiterentwickeln als genetische Merkmale.[253] Die Geschwindigkeit des kulturellen Wandels ist laut Wilson ein gutes Kriterium für die Länge der Leine zwischen Genen und Kultur: „Je schneller kulturelle Evolution stattfindet, um so lockerer ist die Verbindung zwischen Genen und Kultur, auch wenn sie niemals völlig abgebrochen wird."[254] Es ist die Kulturfähigkeit, die es dem Menschen ermöglicht, sich sehr schnell an Umweltveränderungen anzupassen, ohne dass diese Anpassung genetisch festgelegt sein muss. Das ist es, was ihn von anderen Tieren unterscheidet und was ihn so ungemein erfolgreich macht.

Mit der Erfindung der Metapher und neuer Bedeutungen hat Kultur zugleich ihr eigenes Leben begonnen. Um die *Conditio humana* wirklich zu begreifen, muß man den genetischen Beitrag ebenso verstehen wie den kulturellen – aber nicht auf die klassische natur- und geistes-

---

[249] Ebd., S. 258.
[250] Ebd., S. 184.
[251] Ebd., S. 185. Als Beispiel führt Wilson die Blattform des amphibischen Pfeilkrauts an. Wächst es auf dem Land, erinnert die Blattform an Pfeilspitzen, wenn es im Wasser wächst, ähneln die Blätter denen von Seerosen. Genetisch betrachtet gibt es allerdings keine Unterschiede.
[252] Ebd., S. 186.
[253] Ebd., S. 173. „Die genetisch-kulturelle Koevolution stellt eine spezifische Erweiterung des allgemeinen Evolutionsprozesses durch natürliche Auslese dar." D.h. Selektion findet auch auf anderen Ebenen statt.
[254] Ebd., S. 172.

wissenschaftliche Weise als etwas Getrenntes, sondern in Anerkennung der Realitäten der menschlichen Evolution als etwas Zusammengehöriges.[255]

Der Begriff der menschlichen Natur ist laut Wilson deshalb so schwer zu fassen, weil das Wissen um die epigenetischen Regeln bisher zu rudimentär ist. Die von Wilson beschriebenen Beispiele sind ja nur ein winziger Ausschnitt „aus der unendlichen Weite unserer geistigen Landschaft.“[256] Daher müssen die Theorien über die exakte Natur der genetisch-kulturellen Koevolution, so gesteht Wilson, leider noch Vermutungen bleiben.

Um der genetisch-kulturellen Koevolution auf die Spur zu kommen, fragt Wilson auf welche Weise das Gehirn des Menschen Kultur hervorbringt. Auf der Suche nach der Grundeinheit von Kultur folgt Wilson Endel Tulving (1972) und unterscheidet zwischen episodischem und semantischem Gedächtnis. Während das episodische Gedächtnis für die Speicherung und Wiedergabe der *Wahrnehmungen* von Personen und konkreten Objekten zuständig ist, ist das semantische Gedächtnis für *Bedeutungen* zuständig.

> Es verbindet Objekte und Ideen mit anderen, und zwar entweder direkt durch die im episodischen Gedächtnis gespeicherten Bilder oder durch die Symbole, die diesen Bilder[n] zugewiesen wurden. Da das semantische Gedächtnis auf Episoden aufbaut, veranlaßt es das Gehirn nahezu unablässig, andere Episoden abzurufen. Das Gehirn aber tendiert dazu, wiederholt auftretende Episoden einer bestimmten Art zu Begriffen zu verdichten, welche dann durch Symbole dargestellt werden.[257]

Begriffe sind sozusagen Knoten des semantischen Gedächtnisses, die durch Nervenaktivität im Gehirn verknüpft sind. Diese Knoten sind wiederum mit anderen Knoten verbunden, sodass eine Erinnerung die nächste abruft. Sie sind also nicht räumlich isoliert, sondern eher wie Schaltkreise, die sich über weite und sich überlappende Bereiche des Gehirns ausbreiten. Und sie erklären, so Wilson, wie das zustande kommt, „was wir 'Bedeutung' nennen“[258] und sind die natürlichen Elemente von Kultur.[259]

3.4.3 Kunst als Folge der Selbsterkenntnis

Der Mensch muss für seine Kulturfähigkeit, durch die er anderen Tieren überlegen ist, bis heute einen hohen Preis zahlen, „nämlich unsere erschreckende Fähigkeit zu Selbst-Erkenntnis, zum Wissen um die Tauglichkeit oder Untauglichkeit unserer eigenen Existenz und um das Chaos, das in unserer Welt herrscht.“ Diese epiphänomenale Erkenntnis hat den „Menschen aus dem Paradies vertrieben. Der *Homo sapiens* ist die einzige Spezies, die ein psychologisches Exil erdulden muß.“[260] Um mit dieser Erkenntnis fertig zu werden, erschuf er laut Wilson die Kunst,

---

[255]   Ebd., S. 219.
[256]   Ebd., S. 221.
[257]   Ebd., S. 181.
[258]   Ebd., S. 182.
[259]   Die Idee eine Grundeinheit der Kultur gibt es schon seit Jahrzehnten und es wurden verschiedene Namen dafür ersonnen. Der von Richard Dawkins geprägte Begriff „Mem“ ist für Wilson der Sieger und er verwendet ihn unter etwas engerer Bedeutung selbst. Mit Lumsden definiert er das Mem 1981 „den Knoten im semantischen Gedächtnis und dessen Wechselwirkung zur Gehirnaktivität. „Welcher Ebene dieser Knoten angehört – der begrifflichen oder am einfachsten zu erkennenden Grundeinheit, der vorschlagenden oder der schematischen –, bestimmt die Komplexität der Idee, des Verhaltens oder des Artefakts, zu deren kulturellem Überleben dieser Knoten wiederum beiträgt.“ (Ebd., S. 183.)
[260]   Ebd., S. 299f.

um die Kräfte, die für sein Überleben ausschlaggebend waren, wie z.B. Umwelt, Gruppensolidarität und Sexualität, auszudrücken und psychisch zu kontrollieren. „Kunst war das Mittel, um diese Kräfte zu ritualisieren und in einer neuen, simulierten Realität auszudrücken. Sie befand sich im vollkommenen Einklang mit der menschlichen Natur und folglich auch mit den emotionsgelenkten epigenetischen Regeln – Algorithmen – der geistigen Entwicklung." Bis in die Gegenwart wird nach Wilson die Qualität der Kunst daran gemessen, wir sehr sie die menschliche Natur anspricht. „Letztlich meinen wir genau das, wenn wir vom wahren und schönen der Kunst sprechen."[261]

3.4.4 Ethik

Für Wilson sind die jahrhundertelangen Debatten über den Ursprung von Ethik folgendermaßen zusammenzufassen: „Entweder sind ethische Gebote wie Gerechtigkeit und allgemeine Menschenrechte der menschlichen Erfahrung übergeordnet, oder sie sind Erfindungen des Menschen."[262] Diese Positionen stehen sich gegenüber und sind gegenwärtig noch eine Frage des Glaubens. Eine rationale Entscheidung für die eine oder andere Seite kann erst getroffen werden, „wenn die objektive Faktenlage ausreicht." Wilson ist selbstverständlich davon überzeugt, dass die Ethik letztendlich vollkommen durch Naturwissenschaft erklärt werden kann.[263] Die Konsequenzen der Entscheidung für die eine oder die andere Position sind laut Wilson sehr folgenreich für Menschenbild, Religionsautorität und Handlungslogik.[264] Erst einmal ist jedoch die Frage nach Gott von der gewählten ethischen Position unabhängig. Wilson beschreibt die beiden Optionen wie folgt: *„Ich glaube, daß moralische Werte dem Menschen übergeordnet sind, seien sie gottgegeben oder nicht*; versus *ich glaube, daß allein der Mensch moralische Werte schafft; Gott ist eine ganz andere Frage."*[265] Wie in der Formulierung der ersten Option (des Transzendentalismus wie Wilson sie nennt) deutlich wird, steht es ihren Befürwortern frei, an Gott zu glauben oder nicht. Auch wenn sich säkulare Philosophen erstmal radikal von Theologen unterscheiden mögen, so sind sie sich laut Wilson doch hinsichtlich ihres moralischen Denkens sehr ähnlich. In der Formulierung der zweiten Option (Empiristische Sichtweise) hat die Gottesfrage ebenfalls auf den ersten Blick nichts mit der menschlichen Moral zu tun.[266] Wilson macht kein Geheimnis daraus, dass er sich zu den Empiristen[267] zählt. Seine religiöse Einstellung beschreibt er tendenziell als deistisch, hält aber die Astrophysik dafür zuständig, über die Wahrheit der Gottesfrage zu entscheiden.[268] Möglicherweise könnte die Existenz solch eines unpersönlichen Gottes eines Tages „durch heute noch unvorstellbare

---

261 Ebd., S. 300f.
262 Ebd., S. 317.
263 Ebd.
264 Ebd.
265 Ebd., S. 318.
266 Wenn allerdings der Mensch als von Gott geschaffen gedacht wird, schafft Gott die moralischen Gesetze zumindest indirekt.
267 Aus empiristischer Sicht ist Ethik „die Summe eines Verhaltens, das so lange von einer Gesellschaft favorisiert wird, bis sie es schließlich zum Kodex erhebt. Solche Verhaltensweisen werden von ererbten geistigen Veranlagungen gelenkt – vom ‚Moralempfinden', wie es die Aufklärungsphilosophen nannten –, die zu großer Übereinstimmung in allen Kulturen führen, wenn auch mit einer jeweils eigenen, historisch bedingten Prägung. Und diese Kodizes beeinflussen ihrerseits in hohem Maße, welche Kultur zur Blüte kommt und welche nicht, unabhängig davon, ob sie von Außenseitern für gut oder schlecht befunden werden" (Ebd., S. 319).
268 Er sieht also im Gegensatz zu Pannenberg die menschliche Veranlagung zur Religiosität nicht im Zusammenhang mit der Gottesfrage.

materielle Fakten bewiesen werden."[269] Die Existenz eines theistischen, also eines persönlichen Gottes, der in das Schicksal von Mensch und Welt eingreift, sich offenbart und die organische Evolution lenkt, steht nach Wilsons Ansicht „zunehmend im Widerspruch zu den Erkenntnissen der Biologie und Hirnforschung."[270] Die bisherige Forschungslage weist nach Wilson also ganz klar in Richtung der Annahme eines materiellen Ursprungs unserer Ethik. Auch fügt sich die empiristische Position seiner Meinung nach besser als der Transzendentalismus in die vereinheitlichende Sicht ein, die er sich wünscht. Denn obwohl die empiristischen Theorien zum Ursprung der menschlichen Ethik noch nicht ganz perfekt sind, können sie doch die Faktenlage schon sehr gut erklären und zwar unter Verwendung „äußerst weniger frei-schwebender Prämissen."[271] Und auch wenn die empiristische Auffassung eine relativistische ist, muss sie deshalb noch nicht unverantwortlich sein. Gewissenhaft weitergeführt, kann sie ganz im Gegenteil auf sichererem Wege zu beständigeren moralischen Werten führen als der Transzendentalismus, der so Wilson, letzten Endes auch relativistisch ist.[272] Als Anhänger der empiristischen Argumentation geht Wilson davon aus, dass ein besserer, im Sinne von klüger und dauerhafterer Konsens hergestellt werden kann, wenn erst die biologischen Wurzeln des ethischen Empfindens vollständig bekannt und seine „systematischen Tendenzen" erklärbar sind.[273] Damit kann außerdem die gefährlichste Form religiöser Ethik bekämpft werden, die da lautet: *„Ich wurde nicht für diese Welt geboren.* In Erwartung eines Lebens im Jenseits kann alles Leid ertragen werden – vor allem natürlich das von anderen. Die natürliche Umwelt kann ausgebeutet, Glaubensfeinde können gefoltert und der Märtyrertod lobgepriesen werden."[274] Noch ist jedoch nicht entschieden, woran die Menschen glauben werden; der „Kampf um die Seele des Menschen" wird in unserem Jahrhundert ausgetragen. Ob der Transzendentalismus oder der Empirismus gewinnen wird, „hängt ganz davon ab, welche Weltanschauung sich schließlich als richtig erweisen oder welche zumindest weitestgehend als richtig *empfunden* wird."[275]

Dass die empiristische Auffassung über den Ursprung von Ethik eher auf Ablehnung stößt, liegt nach Wilson an ihrer „emotionalen Unzulänglichkeit". Menschen brauchen einfach mehr als vernünftige Argumente. Deswegen dominiert noch immer der Transzendentalismus das Nach-denken über Ethik und zwar nicht nur von Religionsgläubigen, sondern auch das der wohl meisten Sozial- und Geisteswissenschaftler, die ihr Denken von den Naturwissenschaften abzuschotten pflegen.[276] Laut Wilson braucht man für die Beurteilung von Ethik aber keine Sonderkategorie. Denn für ihn ist das Postulat des naturalistischen Fehlschlusses selbst ein Fehlschluss: „Wenn *Ist* nicht *Seinsollendes* ist, was dann? *Ist* in *Seinsollendes* zu übersetzen ergibt dann einen Sinn, wenn wir uns an die objektive Bedeutung von ethischen Normen halten."[277] Für Wilson ist es ziemlich sicher, dass es sich bei ethischen Normen nicht um

---

[269] Ebd., S. 320.
[270] Ebd.
[271] Ebd., S. 321.
[272] Wilson betont explizit, dass er auch Unrecht haben kann.
[273] Ebd., S. 319.
[274] Ebd., S. 327.
[275] Ebd., S. 320.
[276] Ebd., S. 332.
[277] Ebd., S. 333. „Ist die Weltanschauung der Empiristen richtig, dann ist Seinsollendes nur die Verkürzung einer bestimmten faktischen Aussage, ein Begriff für das, was eine Gesellschaft zuerst für gut befand (oder zu

„himmlische Botschaften" oder um eine irgendwie anders geartete Wahrheit, „die durch die immaterielle Dimension des Verstandes pulsieren. Sehr viel wahrscheinlicher ist, daß es sich um physikalische Produkte von Gehirn und Kultur handelt."[278]

Während bei der transzendentalen Sicht die ethischen Gebote gegeben sind, dreht die empiristische Sicht die Begründungskette um: „Das Individuum ist biologisch dazu veranlagt, bestimmte Entscheidungen zu treffen. Durch die kulturelle Evolution erhärten sich diese Entscheidungen erst zu Normen, dann zu Gesetzen und schließlich, wenn Veranlagung und Zwang stark genug sind, zum Glauben an die Gewalt Gottes oder die natürliche Ordnung des Universums."[279] Ihre Funktion ist es, einige Triebe der menschlichen Natur vor anderen auszuzeichnen und andere zu unterdrücken. Das, was sein soll, ergibt sich nun laut Wilson aber nicht einfach aus der Natur des Menschen, „sondern aus dem öffentlichen Willen, der um so klüger ist, je verständlicher ihm die Bedürfnisse und Fallgruben der menschlichen Natur verdeutlicht wurden."[280] Die moralischen Normen sind dabei nicht in Stein gemeißelt, sondern können verändert werden. Verbotenes kann liberalisiert werden und Heiliges kann entsakralisiert werden. Daraus wiederum entsteht ein Bedarf an neuen Normen, und ihre Art ist laut Wilson noch ungewiss. Über die Eigenschaften des Findungsprozesses ist sich Wilson jedoch ganz gewiss: „er wird demokratisch sein und den Zusammenprall von rivalisierenden Religionen und Ideologien dämpfen. Die Geschichte bewegt sich ganz entschieden in die Richtung, und der Mensch ist seiner Natur nach viel zu intelligent und streitbar, um sich mit weniger zu begnügen."[281] Aber weil alter Glaube selbst dann schwer aufzugeben ist, wenn man weiß, dass er falsch ist, wird dieser Prozess, so Wilson, noch sehr lange dauern. Das menschliche Moralempfinden, das als Quelle für ethische Entscheidungen dient, leitet sich nach Wilson also wie anderes Sozialverhalten auch von emotional bedingten epigenetischen Regeln ab. Dabei liegt der „Ursprung des Moralinstinkts [...] in der dynamischen Beziehung von Kooperationsbereitschaft und Treuebruch."[282] Jeder Mensch, Psychopathen ausgenommen, hat diese epigenetischen Regeln, also die moralische Stimme in sich. Gewissen, Reue, Empathie, Selbstachtung, Bescheidenheit, Scham und moralische Entrüstung führen somit durch kulturelle Evolution zu Konventionen und universellen Werten wie „Ehre, Patriotismus, Altruismus, Gerechtigkeit, Mitgefühl, Barmherzigkeit und Selbstlosigkeit."[283]

3.4.5 Religion

Für Wilson entwickelte sich Religion im Zusammenhang mit dieser ethischen Verhaltensgrundlage. Ihre Funktion war es, moralische Normen zu rechtfertigen und zu sakralisieren. Aber

---

befinden gezwungen war) und dann kodifizierte. Damit wird der ‚naturalistische Trugschluß' auf ein naturalistisches Dilemma reduziert, dessen Auflösung nicht schwierig ist – was sein soll ist das Ergebnis eines Prozesses. Mit dieser Definition ist der Weg zu einer objektiven Erkenntnis des Ursprungs von Ethik geebnet." (Ebd., S. 335)

[278] Ebd., S. 333. Diese verstörenden Ausführungen Wilsons legen die Vermutung nahe, dass er nicht recht verstanden hat, wovon er schreibt. Dass er nicht zwischen Humes Gesetz und naturalistischem Fehlschluss unterscheidet, ist dabei noch am wenigsten problematisch. Er scheint den Unterschied zwischen deskriptiven und normativen Aussagen nicht verstanden zu haben.

[279] Ebd., S. 334.

[280] Ebd.

[281] Ebd., S. 341.

[282] Ebd., S. 335.

[283] Ebd., S. 337.

die Bedeutung von Religion geht weit darüber hinaus: Weil wir uns unserer selbst bewusst sind, uns nach fortdauernder Existenz sehnen und uns klar ist, dass unser Körper nicht ewig leben wird, stellen wir uns vor, dass es ein geistiges Weiterleben gibt. Außerdem hilft die Religion auch dieses Leben zu verstehen, ihm einen Sinn zu verleihen, sowie das Gefühl zu verschaffen, es zu kontrollieren. „Dogmen entspringen denselben kreativen Quellen wie Wissenschaft und Kunst und haben ebenfalls das Ziel, dem Chaos der materiellen Welt Ordnung abzuringen."[284] Die Glaubenszugehörigkeit und die Zugehörigkeit einer durch Regeln und Ziele vereinten Gruppe hatten einen selektiven Vorteil auf genetischer Ebene. Denn auch wenn sich der Einzelne einmal für seine Gemeinschaft opfert, profitiert er doch durchschnittlich von der Solidarität der anderen Gruppenmitglieder. Gruppen, in denen es an Opferbereitschaft und Zusammenhalt mangelt, werden wahrscheinlich auf Sicht gegen solch solidarisch-starke Gruppen unterliegen.[285] Es gibt aber noch andere Merkmale, die im Zusammenhang mit Religion stehen und die wissenschaftlich - in diesem Falle soziobiologisch - erklärbar sind. Z.B. ist der Mensch „getreu seinem Primatenerbe [...] leicht durch selbstsichere, charismatisch und vor allem männliche Führungspersönlichkeiten verführbar."[286] Doch auch hier geht laut Wilson das menschliche Streben nach der Zugehörigkeit zum großen Ganzen allerdings über seine „äffischen Gefühle" hinaus. Die menschliche Seele dürstet nach Gemeinschaft und danach Teil von etwas zu sein. Menschliches „Glück ist sich in etwas Vollständigem und Großen aufzulösen."[287] Die mystische Vorstellung Teil eines Ganzen zu sein, ist ein „authentisches Produkt des menschlichen Geistes", das ernste Fragen an „Transzendentalisten" und „Naturwissenschaftler" stellt.[288] Der Transzendentalismus ist deshalb immer noch so verbreitet, weil er sich einfach richtig anfühlt. Wilson führt das auf einen „psychischen Reichtum" zurück, der dann besonders groß ist, wenn er mit Religion verbunden ist. Dagegen wirkt der Empirismus, wenn vielleicht auch rational überzeugend, gefühlt doch „steril und unzugänglich". Und so kommt es, dass sich bei der Sinnsuche der transzendentalistische Weg, wie Wilson ihn nennt, als der einfachere anbietet. „Deshalb gewinnt der Empirismus den Verstand, der Transzendentalismus aber noch immer die Herzen. Der Wissenschaft ist es schon immer gelungen, religiöse Dogmen Punkt für Punkt zu widerlegen, wo es zu einem Konflikt kam. Aber genützt hat es noch nie etwas."[289] Das liegt nach Wilson an der Entwicklung des menschlichen Geistes, der sich so entwickelt hat, dass er an Götter glaubt und nicht an die Biologie. Religiöser Glaube war in der Menschheitsgeschichte von großem Vorteil. Die Wissenschaft ist dagegen „ein Produkt des modernen Zeitalters". Deswegen reagiert der menschliche Geist nicht in der gleichen Art und Weise darauf, wie auf religiöse Inhalte. Es ist keine Reaktion darauf genetisch disponiert.

---

284   Ebd., S. 342.
285   Ebd., S. 343. "Die mathematischen Modelle der Populationsgenetik legen folgende Regel für die evolutionären Ursprünge dieser Art von Altruismus nahe: Wenn Altruismusgene die Überlebens- und Reproduktionschance der Gruppe [erhöhen], wird die Häufigkeit dieser Gene in allen Populationen, auch den konkurrierenden, zunehmen. Um diese Logik noch einmal so deutliche wie möglich zu formulieren: Das Individuum bezahlt, seine Gene und sein Stamm gewinnen." (Ebd.)
286   Ebd., S. 346.
287   Ebd., S. 347.
288   Ebd.
289   Ebd., S. 348.

Wilson ist nun der Ansicht, dass die wissenschaftliche Überzeugung einerseits und die religiöse anderseits nicht miteinander kompatibel sind. Daraus folgt, dass diejenigen, welche sich sowohl nach intellektueller als auch nach religiöser Wahrheit sehnen, immer auf einer Seite unbefriedigt bleiben werden.[290] Für Wilson gibt es auch keinen Weg aus diesem spirituellen Dilemma der Menschheit, das er darin begründet sieht, dass wir an eine Wahrheit glauben, aber eine andere entdeckt haben. Der Widerspruch zwischen transzendentalistischer und empiristischer Weltanschauung ist seiner Ansicht nach nicht zu lösen. Die gute Nachricht ist aber: Die Entscheidung für eine der beiden Sichtweisen muss nicht willkürlich bleiben, weil ihre Prämissen immer strenger am ständig anwachsenden Wissen geprüft werden können. „Es gibt eine biologische Basis für unsere Natur, und die ist für Ethik ebenso relevant wie für Religion."[291] Deshalb vermutet Wilson, dass die weitere Forschung die Vorstellung eines genetisch-evolutionären Ursprungs von Religion und Ethik bestätigen wird. Weiter wird die empiristische Position bestärkt, sollte sich die Theorie der genetisch-kulturellen Koevolution bewähren. Wenn sich andererseits aber herausstellt, dass es keine Verbindung zwischen moralischen Verhaltensweisen, religiösen Gefühlen und biologischer Entwicklung zeigen lässt, muss man sich wohl von der empiristischen Vorstellung verabschieden. Doch für Wilson deutet alles darauf hin, dass dies nicht der Fall ist.

Das ist jedoch nur die rationale Seite der Angelegenheit. Der Mensch kann, so Wilson, nicht ohne seine Götter leben. Er muss das Gefühl haben, dass es für alles einen höheren Sinn gibt, auch wenn dieser noch so stark intellektualisiert sein mag. „Der Mensch wird sich nicht der Hoffnungslosigkeit animalischer Sterblichkeit unterwerfen. Er wird immer fragen: ‚Und nun, Herr, worauf soll ich hoffen?' Er wird eine Möglichkeit finden, die Geister seiner Vorfahren am Leben zu erhalten."[292] Die Lösung dieses Problems liegt für Wilson nun darin, die Evolutionsgeschichte als Epos zu betrachten. Ihre materielle Realität ist inhaltsreicher als alle Kosmologien zusammen und sie trägt auch zum Selbstverständnis des Menschen bei:

> Sie [die Evolutionstheorie] hat uns erkennen lassen, daß die Spezies *Homo sapiens* weit mehr ist als nur eine Ansammlung aus Stämmen und Rassen. Wir sind ein einzigartiges genetisches Sammelbecken, aus dem jeder Mensch in jeder Generation hervorgeht und in dem sich jeder in der nächsten Generation wieder auflöst – alle auf ewig vereint durch das gemeinsame Erbe und die gemeinsame Zukunft. Dies sind auf Fakten basierende Erkenntnisse, aus denen neue Deutungen der Unsterblichkeit abgeleitet und neue Mythen gebildet werden können.[293]

Eine moderne Religion muss sich zumindest bemühen, die wissenschaftlichen Erkenntnisse in ihre Lehren sinnvoll einzubinden, um „die höchsten Werte der Menschheit so zu kodifizieren und in bleibende dichterische Form zu bringen, daß sie mit dem empirischen Wissen in Einklang stehen."[294] Ein Glaube, dessen Inhalte zusammenhanglos neben der Wissenschaft stehen oder ihr gar widersprechen, reicht heute nicht mehr aus. Wilson ist allerdings überzeugt, dass es letztendlich zur Säkularisierung der Religion kommen wird. Dennoch ist im offenen

---

[290] Ebd., S. 348f.
[291] Ebd., S. 351.
[292] Ebd., S. 352.
[293] Ebd., S. 353.
[294] Ebd.

Dialog „unbedingte intellektuelle Exaktheit, und zwar in einer Atmosphäre des gegenseitigen Respekts" geboten.[295]

3.4.6 Die Bedeutung der Einheit des Wissens

Die Förderung der Einheit des Wissens ist für Wilson von großer Bedeutung. Nur sie kann die Frage danach beantworten, wo wir herkommen, wer wir sind, wie wir uns in der Zukunft entscheiden sollen, wo wir hingehen werden und wozu all unsere Sehnsüchte und Widersprüche gut sind. Weder Theologie noch Philosophie haben darauf bisher befriedigende Antworten gegeben.[296] Diese Fragen werden aber dringlicher. Denn durch den wissenschaftlichen Fortschritt wird der Mensch immer schwerwiegendere Entscheidungen treffen müssen, unter anderem auch die Frage in welche Richtung er sich selbst verändern und ob er das mithilfe von genetischer Manipulation tun möchte.[297] Dazu muss er jedoch wissen, wer er ist und wer er sein will.

Die Frage nach dem „kollektiven Sinn und Zweck" wird dringender. Die menschliche Kulturentwicklung hat den gesamten Planeten in Mitleidenschaft gezogen. Die Menschheit muss „Inventur machen und nach einer neuen Umweltethik suchen".[298] Auch für diese Aufgabe spielt das Selbstbild des Menschen eine Rolle. Betrachtet man die Umweltdebatten, lassen sich laut Wilson zwei gegensätzliche Menschenbilder ausmachen:

> Unser naturalistisches Selbstbild geht davon aus, daß wir in einer hauchdünnen Biosphäre gefangen sind, wo tausend Höllen, aber nur ein einziges Paradies vorstellbar sind. Wir idealisieren die Natur und versuchen, die materielle und biotische Umwelt wiederzuerschaffen, welche einst die Wiege der Menschheit war. Nur weil Körper und Geist des Menschen genau an diese Welt mit all ihren Versuchungen und Gefahren angepaßt wurden, halten wir sie für so schön. In dieser Hinsicht bestätigt der *Homo sapiens* das Prinzip der organischen Evolution überdeutlich – jede Spezies zieht es zu der Umwelt, in der sich ihre Gene selbst zusammensetzten; man nennt das die ‚Lebensraumentscheidung'. Denn nur dort ist unser Überleben und geistiger Friede so gesichert, wie es unsere Gene für uns vorgesehen haben. Es ist daher höchst unwahrscheinlich, daß wir jemals einen anderen Ort so schön finden oder uns eine andere Heimstatt vorstellen können als diesen blauen Planeten, wie er war, bevor wir ihn zu verändern begannen. [...] Das kontrastierende Selbstbild – im Übrigen auch das Leitthema der abendländischen Zivilisation – geht davon aus, daß der Mensch ein Vorrecht habe. Demnach existiert unsere Spezies neben der von ihr beherrschten Natur. Wir sind ausgenommen von den eisernen Gesetzen der Ökologie, an die alle anderen Spezies gebunden sind. Unser Expansionsdrang unterliegt nur wenigen Beschränkungen, die wir mit unserem Sonderstatus und unserer Erfindungsgabe nicht überwinden könnten. Wir haben das Vorrecht, das Angesicht der Erde zu verändern und eine bessere Welt als die unserer Vorfahren zu erschaffen.[299]

Wilson nennt den so beschriebenen Menschen *Homo proteus*, den „umgestaltenden Menschen" und er hält dieses Menschenbild für fatal. Einfach zur natürlichen Lebensweise

---

295 Ebd.
296 „Wozu dienen all die besonderen Merkmale unserer Spezies, all unsere Plackerei und Sehnsüchte, das Streben nach Ehrlichkeit, Ästhetik, unsere Exaltiertheit, Liebe Haß und Verrat, unser Scharfsinn, unsere Hybris, Bescheidenheit, Scham und unsere Dummheit?" Die Frage nach dem Sinn hinter den „idiosynkratischen Aktivitäten unserer Spezies" wurde von der Theologie nicht befriedigend beantwortet. Und auch die Philosophie hat sich nicht besser angestellt. „Ihre verworrenen Geistesübungen und ihre professionelle Zaghaftigkeit haben die moderne Kultur an Sinn verarmt zurückgelassen." (Ebd., S. 359)
297 Ebd., S. 165f.
298 Ebd., S. 370.
299 Ebd.

zurückzukehren kann aber auch nicht die Lösung sein. Deswegen müssen sich die Wissenschaftler zusammensetzen um die Richtung auszumachen, in die es gehen soll. Und genau dafür ist die Vernetzung des Wissens unabdingbar. Als Ziel sieht Wilson die Verbesserung der Lebensqualität aller Menschen an. „Niemand kann ernsthaft in Frage stellen, daß eine bessere Lebensqualität allen Menschen zusteht und dies das unanfechtbare Ziel der gesamten Menschheit ist."[300] Dafür muss aber dringend ein intelligenter und verantwortungsvoller Umgang mit Ressourcen, eine Umweltethik entwickelt werden.[301] Nach Wilson befinden wir uns in einem ökologischen Engpass und müssen fest daran glauben, dass wir am anderen Ende zu einem besseren Zustand finden, als wir ihn jetzt haben. Und dabei dürfen wir auch den Rest der Schöpfung nicht vergessen, für den wir große Verantwortung tragen. Wir „müssen die Schöpfung wahren, indem wir soviel anderes Leben mit uns nehmen wie nur möglich."[302] Denn jede Spezies ist laut Wilson, wie wir selbst, ein „Meisterwerk der Evolution", das es wissenschaftlich zu erkunden gilt. Nur die wissenschaftliche Methode kann uns durch diesen ökologischen Engpass führen; es gibt keinen Gott, der uns dabei helfen würde. Die Vernetzung des Wissens ist daher von allergrößter Bedeutung für unsere Zukunft.

> Homo sapiens hat sich wie das gesamte übrige Leben selbst zusammengesetzt. Hier stehen wir nun, und niemand hat uns hierher geführt, niemand blickt uns über die Schulter, und unsere Zukunft hängt allein von uns selbst ab. Doch nachdem wir uns der Autonomie des Menschen nun bewußt geworden sind, sollten wir uns auch eher in der Lage fühlen, darüber nachzudenken, wohin wir gehen wollen. Da reicht es nicht, wenn wir uns auf die Aussage zurückziehen, daß sich die Geschichte anhand viel zu komplexer Prozesse entwickelt, als daß sie reduktionistisch analysiert werden könnte. Das ist die weiße Fahne der säkularen Intellektuellen, das moderne und bequeme Äquivalent zum ‚Willen Gottes'.[303]

Um von ultimativen Zielen sprechen zu können, ist es nach Wilson allerdings noch zu früh. „Es reicht schon völlig, wenn wir den *Homo sapiens* nur endlich zur Ruhe bringen und ihm zu seinem Glück verhelfen, ohne unseren Planeten dabei ganz zu zerstören."[304] Und dazu ist es nötig seine Bedürfnisse zu erkennen, was nur durch die Erforschung der menschlichen Natur möglich ist. Wilson ist der Ansicht, dass wir „die Ära eines neuen Existentialismus" betreten haben. Er schreibt dem Individuum nicht - wie sein alter und absurder Vorgänger - totale Autonomie zu, sondern vertritt die Position, dass „eine korrekte Voraussicht und weise Entscheidungen nur durch universales, ganzheitliches Wissen möglich sind."[305]

> Im Zuge dieser Erkenntnisse werden wir uns bewußt werden, daß Ethik das fundamentalste aller Prinzipien ist. Im Gegensatz zum Geselligkeitstrieb von Tieren basiert die soziale Existenz des Menschen auf dem genetischen Hang, langfristige Verträge einzugehen, die mittels Kultur in moralische Werte und Gesetze übersetzt werden. Die Regeln für diese Vertragsbildung wurden der Menschheit weder von oben aufoktroyiert, noch entwickelten sie sich nach einem hirn-mechanistischen Zufallsprinzip. Sie entstanden im Laufe von Zehntausenden oder gar Hunderttausenden von Jahren, weil sie auf die Gene, die diese Regeln selber festlegen, Überlebenschancen und damit die Möglichkeit übertrugen, auch noch in künftigen Generationen vorhanden zu sein. Wir

---

[300] Ebd., S. 389.
[301] Ebd., S. 386f. „Unser aller Ziel muß die Weiterentwicklung unserer Ressourcen und die Verbesserung der Lebensqualität von allen Menschen sein, die durch das unbekümmerte Bevölkerungswachstum auf die Erde gezwungen werden."
[302] Ebd., S. 390.
[303] Ebd., S. 396f.
[304] Ebd., S. 397.
[305] Ebd.

sind keine umherirrenden Kinder, die immer mal wieder sündigen und ein Gebot übertreten, das uns von höherer Stelle gegeben wäre. Wir sind Erwachsene, die selber herausgefunden haben, welche Verträge für unser Überleben nötig sind, und die selber die Notwendigkeit eingesehen haben, daß die Einhaltung solcher Verträge mit heiligen Eiden beschworen werden muß.[306]

Wilson ist überzeugt, dass die Suche nach neuen Wegen bei einem existentiellen Konservatismus enden wird.

> Denn wir sind aufgefordert, uns ständig die Frage zu stellen: Wo liegen unsere tiefsten Wurzeln? Allem Anschein nach sind wir schmalnasige Altweltprimaten, auf brillante Weise aufstrebende Tiere, genetisch durch unsere einzigartige Entstehungsgeschichte definiert, mit einem neuentdeckten biologischen Genius gesegnet und ohne Feinde auf unserer Heimatstatt Erde, sofern wir uns keine suchen. Was bedeutet das alles? Das ist alles, was es bedeutet.[307]

---

[306] Ebd., S. 397.
[307] Ebd., S. 398.

3.5 Die Soziale Eroberung der Erde und die Bedeutung des menschlichen Lebens

Auch fünfzehn Jahre später noch ist Wilson mit dem Ausbau seines Menschenbildes beschäftigt, in das er nun seine neuen Erkenntnisse einfügt und damit erneut für Aufsehen sorgt. „Kein Geheimnis des geistigen Lebens ist schwerer zu fassen und heißer begehrt als der Schlüssel zum Verständnis der menschlichen Natur".[308] Was sind wir? Woher kommen wir? Wohin gehen wir? Das sind die Fragen, die Wilson noch immer umtreiben und er ist nach wie vor überzeugt davon, dass Religion niemals Antworten darauf finden kann, aber sie ist ein entscheidender Teil der genetischen Ausstattung des Menschen. Die Konflikte zwischen den hominiden Stämmen, bei denen von jeder Seite aus die Gläubigen gegen die Ungläubigen kämpfen, spielte eine wichtige Rolle bei der Formung des menschlichen Geistes. Zur Erkenntnis der Wahrheit taugen religiöse Schöpfungsmythen dennoch nicht.[309] Der Mythos ist im Gefühl verankert und nicht im Verstand. Darin sieht Wilson den Grund, weshalb Religion Ursprung und Sinn des menschlichen Lebens nicht erklären kann. „Umgekehrt aber funktioniert es: Die Offenlegung von Ursprung und Sinn der Menschheit kann womöglich Ursprung und Sinn der Mythen erklären und damit den Kern der organisierten Religion."[310] Für Wilson steht es dabei immer noch fest, dass der Versuch einer Erklärung aus rationaler Vernunft und der mythische Erklärungsversuch sich ausschließen und keinesfalls vereinbaren lassen. „Ihr Gegensatz definiert den Unterschied zwischen Wissenschaft und Religion, zwischen empirischer Arbeit und Glaube an das Übernatürliche."[311] Durch Nachdenken allein ist der Frage nach dem einen Ursprung und Sinn des menschlichen Lebens auch nicht beizukommen. Das liegt laut Wilson ganz einfach daran, dass das Gehirn sich im Kampf ums Dasein herausgebildet hat und die Funktion des Bewusstseins das Überleben und nicht die Selbsterforschung ist. Um das „Mysterium" zu durchschauen, braucht es die Vernetzung des Wissens aus Natur- und Geisteswissenschaften, sodass die Entwicklung des menschlichen Geistes, der menschlichen Natur und ihre Entstehungsbedingungen, rekonstruiert werden kann.[312]

Wie die Religion, so kann auch die Philosophie laut Wilson „das große Rätsel" nicht lösen. Er sieht die Philosophiegeschichte als eine Aneinanderreihung gescheiterter Erkenntnismodelle. So bleibt nur noch die Naturwissenschaft, um sich des Rätsels der menschlichen Natur anzunehmen. Und die hat laut Wilson auch schon einiges geleistet; sie hat z. B. eine echte Schöpfungsgeschichte der Menschheit geschaffen, die immer detaillierter wird und sich immer wieder bewähren muss. Wilson will in seinem Buch zeigen, dass die Fortschritte der Wissenschaft Grund zur Hoffnung geben, die Fragen nach unserer Herkunft und unserer Natur bald beantworten zu können. Für die Antwort, warum sozial höher entwickeltes Leben überhaupt existiert, müssen Informationen aus Molekulargenetik, Neurowissenschaft,

---

[308] Wilson, 2013, S. 7.
[309] Ebd., S. 15. Die Schöpfungsgeschichte sorgte dafür, dass die Mitglieder eines Stammes eine einheitliche Identität erhielten, „verfügte ihre Treue, stärkte die Ordnung, gewährte das Gesetz ermunterte zu Heldenmut und Opferbereitschaft und bot einen Sinn für die Zyklen von Leben und Tod. Kein Stamm konnte lange überleben ohne Sinn für seine Existenz, der von einer Schöpfungsgeschichte definiert wurde." (Ebd., S. 16)
[310] Ebd., S. 16.
[311] Ebd., S. 17.
[312] Ebd., S. 18.

Evolutionsbiologie, Archäologie, Ökologie, Sozialpsychologie und Geschichte miteinander vernetzt werden.[313]

3.5.1 Menschen und Ameisen

Um das menschliche Sozialverhalten besser zu verstehen, macht es laut Wilson Sinn, sich andere hochsoziale Lebewesen, die Ameisen, und ihre Entwicklungsgeschichte anzusehen, um Gemeinsamkeiten und Unterschiede bei den beiden „Pfaden der Eroberung" herauszustellen.[314] Der Mensch ist, wie auch die Ameisen, nach biologischer Definition ein eusoziales Lebewesen: „Seine Verbände umfassen mehrere Generationen, und deren Mitglieder neigen im Rahmen ihrer Arbeitsteilung zu altruistischen Handlungen."[315] Das hat der Mensch mit den Ameisen gemeinsam. Aber es gibt auch enorme Unterschiede, abgesehen von der Einzigartigkeit von Sprache und Kultur. Die prinzipielle Fortpflanzungsfähigkeit jedes menschlichen Individuums macht den größten Unterschied zu den Ameisen aus. Dazu kommt, dass Menschen nicht nur unter Familienmitgliedern miteinander kooperieren, sondern auch mit Mitgliedern anderer Stämme. Die menschlichen Vorfahren mussten einander daher in „feinen Abstufungen bewerten können", ganz anders als die instinktgetriebenen Insekten. Dafür wurde immer höhere Intelligenz erforderlich: Empathie musste ausgebildet, die Emotionen der anderen eingeschätzt, die Absichten der anderen mussten beurteilt und die eigene soziale Strategie musste überlegt werden.

> So kam es, dass das menschliche Gehirn zugleich höchst intelligent und äußerst sozial wurde. Es musste in der Lage sein, rasch gedankliche Szenarien für persönliche Beziehungen zu erstellen, und das sowohl für kurz- als auch für langfristige Beziehungen. Das Gedächtnis musste weit in die Vergangenheit zurückreichen, um alte Szenarien abrufen zu können, und weit in die Zukunft vorausgreifen, um die Folgen jeder Beziehung abschätzen zu können. Die Entscheidungsmacht über alternative Handlungspläne übernahmen die Amygdala und andere emotionssteuernde Kerngebiete des Gehirns und des vegetativen Nervensystems. Damit war die Natur des Menschen geboren, mit ihrem Egoismus und ihrer Selbstlosigkeit – zwei Impulsen, die oft in Konflikt miteinander stehen.[316]

Wilson vergleicht die Bedingungen für das Entstehen von Eusozialität bei Menschen und Ameisen und kommt zu dem Schluss, dass sich Physiologie und Lebenszyklen der Vorfahren von Mensch und Ameise stark unterscheiden. Anders als beim Menschen war für die Entstehung des eusozialen Verhaltens eine hohe Intelligenz keine Voraussetzung.

---

[313] Ebd., S. 19.
[314] Ebd.: „Obwohl diese kleinen Geschöpfe sich von uns in vielerlei Hinsicht radikal unterscheiden, wirft ihre Herkunft und Geschichte ein Licht auch auf unsere eigene." Denn die Seltenheit der Eusozialität stellt der Evolutionsbiologie ein ungelöstes Rätsel dar. Warum gibt es Eusozialität nicht häufiger und warum trat sie erst so spät in Erscheinung? Laut Wilson sind heute etwa 2600 taxonomische Familien von Insekten und anderen Gliederfüßern bekannt. Und nur in 15 Familien davon sind eusoziale Arten bekannt. „Sechs davon sind Termiten, die offenbar alle von demselben eusozialen Vorfahren abstammen. Eusozialität entwickelte sich einmal bei Ameisen, dreimal unabhängig voneinander bei Wespen und mindestens viermal – wahrscheinlich noch häufiger, aber das ist schwer zu bestimmen – bei Bienen." Bei Wirbeltieren ist die Eusozialität noch seltener anzutreffen. Sie findet sich zweimal bei Nacktmullen und einmal in der menschlichen Abstammungslinie und zwar erst vor 3 Millionen Jahren. Als nahe an der Eusozialität nennt Wilson einige Vogelarten mit „Helfern am Nest" und Afrikanische Wildhunde, bei denen das Alphaweibchen im Nest bleibt, um sich um die Jungen zu kümmern, während das Rudel jagen geht.
[315] Ebd., S. 27.
[316] Ebd., S. 28f.

Die Insektenkönigin konnte mit reinem Instinktverhalten eine automatenhafte Nachkommenschaft produzieren; die Vormenschen mussten dazu auf Bindung und Kooperation zwischen Individuen zurückgreifen. Insekten konnten durch individuelle Selektion an der Linie der Königin die Eusozialität ausbilden; bei den Vormenschen bestand die Evolution zur Eusozialität in einem Wechselspiel der Selektion auf der Ebene der Individuen und auf der Ebene der Gruppe.[317]

3.5.2 Entwicklungsschritte auf dem Weg zur menschlichen Natur

Jeder Schritt in der Evolutionsgeschichte, die zur Natur des Menschen geführt hat, lässt sich als Präadaption interpretieren. Damit will Wilson nicht unterstellen, dass es die menschliche Natur das Ziel der Entwicklung war. Jeder Schritt muss als eigenständige Adaption betrachtet werden, als Wirkung der natürlichen Selektion in den jeweils vorherrschenden Bedingungen.[318] Für die Entstehung der menschlichen Eusozialität waren unzählige solcher Präadaptionen notwendig. Wilson vergleicht die Entwicklung mit einem Labyrinth, in dem sich immer wieder neue Möglichkeiten eröffnen oder verschließen. Die erste Präadaption war die Großfamilie zusammen mit der im Vergleich zu den sozialen Insekten eingeschränkten Mobilität. Die zweite die Spezialisierung auf das Leben in Bäumen, durch die sich die Funktion des Greifens entwickelte, die durch den opponierbaren Daumen noch effizienter wurde.[319] Weiter bildeten sich flache Nägel und Hautleisten an den Handflächen und Fußsohlen aus, die das Greifen unterstützten und Druckrezeptoren, die für einen verbesserten Tastsinn sorgten. So konnten die Hände der frühen Primaten zum Pflücken und zerteilen von Früchten eingesetzt werden. Durch das Laufen auf den Hinterbeinen wurden die Hände frei, um Nahrung zu transportieren. „Vielleicht als Zugeständnis an die relativ komplexe, flexible Art der Futterbeschaffung und zugleich an die dreidimensionale, offene Vegetation ihres Lebensraumes bildeten die frühen vormenschlichen Primaten ein größeres Gehirn aus."[320] Dann begannen einige der vormenschlichen Primaten auf dem Boden zu leben. Das war die nächste Präadaption, „eine weitere glückliche Kehre im Labyrinth der Evolution".[321] Indem sie permanent auf zwei Füßen liefen, konnten sie ihre Hände für andere Zwecke verwenden. Nach der Trennung von der Abstammungslinie der Schimpansen wurde der Körperbau der Australopithecina entsprechend zum aufrechten Gang umstrukturiert.

Eine weitere Präadaption auf dem Weg zur Eusozialität war die Fähigkeit Feuer zu machen. Durch zufällige Brände entdeckten die Vormenschen die im Feuer umgekommenen, fertig gebratenen Tiere, deren Fleisch sich leicht von den Knochen lösen ließ.[322] Das Feuer scheint eine Schlüsselfunktion auf der Reise zur modernen Natur des Menschen zu sein. Anderen Tieren ist die Beherrschung des Feuers versagt, weil sie nicht die nötigen Voraussetzungen (Präadaptionen) aufwiesen. Der nächste Schritt war die Gruppierung an Lagerstätten, die Wilson mit Nestern vergleicht. „Ausnahmslos alle Tierarten, die Eusozialität praktizieren, bauten zunächst Nester, die sie gegen Feinde verteidigten."[323] Auch hier gilt: Anderen

---

[317] Ebd., S. 32.
[318] Welche Umstände zu bestimmten Entwicklungen geführt haben, bleibt bei Wilson offen. Er beschreibt einfach nur, was nacheinander geschehen sein mag und nicht die Ursache der Adaptionen. (Ebd., S. 40)
[319] Ebd., S. 35.
[320] Ebd., S. 36f.
[321] Ebd., S. 37.
[322] Ebd., S. 43.
[323] Ebd., S. 44.

nestbauenden Arten, wie z.B. Vögeln, fehlen die nötigen Voraussetzungen zur Entwicklung von Eusozialität. Sie haben Krallen und Schnäbel und können daher nicht so gewandt mit Werkzeug umgehen.[324]

Was führte dazu, dass die Homini immer größere Gehirne entwickelten? Wilson beantwortet diese Frage wieder mit einer Geschichte der Präadaptionen. Ein Schritt war die Aufnahme von Fleisch in den Speiseplan. Wahrscheinlich war dies der *Homo habilis* vor ca. 1,8 Millionen Jahren, der zwar nicht zweifelsfrei als direkter Vorfahre des *Homo sapiens* feststeht, aber wesentliche Merkmale besaß, welche die Lücke zu den weiter entwickelten Menschenarten schließen kann, die als sicher als Vorfahren des modernen Menschen feststehen. Der *Homo habilis* hat schon ein größeres Hirnvolumen als die Australopithecina, wenn auch nur halb so groß wie das des modernen Menschen. Die Untersuchung der Homini-Arten, die vor zwei bis drei Millionen Jahren in Afrika gelebt haben, sieht Wilson als entscheidend zur Erklärung der Natur des Menschen an. Denn die Veränderungen, die sich an den gefundenen Schädeln ausmachen lassen, „lassen sich als Startphase des evolutionären Sprints zur modernen Natur des Menschen interpretieren."[325] Denn an ihnen lässt sich nicht nur der anatomische Fortschritt erkennen. Man kann auch die sich wandelnde Lebensweise des *Homo habilis* damit in Verbindung bringen. Er war geschickter als die anderen Homini-Arten, die ihn umgaben. Diese Entwicklung wurde möglicherweise durch eine Veränderung des Klimas befördert, das Afrika vor 2,5-1,5 Millionen Jahren trockener werden ließ, sodass eine Savannenlandschaft mit vielen Subhabitaten entstand, die die frühen Hominiden vermutlich in Gruppen von bis zu mehreren Dutzend Individuen durchstreiften. Es gab mehrere Faktoren, die zu einem größeren Gehirnvolumen geführt haben mögen.[326] Wichtig ist aber das „nestartige" gemeinsame Lagern an geschützten Orten mit Feuerstätten, das laut Wilson „die Zielgerade zum modernen *Homo sapiens* eröffnete."[327] Obwohl die einzelnen Schritte teilweise sehr weit zurückliegen und vielleicht nie mit Gewissheit ganz geklärt werden können, stellt Wilson die weitgehend unstrittigen Teile der Entstehung des Menschen zusammen und ergänzt sie durch gut begründete Vermutungen. So meint er erklären zu können, „warum die Menschheit einzigartig ist".[328] Der Mensch hat als einziger die glücklichen Kehren genommen, die im Labyrinth der Evolution dafür notwendig waren. Zusammenfassend listet Wilson die dazu nötigen Präadaptionen noch einmal auf:

1. Das Leben auf dem Land (im Gegensatz zum Leben im Wasser)
2. Das Wachstum der Körpergröße
3. Greiffähige Hände
4. Der aufrechte Gang
5. Ernährung mit hohem Fleischanteil
6. Gebrauch des Feuers
7. „Nestbildung" und Arbeitsteilung als Vorstufe der Eusozialität[329]

---

[324] Ebd., S. 45.
[325] Ebd., S. 49.
[326] Ebd., S. 52-59.
[327] Ebd., S. 59.
[328] Ebd., S. 60.
[329] Ebd., S. 60-64.

Wilson sieht die Entstehung des modernen Menschen als Zufall an, der für den Menschen selbst zunächst einmal als Glücksfall erscheint. Durch seine Kulturfähigkeit hat er sich zum Herrscher über alle anderen Spezies entwickelt, was für diese allerdings großes „Unglück" bedeutet.[330] Religiöse Menschen werden die Vormachtstellung des Menschen nicht als Zufall, sondern als Werk Gottes deuten. Doch das erscheint Wilson nicht weniger unwahrscheinlich. Denn wenn es Gott war, der die Menschheit in diese Richtung gelenkt hat, dann hätte er das auf sehr umständliche Weise getan. „Um die Menschheit zu erschaffen, hätte ein göttlicher Schöpfer eine astronomisch hohe Zahl genetischer Mutationen ins Genom einbringen und zugleich die physikalischen und biologischen Lebensumstände über Millionen Jahre so austarieren müssen, dass die archaischen Vormenschen auf Kurs blieben." Für Wilson ist es eine Tatsache: Es „war die natürliche Selektion und keine schöpfende Hand, die diesen Faden durch das Labyrinth zog."[331]

3.5.2.1 Altruismusentstehung

Die letzten 40 Jahre war Hamiltons Theorie der Verwandtenselektion die Standarderklärung für die ultimaten Ursachen der Entwicklung fortschrittlichen Sozialverhaltens gewesen. Sie sagt im Wesentlichen, dass je mehr Verwandte eine Gruppe ausmachen, desto wahrscheinlicher sind sie kooperativ und altruistisch und desto wahrscheinlicher wird sich hoch entwickeltes Sozialverhalten ausbilden. Dabei spielt das Konzept der *Gesamtfitness* (Inclusive Fitness) eine wichtige Rolle. Die Gesamtfitness besteht aus der Fitness des Individuums, also der Zahl seiner zu erwartenden persönlichen Nachkommen, zusammengenommen mit den Nachkommen seiner engen Verwandten. Diese kann er durch sein altruistisches Verhalten fördern. „Steigt die Gesamtfitness des Individuums und die (gleichwohl geringere) Fitness seiner Gruppe insgesamt an, so vermehrt sich laut dieser Theorie das Altruismusgen auch in der gesamten Art."[332] Auch Wilson vertrat nach anfänglicher Skepsis jahrzehntelang die Verwandtenselektion und machte sie zum Schlüsselkonzept seiner Soziobiologie.

Seit den 1990ger Jahren verlor der Zusammenhang von Haplodiploidie[333] und altruistischem Verhalten, der die Idee der Verwandtenselektion als Ursache für altruistisches Verhalten stützte, jedoch zunehmend an Überzeugungskraft. Termiten hatten sich noch nie in dieses Konzept einfügen lassen und nun wurden immer mehr eusoziale Arten entdeckt, bei denen das Geschlecht diploid bestimmt wird: Eine Art *Platypus*-Kernkäfer, mehrere Knallkrebsarten und zwei unabhängige Linien der Nacktmulle. Die Hinweise gegen die Annahme der Verwandtenselektion mehren sich weiter. Dazu gehören nach Wilson neben der Seltenheit der Eusozialität, außerdem das Wissen um die Existenz anderer Selektionskräfte, nach denen enge Verwandtschaft der Entstehung von Altruismus eher entgegenwirkt. sowie mathematische Probleme.[334] Wilson selbst hat gemeinsam mit Martin Nowak und Corina Tarnita

---

[330] Ebd., S. 66.
[331] Ebd., S. 67.
[332] Ebd., S. 203.
[333] „Als Haplodiploidie bezeichnet man den Mechanismus der Geschlechtsdeterminierung, nach dem befruchtete Eier sich zu Weibchen und unbefruchtete Eier sich zu Männchen entwickeln. Demnach sind Schwestern untereinander enger verwandt ($r = \frac{3}{4}$, das heißt, drei Viertel ihrer Gene sind wegen der gemeinsamen Abstammung identisch) als Töchter mit ihren Müttern ($r = \frac{1}{2}$, die Hälfte der Gene sind wegen der gemeinsamen Abstammung identisch)." (Ebd., S. 206)
[334] Ebd., S. 208f.

nachgewiesen, dass die Theorie der Gesamtfitness (Verwandtenselektion) biologisch und mathematisch fehlerhaft ist.[335] Er hat sich schon seit den 1990gern gefragt, was die Gesamtfitnesstheorie in den letzten dreißig Jahren eigentlich zur Erklärung von Altruismus und altruistischen Gesellschaften beigetragen hat.[336] Er beschreibt, wie alle Phänomene, die für die Theorie der Verwandtenselektion sprechen auch durch Gruppenselektion erklärbar sind[337]und urteilt abschließend: „Die Gesamtfitness ist ein mathematischer Einzelfall mit so vielen Einschränkungen, dass sie unbrauchbar wird".[338] Wilson hält also das alte Paradigma der „Verwandtenselektion" für gescheitert.[339] Damit ist der Weg frei für eine neue Art der Erklärung von eusozialem Verhalten.[340]

3.5.2.1.1 Multilevel-Selektion

Der neue Ansatz, an dem Wilson gemeinsam mit Martin Nowak und Corina Tarnita mitgewirkt hat, erklärt den Altruismus bei eusozialen Insekten und menschlichen Gesellschaften durch unterschiedliche Ursachen. Bei Ameisen und vergleichbaren Insekten wirkt nicht, wie Wilson früher annahm, die Verwandtenselektion, sondern die Selektion wirkt hier auf der Ebene des Individuums; nämlich an der Königin. Die Arbeiterinnen sind aus dieser Perspektive lediglich als „phänotypische Erweiterung der Königin" zu betrachten.[341] Das menschliche Sozialverhalten ist dagegen - anders als bei den eusozialen Insekten - sowohl durch die Individual- als auch durch die Gruppenselektion entstanden. Aus der Wirkung der Selektion auf verschiedenen Ebenen leitet sich die Bezeichnung Multilevel-Selektion[342] ab. Sie besteht in der Wechselwirkung der Selektionskräfte, die auf verschiedenen Eben wirken können, z.B. sowohl einerseits auf den Einzelnen als auch andererseits auf die Gruppe.[343] „Die neue Theorie soll die

---

[335] Ebd., S. 174. Vgl. Nowak, Martin, Tarnita, Corina E., Wilson, Edward O., "The evolution of eusociality" in: Nature 466, S. 1057-1062, 2010.

[336] Wilson, 2013, S. 210. Eigentlich lässt sich alles auch nur mithilfe der natürlichen Selektion erklären. In einigen Fällen ist zwar eine Erklärung über die Verwandtenselektion möglich, aber sie lässt sich nicht so verallgemeinern, „dass alle Situationen abgedeckt werden, ohne das Konzept des ‚Verwandtschafts-grades' bis zur Bedeutungslosigkeit überzustrapazieren. Eine vollständige Grundlagenanalye hat gezeigt, dass Hamiltons Ungleichung es nur unter äußerst strengen Bedingungen möglich macht, dass Kooperatoren in einer Gruppe mehr werden als Randerscheinungen." (Ebd., S. 212) Genauere Ausführungen ebd.

[337] Ebd., S. 212-222.

[338] Ebd., S. 220.

[339] Ebd., S. 221.

[340] Ebd., S. 222.

[341] Ebd., S. 68. Später ergänzt Wilson jedoch, dass auch bei Insektengesellschaften die Gruppenselektion eine Rolle spielt und zwar wenn Kolonien gegeneinander antreten. „Was die natürliche Selektion betrifft, besteht die Kolonie in der Praxis nur aus der Königin und ihrer phänotypischen Erweiterung in Form automatenhafter Helferinnen. Gleichzeitig fördert die Gruppenselektion genetische Vielfalt unter den Arbeiterinnen in anderen Bereichen des Genoms, um zum Schutz der Kolonie vor Krankheiten beizutragen. Diese Vielfalt ist der Beitrag des Männchens, mit dem jede Königin sich paart. In diesem Sinne ist der Genotyp eines Individuums eine genetische Chimäre. Er enthält Gene, die zwischen Koloniemitgliedern nicht variieren (die Kasten sind Ausformungen auf Grundlage derselben Gene), und Gene, die zwischen Koloniemitgliedern doch variieren und einen Schutzschild gegen Krankheiten darstellen." (Ebd., S. 72f. Vgl. Ebd. S. 175ff.)

[342] Dieses Konzept wurde von Elliot Sober und David Sloan Wilson 1994 vorgestellt.

[343] Es gibt also Gruppenselektion. Wegen seiner Abkehr von der Verwandtenselektion wurde Wilson stark kritisiert. Vielleicht drückt er sich deshalb in The Meaning of Human Nature vorsichtiger aus. Dort beschreibt er zwar auch die Gruppenselektion als eine von zwei konkurrierenden Theorien zur Erklärung von Altruismus. Doch bezeichnet sie dort nicht als Gruppenselektion, sondern als „standard theory of natural selection", die aber - unter bestimmten Bedingungen - zu Gruppenselektion führen kann. Er beschreibt die Theorie der Inclusive Fitness als Gegensatz dazu. Hier werden nicht die Gene als Einheit der Selektion angenommen, sondern die Individuen. (Ebd., S. 63f.)

traditionelle Theorie ersetzen, die auf dem Verwandtschaftsgrad oder einem vergleichbaren genetischen Bezugswert beruht."[344]

> In Kolonien aus tatsächlich kooperierenden Individuen (also beim Menschen, im Unterschied zu den nur roboterartigen Ausdehnungen des mütterlichen Genoms bei eusozialen Insekten) belohnt die Selektion unter genetisch unterschiedlichen Einzelmitgliedern egoistisches Verhalten. Im menschlichen Gruppenvergleich dagegen belohnt die Selektion normalerweise Altruismus zwischen den Gruppenmitgliedern. Betrüger können sich innerhalb einer Kolonie eventuell durchsetzen, indem sie sich entweder einen höheren Anteil an den Ressourcen verschaffen, gefährliche Aufgaben meiden oder Regeln brechen; Kolonien von Betrügern aber sind Kolonien aus kooperierenden Mitgliedern unterlegen.[345]

In einer starken Gruppe konnte der Einzelne durchschnittlich mehr Nachkommen durchbringen, selbst wenn einige sich aus Solidarität (z.B. im Krieg) für die Gruppe opferten. Doch wie stark eine Gruppe letztendlich war, hing von der guten Zusammenarbeit ihrer Mitglieder ab und nicht vom Nutzen des Einzelnen. Das Ergebnis der Gruppenkonkurrenz richtet sich nach der Qualität der jeweiligen Gruppe, besonders nach ihrem Sozialverhalten, nach der Dichte und Größe, nach der Kommunikationsqualität und der Arbeitsteilung ihrer Mitglieder. Doch der Mensch war nicht nur der Gruppenselektion unterworfen, sondern auch der Individualselektion. Wenn also die Gruppenmitgliedschaft weniger Nutzen bringt, als ein Leben als Einzelgänger, wird er die Gruppe verlassen oder verraten.

> Schreitet das weit genug voran, so löst sich die Gesellschaft irgendwann auf. Steigt dagegen der persönliche Nutzen der Gruppenmitgliedschaft weit genug an oder können egoistische Anführer die Kolonie ihren eigenen Interessen ausreichend unterwerfen, so neigen die Mitglieder zu Altruismus und Konformität. Da aber alle normalen Mitglieder immerhin über die Reproduktionsfähigkeit verfügen, besteht in menschlichen Gesellschaften grundsätzlich ein unausweichlicher Konflikt zwischen der natürlichen Selektion auf der Ebene des Individuums und der natürlichen Selektion auf Gruppenebene.[346]

Deshalb ist der genetische Code, der das menschliche Sozialverhalten steuert, laut Wilson chimärischer Natur: Einerseits werden Merkmale vorgeschrieben, die auf den Erfolg des Einzelnen abzielen, andererseits aber auch welche, die auf den Erfolg der Gruppe ausgerichtet sind. Beim Menschen führt die Multilevel-Selektion also zu einem Gemisch aus Egoismus und Altruismus, Sünde und Tugend. Die Phänomene, die sich aus der Theorie der Multilevelselektion in Bezug auf die Entstehung des Sozialverhaltens beim Menschen erwarten lassen, sind folgende:

- Zwischen den Gruppen kommt es zu intensiver Konkurrenz, unter vielen Umständen auch zu territorialen Übergriffen.
- Die Gruppenzusammensetzung ist instabil, weil der Vorteil steigender Gruppengrößen (durch Einwanderung, ideologische Missionierung und Eroberung) sich gegen Gelegenheiten der Vorteilnahme durchsetzen muss, bei denen Gruppen usurpiert und aufgespalten werden, so dass neue Gruppen entstehen.
- Es besteht eine unvermeidliche, ständige Auseinandersetzung zwischen einerseits Ehre, Tugend und Pflicht, den Produkten der Gruppenselektion, und andererseits Egoismus, Feigheit und Heuchelei, den Produkten der individuellen Selektion.

---

[344] Ebd., S. 69.
[345] Ebd., S. 197f.
[346] Ebd., S. 71.

152

- Die Perfektionierung der Fähigkeit, schnell und zutreffend die Absichten der anderen zu erkennen, war und ist in der Evolution des menschlichen Sozialverhaltens von überragender Bedeutung.
- Ein großer Teil der Kultur, darunter insbesondere die Inhalte der Kunst, ergibt sich aus dem unvermeidlichen Zusammenprall von individueller Selektion und Gruppenselektion.[347]

Der Mensch ist auf seine Gruppe angewiesen. Sie verleiht ihm seine soziale Rolle und schafft Orientierung in einer chaotischen Welt. Die Gruppenbildung kann laut Wilson als Universalie der Natur des Menschen betrachtet werden und gehört unabdingbar zur menschlichen Kultur. Die modernen, zweckgebundenen Gruppen haben flexible Grenzen und entsprechen, psychologisch betrachtet, den Stämmen der urgeschichtlichen Zeit. „Der Instinkt, der sie aneinanderbindet, ist das biologische Produkt der Gruppenselektion."[348] Die Sozialpsychologie konnte experimentell nachweisen, dass Mensch sich schnell gruppieren und diskriminieren. Selbst wenn im Experiment die Gruppen ganz willkürlich zusammengestellt wurden, kam es schnell zur Bevorzugung der eigenen Gruppe.[349] Wilson ist sich sicher, dass es sich aufgrund der Durchsetzungskraft und Einheitlichkeit, bei der Gruppenbildungsneigung um einen menschlichen Instinkt handelt, zumindest aber um eine „Bereitschaft zum Lernen", d.h. „die angeborene Neigung, etwas schnell und entschieden zu erlernen."[350] Die Neigung zur Gruppenbildung impliziert auch eine gewisse Neigung zur Fremdenfeindlichkeit. In einer Versuchsreihe, in der man Amerikanern mit dunkler und heller Hautfarbe in schneller Abfolge Bilder von Menschen mit der jeweils anderen Hautfarbe vorgelegt hat, ergab, dass die Amygdala, die für die Angstempfindungen zuständig ist, schneller aktiviert wurde, als es der Versuchsperson bewusst wurde. Wenn jedoch bestimmte Sinnzusammenhänge mitgeliefert wurden, z.B. dass der Mensch mit anderer Hautfarbe ein Arzt war, der den Probanden untersuchen wollte, „so wurden zwei andere Hirnregionen aktiviert, die mit den höheren Lernzentren in Verbindung stehen [...] und den Input der Amygdala schwächten."[351]

Weil die Konkurrenz der Gruppen den Menschen zu dem gemacht hat, was er heute ist, kann man biologisch argumentieren, dass Angst und Krieg zur menschlichen Natur gehören, so sehr man dies auch bedauern mag. „In prähistorischer Zeit hob die Gruppenselektion die Hominiden, die zu reviergebunden Fleischfressern wurden, auf die Höhen der Solidarität empor, zum Erfindungs- und Unternehmungsgeist. Und zur *Angst*. Jeder Stamm wusste zu Recht, dass er, wenn er nicht bewaffnet und kampfbereit war, in seiner schieren Existenz bedroht war."[352] Wilson schmückt diese Theorie mit vielen schauerlichen Beispielen und kommt immer wieder zu dem Schluss: „Krieg und Genozid sind universell und ewig, sie gehören nicht zu bestimmten Zeiten oder Kulturen".[353]

Eusozialität ist deshalb so selten, weil die Gruppenselektion schon eine „außerordentliche Macht" haben muss, um die Individualselektion übertrumpfen zu können. Denn in erster Linie

---

[347] Ebd., S. 73f.
[348] Ebd., S. 75.
[349] Ebd., S. 77.
[350] Ebd., S. 78.
[351] Ebd., S. 79.
[352] Ebd., S. 81.
[353] Ebd., S. 85.

wirkt die Selektion auf der Ebene der Individuen.[354] Doch wie kann es überhaupt zur Gruppenbildung kommen, wenn die Selektion auch auf das Individuum wirkt? Eine Gruppe von Altruisten wird leicht durch egoistische Individuen unterwandert, die sich durch ihr eigennütziges Verhalten schnell Vorteile verschaffen. Das alte Problem der Altruismuserklärung lässt sich laut Wilson nur dann durch Gruppenselektion lösen, wenn die Gewalt und Konkurrenz zwischen den Gruppen hoch genug ist.[355] Er ist davon überzeugt, dass dies in der menschlichen Entwicklungsgeschichte der Fall war und verweist dabei auf den theoretischen Biologen Samuel Bowles und auf Sterblichkeitsraten der menschlichen Jäger- und Sammlergruppen aus der Jungsteinzeit.[356] Auch für die kulturelle Evolution spielte die kriegerische Auseinandersetzung zwischen den Gruppen eine entscheidende Rolle:[357] „Verbände und Zusammenschlüsse von Verbänden mit einer besseren Kombination kultureller Innovationen wurden produktiver und waren für Wettbewerb und Krieg immer besser gerüstet. Ihre Rivalen taten es ihnen entweder gleich oder wurden verdrängt [...] Damit wurde die Gruppenselektion zum Antrieb für die Evolution der Kultur."[358]

Auch das Leben in der Zivilisation hat nichts an dieser kriegerischen, territorialen und gruppenbildenden Natur des Menschen geändert. „Noch heute gleichen wir im Grunde unseren Vorfahren, die Jäger und Sammler waren, nur haben wir mehr Nahrung und größere Territorien".[359] Die Entwicklung vom *Homo sapiens* der Steinzeit zum zivilisierten Menschen erklärt sich Wilson also allein durch kulturelle Evolution und nicht etwa durch genetische Veränderungen. Das lässt sich z.B. einfach daran erkennen, dass Kinder aus einfacheren Jäger- und Sammler-Gesellschaften, wenn sie in eine technologisch fortschrittliche Gesellschaft adoptiert werden, sich problemlos integrieren, „obwohl die Abstammungslinie des Kindes sich vor 45 000 Jahren von der der Adoptiveltern getrennt hat!"[360] Zwar gibt es auch nach wie vor noch Mutationen und genetische Veränderung. Doch sie betreffen vor allem die Ausbildung von Resistenzen gegen Krankheitserreger und die Anpassung an Klimabedingungen, nicht grundlegend neue Eigenschaften der menschlichen Natur.

3.5.2.1.2 Nestbau und Gruppenselektion

Wilson fragt auf dem Hintergrund der Multilevel-Selektion erneut nach den Kräften, die zur Eusozialität führten.[361] Dafür sind laut Wilson zwei Schritte nötig. Erstens scheint der Nestbau,

---

[354] Ebd., S. 72.

[355] Ebd., S. 92.

[356] Ebd., S. 93.

[357] Dieser Prozess, der vor ca. 60 000 Jahren begann, verlief erst langsam und dann immer schneller, wie in der chemischen Eigenkatalyse. Das erklärt Wilson damit, dass eine aufkommende Innovation das Aufkommen anderer Innovationen möglich und ihre Verbreitung wahrscheinlicher macht, sofern sie sich als nützlich erweist.

[358] Ebd., S. 116.

[359] Ebd., S. 97.

[360] Ebd., S. 126.

[361] Ebd., S. 169. Durch dem Vergleich mit der Entstehung der Eusozialität bei Ameisen und die logische Ordnung der einzelnen Schritte, die dazu geführt haben, findet Wilson Hinweise zu den Kräften der natürlichen Selektion und genetischen Veränderungen. „Ein solider Grundsatz, der sich aus dieser Untersuchung der Hautflügler und anderer Insekten ergeben hat, ist der bereits erwähnte Umstand, dass jede Art, die Eusozialität erreicht hat, in befestigten Nestern lebt." (Ebd., S. 180) Weniger gut belegt, aber laut Wilson wahrscheinlich ebenfalls allgemeingültig ist ein zweiter Grundsatz: Der Schutz des Nestes richtet sich gegen Feinde, Parasiten und Konkurrenten. „Und schließlich gilt der Grundsatz, dass für den Fall der

wie bereits erwähnt, bei allen eusozialen Tierarten eine notwendige Voraussetzung zu sein. Erst wenn ein Nest entstanden ist, kann es gemeinsam vor Feinden verteidigt werden. Zweitens muss eine genetische Veränderung dazu führen, dass das Nest von der jüngeren Generation nicht zwangsläufig verlassen wird, damit es zur Ausbildung von Eusozialität kommen kann, „bei der die Gruppenmitglieder mehr als einer Generation angehören und die Arbeit so untereinander aufteilen, dass wenigstens ein Teil ihrer persönlichen Interessen denen der Gruppe geopfert wird."[362] Ist eine solche Gruppe entstanden, kann die natürliche Selektion auf Gruppenebene wirken. „Dabei geht es darum, ob ein Individuum in einer reproduktionsfähigen Gruppe besser oder schlechter davonkommt als ein ansonsten identisches solitäres Individuum in derselben Umwelt."[363] Das Zusammenspiel der Gruppenmitglieder in Bezug auf Merkmale, die auch für den Erfolg des einzelnen Individuums von Bedeutung sind, wie z.B. Verteidigung des Nestes, Brutpflege, Futtererwerb usw., ist hierfür das Hauptkriterium. Zusammenfassend lassen sich also folgende Schritte auf dem Weg zur Eusozialität festhalten: Ganz entscheidend ist der Nestbau; dazu müssen noch zufällige Häufung anderer Merkmale kommen, z.B. fürsorgliche Aufzucht der Brut und gemeinsame Verteidigung der Nachkommen und Ressourcen vor Feinden, denn ohne Feinde entsteht keine Eusozialität.[364] Außerdem muss es zur Entstehung eusozialer Allele kommen, z.B. durch Mutation oder Immigration, die dazu führt, dass die jüngeren Generationen am Nest bzw. in der Gruppe bleiben; dann kann schließlich die Gruppenselektion für die Bevorteilung der altruistischsten bzw. der solidarischsten Gruppen sorgen.[365] Nachdem nun die Ursachen für die Entstehung der menschlichen Natur geklärt sind, macht Wilson sich an die Ausdeutung dieser Theorie. Vorher stellt er aber klar, was er nicht unter der Natur des Menschen versteht:

> Die Natur des Menschen sind nicht die Gene, die sie bedingen. Diese legen die Regeln fest, nach denen sich Gehirn, Sinnesorgane und Verhalten entwickeln, die dann die Natur des Menschen hervorbringen. Genauso wenig lassen sich die von der Anthropologie identifizierten Universalien der Kultur kollektiv als menschliche Natur definieren.[366]

Irgendwo dazwischen, so Wilson, kann man die erbliche Natur des Menschen finden, nämlich in den von den Genen vorgegeben Regeln der Entwicklung - den bereits bekannten epigenetischen Regeln - durch die es zur Ausbildung der Universalien der Kultur kommt.

> Die Natur des Menschen besteht in den ererbten Regelmäßigkeiten der mentalen Entwicklung, die für unsere Art typisch ist. Gemeint sind damit die ‚epigenetischen Regeln', die über einen langen Zeitraum der frühen Vorgeschichte durch die Wechselwirkung der genetischen und der kulturellen Evolution entstanden sind. Diese Regeln benennen die genetischen Vorlieben dafür, wie unsere Sinne die Welt wahrnehmen, die symbolische Codierung, in der wir die Welt darstellen, die

---

Gleichheit aller anderen Faktoren schon eine kleine Gesellschaft einem solitären Individuum einer eng verwandten Art überlegen ist, und zwar sowohl hinsichtlich der Langlebigkeit als auch in der Nutzung der Ressourcen aus dem Gebiet rund um ein beliebiges beständiges Nest." (Ebd., S. 181)

[362] Ebd.,. 172. Wilson beschreibt auch anhand der Eusozialitätsentwicklung bei Bienen, das eine Veränderung an einem einzelnen Allel ausreichen kann, um den Sprung zur Eusozialität zu machen. Dieses Allel bewirkt darin, dass die Nachkommen im Nest zurückgehalten werden. (Ebd., S. 184ff, 190)

[363] Ebd., S. 173.

[364] Ebd., S. 227.

[365] Ebd., S. 224ff.

[366] Ebd., S. 232.

Handlungsmöglichkeiten, die wir uns automatisch eröffnen, und die Reaktionen, die uns am einfachsten und lohnendsten erscheinen.[367]

Als Beispiele für epigenetische Regeln nennt Wilson Farbensehen und dessen sprachliche Kategorisierung. Sie legen aber auch fest, wer grundsätzlich als sexuell attraktiv empfunden wird und schaffen die Tendenzen für bestimmte Phobien, wie Schlangen- oder Spinnenphobie oder der Angst vor Höhe. Aber auch Eltern-Kind und Partnerbindung werden von ihnen beeinflusst, sowie bestimmte Kommunikation über Mimik und Gestik. Zwar werden diese Verhaltensweisen durch die Umwelt beeinflusst, d.h. sie werden erlernt, aber dieses Lernen ist genetisch vorbereitet.[368] Deswegen sind die epigenetischen Regeln zwar nicht so starr und unbeweglich, wie Reflexe; aber auch nicht ohne weiteres willentlich manipulierbar.[369] Die epigenetischen Regeln machen laut Wilson den wahren Kern der menschlichen Natur aus. Einige dieser Regeln lassen sich auch bei anderen Spezies finden. Sie sind älter als die Menschheit und daher tief in der Psyche verankert.[370] Als wichtigstes und am besten untersuchtes Beispiel dafür nennt Wilson das Inzesttabu, das kulturell weit verbreitet ist: Sowohl bei nichtmenschlichen Primatenarten, als auch beim Menschen wurde beobachtet, dass Individuen, sie seit frühester Kindheit gemeinsam aufwachsen, sich gegenseitig nicht sexuell attraktiv finden. Dieses Phänomen bezeichnet man als „Westermarck-Effekt".[371] Wilson betont damit die Kontinuität des menschlichen Geistes mit der restlichen Tierwelt. Das gilt auch für die Entstehung der Kultur. Auch bei Primaten finden sich schon Ansätze von kulturellem Werkzeuggebrauch, beim Menschen sind sie nur sehr viel weiter entwickelt.[372] „Wir haben ausgebaut, was unsere Vorgänger entwickelt hatten, und so wurden wir zu dem, was wir heute sind."[373] Das schmälert aber nicht die Einzigartigkeiten des Menschen in seiner Kulturfähigkeit. Die wichtigste Voraussetzung sieht Wilson in dem hoch entwickelten Langzeitgedächtnis, das viel leistungsfähiger als das aller andern Tierarten ist. Dazu kommt beim Menschen die „großartige Gabe" der Fähigkeit und des „Triebes" Szenarien zu entwerfen.[374]

3.5.2.2 Entwicklung der Sprache

Laut Wilson sind sich die Fachleute einig, dass die menschliche Sprachfähigkeit verbunden mit dem besseren Langzeitgedächtnis für den Erfolg des Menschen als Spezies verantwortlich ist. Triebkraft für die Entwicklung dieser sozial nützlichen Eigenschaften war nach Wilson die Gruppenselektion. Zwar entstand das Kulturvermögen nicht plötzlich durch eine einzige Mutation, aber höchstwahrscheinlich gab es eine Art Wendepunkt, einen „Schwellenwert kognitiver Fähigkeit", „die den *Homo sapiens* für Kultur extrem empfänglich machte."[375] Obwohl das Lagern ums Feuer und der damit einhergehende Fleischverzehr schon einen wichtigen Schritt auf dem Weg zum Gehirn des modernen Menschen ausmachen, sieht Wilson das fehlende Glied zum schnellen Gehirnwachstum in der Hypothese der kulturellen Intelligenz

---

[367] Ebd., S. 234.
[368] Ebd., S. 235.
[369] Ebd., S. 234.
[370] Ebd., S. 240.
[371] Ebd., S. 242.
[372] Ebd., S. 255ff.
[373] Ebd., S. 256.
[374] Ebd., S. 259.
[375] Ebd., S. 269.

von Michael Tomasello. Sie besagt, dass der Unterschied zwischen Mensch und anderen Tieren in der Fähigkeit zur Kollaboration zu suchen ist, d.h. in der Zusammenarbeit bei der Planung und Verwirklichung von gemeinsamen Zielen. Menschen kooperieren bei fast allem, was zum Überleben nötig ist: Beim Bau von Werkzeugen und Behausung, bei Erziehung und Nahrungsbeschaffung. „Die Besonderheit des Menschen ist seine Intentionalität, ausgehend von einem extrem umfangreichen Arbeitsgedächtnis. Wir wurden zu Experten im Gedankenlesen und zu Weltmeistern im Erfinden von Kultur."[376] Für die intentionale Kooperation mussten die frühen Menschen wissen, dass auch die anderen vergleichbare geistige Zustände haben, wie sie selbst. Dieser mit hohem Bewusstsein verbundene Perspektivenwechsel, schaffte die Voraussetzung für die Sprachentwicklung.

> Sprache war der Gral der menschlichen Sozialevolution. Als sie erst installiert war, verlieh sie der menschlichen Spezies geradezu Zauberkraft [...] Die Abfolge der kognitiven Evolution ging von intensiver sozialer Interaktion an den frühen Lagerstätten über das Zusammensein mit der wachsenden Fähigkeit, Intentionen zu lesen und dementsprechend zu handeln, bis zur Fähigkeit, im Umgang mit anderen und der Außenwelt zu abstrahieren, und schließlich zur Sprache.[377]

Anders als die „Sprache" bei anderen Tieren kann die menschliche Sprache sich auf Abstraktes beziehen, auf Ereignisse und Objekte, die weder räumlich noch zeitlich in der Nähe sind und sogar auf Gegenstände oder Szenarien, die es überhaupt nicht gibt. Dabei kann sie sich noch durch besondere Betonung, wie z.B. der Ironie, spielerisch verschiedenster Bedeutungs-variationen bedienen.[378] Die grammatikalischen Regeln selbst scheinen nach Wilson nicht genetisch festgelegt zu sein. Auch wenn es vermutlich epigenetische Regeln für die Wort-stellungen gibt, sie sich in der menschlichen Denkweise niederschlägt, sind die konkreten sprachlichen Resultate „hochflexibel und erlernt. Mithin haben anscheinend sowohl Skinner als auch Chomsky recht, aber Skinner ein bisschen mehr."[379]

3.5.2.3 Entwicklung der Moral

„Ist der Mensch von Natur aus gut, wird aber von der Macht des Bösen verdorben? Oder ist er vielmehr von Natur aus verschlagen und nur durch die Macht des Guten zu retten? Beides trifft zu."[380] Nach Wilson wurde dieser Zwiespalt im Laufe der Evolution durch die Multilevel-Selektion festgelegt: Indem Individualselektion und Gruppenselektion zugleich auf das Individuum gewirkt haben, entstand ein Interessenskonflikt, der zum unveränderlichen Bestandteil der menschlichen Natur geworden ist. Individualselektion, durch Konkurrenz-kampf um Ressourcen und Sexualpartner innerhalb der Gruppe bedingt, beförderte Egoismus, während die Gruppenselektion auf höherer Ebene zwischen den Gruppen ansetzt und daher zugunsten des Zusammenhaltes innerhalb der Gruppe selektiert hat. „Die Individualselektion

---

[376] Ebd., S. 271.
[377] Ebd,. S. 273.
[378] Ebd., S. 275.
[379] Ebd., S. 281. Untersuchungen, bei denen die Wortfolge verglichen wurde, mit der sie bestimmte Aufgabenabläufe beschreiben sollten, haben beispielsweise ergeben, dass sich bei der Grammatik eine natürliche Variabilität findet. „In einer Studie sollten Sprecher von vier Sprachen (Englisch, Türkisch, Spanisch und Chinesisch) ein Ereignis erst sprachlich und dann separat mit Hilfe von Bildern rekonstruieren. Dabei verwendeten alle bei der nonverbalen Kommunikation dieselbe Reihenfolge (nämlich Agens-Patiens, Akt, das entspricht in der Sprache Subjekt – Objekt – Verb). (Ebd., S. 280f.)
[380] Ebd., S. 189.

verantwortet daher einen Großteil dessen, was wir als Sünde bezeichnen, die Gruppenselektion dagegen den größten Teil der Tugend. Beide begründen den Konflikt zwischen den guten und den bösen Anteilen unserer Natur."[381] Laut Wilson ist es nun die Aufgabe der Geisteswissenschaften und Sozialwissenschaften, den „ewigen Gärungsprozess der Multilevel-Sselektion gedanklich zu durchdringen und anzuwenden".[382] Erklären allerdings kann ihn nur die Naturwissenschaft. Die Geisteswissenschaften sind für die Beschreibung der proximaten, die Naturwissenschaft für die Erklärung der ultimaten Ursachen der menschlichen Natur zuständig.[383] „Die Gesamtschau dieser proximaten und ultimaten Ursachen ist der Schlüssel zum Selbstverständnis, der Spiegel, in dem wir uns selbst so sehen, wie wir wirklich sind, um danach die Welt außerhalb der engen Grenzen zu erforschen."[384] Die Erklärung der Goldenen Regel, die man laut Wilson wohl als Kern der Moral bezeichnen könnte, lässt sich neurologisch durch „zwangsläufige Empathie" erklären. Menschen übertragen ihre eigene Gefühlswelt auf die andern.[385] Diese Eigenschaft ist ebenfalls durch Gruppenselektion entstanden. „Der Mensch neigt zur Moralität – das Richtige zu tun, sich zurückzuhalten, anderen zu helfen, manchmal sogar auf eigenes Risiko -, weil die natürliche Selektion diese Interaktion zwischen Gruppenmitgliedern gefördert hat, insofern sie der Gruppe als Ganzem nützen."[386]

Die letzten 10 Jahre hat sich die Forschung von Biologen und Anthropologen intensiv um die Kooperationsevolution gedreht. Laut Wilson zeigen die Ergebnisse, dass kooperative Phänomene eine Mischung von angeborenen Reaktionen sind. Zu diesen Reaktionen gehören das individuelle Streben nach höherem Status auf der einen und „Nivellierung hochrangiger Individuen durch die Gruppe" auf der anderen Seite, und außerdem die Tendenz zur Bestrafung derjenigen, die sich nicht an Gruppennormen halten. Auch das Phänomen sich besser darzustellen, als man ist (Tue Gutes und rede darüber!), lässt sich gut durch die Multilevel-Selektionstheorie erklären. Doch weil alle darum wissen, werden die „Aufsteiger" genauestens beobachtet und bei der kleinsten Unehrlichkeit oder sonstiger Schwäche herabgesetzt. Darin sind alle Menschen Meister:

> Sie können sticheln, lächerlich machen, parodieren und auslachen – zum Schaden der hochnäsigen Ehrgeizlinge." [...] „Es verschafft uns eine tiefe Befriedigung, wenn wir nicht einfach nur gleichmachen und kooperieren. Außerdem gefällt es uns, wenn diejenigen bestraft werden, die nicht kooperieren (Schmarotzer, Kriminelle) oder auch nur keinen statusgemäßen Beitrag zur Gemeinschaft leisten (reiche Müßiggänger). Der Impuls, das Böse zu Fall zu bringen, wird in der Regenbogenpresse und im Krimi voll bedient.[387]

Die naturalistische Erklärung der Moral hat laut Wilson gegenüber der herkömmlichen, traditionell religiösen Begründung diverse Vorteile. Es führt nicht zu unumstößlichen Geboten und verspricht keine Sicherheiten, sondern mahnt zur kritischen Prüfung der bestehenden

---

[381] Ebd., S. 289f.
[382] Ebd., S. 290.
[383] Die Geisteswissenschaften beschreiben und entfalten damit, wie sich die Eigenschaften der menschlichen Natur auswirken, während die Naturwissenschaft erklären kann, woher diese Eigenschaften kommen.
[384] Ebd., S. 290f.
[385] Ebd., S. 294.
[386] Ebd., S. 296.
[387] Ebd., S. 299f.

moralischen Konventionen.[388] Ein Beispiel für ein blindes, religiöses Gebot ist z.B. das gegen künstliche Empfängnisverhütung. Der Gedanke, dass Gott Sex zur Zeugung von Kindern vorgesehen hat, klingt vielleicht erstmal schlüssig. Doch die Biologie deckt die Wahrheit über eine zusätzliche Funktion des menschlichen Sexualverhaltens auf:

> Sowohl Männer als auch Frauen fördern, sobald sie aneinander gebunden sind, beständigen, häufigen Geschlechtsverkehr. Es handelt sich dabei um eine genetische Adaption: Sie stellt sicher, dass die Frau und ihr Kind vom Vater unterstützt werden. Für die Frau ist die Verbindlichkeit, die durch lustvollen nichtreproduktiven Verkehr gesichert wird, bedeutsam und in vielen Umständen sogar überlebenswichtig. Damit ein Kleinkind sein komplexes Gehirn und seine hohe Intelligenz ausbilden kann, durchläuft es während der Entwicklung eine ungewöhnlich lange Zeit der Hilflosigkeit. Die Mutter kann von der Gemeinschaft, selbst in den eng verwobenen Gruppen der Jäger und Sammler, keine gleichwertige Unterstützung erwarten wie die, die sie von einem sexuell und emotional gebundenen Geschlechtspartner erhält.[389]

Als weiteres Beispiel nennt Wilson die Homophobie. Die Anlage zur Homosexualität ist erblich und daher hält er es für wahrscheinlich, dass Homosexuelle ihrer Gesellschaft gewisse Vorteile gebracht haben. Deshalb schadet nach Wilson eine Gesellschaft, die Homosexuelle ablehnt, sich selbst.

Wilson gesteht zwar ein, dass es schwierig ist, aus den biologischen Ursprüngen der Moral konkrete Verhaltensvorschriften abzuleiten. Denn das würde laut Wilson ein vollständiges Verständnis der Gründe vorausgesetzt, sich zu einem bestimmten ethischen Thema so oder anders zu positionieren. Wilson ist sich aber sicher, dass viel von der Common-Sense-Moral einer biologischen Überprüfung standhalten würde. Durchfallen würde aber z.B. das Verbot der künstlichen Befruchtung, Zwangsverheiratung oder Verbote gegen Homosexualität. Wilson hält es nach wie vor für dringend angezeigt, dass die philosophische Ethik (welche auch immer er damit meint), ihre konventionellen Empfehlung aufgrund der neuen biologischen Erkenntnisse generalüberholt. Sollte dieses Unternehmen dann zu einem Relativismus führen, hat Wilson damit keine Schwierigkeiten.[390]

3.5.3.4 Religion

„Wurde der Mensch erschaffen nach dem Bilde Gottes, oder wurde Gott nach dem Bild des Menschen erschaffen?"[391] So beschreibt Wilson den Grundkonflikt zwischen der Religion und dem wissenschaftlich begründeten Atheismus. Dieser Konflikt spitzt sich seit dem Ende des 20sten Jahrhunderts weiter zu, seit die Naturwissenschaft das Phänomen der menschlichen Religiosität als Produkt der natürlichen Selektion zu erklären versucht. Nicht nur immer weniger Naturwissenschaftler und besonders immer weniger Biologen glauben laut Wilson noch an Gott, sondern auch gesamtgesellschaftlich verliert die organisierte Religion zusehends an Bedeutung.[392] Auch wenn die Wissenschaft Gott nicht widerlegen kann und zumindest der Deismus laut Wilson kein abwegiger Gedanke ist; verlangt es doch einen riesigen Glaubensvorschuss, „die biologische Geschichte, die sich auf diesem Planeten abgespielt hat,

---

[388] Ebd., S. 302.
[389] Ebd., S. 303.
[390] Ebd., S. 305.
[391] Ebd., S. 306.
[392] Ebd., S. 307f.

einem göttlichen Eingriff zuzuschreiben."[393] Wilson hält es eher für wahrscheinlich, „dass organisierte Religion ein Ausdruck des Tribalismus ist."[394] Das zeigt sich z.B. an der Lehren der meisten Religionen, die ihre Anhänger für ausgewählt erklären und ihre Moral mehrheitlich nur auf Mitglieder der eigenen Religionsgemeinschaft beziehen oder zumindest zu Missionszwecken, also dem Zugewinn von Mitgliedern dienen. „Kein religiöser Anführer fordert je dazu auf, rivalisierende Religionen kennenzulernen und sich für die zu entscheiden, die einem für sich persönlich und für die Gesellschaft am geeignetsten erscheint."[395] Religion hat die Funktion die soziale Ordnung in einer Gruppe zu festigen. Es ist ihr Ziel, ihre Anhänger dazu zu bewegen, ihre eigenen Ziele dem Wohl der Gemeinschaft unterzuordnen.[396] Glauben kann laut Wilson als eine Art „Darwinian device for survival and increased reproduction" verstanden werden.[397]

> The brain was made for religion and religion for the human brain. In every second of the believer's conscious life religious belief plays multiple, mostly nurturing roles. All the followers are unified into a vastly extended family, a metaphorical band of brothers and sisters, reliable, obedient to one supreme law, and guaranteed immortality as the benefit of membership.[398]

Daher taugt sie auch nicht bei der Suche nach Wahrheit. Das zeigt sich u.a. daran, dass die Anhänger einer Religion bereit sind, recht bizarre Glaubenssätze zu akzeptieren.[399] Das Herzstück der bizarren Glaubenssätze bildet ihr jeweiliger Schöpfungsmythos, der durch Erinnerungen an prägende Ereignisse und deren Überlieferung entstanden ist, die über die Generationen weiter ausgestaltet und fixiert wurden. Die Eigenschaften der Götter verdanken sich dabei jeweils der Gedanken der meist selbsternannten „Propheten", die davon ausgehen, „dass die Götter genauso fühlen, denken und planen wie sie selbst. Im Alten Testament etwa ist Jahwe verschiedentlich von Liebe, Eifersucht, Zorn und Rache getrieben – genauso wie seine sterblichen Kinder."[400] Der Mensch neigt zum Anthropozentrismus und davon ist auch die Gottesvorstellung nicht ausgeschlossen. „Gott ist z.B. in allen drei abrahamitischen Religionen (Judentum, Christentum, Islam) ein Patriarch ganz wie die Herrscher über die Wüstenstämme, bei denen diese Religionen aufkamen."[401] Andere übernatürliche Phänomene, wie die von Engeln, Geistern und Dämonen lassen sich laut Wilson auch leicht erklären. Nämlich im Lichte der modernen Physiologie. Zurückzuführen sind diese Gedankenkonstrukte auf Träume, halluzinogene Drogen oder Schlafparalyse.[402] Ein prägnantes Beispiel dafür ist die Offenbarung des Johannes, die laut Wilson ganz offensichtlich unter Drogeneinfluss entstanden ist, sofern Johannes nicht unter Schizophrenie gelitten hat.[403]

---

[393] Ebd., S. 310.
[394] Ebd. Tribalismus ist hier wohl als „Gruppentrieb" des Menschen zu verstehen, der durch die Multilevel-Selektion auf der Gruppenebene entstanden ist.
[395] Ebd.
[396] Ebd.
[397] Wilson, 2014, S. 151.
[398] Ebd., S. 149.
[399] Wilson nennt z.B. die Transsubstantiationslehre. 20013, S. 311.
[400] Ebd.
[401] Ebd., S. 312.
[402] Ebd., S. 312f.
[403] Nach Wilsons Empfinden „klafft das Bild eines unheilvollen Jesus, der damit droht, Abtrünnige mit einem antiken Schwert zu zerschneiden, so weit mit dem übrigen Neuen Testament auseinander, dass" ihm eine wissenschaftliche Erklärung durch Drogen oder Wahnsinn, weitaus plausibler und attraktiver erscheint.

Die Entstehung der Religion lässt sich laut Wilson sehr plausibel ganz naturalistisch und ohne Zuhilfenahme irgendwelcher übernatürlichen Annahmen rekonstruieren: Demnach fing der Mensch etwa zur späten Altsteinzeit an, seine Sterblichkeit zu reflektieren. Vermutlich kam damals die Frage auf, wo die Toten hingegangen sind. In Träumen und Rauschzuständen wurden die Toten wieder lebendig zusammen mit anderen Geistwesen. Früh übernahmen einzelne Individuen die Interpretation der Visionen. „Sie behaupteten die Erscheinungen bestimmten über das Schicksal des Stammes. Man nahm an, die übernatürlichen Wesen hätten dieselben Emotionen wie lebende Menschen, und deshalb mussten sie durch Zeremonien verehrt und besänftigt werden."[404] Je komplexer dabei die soziale Ordnung wurde, desto mehr Verantwortung wurde den Göttern für ihre Stabilität zugesprochen. Die menschlichen Vertreter setzten diese Ordnungen dann von oben nach unten um. Die Leichtigkeit, mit der sich Menschen von religiösen Ritualen faszinieren lassen, und ihre Indoktrinierbarkeit brachten ihnen durch den verstärkten Gruppenzusammenhalt einen Fitnessvorteil. Gehorsamkeit ist also ein adaptives Merkmal der menschlichen Natur. Dieser Gehorsam gilt letztlich aber nicht etwa Gott, sondern vielmehr dem Stamm, der durch einen bestimmten Schöpfungsmythos vereint ist. In diesem Fall will Wilson den Glauben an einen Gott als „unsichtbare Falle" interpretieren, „die in der biologischen Geschichte unserer Art unvermeidlich war. Und wenn das stimmt, dann gibt es sicher Wege der spirituellen Erfüllung, die ohne Selbstaufgabe und Versklavung auskommen. Die Menschheit hat was Besseres verdient."[405] Nicht nur unsere Vorfahren auch wir selbst wollen heute noch Sinn in allem sehen, was uns zustößt, wollen eine Geschichte, die erklärt, warum es uns und dass es eine Bedeutung in unserem Leben gibt, „weil das Bewusstsein ohne Geschichten und Erklärungen seiner eigenen Bedeutung nicht funktionieren kann."[406] Und noch heute hat die organisierte Religion Vorteile für den Zusammenhalt der Gruppe: die Gemeinschaft engagiert sich mehr, sie leistet emotionale Unterstützung, nimmt an und verzeiht, sakralisiert Gemeinschaftshandlungen. Und auch der Glaube an die Unsterblichkeit der Seelen ist ein nützlicher Trost, weil er in harten Zeiten das Durchhaltevermögen und die Selbstaufopferung stärkt.[407]

Wenn Religion auch heute noch diese Vorteile hat, warum sollten die Menschen sie denn dann nach Wilson überhaupt anzweifeln? Weil die großen Religionen seiner Ansicht nach in der heutigen Zeit zu kontinuierlichem und unnötigem Leiden führen. „Their exquisitely human flaw is tribalism. The instinctual force of tribalism in the genesis of religiosity is far stronger than the yearning for spirituality. [...] It is tribalism, not the moral tenets and humanitarian thought of religion, that makes good people do bad things."[408] Der Tribalismus, der früher einen Fitnessvorteil brachte und der immer noch zur menschlichen Natur gehört, ist in der heutigen Welt kontraproduktiv und gefährlich geworden. Der Hang zum religiösen Glauben, der seinen Nutzen in der Stärkung der Solidarität in einer Gruppe hat, führt heute weltweit zu Problemen.

Wilson hält Aufklärung in diesem Fall für besonders angeraten, weil sich so viele Evangelikale von der Offenbarung des Johannes einschüchtern lassen. (Ebd., S. 316f)
[404] Ebd., S. 318.
[405] Ebd., S. 320.
[406] Ebd., S. 348.
[407] Ebd., S. 349.
[408] Wilson, 2014, S. 150f.

„The true cause of hatred and violence is faith versus faith, an outward expression of the ancient instinct of tribalism."[409] Außerdem führt Religion nicht zur Wahrheit, sondern lässt Menschen sogar "verdummen", weil sie Ignoranz fördert. Und so können viele religiösen Menschen die Probleme der wirklichen Welt nicht erfassen, was zu teilweise katastrophalen Handlungen führt.[410] Wilson ist sich bewusst, dass es wohl kaum in naher Zukunft zu einer Aufhebung der Religion in „vernunftbegründete Begeisterung für moralisches Handeln" kommen wird. Aber möglich ist es Schritt für Schritt, wie es sich auch schon in Europa beobachten lässt. Außerdem trägt das Internet einen großen Teil dazu bei, die „unselige sektiererische Frömmigkeit" auszumerzen.

3.5.3 Eine neue Aufklärung

Die Multilevel-Selektion, so ist Wilson überzeugt, hat den Menschen zu dem gemacht, was er ist. Mit ihrer Hilfe, lässt sich die „Ambiguität im Geist des einzelnen Menschen" erklären, die jeden „halb zum Heiligen, halb zum Sünder"[411] macht. In ihrem Licht wird verständlich, warum „sich Menschen binden, lieben, zusammenschließen, betrügen, miteinander teilen, sich aufopfern, stehlen, täuschen, belohnen, bestrafen, aneinander appellieren und übereinander urteilen."[412] Die Theorie der Multilevel-Selektion wird sich, so ist sich Wilson ganz sicher, als Hauptantriebskraft der menschlichen Herkunft und seines weiteren Weges bewähren. Denn neben ihrer guten Erklärungskraft in ganz unterschiedlichen Forschungsgebieten (Sozialpsychologie, Archäologie und Evolutionsbiologie) gewinnt sie an Überzeugungskraft gerade durch die Erklärung der Zwiegespaltenheit der menschlichen Natur. „Jeder gesunde Mensch spürt den Sog des Gewissens, das Tauziehen zwischen Heldentum und Feigheit, Wahrhaftigkeit und Betrug, Engagement und Rückzug. Es ist unser Schicksal, dass wir uns durch die großen und kleinen Dilemmata quälen".[413] Gleichzeitig sind durch diese unauslöschlichen Konflikte die Geisteswissenschaften entstanden. Denn der Mensch findet andere Menschen faszinierend. Er findet Vergnügen an der Analyse der Menschen in seinem Umfeld. Tratschen gehört zu seinen Lieblingsbeschäftigungen. Und dieses Verhalten ist adaptiv. Die anderen und ihre Absichten einzuschätzen ist für unsere Vorfahren über-lebensnotwendig gewesen.

Um nun ein vollständiges Menschenbild zu erhalten, muss sich die Geisteswissenschaften für die neuen Erkenntnisse der Multilevel-Selektion öffnen und sie durchdringen. Diese Vernetzung des Wissens bezeichnet Wilson als eine neue Aufklärung, die dringend aussteht, um selbstbewusst und verantwortlich die Zukunft zu planen.[414] Wilson ist optimistisch, dass die Menschheit das Leiden auf unserem Planeten, wenn schon nicht auslöschen, so doch auf ein Minimum reduzieren kann, wenn sie nur die Stärken und Schwächen ihrer eigenen Natur erkennt. Manch einer mag über diesen Optimismus staunen, wenn er schreibt:

> Und so will ich meinen eigenen blinden Glauben bekennen. Die Erde lässt sich, wenn wir es wollen, im 22. Jahrhundert in ein dauerhaftes Paradies für den Menschen verwandeln oder zumindest in einen vielversprechenden Anfang davon. Wir werden uns selbst und den anderen Lebewesen noch

---

409 Ebd., S. 155.
410 Wilson, 2013, S. 350.
411 Ebd., S. 345.
412 Ebd., S. 320.
413 Ebd., S. 347.
414 Ebd., S. 352.

sehr viel Schaden zufügen, aber wenn wir uns den einfachen Anstand gegenüber dem Anderen zum ethischen Grundsatz machen, wenn wir unablässig unsere Vernunft gebrauchen und wenn wir akzeptieren, was wir wirklich sind, dann werden unsere Träume wahr werden.[415]

Wilson hält sehr viel von den menschlichen Fähigkeiten und ist überzeugt von seinen beinahe unbegrenzten Möglichkeiten, auch wenn er es nicht mehr für nötig hält, sie in der Ebenbildlichkeit Gottes zu verorten. Der Mensch gehört genauso zum Bereich der Natur wie alle anderen Lebewesen und seine gottgleichen Eigenschaften können dementsprechend ebenso ohne Rückgriff auf übernatürliche Kräfte erklärt werden:

> Unsere Vorfahren waren einer der etwa zwei Dutzend Tierlinien, die jemals die Eusozialität herausbildeten, die nächsthöhere Ebene biologischer Organisation über dem Organismus. [...] Irgendwann erreichten sie die symbolbasierte Sprache, die Schriftlichkeit und die wissenschaftsbasierte Technologie, die uns weit über den Rest des Lebens stellt. Abgesehen, dass wir uns meistens wie Affen verhalten und darunter leiden, dass unsere Lebensspanne genetisch begrenzt ist, sind wir geradezu gottgleich.[416]

Wilson hat nun erklärt, was der Mensch ist und wo er herkommt. Doch die Frage, was der Sinn des menschlichen Lebens ist, wenn er nicht von einem Schöpfer gesetzt ist, hat er bisher nicht beantwortet. Wilson weiß aber, dass die Menschen nach dem Sinn ihres Lebens suchen und versucht in einem seiner neueren Bücher, dieses Bedürfnis zu befriedigen und eine Antwort auf die Frage nach dem Sinn unseres Lebens zu geben.

3.5.4 Die Bedeutung der menschlichen Existenz

Im ersten Kapitel seines Buches *The Meaning of Human Existence* unterteilt Wilson zwei verschiedene Bedeutungen von „Meaning": Die eine setzt Intention, so etwas wie einen Designer, einen Schöpfer voraus, der dem menschlichen Dasein einen Sinn gibt. Das ist der Kern der philosophischen Weltanschauung organisierter Religionen. "Humanity, it assumes, exists for a purpose. Individuals have a purpose in being on earth. Both humanity and individuals have meaning."[417] Aber nach Wilson gibt es auch noch eine weitere Bedeutung von "Meaning": „It is that the accidents of history, not the intentions of a designer, are the source of meaning. [...] This concept of meaning, insofar as it illuminates humanity and the rest of life, is the worldview of science."[418] Jede menschliche Entscheidung hat eine Bedeutung im ersten, im intentionalen Sinne. Aber die Fähigkeit zu entscheiden, etwas zu planen und zu entwerfen, entstand erst im Laufe der Evolution. Wie und warum diese Fähigkeit zustande kam und welche Konsequenzen sie hat, das ist das, was Wilson unter „Meaning" versteht. Und diese Bedeutung von „Meaning" eher im Sinne von „Funktion", lässt sich wissenschaftlich klären.[419] Eine andere Bedeutung unseres Lebens lässt sich laut Wilson nicht ausmachen. "We are not predestined to reach any goal, nor are we answerable to any power but our own. Only wisdom based on self-understanding, not piety, will save us. There will be no redemption or second chance vouchsafed to us from above."[420] Wilson hält die Frage nach dem Sinn der menschlichen

---

[415] Ebd., S. 355.
[416] Ebd., S. 345.
[417] Wilson, 2014, S. 12.
[418] Ebd., S. 13.
[419] Ebd., S. 13f.
[420] Ebd., S. 15f.

Existenz für viel einfacher als wir bisher dachten. Es gibt keine Vorherbestimmung, kein Geheimnis des Lebens und es kämpfen auch keine Dämonen und Engel um unsere Entscheidungen. „Instead, we are self-made, independent, alone, and fragile, a biological species adapted to live in a biological world."[421] Was für unser Überleben von entscheidender Bedeutung sein wird, ist ein intelligentes Selbstverständnis, das auf einer gedanklichen Unabhängigkeit basiert, die in dieser Art selbst in den meisten demokratischen Gesellschaften *noch* keine Zustimmung findet. Wir leben aber jetzt in einer Zeit des Umbruchs, einer Zeit der neuen Aufklärung, die durch das explosive Wachstum des Wissens und seiner Vernetzung verursacht wird. Das hat enorme Auswirkungen auf das Menschenbild, denn es enthüllt den Platz der Menschheit in der Welt und im Kosmos.[422]

3.5.5 Einsam aber frei im Universum

Die Geschichte der Menschheit und alles, was bisher aus der Wissenschaft geschlossen werden kann, lassen vermuten, dass wir komplett allein im Universum sind. Auch wenn das für manch einen eine traurige oder beängstigende Vorstellung sein mag – für Wilson ist das eine ziemlich gute Sache, weil es bedeutet, dass wir absolut frei sind. Und infolge dessen können wir ganz ungeniert unsere irrationalen Glaubensvorstellungen ausmachen und aufgeben, die uns voneinander trennen. „Laid before us are new options scarcely dreamed of in earlier ages. They empower us to address with more confidence the greatest goal of all time, the unity of the human race."[423] Auch für dieses große Ziel ist das eigene Selbstverständnis eine wichtige Voraussetzung. In diesem Sinne versteht Wilson „the meaning of human existence" als das evolutions-geschichtliche Epos, der über die Vorgeschichte der Menschheit, über die Geschichte in die Gegenwart bis in die undefinierte Zukunft läuft und damit auch die Wahl, was wir werden wollen. Die wissenschaftliche Weltsicht kann erklären, welche Rolle die Menschen im Universum haben und warum sie überhaupt existieren: „Humanity arose as an accident of evolution, a product of random mutation and natural selection."[424]

Trotzdem ist Wilson nicht pessimistisch: Er ist überzeugt, dass Menschen von Natur aus nicht böse sind, sondern ihr Fehlverhalten auf Unwissenheit zurückzuführen ist. Sie haben genug Intelligenz und guten Willen, um die Erde zu einem Paradies für sich selbst und für die Biosphäre zu gestalten, die sie hervorgebracht hat.[425] Bisher hat uns unser steinzeitliches Erbe noch daran gehindert, doch mit den neuen Erkenntnissen ist der Weg frei, die Einheit der Menschheit und damit den Frieden zu fördern. Nichtsdestotrotz: Der innere Konflikt des Menschen wird immer bestehen bleiben, er gehört zu unserer Natur und wir sollten darüber froh sein, weil er laut Wilson auch die Quelle unserer Kreativität ist. Nur müssen wir uns in evolutionärer und psychologischer Hinsicht selbst besser verstehen lernen, um rationaler und katastrophensicherer unsere Zukunft gestalten zu können. „We must learn to behave, but let us never even think of domesticating human nature."[426] Natur- und Geisteswissenschaft entspringen bei aller Verschiedenheit beide demselben menschlichen Geist. Sie ergänzen sich

---

[421] Ebd., S. 26.
[422] Ebd., S. 51.
[423] Ebd., S. 173.
[424] Ebd., S. 174.
[425] Ebd., S. 176.
[426] Ebd., S. 180.

und durch ihre Vernetzung, der Kombination aus analytischen Kraft der Wissenschaft und der introspektiven Kreativität der Geisteswissenschaft, kann die menschliche Existenz eine unendlich produktive und interessante Bedeutung erlangen.[427]

> I am often asked, given the strong naturalism in my philosophy, to express my deepest convictions. They are simple and I give them here. Science is a global civilization of which I am a citizen. The spread of its democratic ethic and its unifying powers provides my faith in humanity. The astonishing depth of the wonders in the universe, continuously revealed by science, is my temple. The capacity of the informed human mind, liberated at last by the understanding that we are alone and thus the sole stewards of Earth, is my religion. The potential of humanity to turn this planet into a paradise for the future is my afterlife.[428]

Es bewegt sich etwas unter der Oberfläche des bewussten Geistes, das Wert zu retten ist. Es bewirkt die Spiritualität, die Wilson mit anderen Gläubigen teilt.[429]

---

[427] Ebd., S. 187.
[428] Wilson, 1994, S. 375.
[429] Wilson, 2006, S. 62

3.6 Die Frage nach dem, was wir tun sollen: Umweltschutz

Es gibt einen universellen moralischen Imperativ, die Schöpfung zu retten, der sich laut Wilson sowohl religiös als auch auf wissenschaftlich begründen lässt.[430] Auch wenn sich die theologische Erklärung der menschlichen Verantwortung für die Mitwelt von der wissenschaftlichen unterscheidet, so sind sie sich doch in dem praktischen Ziel darin einig, dass die Natur zu schützen ist.[431] Die epistemologischen Unterschiede können laut Wilson in Bezug auf den Umweltschutz getrost vernachlässigt werden.[432]

Die theologische Begründung funktioniert recht einfach: Umweltschutz ist deshalb geboten, weil wir mit Gottes Schöpfung verantwortlich und respektvoll umgehen müssen, um den Herrschaftsauftrag zu erfüllen. Gottes Schöpfung sollte nicht mit Füßen getreten und seinen Geschöpfen Wertschätzung entgegengebracht werden. Aber es gibt auch einige „wissenschaftliche" Argumente, die zusammengenommen den respektvollen Umgang mit den anderen Lebewesen auf unserem Planten nahelegen. Ein Argument ist der intellektuelle und ästhetische Wert jeder einzelnen Art. Für Wilson ist jede Spezies nicht nur ein wahrer Schatz für die naturwissenschaftliche Forschung, sondern auch für Historiker und Poeten.[433] „Jede Art erweist sich bei näherer Betrachtung als ein unerschöpflicher Quell des Wissens und des ästhetischen Genusses."[434] Nicht nur die einzelnen Arten, sondern auch natürliche Ökosysteme und Landschaften sind für den Menschen von großem Wert. Vermutlich ist das, was wir an der Natur als schön empfinden, genetisch verankert. Bekanntlich finden Menschen besonders Savannenlandschaften schön und erholen sich besser in der Natur als in der Stadt.[435]

Die Erhaltung der Artenvielfalt ist aber auch aus pragmatischen Gründen sinnvoll: Ein nutzbares Ökosystem ist viel stabiler, wenn es artenreich ist. Stirbt z.B. eine Art aus, kann sie schneller von einer anderen ersetzt werden.[436] Die Wechselwirkungen zwischen den Arten ist sehr kompliziert, häufig unzureichend verstanden und ein vorsichtiger Umgang mit jeder

---

[430] Ebd., S. 99.
[431] Jedenfalls auf beiden Seiten Vertreter, die sich für Naturschutz aussprechen. Allerdings gibt es auch auf beiden Seiten Fürsprecher einer „Wir-zuerst-Ethik". s.u.
[432] Wilson, 2002, S. 191. Wilson bemüht sich dementsprechend sehr um den Dialog mit den religiösen Einflussreichen seines Landes.
[433] Wilson, 2006, S. 123.
[434] Wilson, 2002, S. 160.
[435] Präferenzen für die Wohnumgebung finden sich kulturübergreifend. Das ist für Wilson ein Anzeichen für eine genetische Verankerung. Die Vorlieben bezüglich der Umgebung decken sich mit der Savannen-Hypothese, die davon ausgeht, dass der Mensch genetisch noch auf die Umwelt seiner Vorfahren bezogen ist. Alle Wesen, die sich selbst fortbewegen können, suchen sich den Lebensraum, der für ihr Überleben nötig ist. (Ebd., S. 166) „Was wir im Allgemeinen als Ästhetik bezeichnen, ist vielleicht nichts anderes als die angenehmen Empfindungen, die von bestimmten Reizen ausgelöst werden, an die unser Gehirn von Natur aus angepasst ist." (Ebd., S. 166f) Man könnte einwenden, dass Ästhetik mehr umfasst, als nur angenehme Gefühle...
[436] Ebd., S. 136. Wilson ist Sympathisant der Gaia-Hypothese, nach der die Biosphäre eine Art Superorganismus darstellt. Seiner Ansicht nach sprechen für eine solch ganzheitliche Betrachtungsweise gute Gründe. Es gibt eine enge und eine weite Auslegung der Gaia-Hypothese. Bei der engen Auslegung wird die Biosphäre tatsächlich als ein Superorganismus betrachtet, „in dem alle Arten zusammenwirken, um die Umwelt in einem Zustand des Gleichgewichts zu halten, von dem jede Spezies profitiert, ähnlich den Zellen eines Körpers oder den Arbeitern einer Ameisenkolonie." Die enge wird als Arbeitshypothese weitgehend abgelehnt, während die weite Auslegung, die den einzelnen Arten durchaus einen beträchtlichen Einfluss auf das globale Gleichgewicht einräumt, weitgehend anerkannt ist und Anstoß zu wichtigen Forschungsprojekten gegeben hat.

Komponente eines Ökosystems ratsam, wenn Katastrophen vermieden werden sollen. Ein weiterer praktischer Wert der biologischen Vielfalt wird durch das Bioprospecting ausgemacht. Beim Bioprospecting wird nicht nur nach neuen natürlich vorkommenden Arzneimitteln gesucht, sondern auch nach neuen Nahrungsmitteln und Ersatzstoffen für Holzfasern, Erdöl und anderen potenziell brauchbaren Stoffen.[437] Der direkte Nutzen für den Menschen, nämlich Wohlstand und Gesunderhaltung ist eigentlich schon überzeugend genug. Aber es gibt laut Wilson noch einen weiteren, „fundamentaleren Grund für die Erhaltung der Natur, der mit den ureigensten Eigenschaften und dem Selbstverständnis der menschlichen Spezies zu tun hat."[438] Die Natur mit all ihrer Vielfalt ist die natürliche Heimat des Menschen, in der er sich entwickelt hat.[439]

> Wir Menschen sind weder Engel, die auf die Erde herabgestiegen sind, noch sind wir Außerirdische, die die Erde besiedelten. Wir haben uns hier als eine von vielen Arten über Jahrmillionen entwickelt – ein biologisches Wunder, das mit den anderen verknüpft ist. Die natürliche Umwelt, die wir mit so unnötiger Ignoranz und Rücksichtslosigkeit behandeln, war unsere Wiege und unsere Schule. Sie ist und bleibt unsere einzige Heimat. An ihre besonderen Lebensbedingungen haben wir uns mit jeder Faser und bis in die letzten biochemischen Vorgänge unseres Körpers angepasst.[440]

Wir sollten also nicht Mutter Natur zerstören und nicht an dem Ast sägen, auf dem wir sitzen. Aber Wilsons Gedanken zielen darüber noch hinaus. Wilson denkt die Verwandtschaft allen Lebens, seine genetische Einheit: „Alle Organismen stammen von derselben urtümlichen Lebensform ab."[441] Und es scheint eine Art treuhänderische Verantwortung emotional im Menschen verankert zu sein, die laut Wilson vermutlich durch die Gene des menschlichen Sozialverhaltens programmiert sind. Es ist seiner Ansicht nach auch gar nicht so abwegig nichtmenschlichen Lebensformen Gefühle entgegenzubringen. Zumindest nicht, wenn Wissen über sie vorhanden ist. Deswegen ist die Erforschung der Natur auch eine wichtige Voraussetzung für den Umweltschutz. „Die Fähigkeit, ja sogar die Neigung zu einer solchen emotionalen Bindung an andere Lebewesen wird als Biophilie bezeichnet und ist möglicherweise ein menschlicher Instinkt."[442] Aus dieser Eigenschaft zusammen mit der Verstandesfähigkeit sollte sich ein verantwortungsvoller, ja gar liebevoller Umgang mit Natur und Kreatur ergeben, der sich gut mit dem recht verstandenen Herrschaftsauftrag der Genesis in Einklang bringen lässt.

> Da alle Organismen von einem gemeinsamen Vorfahren abstammen, kann man wohl zu Recht sagen, dass die Biosphäre als Ganzes mit der Entwicklung des Menschen zu denken begann. Wenn die übrige Natur gleichsam der Körper ist, dann sind wir der Geist. Unsere Aufgabe in der Natur – vom ethischen Standpunkt aus gesehen – ist also, über die Schöpfung nachzudenken und das Leben auf der Erde zu schützen.[443]

---

[437] Ebd., S. 153.
[438] Ebd., S. 157.
[439] Ebd., S. 21.
[440] Ebd., S. 64.
[441] Ebd., S. 161.
[442] Ebd., S. 163. Dass Biophilie zur menschlichen Natur gehört wird von Untersuchen gestützt. Gestresste Menschen erholen sich z.B. schneller, wenn sie Aufnahmen von natürlichen Landschaften anschauen im Gegensatz zu städtischen und der therapeutische Wert von Tieren ist inzwischen auch unbestritten. (Ebd., S. 169)
[443] Ebd., S. 161.

3.6.1 *Homo sapiens* der globale Massenmörder

Leider sind Vergangenheit und Gegenwart bisher nicht von dem verantwortungsvollen Umgang der Menschen mit dem Rest der Welt gekennzeichnet, sondern von einer „Wir-zuerst-Haltung", die zur Zerstörung der Natur führt und letztlich auch dem Menschen selbst schadet. Mit dieser zerstörerischen Geisteshaltung geht die Gleichgültigkeit gegenüber der seiner Um- und Mitwelt einher. Wilson ist der Ansicht, dass auch diese Gleichgültigkeit genetisch tief im menschlichen Verhalten verankert ist. Denn das menschliche Bewusstsein ist erst einmal nur darauf ausgelegt, sich für ein begrenztes geographisches Gebiet und eine sehr begrenzte Zahl von Personen zu interessieren. Auch die zeitliche Reichweite des menschlichen Interesses ist recht begrenzt: Er interessiert sich maximal für ein oder zwei Generationen in die Zukunft, nämlich für das Wohl seiner Kinder und Enkel. Alles andere übersteigt schlichtweg sein Vorstellungsvermögen. Der Mensch neigt von Natur aus dazu, mögliche ferne Probleme erst einmal zu ignorieren, er setzt zeitlich und räumlich Prioritäten. Diese Eigenschaften haben sich im Laufe der Evolution bezahlt gemacht und zeichnen deshalb jetzt die menschliche Natur aus. Das Problem der Gegenwart ist aber, dass der Einfluss, den die Menschen auf die Umwelt haben, dazu drängt, weiter zu denken. Während es laut Wilson noch relativ einfach ist, „Werte für die nahe Zukunft des eigenen Stammes oder des eigenen Landes auszuwählen", ist es schon etwas schwieriger, „Werte für die ferne Zukunft des gesamten Planeten zu definieren". Und beide „Visionen" schließlich „miteinander in Einklang zu bringen, um eine allgemein gültige Umweltethik zu entwickeln", gestaltet sich theoretisch und praktisch als „äußerst schwierig."[444] Bisher hat der Mensch die Gefahren noch nicht erkannt und zumeist nur seine kurzfristigen Vorteile im Auge. Durch seine Intelligenz und seine Kooperationsfähigkeit ungemein erfolgreich, ist er zum gefährlichsten Tier der Welt geworden.

> Wir, Homo sapiens, sind auf der Bildfläche erschienen und haben unser Revier gut abgesteckt. Als Gewinner der Darwinschen Lotterie, als ballonköpfige Vorzeigeexemplare der biologischen Evolution, als emsige zweibeinige Affen mit abspreizbaren Daumen vernichten wir unaufhaltsam die Elfenbeinspechte und andere Wunder der Natur um uns herum.[445]

Der Mensch hat durch dieses Verhalten die Rolle eines globalen Massenmörders eingenommen und bereits einen „wesentlichen Teil der biologischen Vielfalt" unwiederbringlich zerstört.[446] Die Fachleute sind sich im Großen und Ganzen laut Wilson darüber einig, dass die Extinktionsrate „zwischen 1000- und 10000-mal höher liegt als zu der Zeit, da der Mensch noch keinen signifikanten Druck auf seine Umwelt ausübte."[447] Wilson zeichnet sehr eindrücklich ein erschreckendes Bild der zukünftigen Welt, die uns erwartet, wenn wir es nicht schaffen unser Verhalten zu ändern, sondern weiterhin im „Wir-zuerst-Modus" agieren, statt uns – bildlich gesprochen - als „Geist" der Natur zu verstehen.[448]

---

[444] Ebd., S. 65.
[445] Ebd., S. 132.
[446] Ebd., S. 129.
[447] Ebd., S. 125.
[448] Ebd., S. 101-104.

3.6.2 Menschliches Selbstbild und Umweltschutz

Die Diskussion um die Erhaltung der Natur ist ein moralisches Problem.[449] Wilson schreibt dazu:

> Moral ist das, was wir zu tun oder zu unterlassen beschließen. Die den moralischen Entscheidungen zu Grunde liegende Ethik ist ein Gefüge von Verhaltensnormen zur Sicherung bestimmter Werte, und Werte wiederum hängen von Zielen ab. Gleichgültig, ob es sich um persönliche oder globale Ziele handelt, ob sie vom Gewissen oder von religiösen Geboten vorgegeben werden – Ziele spiegeln stets das Bild wider, das wir von uns selbst und unserer Gesellschaft haben. Ethik entwickelt sich also in aufeinander aufbauenden Schritten, vom Selbstbild zu Zielen, Werten und ethischen Geboten bis zu einem moralischen Empfinden. [...] Unter Umweltethik versteht man das Bestreben, den größten Teil der natürlichen Welt für künftige Generationen zu erhalten. Die natürliche Welt zu kennen, bedeutet Anteil an ihr zu nehmen. Sie gut zu kennen heißt, sie zu lieben und Verantwortung für sie zu übernehmen.[450]

Für Wilson ist klar, dass der Mensch ein Selbstbild benötigt, damit er sich Ziele setzen kann, aus denen seine Werte folgen können. Bisher ist dafür die Religion zuständig gewesen. Der Mensch braucht eine Geschichte, in der er die Hauptrolle spielt, damit er sich in dieser Welt orientieren kann. Deshalb finden sich Schöpfungsmythen in jeder Kultur. Im Zeitalter der neuen Aufklärung brauchen wir also ein ebenso aufgeklärtes, wissenschaftlich verbessertes Schöpfungsepos, an das wir alle vereint glauben können. Das ist die Evolutionsgeschichte des Menschen, die uns erzählt, dass wir alle von demselben Vorfahren abstammen wie unsere Mitgeschöpfe. Der Vorteil und die einende Kraft dieser „Schöpfungsgeschichte" sind, dass sie sehr wahrscheinlich wirklich wahr ist. Zumindest wird sie immer genauer von Genetikern und Paläontologen rekonstruiert.[451] Wenn also der Mensch der Gegenwart noch immer „einen Schöpfungsmythos braucht – und es scheint, dass wir im Zeitalter der Globalisierung emotional darauf angewiesen sind –, dann ist keiner fundierter und für die Spezies verbindender als die Evolutionsgeschichte. Auch dies ist ein Grund, verantwortungsvoll mit der Natur umzugehen."[452] Wenn wir es schaffen, durch das Wissen um unsere Entstehungsgeschichte, das Gefühl der genetischen Einheit, das Gefühl der Verwandtschaft mit den anderen Lebewesen zu kultivieren, und so die biologische Vielfalt bewahren, dann wären diese Werte Mechanismen, die zu unserem zukünftigen Überleben beitragen. Und das wäre laut Wilson eine „Investition in die Unsterblichkeit."[453]

Das Hauptproblem liegt laut Wilson in der Frage, wie weitreichend unser Altruismus ist, oder anders ausgedrückt, welche Lebewesen in unsere Ethik auf welche Weise miteinbezogen werden. Dabei müssen sich Anthropozentrismus, Pathozentrismus und Biozentrismus prinzipiell nicht ausschließen, aber sehr wohl gewichtet werden, was wiederum mit unserem

---

[449] Ebd., S. 159.

[450] Ebd., S. 160. „Purpose, whether personal or global, whether urged by conscience or graven in sacred script, expresses the image we hold of ourselves and our society. A conservation ethic is which aims to pass on to the future generations the best part of the nonhuman world. To know this world is to gain a proprietary attachment to it. To know it well is to love and take responsibility for it." (Wilson, What Is Nature Worth?, S. 39)

[451] Wilson, 2002, S. 162.

[452] Ebd.

[453] Ebd., S. 163.

Selbstbild zusammenhängt.[454] Der reine Anthropozentrismus, der sich typisch menschlich nur auf die aktuellen Bedürfnisse ausrichtet, ist im Laufe der Zeit selbstzerstörerisch. Wilson nennt dies die „Wir-zuerst-Haltung" und stellt sie der biozentrischen Ethik der Umweltschützer entgegen.[455] Bei diesem Konflikt müssen vorerst einmal die nicht zum Thema gehörenden politischen Elemente aus der Diskussion erkannt und entfernt werden, um zu einer Lösung zu kommen, wenn auch letztendlich die politische Mitte laut Wilson das Ziel sein muss.

Das Problem mit der „Wir-zuerst"-Ethik sieht Wilson vor allem in dem mangelnden Weitblick, erkennt aber auch an, dass ihre Werte nicht „nur ein Spiegelbild kapitalistischen Gedankenguts" sind.[456] Doch genau der mangelnde Weitblick ist das Problem. Es können nicht alle Menschen auf der Erde so bequem und konsumorientiert Leben, wie die Bürger der Wohlstandsländer der westlichen Welt. Würden alle Menschen „mithilfe der vorhandenen Technologie das Konsumniveau der Vereinigten Staaten erreichen" würde man dazu „vier weitere Planeten wie die Erde" benötigen.[457] Die Menschen sind sich ihrer selbst und der damit einhergehenden Verantwortung nicht bewusst. „Der von der modernen Technik angetriebene Kapitalismus bewegt sich wie ein Moloch mit unaufhaltsamer Wucht vorwärts. Seine Stoßkraft wird noch verstärkt durch die Milliarden armer Menschen in den Entwicklungsländern, die danach streben, am materiellen Wohlstand der Industrienationen teilzuhaben."[458] Noch ist es aber nicht zu spät. Noch kann eine wohlüberlegte, konsensfähige Umweltethik den Rest der Natur erhalten, den wir noch nicht zerstört haben. Es gibt nur diese beiden Möglichkeiten: „Entweder wird der Moloch das, was von der Natur übrig geblieben ist, in absehbarer Zukunft verschlingen, oder wir lenken ihn in eine neue Richtung, um so die Umwelt zu retten."[459]

Ob die Menschheit es schaffen wird, entschlossen und geeint für die Natur zu kämpfen, bleibt offen. Wilson selbst beschreibt seine eigene Sicht auf die Zukunft als gedämpft optimistisch. Immerhin gibt es ja heute eine genauere Vorstellung von dem Ausmaß und der Tragweite des Problems und darüber hinaus erste Handlungsstrategien, die Floren und Faunen dieser Welt zu retten. Grundlage dieses Handelns ist genetische Anlage des Menschen sein Handeln nach ethischen Regeln auszurichten. „Moralische Erwägungen sind keine kulturellen Artefakte, die aus Bequemlichkeit erfunden wurden. Sie sind und waren schon immer das Bindemittel, das die Gesellschaft zusammenhält, die unentbehrliche Triebkraft, um Vereinbarungen zu treffen und einzuhalten, und sie haben so dazu beigetragen, das Überleben der menschlichen Art zu sichern."[460] Und es besteht eine gute Chance, dass der Mensch mithilfe seiner Anlage zur Ethik auch einen Weg aus der Umweltkrise finden wird. Wilsons Optimismus wird zusätzlich durch die Tatsache genährt, dass sich auch in den Religionsgemeinschaften mehr und mehr das Bewusstsein für den Schutz der Umwelt mehrt.[461] Leider ist dieses Bewusstsein für die Notwendigkeit der Naturschutzethik, unabhängig auf welche Weise sie begründet wird, für viele Arten schon zu spät gekommen. Sie sind unwiederbringlich verloren, weil der Mensch

---

[454] Ebd.
[455] Ebd., S. 184
[456] Ebd., S. 186.
[457] Ebd., S. 180.
[458] Ebd., S. 186.
[459] Ebd.
[460] Ebd., S. 181.
[461] Ebd., S. 187ff.

sich seiner „Wir-zuerst-Haltung" so rücksichtslos gegenüber dem Rest der Natur verhält. Wilson berichtet von dem Sumatra-Nashorn „Emi", das sich um seine Art ängstigt und wenn es sprechen könnte, wohl sagen würde, dass der Mensch im des 21. Jahrhunderts bisher noch keine deutliche Besserung seines Verhaltens zeigt. Er schreibt: "Und ich würde sie daraufhin noch einmal beruhigend streicheln. Wir verstehen das Problem heute besser, Emi, es ist noch nicht zu spät. Wir wissen, was zu tun ist. Vielleicht handeln wir noch rechtzeitig."[462]

---

[462] Ebd., S. 129.

3.7 Kritik

Wilson bietet durch seinem großen anthropologischen Entwurf viel Angriffsfläche. In dem Abschnitt über Wilsons *Sociobiology* ist bereits beispielhaft etwas von der grundsätzlichen Kritik an seinem Menschenbild angeklungen. Vieles davon betrifft die radikale und konsequent reduktionistische Denkweise, mit der er den Menschen in sein naturalistisches Weltbild einbezieht. Und so selbstverständlich, wie es Wilson es häufig zu meinen scheint, ist die naturalistische Erklärung aller Bereiche des Menschseins vermutlich auch einfach nicht.[463] Drei Kernbereiche der Kritik seien hier vorgestellt: Erstens die Kritik an Wilsons Gedanken zur Biologisierung der Ethik. Außerdem die Kritik zu seinem „Paradigmenwechsel" von der Verwandten- zur Multilevel-Selektion als Erklärung der Altruismusentstehung. Und schließlich die Kritik an Wilsons Projekt der Einheit des Wissens.

3.7.1 Kritik an Wilsons Gedanken zur Biologisierung der Ethik

Wilson ist für seine provokativen Aussagen über die Notwendigkeit einer Biologisierung der Ethik berühmt geworden. Die Ethik solle den Philosophen aus der Hand genommen werden, weil sie offensichtlich trotz tausenden von Jahren des Ringens, keinen ethischen Konsens finden konnten.[464] Damit hat er sich einige philosophische Aufmerksamkeit in diesem Bereich seiner Arbeit zugezogen. Dem philosophisch geschulten Leser wird schnell klar, dass Wilson nicht mit den Regeln korrekter Argumentation vertraut ist. Allein schon seine Argumentation nachzuzeichnen ist - selbst bei großem Wohlwollen - ein recht schwieriges Unterfangen. Wilson bringt seine eigenen persönlichen Werte ständig unreflektiert und beiläufig in seine Schriften ein. Ein Beispiel:

> Das Lebewesen zu Ihren Füßen, das für Sie nur ein Käfer oder ein Unkraut ist, stellt einen eigenständigen Teil der Schöpfung dar. Es hat einen Namen und einen Platz in der Welt und kann auf eine jahrmillionenalte Geschichte zurückblicken. Durch sein Genom ist es an eine besondere Nische in einem Ökosystem angepasst. Der ethische Wert, der durch eine genaue Untersuchung seiner artspezifischen biologischen Merkmale erhärtet wird, besagt, dass die Lebensformen um uns herum zu alt, zu komplex und potenziell zu nützlich sind, als dass man sie leichtfertig wegwerfen dürfte.[465]

Der Wert eines Lebewesens lässt sich nicht durch eine biologische Untersuchung seiner Merkmale erhärten, ganz gleich, wie genau man es auch untersuchen mag. Weder sein Alter, noch seine Einzigartigkeit machen ohne weiteres seinen Wert aus. Den Wert schreiben wir ihm selbst aus unterschiedlichen Gründen zu. Dem würde Wilson sicher auch zustimmen, würde man ihn darauf aufmerksam machen. Solche sprachlichen Ungenauigkeiten sind typisch für Wilsons Schriften und bieten zu jedem Bereich, zu dem Wilson sich äußert, allerhand Kritikmöglichkeiten. Philip Kitcher[466] z.B. bezeichnet Wilsons Gedanken zum Einfluss der

---

[463]   Für einen guten Auswahl von Aufsätzen der damaligen Auseinandersetzung sei an dieser Stelle verwiesen auf: *The Sociobiology Debate*, Arthur L- Caplan (Ed.), Toronto: Harper & Row, 1978. Und *Sociobiology Examined*, Ashley Montagu (Ed.), New York: Oxford University Press, 1980.

[464]   Wilson, 2000, S. 562.

[465]   Ebd, S. 160f.

[466]   Es gibt unzählige Kritik an Wilson. Besonders in der Renaissance der philosophischen Debatte um die Bedeutung der Evolutionstheorie für die Ethik Ende des 20ten Jahrhunderts spielt Wilson eine zentrale Rolle. Es gibt dort wenig Texte, in denen Wilson nicht thematisiert wird. Als zentraler Text von Wilson zur Bedeutung der Soziobiologie für die Ethik gilt der Aufsatz, den er gemeinsam mit dem Philosophen Michael

Soziobiologie auf die Ethik als „äußerst verworren", „weil hier zwischen mehreren ganz unterschiedlichen Vorhaben nicht deutlich getrennt" wird.[467] Kitcher zweifelt nicht an Wilsons ehrlicher Motivation und ernster Absicht, wenn er meint, die Ethik müsste den Philosophen aus der Hand genommen und biologisiert werden. Er betrachtet Wilson als einen hervorragenden Wissenschaftler, der nur gewisse Fragen ungeschickt und stümperhaft behandelt, weil ihm „entscheidende intellektuelle Mittel" fehlen.[468] In seinem Aufsatz „Vier Arten, die Ethik zu ‚biologisieren'" unterscheidet Kitcher zwischen verschiedenen Zielen Wilsons und zeigt dabei, „wie Wilson und seine Kollegen von unumstrittenen Binsenwahrheiten in provokante Unwahrheiten schlittern."[469]

Kitcher unterscheidet bei Wilson vier verschiedene Annahmen, die Wilson alle gutzuheißen scheint:[470] 1. Die Soziobiologie soll uns die Genese unser moralischen Empfindungen und ihrer Systematisierung erklären. 2. Die Soziobiologie kann Erkenntnisse beitragen, die im Zusammenhang mit bereits akzeptierten moralischen Regeln „normative Prinzipien" herleiten können, die bisher in der Form nicht bekannt waren. 3. Die Soziobiologie ist der „Schlüssel zur Metaethik". 4. Die Soziobiologie kann neue Normen erzeugen. Gegen die ersten zwei Annahmen gibt es nach Kitcher wenig einzuwenden; sie sind relativ unstrittig, sofern man nicht annehmen möchte, dass ethische Werte etwas Übernatürliches sind. Er betont jedoch, dass die Reichweite der natürlichen Selektion bei der Entstehung unserer Moral durchaus begrenzt gewesen sein könnte. Möglicherweise hat sie lediglich zur Entstehung unserer Fähigkeit beigetragen, soziale Beziehungen zu führen und zu der Intelligenz moralische Regeln aufzustellen und zu befolgen. „Was selektiert worden ist, ist vielleicht eine sehr allgemeine Fähigkeit zum Lernen und Handeln, die sich in verschiedenen Aspekten menschlichen Verhaltens manifestiert".[471] Die dritte Annahme wird besonders von Wilson und Ruse 1986 recht deutlich vertreten. Die beiden scheinen aus der naturalistischen Genese unserer Moral zu schließen, dass es keine moralische Objektivität geben kann. Das hält Kitcher jedoch für einen Fehlschluss und zieht als Vergleich die Naturwissenschaften heran, in denen wir anscheinend auch Urteile fällen können, die Anspruch auf Objektivität erheben. Auch die Fähigkeiten, die wir dazu benötigen, haben doch eine evolutionäre Geschichte. Dass ändert aber nichts an der Möglichkeit wissenschaftlicher Erkenntnis, die Anspruch auf Objektivität erheben kann. Wilson und Ruse nehmen also an, dass ethische Einsichten etwas anderes sind als wissenschaftliche Erkenntnis. Auf dieser Annahme und nicht aus den neu gewonnen Erkenntnissen der Soziobiologie beruhen die „tiefgreifenden Konsequenzen" für die Moralphilosophie.[472]

---

[467] Ruse verfasst hat: Wilson, Edward O. und Ruse, Michael, "Moral Philosophy as Applied Science" in: Philosophy, Vol 61, April 1986, S. 173-192. Philip Kitchers Aufsatz "Vier Arten die Ethik zu biologisieren" von 1993 dient hier als Beispiel für die philosophische Kritik.

[467] Kitcher, Vier Arten die Ethik zu biologisieren, S. 221.

[468] Ebd., S. 241

[469] Ebd., S. 221f.

[470] Ebd., S. 222f.

[471] Ebd., S. 224. Diesen Weg verfolgt Kitcher in seiner eigenen Position weiter. Die Ergebnisse hat er kürzlich in *The Ethical Project* veröffentlicht.

[472] Kitcher, Vier Arten die Ethik zu biologisieren, S. 226. Die Frage welche Konsequenzen aus der Annahme einer evolutionären Entstehung unserer Moral für die metaethische Position folgen wird noch immer diskutiert. Für einen Überblick siehe: http://plato.stanford.edu/entries/morality-biology/#EvoMet besonders Abschnitt 4: Evolutionary Metaethics.

Kitcher vermutet, dass Wilson „zwischen zwei Positionen hin- und hergerissen ist." Auf der einen Seite vertritt er eine emotivistische Metaethik und lehnt die Möglichkeit der Wahrheit ethischer Aussagen ab; weil es „keine ‚extrasomatische' Quelle ethischer Wahrheit" gibt. Kitcher ist nun der Ansicht, dass diese Annahme Wilsons Projekt, einen „verbesserten ethischen Kodex" auf der Grundlage des soziobiologischen Wissens zu schaffen „ad absurdum" führt.[473]

Kitchers Ansicht nach entsteht die Verwirrung in Wilsons Schriften durch das Schwanken zwischen diesen beiden Positionen. Damit hat er sicherlich Recht. Wilson denkt seine eigenen Aussagen nicht zu Ende und scheint sich über die Widersprüchlichkeiten seiner Aussagen gar nicht im Klaren zu sein oder sich zumindest nicht daran zu stören. Es ist teilweise schwer zu sagen, ob seine Thesen an sich inkonsistent sind, oder ob er sie nur nicht klar genug ausdrücken kann. Möglicherweise versucht er durch einen „lockeren" Formulierungsstil auch, die unangenehmen Lücken zu kaschieren, mit denen all jene zu kämpfen haben, die aus der Einheit des Wissens auch noch allgemeingültige Verhaltensregeln ableiten wollen. Aber die Lücke zwischen Sein und Sollen lässt sich nicht einfach durch lockeres Formulieren schließen. An einigen Stellen zeigt sich auch deutlich, dass sich Wilson darüber im Klaren ist, dass wir bei der Auswahl der neuen Werte auf uns allein gestellt sind und verweist häufig auf die Dringlichkeit und auf den gesunden Menschenverstand. Hier wäre ein Hinweis auf philosophische Positionen hilfreich, die an sein Menschenbild anknüpfen und dasselbe Ziel verfolgen wie Wilson.[474] Denn einen konkreten Lösungsweg kann (und muss) Wilson selbst nicht anbieten; aus den soziobiologischen Erkenntnissen allein, lassen sich einfach keine moralischen Regeln gewinnen. Auch kann die Soziobiologie uns nicht dabei weiterhelfen, zu entscheiden, wie die „potentiell konfligierenden Rechte, Interessen und Verantwortlichkeiten jeweils abzuwägen seien." Denn die „soziobiologische Ethik hat in ihrem Kern ein großes Loch".[475] Eine Lösung zum Füllen dieses Loches wäre die Verbindung mit dem Utilitarismus. Das entspräche aber dann „nur" der zweiten Annahme, dass sich aus einer Kombination der soziobiologischen Erkenntnisse und bereits bestehenden Moralsystemen neue, vielleicht bessere Regeln erzeugen lassen. Das wäre jedoch laut Kitcher wesentlich unspektakulärer als die Position, dass sich aus der Soziobiologie allein neue Normen ableiten lassen und entspricht außerdem nicht Wilsons Rhetorik.[476] Aber „Wilsons Veröffentlichungen bieten keinerlei Grund, (D) für etwas anderes als einen Irrweg zu halten; und Wilsons eigenes Programm einer moralischen Reform setzt die nichtbiologische Ethik voraus, deren Armseligkeit er so häufig beklagt."[477]

---

[473] Kitcher, Vier Arten die Ethik zu biologisieren, S. 230.
[474] Wie beispielsweise die Position von Peter Singer, der sich ausführlich mit den Auswirkungen des soziobiologischen Wissens beschäftigt hat und versucht, eine objektive Ethik des gesunden Menschenverstandes zu errichten. Siehe Peter Singer, *Expanding Cirlce*, 1981.
[475] Kitcher, Vier Arten die Ethik zu biologisieren, S. 237.
[476] Ebd., S. 237. „Paare dich nicht mir deinen Geschwistern!" ist die einzige ethische Maxime, die sich implizit aus dem Aufsatz von Wilson und Ruse 1986 ableiten lässt. Wenn sie überhaupt eine Maxime darstellt, dann sicher keine zentrale." (Ebd., S. 236)
[477] Ebd., S. 238.

3.7.2 Wilsons Paradigmenwechsel

Seit seinem „Paradigmenwechsel" in Bezug auf die Entstehungserklärung altruistischen Verhaltens ist Wilson zum „Prügelknaben der Genegosisten" geworden.[478] Die massive Kritik an Wilson ist dabei nicht weiter verwunderlich; er provoziert anscheinend absichtlich durch seine mitunter recht scharfen Formulierungen, nicht nur wenn er die Verwandtenselektion als nutzlose Theorie beschreibt. Vielleicht dienen seine Übertreibungen dazu, Aufmerksamkeit zu erregen. Denn interessanterweise war die Gruppenselektion für ihn zu keiner Zeit ein solcher Anstoß wie für Richard Dawkins. Er betrachtete das Konzept der Verwandtenselektion schon immer als einen Teil der Gruppenselektion. Was seinen „Paradigmenwechsel" ausmacht, ist nicht so sehr, dass er jetzt auf einmal auf wundersame Weise an Gruppenselektion glaubt. Neu ist vielmehr, dass er das Konzept der Verwandtenselektion für die Frage der Altruismus-entstehung für überflüssig hält. Er erklärt die Neigung des Menschen zum selbstlosen Handeln für andere nun nicht mehr durch zwei Konzepte (nämlich durch Verwandtenselektion und reziproken Altruismus), sondern fasst beide Aspekte zusammen in der Vorstellungen, dass die moralische Neigung des Menschen in seiner Natur als Gruppentier begründet liegt.[479] Wilson vermutet, dass eine fundamentalere Kraft am Werk ist. Und diese Kraft ist schlichtweg die natürliche Selektion.[480] Seit 2005 arbeitet Wilson an dem "Fall" der Verwandtenselektion (Wilson 2005) auch gemeinsam mit David Sloan Wilson (2007 und 2008).[481] Von Martin Nowak, dem führenden Kopf der Evolutionären Dynamik in Harvard bekam er seit 2010 Unterstützung. Gemeinsam mit Corina Tarnita veröffentlichten sie im August 2010 ihre Untersuchungsergebnisse in der Zeitschrift *Nature*[482]. Mit vielen mathematischen Gleichungen behaupten die drei, dass Verwandtenselektion nicht die Ursache, sondern eine Folge der Eusozialität bei Insekten ist. Die Reaktionen auf diesen Artikel waren größtenteils negativ.[483]

Abraham Gibson unterscheidet zwei Typen von Kritik an diesem Aufsatz. Während die einen der Meinung sind, dass Verwandtenselektion als Faktor zur Entstehung altruistischen Verhaltens nicht weggelassen werden darf[484], sind die anderen gegenteiliger Auffassung. Sie werfen Wilson vor, das Konzept der inklusiven Fitness mit dem der Verwandtenselektion zu

---

[478] Dießelmann, Fischer, Knobloch, 2015, S. 31. Besonders lautstark tut sich Richard Dawkins mit der Kritik hervor. (Gibson, 2013, S. 623f) Für einen Einblick in die für Dawkins typische Argumentationsweise siehe: www.prospectmagazine.co.uk/magazine/edward-wilson-social-conquest-earth-evolutionary-errors-origin-species. Dawkins geht leider in seiner Kritik nicht wirklich auf Wilsons Argumente ein und argumentiert typischer Weise gekonnt an den eigentlich entscheidenden Punkten vorbei. Er argumentiert viel mit der Autorität der Kritiker und mit der Genialität des Konzepts von Hamilton. Interessant ist, dass Hamilton selbst durch eine Arbeit des Genetikers George R. Price von der mathematischen Möglichkeit der Gruppenselektion überzeugt wurde (Hamilton, 1975). Aus unklaren Gründen wurde Hamiltons Klarstellung aber ignoriert. Sogar heute ist es üblich seine Veröffentlichungen von 1964 zu lesen, aber nicht die von 1975. (Gibson, 2013, S. 619)

[479] Seine Unterscheidung zwischen strengem und mildem Altruismus müsste damit auch hinfällig sein.

[480] Gibson, 2013, S. 620.

[481] Die beiden Wilsons sind nicht verwandt.

[482] Nowak, Martin A., Tarnita, Corina E., Wilson Edward O., "The evolution of eusociality" in Nature Vol 466, August 2010, S. 1057-162. www.nature.com/nature/journal/v466/n7310/full/nature09205.html

[483] Gibson, 2013, S. 621. Eine schöne Sammlung der Kritik an Wilson findet sich unter: www.christopherxjjensen.com/2010/10/13/robert-trivers-and-colleagues-on-nowak-tarnita-and-wilsons-the-evolution-of-eusociality/ (08.12.2014)

[484] Wilson macht insofern Zugeständnisse, als dass er der Verwandtenselektion möglicherweise eine Rolle bei der Entstehung einräumt, ihr aber keinesfalls den *initial impetus*, die *vera causa* zuschreibt. (Wilson 2012, S. 175)

vermischen, obwohl das erste viel weiter als das letzte sei. Genetische Ähnlichkeit muss nicht zwangsläufig mit Verwandtschaft zu tun haben. Wilson fragt sich allerdings, was das Konzept der inklusiven Fitness dann eigentlich noch für einen Erklärungsvorteil gegenüber der natürlichen Selektion bringen soll.[485] Interessant ist, dass diese neue Erklärung der altruistischen Neigung des Menschen besser zu seinem Versuch passt, die Menschen an „ihre moralische Verantwortung als Spezies und als das ‚Bewusstsein des Planeten' zu erinnern". Das dürfte jedenfalls mehr Chancen auf Erfolg haben, als an den „kurzfristig-rücksichtslosen Genegoisten" zu appellieren, der durch seine evolutionäre Natur „unfähig zu jeder selbstlosen Kooperation" ist.[486] Wilsons Ziel ist es, dass die Menschheit sich als Einheit betrachtet, deren Verantwortung es ist, gemeinsam gegen die Umweltzerstörung vorzugehen, für eine bessere Zukunft, für ein Paradies auf Erden. Dass der Mensch noch sein steinzeitliches Erbe in sich trägt, das zu Tribalismus und Fremdenfeindlichkeit führt, sieht er als große Schwierigkeit und echte Gefahr für den Planeten. Doch die hohe Plastizität der Ein- oder Ausschlussgrenzen der Eigengruppe gibt Anlass zur Hoffnung. „Dahinter steht natürlich auch Wilsons Motiv, eine Art von moralischer Speziesverantwortung der Menschheit für die Erhaltung der Biodiversität zu begründen."[487] Die Widersprüchlichkeit des Menschen durch die verschiedenen Selektions-drücke hat sich im Vergleich zu seiner ursprünglichen Sicht kaum geändert. Auch wenn man Altruismus durch Verwandtenselektion und reziproken Altruismus erklärt, kann es zu inneren Konflikten mit den egoistischen Bestrebungen kommen, die durch die Individualselektion, d.h. durch die Konkurrenz innerhalb der Gruppe entstehen. Allerdings ist die Erklärung durch Multilevel-Selektion einfacher und eleganter.[488]

Marcel Weber schlägt für den philosophischen Umgang mit der Auseinandersetzung um den „Altruismusstreit" einen wissenschaftlichen Pluralismus vor. Ein vereinheitlichtes Weltbild, wie viele Wissenschaftler früher dachten, gibt es demnach nicht und entsprechend braucht man sich auch nicht für eine Theorie zu entscheiden. „Alles, was es gibt ist eine Vielzahl von Modellen, die die Wirklichkeit auf eine spezifische Weise wiedergeben, ohne je ein vollständiges oder geschlossenes System zu bilden."[489] Diese Auffassung dürfte allerdings (nicht nur) Wilson nicht gefallen.

3.7.3 Kritik an dem Konzept der Einheit des Wissens

Ein dritter Kritikpunkt betrifft Wilsons Glauben an die Einheit des Wissens. Er besagt, dass „die Welt geordnet und mit ein paar wenigen Naturgesetzen erklärbar ist."[490] Um die großen Linien aufzuzeigen, wie man sich so etwas überhaupt vorstellen kann, geht Wilson oft mit Leichtigkeit über Probleme hinweg, die sich bei genauerem Hinsehen als schwerwiegend herausstellen. Das prominenteste Beispiel dafür ist, sein Vorschlag, den Philosophen vorerst die Ethik aus der Hand zu nehmen und zu biologisieren. Wie beim Biologisierungsprogramm

---

[485] Ebd., S. 175
[486] Knobloch, Die Moral des Neoevolutionismus, S. 107.
[487] Ebd., S. 130.
[488] Interessant ist der Gedanke, dass das durch konfligierende Selektionsdrücke entstandene, innere Spannungsfeld des Menschen zwischen „Gut" und „Böse", so etwas wie verantwortliches Handeln ermöglicht. „Nur wer zu allem fähig ist, kann für die eigenen Handlungen (in Grenzen) verantwortlich und damit ‚gut' oder ‚böse' sein." (Ebd., S. 131)
[489] Marcel Weber, Philosophie der Evolutionstheorie, S. 351.
[490] Wilson, 1998, S. 11.

sind es auch bei der Kritik an dem Konzept der Einheit des Wissens überwiegend Philosophen, die sich zu Wort melden und ihre Finger auf die Schwierigkeiten legen. Wilson hält diese typisch philosophische Art des Denkens für destruktiv und wirft der Philosophie als Ganze vor, versagt zu haben. Anstatt sich um ein einheitliches Weltbild zu kümmern, hängen sie sich an den Schwierigkeiten auf, sodass kein Weltbild entsteht, sondern nur immer noch mehr Schwierigkeiten. „The truth is that philosophy is bankrupt. Formal philosophers lack a unifying theme for exploring reality." So machen sich nun einige Wissenschaftler daran, die Themen der Philosophie zu übernehmen: "the nature and origin of the universe, of mind, of human nature, of culture, of ethics, and of the meaning of meaning itself."[491] Der Kern der Einheit des Wissens ist nach Wilson die Vorstellung, dass alles, was in der Welt geschieht und alle Theorien darüber letztlich auf wenige Theorien reduzierbar sind, die in der Naturwissenschaft beschrieben und beständig getestet werden. Auch wenn er eingesteht, dass diese Sichtweise selbst nicht nachprüfbar ist, stellt dieser Gedanke des Reduktionismus doch ein wichtiges Instrument der Wissenschaft dar und gewinnt durch ihre Erfolge an Überzeugungskraft. Deswegen ist Wilson auch so selbstbewusst. Er ist sich sicher, dass alle Probleme, die es jetzt noch gibt, eines Tages durch die Wissenschaft geklärt werden können. Und so kann er auf die Reduktionismuskritik und den Vorwurf der Simplizität und des Szientismus der Philosophen ganz gelassen antworten: „Darauf kann ich mich nur schuldig, schuldig, schuldig bekennen! Also lassen wir das, und gehen weiter."[492]

Das Problem ist, dass die Naturwissenschaft die Brücke zu den Geisteswissenschaften noch nicht schließen kann und es auch nicht gewiss ist, dass sie es jemals können wird. Eine Schwierigkeit besteht in der Frage, wie sich die Wahrnehmung der ersten Personen-Perspektive erklären lassen soll. Für das Verständnis der menschlichen Natur, sollte aber geklärt sein, wie es zu dieser „Innenansicht" kommt. Und es gibt einige Zweifel daran, dass dies überhaupt möglich ist. Es bleibt doch nach wie vor fraglich, wie die Ich-Perspektive, der Geist, das Bewusstsein oder wie immer man es nennen will, objektiv also aus der „objektiven" dritten Personen-Perspektive erklärt werden kann.[493] Dazu hat Wilson keine Vorschläge, sieht aber auch kein prinzipielles Problem, sondern glaubt, dass der Fortschritt der Wissenschaft die Schwierigkeiten irgendwie überwinden wird. Wilsons Leser müssen seinen Optimismus und seinen Reduktionismus teilen, wenn sie ihm folgen und sie brauchen eine beachtliche Portion Phantasie, wenn sie sich von seinen Gedanken z.B. zur Gen-Kultur-Koevolution überzeugen lassen wollen.[494] Einerseits betont Wilson die Vorläufigkeit des Wissens und den Hypothesencharakter, andererseits ist er überzeugt, dass nur die durch Wissenschaft geeinte Sicht auf den Menschen - die wissenschaftliche Selbsterkenntnis - die Probleme der Zukunft lösen kann, mit der die Menschheit schon heute konfrontiert ist.[495]

---

[491]   Wilson, Response Elshtain, Kaye and Ruse, S. 351.

[492]   Wilson, 1998, S. 19.

[493]   Schaerer, Book Review: Consilience, S. 331.

[494]   Batabayal, Book review: Consilience, S. 225. Ein weiterer Vorwurf besagt, die Einheit des Wissens wäre ein „Top-Down-Dogma". Allerdings weist Wilson, trotz seines sehr überzeugt anmutenden Schreibstils mehrfach darauf hin, dass er mit der Einheits-Intuition auch falsch liegen könnte. (Wilson, Response Elshtain, Kaye and Ruse, S. 350)

[495]   Schaerer, Book Review: Consilience, S. 330f. "The intuition of unifying all of science is a very valuable one, and highly necessary in our times. It is to Wilson's great merit to dare approach this topic. Yet it poses a question in systematic methodology: On what path can this objective be fulfilled? To this the answers given

Die Natur des Menschen bei Wilson

Die naturwissenschaftliche Methode als Schlüssel zur menschlichen Natur

Wilson ist überzeugt, dass die Natur des Menschen nur durch die wissenschaftliche Methode zu erklären ist. Sie ist die beste Erkenntnisquelle und nur mit ihrer Hilfe ist es möglich ein einheitliches Weltbild zu erschaffen, in dem der Mensch seinen Platz findet. Rationalistische Erklärungsversuche durch Religion oder Philosophie mussten scheitern, weil das menschliche Gehirn nicht auf Selbsterkenntnis ausgelegt ist. Es ist nur ein Instrument – wenn auch ein sehr effektives – um Erbmaterial in die nächste Generation zu bringen, ein Organ des Gentransporters Mensch. Nur mithilfe der wissenschaftlichen Methode kann der Mensch seine subjektive Wahrnehmung überwinden und die Welt ausschnittsweise so erkennen, wie sie wirklich ist.[496] Wilson ist dabei sehr optimistisch: Das Universum ist verstehbar und es ist die größte Leistung des Menschen, dass er sich selbstständig seinen Weg durch die „überraschend wohlgeordnete materielle Realität zu bahnen begann."[497] Ein wichtiges Prinzip, das zur Objektivierung der menschlichen Wahrnehmung beiträgt, ist das der Parsimonie, d.h. der möglichst sparsame Umgang mit Annahmen, die man in einer Theorie benötigt, um die beobachteten Phänomene zu erklären. Dadurch wird willkürlichen Elementen vorgebeugt und die Sicht auf die Wirklichkeit wird klarer. Eine gute Theorie zeichnet sich deshalb für Wilson dadurch aus, dass sie mit möglichst wenigen Annahmen die erfahrene Wirklichkeit erklären kann. Seine soziobiologische Erklärung des Menschen ist ein Teil der evolutionstheoretischen Familie und erfordert nicht mehr Annahmen als Darwin zur Erklärung der Entstehung der Arten benötigte. Sie behandelt den Menschen wie alle anderen Tiere und erklärt mithilfe der Selektionstheorie die beobachtenden Verhaltensmerkmale kausal und macht eine teleologische Erklärung damit überflüssig. Der menschliche „Geist" ist das Ergebnis eines langen Selektionsprozesses und lässt sich entsprechend auf diesem theoretischen Hintergrund ohne die überflüssige Annahme eines Schöpfergottes naturwissenschaftlich erklären. Die für die menschliche Natur spezifischen Verhaltensweisen, die Wilson auf diese Weise zu erklären beansprucht, sind das besondere Sexualverhalten des Menschen, seine außergewöhnliche Bereitschaft sich altruistisch zu verhalten, seine Kulturfähigkeit und seine Religiosität.

Sexualverhalten

Aus der verdeckten Fruchtbarkeit der menschlichen Weibchen folgt ein kontinuierliches Sexualverhalten, das für eine starke Bindung sorgt, die den Vater Energie in die Aufzucht des Nachwuchses investieren lässt, sodass eine Familie entsteht. Allerdings haben Männer und Frauen unterschiedliche Interessen, weil der Mann seine Fitness steigern kann, indem er mit mehr als nur einer Frau Nachwuchs zeugt. Die Frau ist jedoch bei der Aufzucht auf die Unterstützung des Mannes angewiesen und möchte sich deswegen seine ungeteilte Aufmerksamkeit für sich und ihren Nachwuchs sichern. Durch die besseren Überlebenschancen des Nachwuchses hat auch der Mann einen Fitnessvorteil, wenn er sich um Frau und Kind

---

by Wilson are explicitly misleading, because they are presented as final truth, while their foundation is superficial: nothing but natural science made absolute. The underlying theory, outlined by Eigen (1996), Küppers (1990) etc., tapered off by Dawkins (1989), certainly has its validity and corresponding merits in many specialized fields. But through the step of generalizing it into a paradigm for all fields dealing with the question of life, as Wilson does, it becomes factually and logically inconsistent." Ebd.

[496] Wilson, 1998, S. 73
[497] Ebd., S. 65.

kümmert. Mit diesen Überlegungen lässt sich nicht nur die serielle Monogamie mit gelegentlichen Seitensprüngen als Paarungsstrategie des Menschen erklären, sondern auch das unterschiedliche Verhalten von Männern und Frauen: Männer sind durchschnittlich offensiver, weniger wählerisch und dürfen sich die Hörner abstoßen, während Frauen in der Regel von Zurückhaltung profitieren, bis sie einen geeigneten Partner gefunden haben, und dafür verachtet werden, wenn sie leichtfertig mit ihrer Sexualität umgehen.

Altruismus

Der frühe Wilson erklärt das altruistische Verhalten des Menschen durch zwei verschiedene Kräfte: Der starke Altruismus, bei dem das Individuum anscheinend völlig selbstlos in andere investiert, lässt sich durch Verwandtenselektion erklären. Indem jemand seinen Verwandten hilft, steigert er so seine inklusive Fitness, da sie dabei unterstützt, ihre Gene (und damit seine eigenen) in die nächste Generation zu bringen. Darüber hinaus gibt es bei Menschen aber auch noch eine milde Form von altruistischem Verhalten, für das seine kognitiven Fähigkeiten vorausgesetzt werden müssen: Das Individuum kooperiert mit anderen und geht in Vorleistung in der Erwartung, zu einem späteren Zeitpunkt die Unterstützung zurück zu bekommen. Der menschliche Altruismus und für Wilson damit auch die menschliche Moralvorstellung ist als ein Gemisch aus strengem und mildem Altruismus zu verstehen. Nur gegenüber Verwandten kann man von strengem Altruismus sprechen, wenn er auch nicht in so hohem Maße wie bei sozialen Insekten ausgeprägt ist (die ja auch einen höheren Verwandtschaftsgrad aufweisen). Alle anderen sozialen Interaktionen beruhen auf reziprokem Altruismus. „Das absehbare Ergebnis ist ein Gemisch aus ambivalenten Einstellungen, Selbsttäuschungen und Schuldgefühlen, das den einzelnen ständig beunruhigt."[498] Dass der Mensch diese Erklärung seiner Moralvorstellungen für unangemessen hält und das Gefühl hat, es handle sich bei ethischen Werten um etwas Objektives, das vielleicht von einer höheren Macht gefordert ist, liegt laut Wilson aber ebenfalls an der genetischen Ausstattung: Jemand, der an die Objektivität von Normen glaubt, wird sich daran eher halten, als jemand, der darum weiß, dass es keine objektiven moralischen Wahrheiten gibt. Der Glaube an die Objektivität von Moral hat also selbst einen Fitnessvorteil. Der späte Wilson erklärt das eigentümliche Kooperationsverhalten des Menschen nicht mehr durch diese zwei Konzepte, sondern einzig durch die natürliche Selektion, die allerdings auf mehreren Ebenen wirkt und so die Ambivalenz des menschlichen Verhaltens erklärt: Einerseits unterliegt der Mensch der Individualselektion, sucht seinen eigenen Vorteil und ist von egoististischen Motiven bestimmt. Andererseits ist er aber als Teil der Gruppe dazu geneigt zu ihrem Vorteil beizutragen. Wenn die Individuen gut miteinander kooperieren, sich gegenseitig unterstützen und eine starke Solidargemeinschaft bilden, haben sie als Gruppe einen Vorteil gegenüber Gruppen, die das nicht tun. Hier wirkt die natürliche Selektion also auf das „Vehikel" der Gruppe und nicht auf das des Individuums (selektiert werden letztlich immer nur die Gene). Der menschliche „Geist" ist also zwei Selektionsdrücken ausgesetzt, die teilweise in unterschiedliche Richtungen wirken. Das erklärt laut Wilson die ambivalente Natur des Menschen, seinen inneren Konflikt, sein Drama, aber auch sein ungemeines Potential. Gleichzeitig erklärt es auch, warum Menschen einen Hang zu Tribalismus und Fremdenfeindlichkeit haben. Denn damit es zur Gruppenselektion kommen kann, müssen die Gruppen um Ressourcen konkurrieren und die menschlichen Vorfahren taten

---

[498] Wilson, Altruismus, S. 145.

179

dies vermutlich auf kriegerische Weise. Möglicherweise trug sogar der Krieg unter den frühmenschlichen Gruppen zur Förderung der Kulturfähigkeit in ihrer Entwicklungsgeschichte bei. Die Gruppe mit den besseren Ideen für effizientere Waffen konnte sich gegen die anderen durchsetzen und ihre Gene besser in die nächste Generation bringen.

Kultur

Wilson versteht unter Kultur die Gesamtheit der geistigen Konstrukte und des Verhaltens, inklusive der Artefakte, die von einer Generation zur nächsten durch soziales Lernen übertragen werden.[499] Als die Vorfahren des Menschen durch den aufrechten Gang ihre Hände für andere Dinge nutzen konnten und begannen Werkzeuge zu nutzen, verstärkten sich Intelligenz und Werkzeuggebrauch gegenseitig und die materielle Kultur erweiterte sich immer schneller. Evolution lief nun auf zwei miteinander wechselwirkenden Ebenen ab: Die genetische Evolution durch natürliche Auslese erweiterte die Befähigung zur Kultur, und die Kultur förderte die genetische Tauglichkeit derer, die sie am stärksten nutzten. Die beiden Entwicklungen waren und sind bis heute nicht unabhängig voneinander, weswegen der Mensch nicht als durch seine Kulturfähigkeit frei von seinen biologischen Wurzeln gedacht werden kann. Wilson ist der Ansicht, dass sich Kultur auf materieller Grundlage erklären lässt, ohne dass dazu eine neue Ebene nötig wäre, denn die menschlichen Gene sind Grundlage seines kulturfähigen Geistes. Kultur wird vom kollektiven Verstand einer Gesellschaft geschaffen, die sich aus biologischen Individuen zusammensetzt, deren Gehirne genetisch strukturiert sind. Epigenetische Regeln legen fest, was wahrgenommen und wie es bewertet wird. Sie „haben ihre Wurzeln in den biologischen Besonderheiten des Menschen, und sie beeinflussen die Ausformung der Kultur."[500] Das bedeutet aber nicht, dass der Mensch eine Art Genautomat wäre. Epigenetische Regeln lassen im Gegensatz zu Instinkten die Freiheit eine Auswahl zu treffen und ermöglichen so gewissermaßen die menschliche Freiheit, auch wenn sie bestimmte Präferenzen vorgeben. Die epigenetischen Regeln formen laut Wilson den Verstand, der sich während der individuellen Entwicklung ständig erweitert. Dabei muss er zwischen den kulturellen Einflüssen eine Auswahl treffen, die wiederum von seinen individuell ererbten epigenetischen Regeln beeinflusst wird, aber auch von dem, was sein bisheriges Leben geprägt hat. „Die epigenetischen Regeln [...] sind die angeborenen Operationsweisen des Sinnessystems und Gehirns, sozusagen die Faustregeln, die es dem Organismus erlauben, schnelle Lösungen für Probleme zu finden, auf die er in der Umwelt stößt. Sie prädisponieren Individuen, die Welt auf bestimmte Weise wahrzunehmen und automatisch bestimmte Entscheidungen anderer vorzuziehen."[501] Das Verhältnis zwischen Genen und Kultur ist äußerst komplex, weitgehend unverstanden und wird noch komplizierter dadurch, dass kulturelle Merkmale viel flexibler sind und sich auf der zweiten Spur der Evolution viel schneller weiterentwickeln als genetische Merkmale. Aber die Geschwindigkeit des kulturellen Wandels ist laut Wilson wenigstens ein gutes Kriterium für die Leinenlänge zwischen Genen und Kultur: „Je schneller kulturelle Evolution stattfindet, um so lockerer ist die Verbindung zwischen Genen und Kultur, auch wenn sie niemals völlig abgebrochen wird."[502]

[499] Wilson u. Lumsden, 1981, S. 3.
[500] Wilson u. Lumsden, 1984, S. 40.
[501] Wilson, 1998, S. 258.
[502] Ebd., S. 172

Zusammenfassend kann man sagen: Die Gene ermöglichen dem Menschen seine Kulturfähigkeit, die ihm eine enorme Anpassungsfähigkeit verleiht, die selbst nicht mehr direkt an seine Gene gekoppelt ist. Das ist es, was ihn von anderen Tieren unterscheidet und was ihn so ungemein erfolgreich macht.

Religion

Religion gehört für Wilson zu den Hauptmerkmalen der menschlichen Natur, die Religiosität des Menschen ist also genetisch angelegt. Menschen wollen immer an etwas glauben, das ihrem Leben einen Sinn gibt, dabei kommt es weniger auf den Inhalt an. Durch die ebenfalls genetisch angelegte Neigung zur Konformität und Indoktrinierbarkeit werden noch die absurdesten Inhalte geglaubt. In der Entwicklungsgeschichte hat Religion vermutlich einen Beitrag zur Stärkung der Gemeinschaft gelegt, nicht nur indem sie einen gemeinsamen Sinnrahmen vorgab, sondern besonders auch darin, dass die die moralischen Regeln kodifizieren konnte. Menschen sind durch ihren großen Verhaltensspielraum, der nur durch epigenetische Regeln gelenkt wird, aber nicht durch Instinkte festgelegt ist, auf gemeinsame Regeln angewiesen, damit das Zusammenleben funktionieren kann. Eine durch gemeinsamen Glauben geeinte Gruppe hat gegenüber religionslosen Gruppen durch ihren stärkeren Zusammenhalt im Kampf um Ressourcen Vorteile gegenüber anderen. Die Vorstellung eines Lebens nach dem Tode stärkt die Gruppe zusätzlich durch die erhöhte Opferbereitschaft des Einzelnen. Die Gruppenselektion hat den Menschen also zu einem tief religiösen Wesen gemacht. In der heutigen Zeit ist der Tribalismus, den sie stärkt, allerdings ein schwerwiegendes Problem; er verhindert das laut Wilson größte Ziel von allen: die Einheit der Menschheit. Wilson schlägt deshalb vor, eine aufgeklärte Ersatzreligion zu schaffen, die das Potenzial hat, die Menschheit zu einen und sie anleitet, mit vereinten Kräften die wichtigste Aufgabe anzugehen: Mutter Natur zu bewahren. Bis es soweit ist, müssen sich die bestehenden Religionen darum bemühen, die naturwissenschaftlichen Erkenntnisse in ihre Lehren einzubeziehen, um „die höchsten Werte der Menschheit so zu kodifizieren und in bleibende dichterische Form zu bringen, daß sie mit dem empirischen Wissen in Einklang stehen."[503]

---

[503] Ebd., S. 353.

4 Die Erklärungen der menschlichen Natur im Vergleich

Sowohl Pannenberg als auch Wilson behaupten, dass nur ihre eigene Erklärung die menschliche Natur verständlich machen kann. Beide erklären dabei die Eigenschaften des Menschen in Bezug auf ihre umfassende Weltsicht, die den Menschen verständlich machen soll. Von einem unvoreingenommenen Standpunkt aus stellt sich Frage, wer von beiden mit seinem Anspruch Recht hat oder ob beide etwas anderes unter Erklärung verstehen. Ich zeige im ersten Kapitel dieses Abschnittes anhand einzelner Phänomene der menschlichen Natur, die beide von Pannenberg und Wilson behandelt werden, dass ihre Erklärungen eher in einem ergänzenden als in einem konkurrierenden Verhältnis zueinander stehen und lege damit nahe, dass sie etwas anderes unter Erklärung verstehen. Wenn man etwas über Erklärungen sagen will, muss man auch die Frage stellen, was eine gute Erklärung eigentlich ausmacht. Darauf gibt es keine einfache Antwort. Deswegen hat sich eine nahezu unüberschaubare philosophische Debatte zu diesem Thema entwickelt, die m. E. leider wenig konstruktiv verläuft. Ich werde zur Klärung der Frage, was wir eigentlich unter einer Erklärung verstehen, eine Erklärungskonzeption vorstellen, die einerseits einen guten Einblick in die Erklärungsdebatte gibt und außerdem noch einen konstruktiven Vorschlag macht, der gut zu den Erklärungsversuchen von Pannenberg und Wilson passt. Anschließend werde ich aus der Sicht dieser Erklärungskonzeption einen Blick auf Pannenberg und Wilsons Erklärung der menschlichen Eigenschaften werfen, der wiederum zeigen wird, dass beide etwas anderes unter Erklärung verstehen und sich ihre Erklärungen deswegen nicht ausschließen müssen, sondern sich sinnvoll ergänzen können.

4.1 Die Natur des Menschen bei Pannenberg und Wilson

Schon bei der Auswahl der zu erklärenden Phänomene zeigt sich, dass die unterschiedlichen Perspektiven, von denen beide ihre Untersuchungen vornehmen, sich darauf auswirken, in welchem Umfang sie welche Phänomene der menschlichen Natur behandeln. Pannenberg legt sein Augenmerk vornehmlich auf die innere Wahrnehmung des Menschen – auf seine Erfahrungswelt und sein Selbstbild. Sein Schwerpunkt liegt auf der Frage der Person und ihrem Verhältnis zu sich selbst und zu anderen. Wilson dagegen betrachtet den Menschen von außen als Exemplar seiner Spezies und interessiert sich mehr für das beobachtbare Verhalten als für die Bedeutung der inneren Gefühlswelt. So kann er z.B. gut die Unterschiede im Sozial- und Paarungsverhalten von Männern und Frauen erklären und warum es zur Familienbildung kommt, während Pannenberg dafür überhaupt keine Erklärungen anbietet. Er interessiert sich jedoch für die Bedeutung der familiären Beziehung, insbesondere der Mutterbeziehung für die Entwicklung einer Person. ‚Person' ist wiederum ein Begriff, um den sich Wilsons Gedanken so gut wie gar nicht drehen. Er interessiert sich vielmehr für die „instinkthafte"[1] Natur des Menschen. Pannenberg knüpft in seiner Anthropologie an Denker an, die Unterschiede zum Tier suchen. Wilson sieht den Menschen aber nicht unterschieden von „dem Tier", sondern untersucht lediglich seine artspezifischen Verhaltensweisen im Vergleich zu anderen Primaten (und Ameisen). So könnte der Eindruck entstehen, als ob die beiden unter der „Natur des Menschen" etwas ganz Verschiedenes verstehen und ein Vergleich gar nicht möglich wäre.

---

[1] Wie in dem Abschnitt über Wilson deutlich geworden ist, spricht auch Wilson beim Menschen nicht einfach von Instinkten, sondern in abgeschwächter Form über epigenetische Regeln, die dafür sorgen, dass Menschen im Schnitt bestimmte Verhaltensweisen bevorzugen.

© Springer-Verlag GmbH Deutschland, ein Teil von Springer Nature 2018
A. C. Thaeder, *Geistwesen oder Gentransporter*,
https://doi.org/10.1007/978-3-476-04779-3_4

An einigen Stellen zeigen sich jedoch auch interessante Ähnlichkeiten. So steht der Mensch bei beiden in einem Spannungsfeld zwischen verschiedenen Antrieben seiner Natur: Bei Pannenberg gehören sowohl Exzentrizität und Weltoffenheit als auch Zentralität und Ichbezogenheit konstitutiv zur Natur des Menschen. Sie deuten auf die Gottbezogenheit des Menschen und gleichzeitig auf seine Verschlossenheit gegenüber Gott hin. Bei Wilson ist der (moralische) Spannungsbogen, in dem der Mensch steht, durch die Multilevel-Selektion gespannt: Der Mensch trägt genetische Anlagen für Verhaltensweisen in sich, die einerseits egoistisch sind und anderseits der Gruppe dienen. Sie lässt sozusagen Engelchen und Teufelchen auf seiner Schulter tanzen und erklärt die menschliche Natur in ihrer Ambivalenz durch natürliche Selektion. Sowohl Pannenberg als auch Wilson scheint es ein Bedürfnis zu sein, diese Ambivalenz zu erklären. Dabei verstehen sie aber offensichtlich etwas anderes unter Erklärung. Bei Wilson geht es darum, die Natur des Menschen durch ihre Entstehungs-geschichte evolutionstheoretisch zu erklären und die natürliche Selektion spielt bei dieser Geschichte die Hauptrolle. Pannenberg hingegen versteht die theologische Erklärung der menschlichen Natur als notwendigen Beitrag, ohne den unser Dasein als Ganzes letztlich unverständlich bleibt. Die theologische Erklärung muss die naturwissenschaftliche aufnehmen und ihr Sinn geben durch einen theologischen Rahmen, der mit seiner eschatologischen Hoffnung schon jetzt die Geschichte vervollständigt und dem menschlichen Wesen seine Bedeutung gibt. Leider hat Pannenberg sich nicht gründlich mit der Soziobiologie beschäftigt und auch Wilsons „Gesinnungswandel" in Bezug auf die Erklärung unserer Moralität nicht miterlebt. Ich vermute, dass er ansonsten versucht hätte, die Phylogenese der menschlichen Natur in seine anthropologischen Gedanken mitaufzunehmen.[2] Denn möglicherweise könnte man dann entwicklungsgeschichtlich das, was Pannenberg unter Exzentrizität versteht, dadurch erklären, dass der Mensch soziobiologisch betrachtet ein Gruppentier ist.

Ich möchte also zeigen, dass Wilsons „Genese-Erklärungen" und Pannenbergs „Geltungs-Erklärungen" grundsätzlich nicht in Konkurrenz zueinander stehen müssen, sondern sich ergänzen können.[3] Dazu werde ich bei den gemeinsamen Themenbereichen im Folgenden die Schnittmengen, Gemeinsamkeiten und Unterschiede aufzeigen. Dabei stellt sich jeweils heraus, dass beide Sichtweisen unterschiedliche Bereiche unseres Erlebens besser „erklären" können. Auf die Frage, was Erklären in diesem Zusammenhang eigentlich bedeuten kann, werde ich in Abschnitt 4.2 genauer eingehen.

Die Grundlage auf denen beide die Möglichkeit ihrer Erklärung der menschlichen Natur sehen, ist die Einheit von Natur- und Geisteswissenschaft. Was die beiden damit meinen und wie sich ihre Positionen zueinander verhalten, soll vorausgehend bedacht werden.

---

[2]   Wilson dient dabei lediglich als Beispiel für die neueren Überlegungen zur menschlichen Natur.
[3]   Das ist womöglich abhängig vom individuellen Sinnbedürfnis und weltanschaulichen Einstellungen. Richard Dawkins z.B. hätte vermutlich recht wenig Interesse an einem Ergänzungsverhältnis, ebenso wenig wie Kreationisten. Siehe dazu die Überlegungen von Ian Barbour zum Verhältnis von Religion und Naturwissenschaft auf S. 232ff.

4.1.1 Einheit von Natur- und Geisteswissenschaft

Pannenberg und Wilson gehen beide davon aus, dass es eine grundlegende Wahrheit[4] über eine Realität gibt, die im Prinzip auch erkennbar ist. Darin dass der Mensch diese Wahrheit nicht einfach so erkennen kann, sind sich auch beide einig; seine sinnliche Wahrnehmung ist zu eingeschränkt, zu subjektiv, um die Wirklichkeit erfassen zu können.[5] Durch die naturwissenschaftliche Methode kann jedoch der ‚natürliche' Teil der Wirklichkeit eingefangen und intersubjektiv beschrieben werden. Auch lehnen sowohl Pannenberg als auch Wilson einen Methodendualismus ab, der Natur- und Geisteswissenschaften voneinander trennt und letztlich zu einem dualistischen Menschenbild führt. Beide streben nach der Einheit des Wissens und sind der Überzeugung, dass nur ihre Disziplin die Grundlage dafür bietet, den Menschen auf dem Hintergrund dieses einheitlichen Weltbildes zu verstehen.

Pannenberg ist bestrebt, die Wissenschaftlichkeit der Theologie zu betonen, weil er verhindern möchte, dass sie zusammenhanglos neben der 'echten' Wissenschaft, oder noch schlimmer im Widerspruch zu ihr steht. Er beansprucht, dass die Theologie Aussagen über die Wirklichkeit macht, in der wir leben. Sie muss deswegen mit den gesicherten Ergebnissen der anderen Wissenschaften zusammenpassen. Die Theologie ist seiner Ansicht nach deswegen eine Wissenschaft und dazu noch die umfassendste, weil sie Aussagen über die Wirklichkeit als Ganze macht: Gott ist die alles bestimmende Wirklichkeit.[6] Jede empirische Wissenschaft beschreibt einen Teil dieser Wirklichkeit und die Theologie hat die Aufgabe eine Synthese unter der Hypothese vorzunehmen, dass Gott die alles bestimmende Wirklichkeit ist. Deswegen sollte das Verhältnis zwischen Theologie und Naturwissenschaft idealerweise nicht nur ein widerspruchsfreies, sondern ein konsonantes sein; ein harmonisches Zusammenklingen und nicht etwa eine Zurückführbarkeit der einen Disziplin auf die andere. Allerdings wird sich erst am Ende der Zeiten beobachten lassen, ob diese Hypothese sich bewahrheitet. Bis dahin müssen theologische, genau wie andere geisteswissenschaftliche Hypothesen, ansonsten den gleichen wissenschaftstheoretischen Kriterien genügen wie naturwissenschaftliche Hypothesen.

Sowohl naturwissenschaftliche als auch geisteswissenschaftliche und damit auch theologische Aussagen beziehen sich, so Pannenberg, auf Sinntotalitäten, die als Hypothese vorausgesetzt werden müssen und sich nicht vollständig auf Beobachtungsbegriffe zurückführen lassen. Über den Begriff der Hypothese versucht Pannenberg die strikte Unterscheidung von empirisch-analytischen und historisch hermeneutischen Wissenschaften zu überwinden und macht dabei erkenntnistheoretisch aus einem Elefanten eine Mücke: Seine Hypothese von Gott als alles bestimmender Wirklichkeit ist für uns (jetzt) nicht überprüfbar, auch wenn sie es möglicherweise am Ende der Zeit sein wird. Bei naturwissenschaftlichen Hypothesen ist das anders: Sie werden ständig überprüft, an der Erfahrung getestet und bei Bedarf modifiziert. Bis zum Ende der Zeit versucht Pannenberg deswegen die Überprüfbarkeit der Gotteshypothese in

---

[4]   Pannenberg führt sein Wahrheitsverständnis genauer aus, während Wilson es bei dem Alltagsverständnis belässt.

[5]   Der kritische Realismus ist die Grundlage für eine echte Begegnung zwischen Naturwissenschaft und Theologie. Der kritisch realistische Theologe stimmt folgenden Behauptungen zu: „1. Gott existiert unabhängig von menschlichem Denken. 2. Menschen müssen Modelle oder Vergleiche benutzen, um sich Gott vorzustellen, der nicht direkt erkannt werden kann." McGrath, 1999, S. 84. Detailliertere Überlegungen findet man bei z.B. Gregerson (2004).

[6]   Damit ist auch die Materie bis in ihre kleinsten Bestandteile eine Erscheinung des Geistes Gottes.

185

die Anthropologie zu verlegen. Hier ist schon eine gegenwärtige 'Überprüfung' möglich - für den Einzelnen durch Antizipation im Lebensgefühl und dadurch, dass laut Pannenberg das Menschsein erst wirklich durch den Beitrag der Theologie verständlich wird. Theologische Aussagen sind nach Pannenberg als Hypothesen zu sehen, die sich dann bewähren, wenn „sie den Sinnzusammenhang aller Wirklichkeitserfahrung differenzierter und überzeugender erschließen als andere".[7]

Wilson würde nun den Grund für die Überzeugungskraft einer religiösen Weltanschauung auf ihren Fitnessvorteil in der Evolutionsgeschichte des *Homo Sapiens* zurückführen und damit Religion auf ihren Nutzen in der Evolutionsgeschichte reduzieren. Das ist auch der Grund, weshalb Wilson wenig auf die inneren Einsichten der Geisteswissenschaftler gibt: Seiner Ansicht nach haben religiöse Gefühle und moralische Intuitionen bestenfalls einen gewissen Fitnessvorteil mit sich gebracht, der auch die weitgehende gefühlsmäßige Übereinstimmung unter den Menschen erklärt, aber zur Erkenntnis der Wahrheit taugen innere Einsichten nichts. Seine Motivation, eine Einheit des Wissens zu begründen, ist eine andere als Pannenbergs: Sie geht von der Naturwissenschaft als der einzig zuverlässigen Quelle des Wissens aus und deswegen muss man von ihr aus auch alles andere erklären. Wenn die natürliche Selektion zu den körperlichen Merkmalen des Menschen geführt hat, gilt dies auch für sein Verhalten, seinen ‚Geist'. Aus wissenschaftlicher Sicht gibt es zumindest keinen Anlass, den Menschen in irgendeiner Hinsicht anders zu betrachten als andere Tiere.

In den Sozial- und Geisteswissenschaften kann es durch den besonderen ‚Geist' des Menschen zwar zusätzlich zu neuen Gesetzmäßigkeiten kommen, aber sie alle können auf ihre biologische Grundlage zurückgeführt werden, weil allen geistigen Prozessen eine materielle Basis zugrunde liegt, die von der Naturwissenschaft erklärbar ist. Auf dieser These gründet sich Wilsons Glaube an die Einheit des Wissens, der besagt, dass die Welt im Grunde genommen „geordnet und mit ein paar wenigen Naturgesetzen erklärbar" ist.[8] Die Soziobiologie ist entsprechend der Schlüssel zur menschlichen Natur und darf auch in den Geisteswissenschaften nicht ignoriert werden. Das bedeutet jedoch nicht, dass z.B. die Sozialwissenschaften nur mit den biologischen Gesetzen arbeiten sollten. Laut Wilson ist es die Aufgabe der Geisteswissenschaften und Sozialwissenschaften, den „ewigen Gärungsprozess der Multilevel-Selektion gedanklich zu durchdringen und anzuwenden".[9] Die Geisteswissenschaften sind für die Beschreibung der proximaten, die Naturwissenschaft für die Erklärung der ultimaten Ursachen der menschlichen Natur zuständig. Bei Pannenberg ist dagegen die Aufgabenverteilung von Natur- und Geisteswissenschaften etwas anders gelagert: Die Gleichförmigkeiten im Weltgeschehen werden von der Naturwissenschaft in Form von Gesetzen beschrieben. Die Gesetzeshypothesen der Naturwissenschaft beschreiben beliebig reproduzierbare oder immer wieder zu beobachtende Abläufe und können sich deswegen auf wiederholbare Experimente stützen.[10] Die Geisteswissenschaft und besonders die Geschichtswissenschaft[11] beschreiben dagegen den nicht wiederholbaren, sondern einmaligen Ablauf eines Geschehens. Für Pannenberg sind

---

7   Pannenberg, 1987, S. 347.
8   Edward O. Wilson, 1998, S. 11.
9   Wilson, 2013, S. 290.
10 Pannenberg, 1991, S. 83.
11 Interessant ist hier die Evolutionsgeschichte als Kombination von Gesetzmäßigkeit und Zufall.

Kontingenz und Naturgesetzlichkeit verschiedene aber nicht gleichwertige Perspektiven auf dasselbe Geschehen, wobei dann aber letztlich der Kontingenz-Perspektive Vorrang vor der naturwissenschaftlichen Weltbetrachtung zukommt. Und zwar zum einen generell, da alle Gleichförmigkeiten im Prinzip auch kontingent beschrieben werden könnten, weil es die Regelmäßigkeiten nur an den kontingenten Ereignisfolgen gibt. Und zum anderen weil einzelne Ereignisse ihre historische Bedeutung nicht dadurch erhalten, dass „ihr Eintreten einen Anwendungsfall allgemeiner Gesetze darstellt (obwohl das der Fall sein mag), sondern durch ihre Stelle und Funktion in der Abfolge des einmaligen Geschehensverlaufs, bezogen auf das Ganze eines geschichtlichen Prozesses".[12] Für die Erklärung von Sinn und Bedeutung ist sowohl „objektiv wie subjektiv die Würdigung des einzelnen Phänomens im Zusammenhang des zugehörigen Ganzen" erforderlich. Dazu ist eine „Ganzheitsbetrachtung nötig, die durch kausalanalytische Beschreibung nicht ersetzbar ist."[13] Laut Pannenberg kann und muss die Naturwissenschaft keine Gesamtbeschreibung unserer Wirklichkeit oder ein Weltbild liefern, denn sie ist dazu methodisch gar nicht in der Lage. Anders steht es mit der Theologie; sie kann und soll diese Gesamtbeschreibung bieten. Die Theologie ist also nach Pannenberg die umfassendste Erkenntnisbemühung und muss daher alle anderen relevanten Disziplinen integrieren können.

Pannenberg und Wilson betonen also beide die Einheit von Natur- und Geisteswissenschaften aus ähnlicher Motivation, allerdings aus unterschiedlicher Perspektive heraus. Wilson nimmt sich vor, die Geisteswissenschaften im Lichte der biologischen Verfasstheit der menschlichen Natur zu sehen und alles auf naturalistischer Grundlage zu erklären; Pannenberg stellt den hypothetischen Charakter aller Aussagen aus Geistes- und Naturwissenschaft in den Vordergrund, um die Theologie als Wissenschaft begründen und aus ihrer Perspektive die menschliche Natur verständlich machen zu können. Darüber hinaus ist die Einheit von Natur- und Geisteswissenschaft bei Pannenberg auch durch die Annahme von Gott als alles bestimmender Wirklichkeit bedingt – der Geist Gottes ist letztlich auch die Grundlage für Materie und Naturgesetze. Diese Grundlage hinter der Materie gibt es bei Wilson nicht, seine Einheit des Wissens gründet sich im methodologischen Naturalismus.

4.1.2 Das Verhältnis von Religion und Naturwissenschaft

Wilson ist der Ansicht, dass die wissenschaftliche Überzeugung einerseits und die religiöse andererseits nicht miteinander kompatibel sind. Das liegt daran, dass beide eine Antwort auf die Frage finden wollen, woher die Welt kommt und was der Mensch ist, aber sowohl der Weg zur Antwort als auch die Antwort selbst sehr verschieden sind: Während bei Religionen auf die innere Stimme und Autoritäten vertraut wird, verlässt sich die wissenschaftliche Weltsicht nicht auf Gefühl und Glauben, sondern auf empirisch überprüfbare Theorien. Und während in religiösen Weltbildern der Mensch häufig eine Sonderstellung einnimmt und in Beziehungen zu übernatürlichen Wesen steht, ist seit Darwin der Graben zwischen Mensch und Tier wissenschaftlich betrachtet nicht mehr zu rechtfertigen. Genauso wenig wie seit Darwin Gott noch für die Erklärung des Körperbaus und der physiologischen Funktionen des *Homo sapiens*

---

[12] Pannenberg, 1991, S. 85.
[13] Pannenberg, 1987, S. 130f.

gebraucht wird, ist er für die „Natur" des Menschen verantwortlich oder für deren Erklärung noch notwendig. Verantwortlich ist auch hier die natürliche Selektion und die Soziobiologie hat es sich zur Aufgabe gemacht, entsprechende evolutionäre Erklärungen zu liefern. Jetzt kann man Gott, wenn man das denn gerne möchte, höchstens noch für die Entstehung der letzten Bausteine der Materie verantwortlich machen.[14]

Wilson vermutet, dass die Religion ein früher Entwurf war, der das Weltall erklären sollte, um unserem Leben darin einen Sinn zu geben. Und jetzt könnte die „Wissenschaft eine Fortsetzung dieses Versuchs auf neuem und besser erprobtem Gelände, aber zum selben Zweck" sein.[15] Doch obwohl die Wissenschaft inzwischen sogar die Religion als Teil der menschlichen Natur durch ihre Funktion im Evolutionsverlauf erklären kann, halten sich die religiösen Vorstellungen und Praktiken der Menschen hartnäckig. Wilson weiß auch, woran das liegt: In der Gefühlswelt des Einzelnen äußert sich die durch Gruppenselektion entstandene genetische Disposition zur Religiosität im Bedürfnis nach Sinn. Und Religion leistet einen Beitrag zur Identität des Individuums, bietet Orientierung und Sicherheit und ein Ziel im Leben an.[16] Die wissenschaftliche Weltsicht hat in dieser Hinsicht im Vergleich zur religiösen eine entscheidende Schwäche: Sie spricht die religiösen Instinkte nicht an, sie verleiht keine Identität, keine Sonderstellung des Menschen, keinen Sinn und verspricht auch keine Unsterblichkeit der Seele.[17] Das ist ein Grund, warum sich die Neigung an Übernatürliches zu glauben oft nicht durch wissenschaftliche Argumente bekämpfen lässt. Aber es gibt noch einen anderen: Es bleibt laut Wilson theoretisch immer noch eine vertretbare Hypothese, Gott als Schöpfer hinter den materiellen Phänomenen anzunehmen; hier ist der letzte Rückzugsort der Gottgläubigen.

Wilson scheint sich zu widersprechen, wenn er einerseits schreibt, dass wissenschaftliche und religiöse Überzeugung nicht miteinander kompatibel sind und an anderer Stelle sogar fordert, dass eine moderne Religion sich zumindest bemühen muss, die wissenschaftlichen Erkenntnisse sinnvoll in ihre Lehren einzubinden, um „die höchsten Werte der Menschheit so zu kodifizieren und in bleibende dichterische Form zu bringen, daß sie mit dem empirischen Wissen in Einklang stehen."[18] Allerdings haben komplexe theologische Konzeptionen, die versuchen Wissenschaft und Theologie zu vereinbaren, nichts mehr mit dem zu tun, was Wilson ursprünglich unter Religion versteht. Ihre Funktion scheint es eher zu sein, das Bedürfnis von einigen intellektuellen Gläubigen nach einem konsistenten Weltbild zu befriedigen, als Anwendung in der religiösen Praxis der Glaubensgemeinschaft zu finden. Dieses Bedürfnis lässt sich aber ebenfalls auf die genetische Disposition zur Religiosität zurückführen, die sich in der Evolutionsgeschichte der Menschheit als essentieller Bestandteil der menschlichen Natur etabliert hat. Sie ist es letztlich auch, die Wilson für sein eigenes Streben nach der Einheit des Wissens verantwortlich macht. Denn ihm ist bewusst, dass sein Glaube an die Einheit des Wissens an sich nicht wissenschaftlich, sondern weltanschaulich begründet ist; er kann nicht experimentell überprüft werden. Allerdings gibt es einen überzeugenden Hinweis darauf, dass

---

14 Wilson, 1980, S. 9.
15 Wilson, 1998, S. 13.
16 Wilson, 1980, S. 177.
17 Ebd., S. 182.
18 Wilson, 1998, S. 353.

er richtig ist: Der naturwissenschaftliche Erfolg, denn der methodologische Naturalismus und das „Vertrauen in das Einheitsprinzip ist das Fundament der Naturwissenschaft."[19]

Der Widerspruch liegt darin begründet, dass Wilson sich anscheinend nicht im Klaren darüber ist, welche Art von Naturalismus er eigentlich vertreten möchte. Entsprechend ist es auch nicht ganz einfach Wilsons Naturalismus[20] einzuordnen. Einerseits scheint er sich bewusst zu sein, dass der methodologische Naturalismus, der als Teil der wissenschaftlichen Methode zum Erfolg der Naturwissenschaft beiträgt, nicht ohne weiteres zu einem ontologischen oder weltanschaulichen Naturalismus ausgeweitet werden sollte, wenn er eingesteht, dass es durchaus vertretbar ist, Gott als Schöpfer anzunehmen und damit zumindest Deismus als denkbare Position nicht ausschließt.[21] Andererseits verleiht er nicht nur durch seine häufig abwertend anmutenden Äußerungen gegenüber Gottgläubigkeit den Anschein, er vertrete selbst einen weltanschaulichen Naturalismus, sondern auch durch seine Ausführungen zur Ethik (vgl. 4.1.4). Sein Vorschlag, die Evolutionsgeschichte als Ersatzmythos zu nutzen, deutet ebenfalls darauf hin. Wilson möchte den wissenschaftlichen Materialismus als eine „im noblen Sinne erstandene Mythologie" betrachten,[22] die anderen Mythologien insofern überlegen ist, als dass sie erfolgreich die Welt erklärt und fortschreitend beherrschen kann, weil sie zur Selbstkorrektur fähig und ihr nichts heilig ist. Sie erfordert nur den Glauben daran, dass unsere Welt kausal geschlossen ist als ein „Ursache- und Wirkung-Kontinuum von der Physik zu den Sozialwissenschaften" und alle darin enthaltenen Teile ausschließlich den Naturgesetzen unterworfen sind, die selbst keiner äußerlichen Kontrolle bedürfen. Die Verpflichtung des Wissenschaftlers zur Sparsamkeit bei der Erklärung schließt den göttlichen Geist und andere Kräfte aus.

Wilson möchte mit einem einheitlichen, wissenschaftlichen Weltbild, in dem der Mensch seinen Platz findet, einen überlegenen weltanschaulichen Ersatz zum religiösen Weltbild anbieten. Dabei wird nicht über den Urknall oder die kleinsten Bestandteile der Materie hinaus gefragt und die Gottesfrage bleibt offen. Sicher ist für Wilson nur, dass Gott nicht ins Weltgeschehen

---

[19] Ebd., S. 18.

[20] Um das Problem mit Wilsons naturalistischer Position zu verstehen, reicht es aus, zwischen metaphysischem bzw. ontologischem Naturalismus (als Antwort auf die Frage, was es in der Welt gibt, in Abgrenzung gegen den Supernaturalismus) und methodischem Naturalismus, zu unterscheiden. Der ontologische Naturalismus macht Aussagen über die Bestandteile der Realität und nimmt an, dass es keine übernatürlichen Dinge gibt. Das heißt, dass alle raumzeitlichen Entitäten mit metaphysisch physikalischen Entitäten identisch sein bzw. durch sie konstituiert werden müssen. Der methodologische Naturalismus beschränkt sich auf die Frage, wie die Welt zu erforschen ist und fordert, dass bei einer wissenschaftlichen Erklärung keine übernatürlichen Komponenten enthalten sein dürfen (Papineau, 2015, S. 1f). In Bezug auf das Menschenbild zeichnet sich eine naturalistische Position im ontologischen Sinne, wie ich sie verstehe, dadurch aus, dass für menschliches Verhalten im Grunde genommen keine Extrakategorie aufgemacht wird und somit auch ‚Handlungen' zumindest prinzipiell kausal erklärbar sind. Die Rationalität des Menschen mitsamt ihren Gründen (hier dann identisch mit Ursachen) ist also keine grundlegend neue Welt zu der andere Tiere keinen Zugang haben, sondern nur eine quantitative Steigerung dessen, was sich bei allen Lebewesen finden lässt. Handlungen sind also die spezifisch menschliche Form des Verhaltens, wobei es auch menschliches Verhalten gibt, auf das die Bezeichnung der Handlung nicht zutrifft (also aus „niederen" Trieben besteht).

[21] Er bezeichnet erstaunlicherweise seine eigene religiöse Einstellung tendenziell als deistisch und hält es sogar für möglich, dass die Wissenschaft eines Tages „durch heute noch unvorstellbare materielle Fakten bewiesen werden" könnte. Er hält aber die Astrophysik dafür zuständig und verbindet die menschliche Veranlagung zur Religiosität nicht mit der Gottesfrage. Die Existenz eines theistischen, also eines persönlich gedachten Gottes, der in das Schicksal von Mensch und Welt eingreift, sich offenbart und die organische Evolution lenkt, steht nach Wilsons Ansicht „zunehmend im Widerspruch zu den Erkenntnissen der Biologie und Hirnforschung." (Wilson, 1998, S. 320)

[22] Wilson, 1980, S. 188.

189

eingreift und dass wir bei der Gestaltung der Zukunft auf uns allein gestellt sind. Bis die Menschen bereit sind, das Evolutionsepos als Religionsersatz anzunehmen, sollten die bestehenden Religionen aber wenigstens versuchen, die wissenschaftlichen Erkenntnisse in ihre Lehren einzubeziehen.

Dieser letzten Forderung würde Pannenberg vollends zustimmen: Die christliche Theologie muss die Erkenntnisse der Naturwissenschaft integrieren, wenn sie behauptet, etwas über den Gott auszusagen, der diese Welt geschaffen hat. Und auch darin, dass Religion ein essentieller Bestandteil der menschlichen Natur ist, würde er Wilson ganz und gar recht geben. Er würde jedoch darin einen Hinweis auf die menschliche Bestimmung zur Gottesbeziehung sehen und nicht allein die Funktion der Religiosität in der Entwicklungsgeschichte des Menschen. Diese Auffassung Wilsons verträgt sich nicht mit dem Wahrheitsbewusstsein der Religionen. Laut Pannenberg führt die Funktionalisierung von Religion zu einem falschen Menschenbild und zu einer „einer Entstellung oder [...] Banalisierung des Menschenbildes".[23] Wilsons Vorschlag, die vielfältigen herkömmlichen religiösen Vorstellungen durch ein einheitliches naturalistisches Evolutionsepos zu ersetzen würde Pannenberg ablehnen, weil sie das religiöse Bedürfnis des Menschen nicht wirklich ernst nimmt und auch nicht stillen könnte. Das zeigt sich seiner Ansicht nach darin, dass das Menschsein ohne seine religiöse Dimension letzten Endes unverständlich bleibt.

Der naturwissenschaftliche Teil der Anthropologie *darf* die Frage nach der Bedeutung der Religion nicht nur, er *muss* sie sogar offen lassen. Eigentlich wäre es dann die Aufgabe der Philosophie sich um die Synthese und Interpretation der einzelnen Disziplinen zu kümmern. Sowohl Wilson als auch Pannenberg bemängeln aber, dass die Philosophie dieser Aufgabe nicht nachkommt und nehmen die philosophische Vermittlung zwischen naturwissenschaftlichen Erkenntnissen und weltanschaulicher Interpretation selbst in die Hand. Daraus entsteht bei beiden eine Grenzüberschreitung, die in der Frage der Verträglichkeit beider Konzeptionen leicht für Verwirrungen sorgt. Um diese Grenzüberschreitungen genauer aufzuzeigen, verwende ich im Folgenden die Typologie des Wortführers[24] des Dialogs zwischen Theologie und Naturwissenschaften Ian Barbour.[25]

Barbour unterscheidet zwischen vier Möglichkeiten des Verhältnisses. 1. Vertreter eines *Konfliktmodells* sehen zwischen der modernen Naturwissenschaft und dem traditionellen Glauben einen nicht zu versöhnenden Konflikt. Beispielhaft dafür sind der wissenschaftliche Materialismus[26] auf der einen und fundamentalistische Religionsauffassungen, wie z.B.

---

[23] Pannenberg, Der Mensch – Ebenbild Gottes, S. 70.

[24] McGrath, 1999, S. 246.

[25] Es gibt vielfältige Möglichkeitstypen von Religion und Naturwissenschaft zu kategorisieren. Ted Peters stellt z.B. eine differenziertere achtfache Klassifikation vor, Willem Drees verwendet sogar neun Klassen. Der Vorteil einer größeren Zahl an Kategorien ist die genauere Differenzierung. Jedoch kann durch spezifischere Kategorien auch eher Fälle geben, die in keine der Kategorien passen, was zu immer weiterer Ausdifferenzierung führt, so dass es immer mehr Kategorien gibt, was ihre Übersichtsfunktion schmälert (Barbour, 2010, S.18). Barbours Einteilung reicht für den Zweck aus, das Verhältnis zwischen Wilson und Pannenbergs Verständnis des Verhältnisses von Religion und Naturwissenschaft zu klären.

[26] Nach Barbour würden dessen Vertreter zumeist vorbehaltlos folgenden Aussagen zustimmen: 1. „Naturwissenschaftliche Methoden bieten den einzigen verlässlichen Weg zu Erkenntnissen. 2. Materie (wahlweise auch Materie und Energie) ist (sind) die grundlegende Realität im Universum." (Barbour, 2006, S. 114) Während die erste Aussage epistemologischer Natur ist, ist die zweite eine metaphysische Aussage. Beide

biblizistische, auf der anderen Seite. „Beide suchen nach fest gegründetem Wissen – die einen in Sinnesdaten und Logik, die anderen in der unfehlbaren Bibel."[27] Der Kreationismus ist ein Beispiel dafür, welche Probleme eine biblizistische Position mit den Ergebnissen der Naturwissenschaft haben kann. Ähnlich wie Pannenberg betont Barbour, dass die Naturwissenschaft „sich auf unpersönliche Begriffe beschränkt und die wichtigsten Merkmale des individuellen Lebens ignoriert", religiöser Glaube dagegen „ein größeres Sinnsystem, in das Einzelereignisse eingeordnet werden können", anbietet. Gott darf aber nicht als „Hypothese dienen, welche die Phänomene der Welt zu erklären versucht und in Konkurrenz zu naturwissenschaftlichen Modellen steht."[28]

Barbour führt Wilson als einen Vertreter des wissenschaftlichen Materialismus an.[29] Mit seiner soziobiologischen Perspektive sei dieser davon überzeigt, „sämtliches (menschliches) Verhalten auf biologische Herkunft und gegenwärtige genetische Struktur reduzieren und aus diesen Faktoren vollständig erklären" zu können. Barbour ist der Ansicht, dass Wilson zwar wichtige Bereiche der Biologie beschrieben und auch einige Bedingungen menschlichen Verhaltens aufgezeigt hat, jedoch seine Erklärungen aus weltanschaulicher Motivation heraus überdehnt.[30] Da Wilson aber an einigen Stellen (wenn auch nur am Rande) durchaus Raum für theologische Reflektionen lässt, wäre Richard Dawkins, der die Erkenntnisse der Naturwissenschaft für seinen missionarischen Atheismus einsetzt, ein weitaus besseres Beispiel für diese Position.

Wissenschaftlicher Materialismus und religiöser Fundamentalismus überschreiten im Konfliktmodell unreflektiert die Grenzen ihres Bereiches, wodurch sie mit der anderen Seite in einen unüberwindbaren Konflikt geraten. Dabei steht der Glaube an einen Gott „nicht unbedingt im Widerspruch zur Naturwissenschaft, wohl aber zu einer materialistischen Metaphysik."[31] Und die Naturwissenschaft steht nicht unbedingt im Widerspruch zum Glauben an Gott, wohl aber zu einem fundamentalistischen Glaubenssystem.

Vertreter des *Unabhängigkeitsmodells* versuchen laut Barbour, die möglichen Konflikte zwischen Naturwissenschaft und Religion durch die Behauptung zu umgehen, dass beide Disziplinen voneinander völlig unabhängig seien. „Die Anhänger dieser Sichtweise behaupten gewissermaßen, es handle sich um zwei verschiedene Zuständigkeitsbereiche und keiner dürfe das Gebiet des anderen betreten."[32] Ein bekannter Vertreter ist der Paläontologe Stephen J. Gould, dessen Ausdruck *Nonoverlapping Magisteria* (NOMA) für diese Position recht bekannt wurde. Auf der theologischen Seite kann die existentialistische Schule Bultmanns als

---

Aussagen sind dadurch verbunden, dass sie die Überzeugung beinhalten, nur die Naturwissenschaft behandle wirklich Seiendes und wirkliche Ursachen. Meistens impliziert der Materialismus Reduktionismus. Nach dem epistemologischen Reduktionismus lassen sich alle Gesetze und Theorien auf die Physik reduzieren und nach dem metaphysischen Reduktionismus konstituieren „die Bestandteile eines jeden Systems [...] dessen fundamentale Realität." (Barbour, 2006, S. 144f.)

[27] Ebd., S. 114.
[28] Ebd., S. 119.
[29] Ebd., S. 356.
[30] Ebd., S. 118.
[31] Ebd., S. 119.
[32] Ebd., S. 122.

Paradebeispiel dienen. Pannenberg kritisiert genau diese Haltung als Immunsierungsversuch der Theologie, der letztlich zu ihrer Bedeutungslosigkeit führt.

Unbestritten bietet das Unabhängigkeitsmodell bestimmte Vorteile: So werden durch die Trennung der Gegenstandsbereiche unrechtmäßige Grenzüberschreitungen und Übergriffe verhindert und methodische Differenzen herausgestellt. Es bewahrt so „den spezifischen Charakter jedes Unterfangens und ist eine nützliche Strategie, mit dem oben erwähnten Konflikt umzugehen."[33] Dieser friedliche Zustand kann jedoch nur bestehen, solange die Trennung beider Bereiche wirklich aufrechterhalten wird. „Die Soziobiologie kann jedoch diesen Frieden nicht einhalten, weil sie das expansionistische Programm der modernen Naturwissenschaft in sich birgt, das sie ständig dazu antreibt, Grenzen zu überschreiten. [...] Schlussendlich soll bei Wilson die „alte Religion [...] durch einen neuen wissenschaftlichen und humanistischen Materialismus und Naturalismus abgelöst werden."[34] Sowohl Pannenberg als auch Wilson sind also nicht bereit, ihre Disziplinen beziehungslos neben der anderen stehen zu lassen.

Eine dritte Möglichkeit Religion und Wissenschaft ins Verhältnis zu setzen ist laut Barbour das **Dialogmodell.** Hier sind die Vertreter sich der Grenzen ihrer Bereiche bewusst, sehen aber durchaus Kommunikationsbedarf und Anknüpfungspunkte u.a. bei Vorannahmen und Grenzfragen, wie z.B. bei ontologischen „Fragen, welche die Naturwissenschaft als solche aufwirft, welche jedoch mit den Methoden der Naturwissenschaft nicht zu beantworten sind."[35] Sie bieten einen Ausgangspunkt für den Dialog mit der Theologie.[36]

Wilson hält einen Dialog mit der Theologie nur in Bezug auf das Ziel des Umweltschutzes für erforderlich; für die Frage nach der Beschaffenheit der Welt hat sie seiner Ansicht nach nichts beizutragen, sondern ganz im Gegenteil für reichlich falsche Vorstellungen gesorgt. Religion ist als Phänomen, so ist sich Wilson sicher, auf seine Funktion in der Evolutionsgeschichte zurückzuführen, die eben nicht in der Erkenntnis der Wahrheit, sondern in der Stärkung des Zusammenhalts der Gruppe lag.

Pannenbergs wissenschaftstheoretische Bestimmung der Theologie als Wissenschaft von Gott zeigt dialogischen Charakter, insofern er Gott nicht als unhinterfragbare Sonderwirklichkeit reklamiert, sondern die Hypothese von Gott als allumfassender Wirklichkeit zur Diskussion stellt und damit methodischen Gemeinsamkeiten herausstellt, die einen inhaltlichen Austausch ermöglichen sollen. Allerdings ist er in diesem Zusammenhang auch überzeugt, dass ohne den Beitrag der Theologie die Welt letztlich unverständlich bleibt. Denn wenn der Gott der Bibel der Schöpfer des Universums ist, das von den Naturwissenschaften untersucht wird, dann ist es laut Pannenberg nicht möglich, die Naturprozesse ohne diesen Gott vollständig oder angemessen zu verstehen. Umgekehrt gilt deswegen auch: Wenn die Natur vollständig ohne

---

[33] Ebd., S. 128.
[34] V. Mortensen, Theologie und Naturwissenschaft, S. 111.
[35] Barbour, 2006, S. 130.
[36] Das Bedürfnis zu diesem Dialog dürfte allerdings vornehmlich von Seiten der Theologie aus bestehen und vielleicht noch seitens gläubiger oder philosophisch interessierter Naturwissenschaftler.

Bezug zu diesem Gott verstanden werden kann, dann kann Gott nicht der Schöpfer dieses Universums sein und folglich auch ihm und seinen Anweisungen nicht vertraut werden.[37]

Pannenbergs ausführliche Reflektion der methodischen Grundlagen der Wissenschaften, scheint dafür zu sprechen, seine Position dem Dialogmodell zuzuordnen. Allerdings gibt es auch deutliche Anzeichen, ihn zum von Barbour sogenannten *Integrationsmodell* zu zählen. Das Integrationsmodell geht über das Dialogmodell insofern hinaus, als dass hier versucht wird, die Erkenntnisse der anderen Disziplin in die eigene zu integrieren. Auch dafür ist methodische Reflektion erforderlich. Wenn man als Beispiel der Integration der darwinschen Evolutionstheorie betrachtet, wird schnell klar, dass die Theologie methodisch bestimmte Voraussetzungen erfüllen muss (z.B. ein differenziertes Schriftverständnis), damit überhaupt ‚Platz' für die neue Theorie ist. Umgekehrt kann die Integration nur gelingen, wenn die zu integrierende Theorie auch von ihrem (aus methodischen Gründen gesteckten) naturalistischen Rahmen ablösbar ist.

Barbour unterteilt das Integrationsmodell noch weiter in *Natürliche Theologie, Theologie der Natur* und *Systematische Synthese*. Die Vertreter der *Natürlichen Theologie* beginnen bei der naturwissenschaftlichen Theorie und ziehen daraus Schlüsse für die Theologie. Z.B. ist es demnach möglich, die ‚Richtung' der Evolution hin zu höherer Komplexität als starken Hinweis auf den Theismus zu verstehen.[38]

Die *Theologie der Natur* setzt anders als die Natürliche Theologie bei der religiösen Überlieferung an, d.h. bei religiösen Erfahrungen und Offenbarung und nicht bei der Naturwissenschaft. Allerdings halten ihre Vertreter es für nötig, bestimmte traditionelle Lehren angesichts naturwissenschaftlicher Erkenntnisse zu überdenken. „Naturwissenschaft und Religion werden hier als vergleichsweise unabhängige Quellen angesehen, deren Gedankengebäude sich in einigen Bereichen überlappen. Davon sind insbesondere die Lehren von der Schöpfung, Vorsehung und Menschenbild betroffen."[39] Diese Bereiche gilt es dann mit den

---

[37] Hier ist natürlich die Frage, was er damit meint, die Natur vollständig zu verstehen. Bisher sollte man sich wohl darauf einigen können, dass in der Tat noch viele Fragen offen sind. Gott als Erklärungsjoker für die noch offenen Fragen einzusetzen, kann allerdings keine Lösung sein und ich denke auch nicht, dass Pannenberg darauf hinaus will, auch wenn es teilweise den Eindruck macht. Er sieht Gott eher als Voraussetzung für das Naturgeschehen und auch als Sinngeber.

[38] Als aktuelles Beispiel für eine *Natürliche Theologie* nach Darwin nennt Barbour Richard Swinburne. Er verteidigt die Natürliche Theologie von einer Bewährungstheorie der Wissenschaftsphilosophie aus. Theorien haben demnach eine anfängliche Plausibilität und ihr angenommener Wahrheitsgehalt steigt durch zusätzliche Einsichten. Die Existenz Gottes hat nach Swinburne diese anfängliche Plausibilität, denn sie ist als Theorie „einfach und erklärt die Welt personal durch die Absicht eines handelnden Wesens." Die offensichtliche Geordnetheit erklärt nach Swinburne die Wahrscheinlichkeit der theistischen Hypothese. (Ebd., S.14) Auch die Existenz bewusster Wesen stütze die These, da sie sich wissenschaftlich nicht erklären lasse. Hinzu komme noch die religiöse Erfahrung als entscheidender zusätzlicher Beleg. So ist es also nach Swinburne wahrscheinlicher, dass es einen Gott gibt, als dass es keinen gibt. Die aktuellste Form des teleologischen Gottesbeweises ist die Betonung des anthropischen Prinzips. Doch Barbour betont, dass auch wenn solche religionsphilosophischen Argumente der Natürlichen Theologie in Zeiten religiöser Pluralität attraktiv erscheinen, sie nicht zwingend zu dem personalen Gott der Bibel führen. „Glauben speist sich in aller Regel nicht aus Vernunftgründen." (Ebd., S. 143)

[39] Ebd., S. 144. Für die theologischen Lehren ist es wichtig, dass sie mit den gesicherten naturwissenschaftlichen Erkenntnissen übereinstimmen, auch wenn die Naturwissenschaft sie nicht erfordert. Als Beispiel führt Barbour Arthur Peacocke an, der bei den historischen und aktuellen religiösen Erfahrungen zur theologischen Reflektion ansetzt. Nach ihm muss sich religiöser Glaube sowohl an der Übereinstimmung der Mitglieder einer Gemeinde bewähren sowie an seiner Kohärenz, Fruchtbarkeit und Reichweite. (Ebd., S. 144) Er modifiziert traditionelle Glaubenssätze und zeigt, wie Zufall und Gesetzmäßigkeit in Physik und

Inhalten der Offenbarung in Einklang zu bringen und entsprechend eine theologische Interpretation zu finden, der dies gelingt. Das entspricht dem, was Pannenberg von der heutigen Theologie fordert, sodass er sich m.E. als Vertreter der Theologie der Natur gut in Barbours Integrationskategorie einordnen lässt.

Die dritte Unterkategorie der Integration ist nach Barbour die *Systematische Synthese*. „Eine systematische Synthese wird angestrebt, wenn Naturwissenschaft und Religion zu einer kohärenten Weltanschauung in einer umfassenden Metaphysik zusammengeführt werden." Metaphysik meint die Suche nach einer Reihe allgemeiner Kategorien, deren Begrifflichkeit die Interpretation verschiedener Formen von Erfahrung erlaubt. „Gesucht wird ein umfassendes Begriffssystem, indem sich alle grundlegenden Ereignisse abbilden lassen."[40] Als gelungenes Beispiel führt Barbour die Prozesstheologie Whiteheads an. Für sie ist Gott Ursprung von Neuheit und Ordnung und seine Schöpfung ein langer und bisher unabgeschlossener Prozess. Gottes Allmacht wird zugunsten der Vorstellung aufgegeben, dass Gott ein überzeugender und kein nötigender Gott ist. Sie „können mit einer differenzierten Analyse des Stellenwertes von Zufall, menschlicher Freiheit, Bösem und Leid in der Welt aufwarten."[41] Auch Pannenberg hält die Ausarbeitung einer begrifflichen Grundlage für nötig, nimmt sie aber nicht selbst vor, sondern verweist auf Whiteheads Ontologie, wenn er schreibt:

> Mit der Ergänzung von Whiteheads Ontologie durch Diltheys Analyse der Geschichtlichkeit und der damit verbundenen Erkenntnis der ontologischen Priorität des Ganzen vor den Teilen könnte ein philosophischer Weltbegriff hervorgehen, welcher die Welt als Prozeß auf eine Zukunft hin beschreiben würde, die allererst endgültig über das Wesen des Einzelgeschehens und über den Sinn der Welt im Ganzen entscheiden wird.[42]

Pannenberg weist allerdings auch darauf hin, dass die Prozessphilosophie Whiteheads eine dualistische Konzeption darstellt, weil Gott bei Whitehead mit der Selbstgestaltung eines jeden Wesens zusammenarbeitet. Gott gibt zwar jedem Ereignis das Ideal der Selbstgestaltung vor. Aber er wirkt nur durch Überredung und nicht durch machtvoll schöpferisches Handeln. Zwar haben Prozesstheologen anscheinend eine bessere Antwort auf die Theodizee-Frage, jedoch führt ihre „Lehre zu dem Resultat, daß das Geschöpf nicht allein von Gott abhängt, sondern auch von anderen Mächten, also auch vernünftigerweise nicht sein ganzes Vertrauen auf Gott allein setzen kann für die Überwindung des Übels in der Welt."[43] Daran wird schon deutlich, mit welchen Schwierigkeiten eine Systematische Synthese rechnen muss. Sie wird nicht allen theologischen Meinungen gerecht werden können und muss entscheiden, an welcher Stelle sie Abstriche machen will.

Biologie zusammenwirken und „beschreibt die Entstehung spezieller Handlungsweisen auf höheren Komplexitätsstufen einer mehrstufigen Hierarchie von organischem Leben und Geist. [...] Gott wirkt durch den Zusammenhang von Zufall und Gesetzmäßigkeit schöpferisch". „Peacocke nennt den Zufall Gottes Radarstrahl, der die Möglichkeiten abtastet und den verschiedenen Potenzialitäten des natürlichen Systems zur Wirklichkeit verhilft." (Ebd., S. 145)

[40] Ebd., S. 147.
[41] Ebd., S. 149.
[42] Pannenberg, 1996, S. 366.
[43] Pannenberg, 1991, S. 31.

Die Einordnung in Barbours Verhältniskategorien zeigt, dass Pannenberg als Vertreter des Integrationsmodells versucht, wissenschaftliche Theorien zu integrieren (Feldtheorie, Evolutionstheorie und ‚anthropologische' Erkenntnisse), während Wilson, sofern er wirklich dem Konfliktmodell zuzurechnen ist, an einer Integration seiner Thesen in ein übergreifendes theologisches Gesamtsystem wenig Interesse haben dürfte, aber sich auch durch sein Zugeständnis an den Deismus als vertretbare Position, nicht grundsätzlich gegen eine Integration wehren kann. Stellenweise scheint er sein Menschenbild öffentlichkeitswirksam im Kontrast zum traditionellen, christlich geprägten Menschenbild präsentieren zu wollen; als Aufklärung und Befreiung von den falschen Vorstellungen, welche die Menschen von sich selbst haben. In diesen falschen Vorstellungen sieht er vermutlich eine Quelle der Gleichgültigkeit gegenüber der Mitwelt, die seinem eigenen starken Umweltschutzanliegen widerstrebt. Um in Bezug auf das Selbstbild für Aufklärung zu sorgen, scheint es seine Strategie[44] zu sein, die Religiosität des Menschen auf ihre Funktionalität zu reduzieren und durch die Erklärung ihrer Entstehung ihre Geltung zu unterminieren. Dieses Vorgehen ist seiner Form nach ein Debunking-Argument[45], wie es z.B. auch in metaethischen Diskussionen verwendet wird. Die Frage ist jedoch, ob man aus der Tatsache, wie etwas entstanden ist, etwas über seine Geltung ableiten kann. In diesem konkreten Fall also: Kann man daraus, dass religiöse Überzeugungen evolutionär entstanden sind, etwas über ihren Wahrheitsstatus ableiten?

Ein Beispiel für eine Argumentation, dass dies nicht ohne weiteres möglich ist, kommt von Peter van Inwagen. Anders als Wilson unterscheidet er sehr klar zwischen supranaturalistischen Überzeugungen und religiösen, weil nicht alle Menschen, die an unsichtbare Wesen glauben, auch religiös sind.[46] Naturalistische Erklärungen der Neigung zu supernaturalistischen Überzeugungen[47] scheinen zu implizieren, sie wären „all the explanation there is". Aber, so van Inwagen, diese Implikation ist logisch nicht zwingend. Vielmehr kann jede naturalistische Erklärung eines Phänomens ohne logische Widersprüche einer reicheren supranaturalistischen Erklärung des Phänomens einverleibt werden, solange sie selbst nicht mit metaphysischem Naturalismus durchwachsen ist, der eine Integration verhindert, wie z.B. die Religionserklärungen von Marx, Feuerbach oder Freud.[48]

Vielleicht könnte man einvernehmlich sagen, dass evolutionäre Erklärungen zusammengenommen mit dem Wissen um die Vielzahl der Religionen durchaus Zweifel an der Wahrheit der eigenen religiösen Überzeugung rechtfertigen sollten. Doch die Frage, ob eine naturalistische Erklärung supranaturalistischer Überzeugungen generell als falsch erweist, ist

---

[44] Eine andere Strategie Wilsons die Menschen zum Verantwortungsgefühl gegenüber der Mitwelt zu motivieren, ist, mit den religiösen Leitern zusammenzuarbeiten und die Religion als Mittel zu nutzen.

[45] Debunking Argumente versuchen durch die Genese einer Überzeugung aufzuzeigen, dass diese nicht gerechtfertigt ist. Dabei gilt es zu beachten, dass sie nur zeigen können, dass eine Überzeugung nicht durch ihre Entstehung gerechtfertigt ist, und nicht, dass diese Überzeugung falsch ist. „Debunking arguments are purely negative. " (Kahane, 2010, S. 6)

[46] Van Inwagen, 2009, S. 128. „A belief is a supernaturalistic belief if it implies the existence of invisible and intangible agents whose actions sometimes have significant effects on human life, or implies that human beings have a post-mortem existence." (Van Inwagen, 2009, S. 129f.)

[47] Hier gibt es verschiedene Varianten. Es kommt m.E. aber für van Inwagens Punkt nicht darauf an, wie die naturalistische Erklärung jeweils genau aussieht.

[48] Van Inwagen, 2009, S. 134.

noch einmal eine andere. Dem würde wohl auch Wilson zustimmen, wenn er am Rande seine eigene weltanschauliche Position als tendenziell deistisch beschreibt. Bei der Frage Naturalismus vs. Supranaturalismus geht es um den letzten Grund der Einheit des Wissens, die sowohl Wilson als auch Pannenberg ja explizit anstreben. Insofern Wilson ihn letztlich offen lässt und nicht wie sein Kollege Richard Dawkins mit weltanschaulichem Naturalismus beantwortet, gibt es theoretisch erst einmal keinen Grund anzunehmen, dass sich Wilsons Erklärungen der Religiosität des Menschen und Pannenbergs Pochen auf die Bedeutung der Religion für die menschliche Natur nicht miteinander vereinbaren lassen, denn der Theismus steht ja nicht an sich im Widerspruch mit den Naturwissenschaften, „wohl aber zu einer materialistischen Metaphysik"[49] und die Entscheidung für die eine oder andere Seite lässt sich nicht durch wissenschaftliche Schlussfolgerungen entscheiden.[50]

Wilson will aus soziobiologischer Perspektive aufzeigen, warum Religion einen so großen Einfluss auf das menschliche Denken hat. Dabei kann er die dazugehörigen Phänomene, wie bspw. Autoritätshörigkeit und die Anziehungskraft charismatischer Prediger, ziemlich einleuchtend durch Fitnessvorteile erklären. Pannenberg will dagegen aus der Tatsache, dass der ‚Religionstrieb' so stark ist, Geltung ableiten; er will zeigen, dass die menschliche Natur ohne Gott entstellt ist. Wilson hält solche Geltungsfragen allerdings für sinnlos, weil sie nicht wissenschaftlich zu klären sind; die Grundlagen ihrer Beantwortung sind evolutionär erklärbare Gefühle.

4.1.3 Erklärung der zwiespältigen Gefühlswelt und des Gewissens

Gefühle lassen sich laut Wilson durch ihre Funktion in der Entwicklungsgeschichte der Menschheit erklären. Die Multilevel-Selektion, die mit unterschiedlichen Selektionsdrücken auf den Menschen gewirkt hat, ist für dessen Gefühlswelt in ihrer Zwiespältigkeit verantwortlich. Die Individualselektion förderte den Konkurrenzkampf um Nahrung und Sexualpartner und damit den Egoismus innerhalb der Gruppen. Die Gruppenselektion förderte dagegen den Zusammenhalt der Gruppe, altruistisches Verhalten und Kooperation. „Jeder gesunde Mensch spürt den Sog des Gewissens, das Tauziehen zwischen Heldentum und Feigheit, Wahrhaftigkeit und Betrug, Engagement und Rückzug".[51]

Der „Sog des Gewissens" ist durch die Sanktionen der Gruppe entstanden, die dem Egoismus in der Gruppe Einhalt gebieten sollten. Jeder Mensch sucht die Anerkennung der anderen Gruppenmitglieder, weil er auf ihre Unterstützung angewiesen ist. Wenn einer aus egoistischen Motiven heraus Gruppenregeln verletzt hat, wird er ein schlechtes Gewissen, Angst vor Strafe haben usw. Natürlich haben nicht alle Menschen das gleiche Gewissen, denn es setzt sich aus der genetischen Veranlagung und der jeweils vorherrschenden Kultur zusammen und wird durch Erziehung geprägt. Seine Funktion ist es regelkonformes Verhalten zu fördern, das dem Gruppenzusammenhalt dient. So kommt es, dass wir egoistische Bestrebungen, die im Konflikt mit dem Gruppeninteresse stehen als ‚böse' oder als ‚Sünde' empfinden und die altruistischen

---

[49] Barbour, 2006, S. 119.
[50] Ebd., S. 306.
[51] Wilson, 2013, S. 347.

Tendenzen, den Sog des Gewissens als Tugend. „Beide begründen den Konflikt zwischen den guten und den bösen Anteilen unserer Natur."[52]

Pannenberg sieht die Zwiespältigkeit in der menschlichen Gefühlswelt durch die Spannung zwischen Zentralität und Exzentrizität begründet. Der Mensch kann sich in seiner Zentralität gegenüber seiner Außenwelt und den anderen verschließen und macht sich dadurch schuldig, weil er nicht seiner Bestimmung zur Exzentrizität nachkommt. Doch dazu später mehr. Das Gewissen ist die Instanz, in der sich der Mensch seiner selbst im Ganzen seines Lebens gefühlsmäßig gegenwärtig gewahr wird in der Stimmung, im Lebensgefühl. „Im Gefühl sind wir mit uns selbst im Ganzen unseres Seins vertraut, ohne schon eine *Vorstellung* unseres Selbst zu haben oder ihrer zu bedürfen."[53]

Das Gewissen bewertet auch die Taten, die das Ich ausführt. Das Gewissen zeigt an, ob der Mensch mit sich und der Welt im Reinen ist oder nicht. Im Schuldbewusstsein des Gewissen werden die Verpflichtung, die Verantwortung für diese Verpflichtung und die Nichtidentität sowie die Bedeutung der menschlichen Ordnung für das Selbstsein erkennbar.[54] Auch wenn die Stimme des Gewissens dem einzelnen durch ihre Unmittelbarkeit wie die Stimme Gottes vorkommen kann, ist sie laut Pannenberg doch „vermittelt durch die soziale Lebenswelt". Sie wird erst dann zur Stimme Gottes, wenn „Gott im Verstehen der Menschen als letzter Grund und Vollender ihrer gemeinsamen Welt einschließlich der Regeln menschlichen Zusammenlebens bejaht wird."[55]

Wilson und Pannenberg sind sich also durchaus einig, dass das Gewissen dem Individuum in erster Linie das Verhältnis zu seiner sozialen Lebenswelt widerspiegelt und bewertet. Doch während Wilson das Phänomen des Gewissens durch dessen Fitnesswert in der Evolutionsgeschichte *erklärt*, verleiht Pannenberg ihm existentielle Geltung oder Bedeutung für den einzelnen. Während bei Wilson „der Sog des Gewissens" dem Interesse der Gruppe dient und damit auch dem Individuum, sagt bei Pannenberg das Gewissen dem Einzelnen, vermittelt durch die soziale Lebenswelt hindurch, auch etwas über sein Selbst und sein Verhältnis zu Gott.

Pannenberg verleiht dem Phänomen des Gewissens damit eine wichtige Bedeutung, wie schon der Religiosität. Die Gefühlswelt des Menschen wird dadurch ernst genommen und in ein großes Gesamtbild gestellt, das auch die Zukunft miteinbezieht und das dem Menschen einen Sinn anbietet. Wilson hingegen erklärt die Phänomene des Gewissens und der Religion mithilfe der Evolutionstheorie. Er erklärt, warum wir so fühlen, wie wir fühlen, durch eine für uns kausal rekonstruierbare Geschichte. Insofern Wilson impliziert, dass religiöse Gefühle nichts mehr sind als die Resultate dieser Geschichte, werden sie genau wie ethische Gefühle (s.u.) zur Illusion erklärt, in dem Sinne, dass man aus ihnen keine Geltung ableiten kann. Dieser Schluss überschreitet jedoch die naturalistische Erklärung und wird zum weltanschaulichen Statement.[56] Wilson zieht ihn ohne Reflektion und macht es sich damit erst einmal einfacher als

---

[52] Ebd., S. 289f.
[53] Pannenberg, 1983, S. 244.
[54] Ebd., S. 294f.
[55] Ebd., S. 299.
[56] Man könnte z.B. einfach die evolutionäre Entwicklung der Disposition zur Religiosität als Gottes Absicht verstehen.

es ist. Die Kosten dafür trägt er aber an anderer Stelle: An der fehlenden emotionalen Attraktivität und damit auch Wirkung seines Evolutionsepos als Ersatzreligion. Denn wer möchte schon eine Weltanschauung, in der den eigenen Gefühlen keine Bedeutung zukommt?

4.1.4 Moral

Auch moralische Gefühle haben sich laut Wilson entwickelt, weil sie die Fitness der Gruppe und damit auch ihrer einzelnen Mitglieder erhöhten. Die Auswirkungen dieser Entstehungsgeschichte zeigen sich noch heute in unseren Moralvorstellungen[57], die nicht immer den rationalen Überlegungen von Philosophen folgen. Das Gehirn und mit ihm alles Verhalten der Menschen ist ein Produkt der Evolution, das sich bewährt hat, das „menschliche Erbmaterial intakt" zu halten. „Eine andere nachweisbare Funktion hat die Moral letzten Endes nicht."[58] Die moralischen Intuitionen und Wertvorstellungen sind also durch unsere Evolutionsgeschichte entstanden und hätten unter bestimmten Umständen auch anders ausfallen können. Hätten z.B. Ameisen eine Moral, wäre sie ganz anderes geartet als unsere. Daraus schließt Wilson, dass wir unseren moralischen Intuitionen nicht ohne weiteres trauen können, wenn es um die Frage geht, was wir tun sollen und dass sie schon gar nicht absolute ethische Wahrheiten widerspiegeln. Es gibt vermutlich solche Wahrheiten überhaupt nicht und somit auch kein Ideal, das es anzustreben, keine Soll-Natur des Menschen, der es zu entsprechen gilt. Alles was es gibt, sind unsere moralischen Gefühle als Resultat unserer speziellen Entwicklungsgeschichte. Da es für Wilson kein Sollen gibt, hält er Humes Gesetz für einen Fehlschluss: „Wenn *Ist* nicht *Seinsollendes* ist, was dann? *Ist* in *Seinsollendes* zu übersetzen ergibt dann einen Sinn, wenn wir uns an die objektive Bedeutung von ethischen Normen halten."[59] Das würde allerdings ein Bewertungskriterium voraussetzen, mit dem wir entscheiden können, welchen unserer Moralvorstellungen wir objektive Bedeutung zukommen lassen wollen und welchen nicht. Warum sollten wir denn z.B. nicht dem Tribalismus frönen und Fremdenfeindlichkeit schüren? Wilson gibt hier keine zufriedenstellenden Antworten. Aussagen wie: „Niemand kann ernsthaft in Frage stellen, daß eine bessere Lebensqualität allen Menschen zusteht und dies das unanfechtbare Ziel der gesamten Menschheit ist"[60], helfen da nicht weiter. Ein Ausweg könnte Wilson m.E. bei utilitaristischen Philosophen finden, die seine hedonistische Ansicht teilen. Damit würde sich die Begründung von Moral und Ethik allerdings von der Gefühls- auf die rationale Ebene verlagern. Der Nachteil von rationalen Ethikkonzeptionen, wie dem Utilitarismus, scheint mir zu sein, dass sie häufig den moralischen Intuitionen nicht entsprechen und deswegen, wenn auch theoretisch vielleicht reizvoll, so doch in der konkreten Umsetzung oft wenig hilfreich sind.

---

[57] Natürlich sind die Moralvorstellungen auch kulturell geprägt. Es geht hier um die grundlegen moralischen Gefühle, die laut Wilson durch die epigenetischen Regeln grundlegend zur menschlichen Natur gehören. Psychopathen etc. sind davon ausgenommen.

[58] Wilson, Altruismus, S. 150.

[59] Wilson, 1998, S. 333. „Ist die Weltanschauung der Empiristen richtig, dann ist Seinsollendes nur die Verkürzung einer bestimmten faktischen Aussage, ein Begriff für das, was eine Gesellschaft zuerst für gut befand (oder zu befinden gezwungen war) und dann kodifizierte. Damit wird der ‚naturalistische Trugschluß' auf ein naturalistisches Dilemma reduziert, dessen Auflösung nicht schwierig ist – was sein soll ist das Ergebnis eines Prozesses. Mit dieser Definition ist der Weg zu einer objektiven Erkenntnis des Ursprungs von Ethik geebnet." (Ebd., S. 335)

[60] Ebd., S. 389.

Das ist auch Pannenbergs Kritik an rationalen Ethikkonzeptionen wie der Kants. Rationale Überlegungen mögen zwar theoretisch überzeugend sein, aber der Macht der Zentralität, die zu egoistischem Handeln führt, lässt sich nicht mit Argumenten beikommen. „Konkrete Moralität als Erhebung über die Schranken des egoistischen Eigeninteresses lebt aus einer anderen Quelle, nämlich aus dem Impuls des Wohlwollens gegenüber anderen. Der Impuls des Wohlwollens gehört zur menschlichen Natur [...]. Aber er ist durch kein Vernunftargument erzwingbar."[61] Damit wird die Ethik auf eine Neigung begründet, wenn auch auf keine zufällige, sondern auf eine, die zur menschlichen Natur gehört.[62] Deshalb ist die christliche Aufforderung zur Nächstenliebe nichts Unnatürliches, sondern bestärkt vielmehr eine Anlage des Menschen, die häufig durch (ebenso natürlichen) Egoismus verschüttet ist.[63]

Auch Wilson würde zumindest einen großen Teil unserer Moralität im Gefühl verorten. Menschen sind empathisch, sie übertragen ihre Gefühle auf andere. Diese Eigenschaft ist ebenfalls durch Gruppenselektion entstanden. „Der Mensch neigt zur Moralität – das Richtige zu tun, sich zurückzuhalten, anderen zu helfen, manchmal sogar auf eigenes Risiko -, weil die natürliche Selektion diese Interaktion zwischen Gruppenmitgliedern gefördert hat, insofern sie der Gruppe als Ganzem nützen."[64] Anders als Pannenberg kann Wilson aber nicht sagen, dass dieses die Gefühle sind, die gefördert werden *sollten*. Es gibt für Wilson objektiv kein Sollen, bzw. wir selbst müssen entscheiden, was gesollt werden soll. Bei Pannenberg hingegen verwirklicht der Mensch durch ethisches Handeln seine Bestimmung zur Ebenbildlichkeit Gottes. Diese Auszeichnung der Soll-Natur, der Exzentrizität vor der Zentralität lässt sich nicht in der Natur messen. Sie ist aber verankert in unserem Empfinden, unserem Gefühl, unserem Gewissen, weil wir auf Gott hin geschaffen sind. Eine hedonistische Begründung von Ethik, wie Wilson sie vertreten muss, ist für Pannenberg das Gegenteil der christlichen Ethik. Der Hedonismus rührt von der Zentralität her und nicht aus der exzentrischen Anlage des Menschen, die sich in ethischem Handeln entfalten kann. Das zeigt sich für Pannenberg auch in der gegenwärtigen Lebenseinstellung in der Konsumgesellschaft, in der sich alles um Selbstverwirklichung dreht oder zumindest um das eigene Wohlbefinden. Die christliche Ethik, die der exzentrischen Natur des Menschen entspringt, ist dagegen eine, in der sich der Einzelne im Dienst der Gemeinschaft versteht und darin seine Identität und Erfüllung findet. Etwas freier formuliert könnte man vielleicht sagen, dass der Mensch auf ein ihm übergeordnetes Ziel angewiesen ist, an dem er zusammen mit seinen Mitmenschen arbeiten kann, um seine Erfüllung als exzentrisches Wesen zu finden. Wenn er sich nur um sein eigenes Glück dreht, verfehlt er seine Natur und wird keine Erfüllung finden.[65] Hier ließen sich gewisse Ähnlichkeiten zu Wilson finden, wenn dieser die Tugenden, welche von der Gruppenselektion gefördert wurden, als gut auszeichnen könnte, statt mit ihrer Hilfe lediglich zu erklären, warum Menschen etwas als richtig empfinden.

Teilweise scheint Wilson auch etwas Ähnliches im Sinn zu haben, wenn er versucht, aus den epigenetischen Regeln des Moralverhaltens eine verlässlichere Grundlage für das praktische

[61] Pannenberg, 1988, S. 77
[62] Pannenberg, 2003, S. 78.
[63] Ebd., S. 79.
[64] Wilson, 2013, S. 294.
[65] Pannenberg, 2003, S. 115.

Zusammenleben abzuleiten. Dieser Konsens wäre für Wilson besonders insofern besser, als dass er die gefährlichste Form der religiösen Ethik bekämpfen könnte, die, wie Nietzsche sagen würde, in nihilistischer Weise auf das Jenseits hofft und das Diesseits abwertet. So kann alles Leiden ertragen und alle Verantwortung abgegeben werden. „Die natürliche Umwelt kann ausgebeutet, Glaubensfeinde können gefoltert und der Märtyrertod lobgepriesen werden."[66] Diese religiöse Moralität, die Wilson bekämpfen möchte, hat ihre Geltung nur innerhalb der Gruppe und ist daher für die heutige Weltgemeinschaft äußerst schädlich. Die Lösung wäre, die Grenzen der Gruppe zu öffnen, den Gruppenegoismus/Tribalismus auszuweiten, sodass alle empfindsamen Lebewesen eingeschlossen wären.[67]

Zusammenfassend lässt sich sagen, dass sowohl Pannenberg als auch Wilson sich für die Grundantriebe der menschlichen Moral interessieren und weniger für gesellschaftliche Konventionen, die natürlich einen Einfluss auf die konkrete Ausgestaltung haben. Außerdem sind sie sich zumindest teilweise darin einig, dass die moralischen Antriebe im Gefühl liegen, bei Pannenberg genährt durch die exzentrische Natur des Menschen und bei Wilson durch die Gruppenselektion.[68] Wilson kann allerdings keine Gründe angeben, die zur Bewertung der verschiedenen Antriebe dienen könnten. Beide gehörten zur menschlichen Natur und waren für die Entstehung des moralischen Empfindens, wie es heute im Menschen verankert ist, notwendig. Eine weitere Schwierigkeit liegt darin, dass auch die Gruppenselektion moralische Anlagen hervorgebracht hat, die der Weltgemeinschaft schaden, nämlich den Tribalismus als eine Art Gruppenegoismus, der das erwünschte moralische Verhalten in der Regel auf Gruppenmitglieder beschränkt. Pannenberg nimmt dagegen durch die Bestimmung des Menschen zur Exzentrizität eine eindeutige Wertung vor, die in Gottes Absicht den Menschen nach seinem Ebenbild zu schaffen, begründet liegt und wissenschaftlich nicht begründet werden kann. Wilson kann also wieder menschliche Moralität durch ihre Entwicklungsgeschichte erklären, während Pannenberg ihr Bedeutung/Geltung in seiner theologischen Geschichte verleiht.

4.1.5 Kultur

Spätestens beim Übergang zur menschlichen Kulturgeschichte sieht Pannenberg die Notwendigkeit eine neue Betrachtungsweise einzuführen.[69] Die naturalistische Betrachtungsweise reicht also für ihn nicht aus, um das spezifisch Menschliche zu erklären,

> denn die Sozialbeziehungen der Menschen finden seit dem ersten Entstehen menschlicher Kultur aus dem Geiste der Religion immer schon im Rahmen von Kultursystemen und ihrer Veränderung statt. Nur eine ihrerseits schon aus der Perspektive der Wirksamkeit des göttlichen Geistes in allem Lebendigen gedachte biologische Evolutionstheorie könnte die Evolution des Lebens bis in die

---

[66] Wilson, 1998, S. 327.

[67] Der Präferenzutilitarismus ist ein Beispiel für so einen Versuch, der von den meisten Menschen als kontraintuitiv abgelehnt werden dürfte.

[68] Gerade der spätere Wilson scheint darauf mit seinem Wechsel zur Multilevel-Selektion als Erklärung für altruistisches Verhalten abzuzielen. Die Erklärung der menschlichen Moral aus Verwandtenselektion und reziprokem Altruismus scheint ihm selbst zu wenig intuitiv zu sein.

[69] „Gegenüber der naturalistischen Reduktion des menschlichen Sozialverhaltens auf den Gesichtspunkt maximaler Genausbreitung enthält gerade die spezifisch menschliche Angewiesenheit auf eine soziale Lebenswelt einen Hinweis auf das qualitativ Neue menschlicher Kulturbildung, die die biologischen Gegebenheiten in ganz unterschiedlicher Weise integrieren kann." (Pannenberg, 1983, S. 156)

Er sieht also die naturalistische Sicht auf den Menschen hier in Erklärungsnot, weil der kulturschaffende Geist des Menschen eben auch nur durch die Teilhabe am Geist Gottes zu erklären ist, wie der Rest des Naturgeschehens.

Da sich laut Pannenberg die Grundbedürfnisse auch ohne Institutionen befriedigen lassen, hält er es allerdings für erklärungsbedürftig, dass sich die wichtigsten Institutionen der verschiedenen kulturellen Systeme so sehr ähneln.[71] Die Erklärung findet er in der Regelung „der *Beziehungen zwischen den Individuen* im Zusammenhang mit der Befriedigung ihrer menschlichen Grundbedürfnisse". In der Wechselseitigkeit der Beziehungen zwischen den Individuen sucht Pannenberg deshalb nach Konstanten in der Natur des Menschen, „die geeignet scheinen, jene erstaunliche Gleichförmigkeit der Institutionenbildung trotz anderweitig großer Unterschiede der kulturellen Lebenswelten zu erklären."[72] Und er findet sie in der Verbindung von Partikularität und Gemeinschaftlichkeit, die im Verhalten der Wechselseitigkeit miteinander verbunden sind. Auf der einen Seite will sich jeder einzelne in dem, was Pannenberg Partikularität nennt, gegen den anderen behaupten. Aus diesem Verhalten können aber keine dauerhaften Beziehungen entstehen. Dafür muss es eine andere Kraft geben und das ist bei Pannenberg die Gemeinschaftlichkeit. Sie motiviert dazu, sich auf den anderen einzustellen und ist ein Aspekt der menschlichen Exzentrizität.[73]

Damit es nun zu Institutionen kommen kann, muss die Gemeinschaftlichkeit auf allen Seiten wirksam sein, damit das Verhalten reziprok wird. Reziprozität sieht Pannenberg als die „Grundform der Gemeinschaftlichkeit auf der Basis der partikularen Existenz unabhängiger Individuen."[74] Aber es gibt auch eine reinere Form von Gemeinschaftlichkeit, bei der die Partikularität eine weniger große Rolle spielt. Hier lassen sich dann die Beziehungen nicht mehr als Interaktion selbstständiger Individuen bezeichnen, weil das Gemeinschaftsmoment derart im Vordergrund steht. Die Familie sieht Pannenberg als Grundform dieses Beziehungstyps an. Die Zugehörigkeit zur Gruppe hat hier mehr Bedeutung als die Reziprozität. Im Bereich des Eigentums dagegen spielt die Partikularität und Reziprozität die größere Rolle.[75]

Pannenberg schlägt die Brücke zur Theologie, indem er auf die Ähnlichkeit zwischen Gemeinschaftlichkeit/Exzentrizität und Partikularität/Zentralität verweist. Zu Institutionen kommt es dann, wenn diese beiden „Momente menschlichen Verhaltens" in einer dauerhaften Form des Zusammenlebens integriert werden sollen. Damit wird die Sozialanthropologie an die „Grundlagen der Anthropologie überhaupt" zurückgebunden,[76] die für Pannenberg in der Theologie liegen.

---

[70] Ebd., S. 155.
[71] Ebd., S. 398.
[72] Ebd., S. 399.
[73] Ebd., S. 399f.
[74] Ebd., S. 400.
[75] Dies erinnert etwas an reziproken Altruismus und Verwandtenselektion.
[76] Ebd., S. 402.

Mit zunehmender Säkularisierung schwächt sich das Gefühl der Gemeinschaftlichkeit ab, weil der Mensch nicht mehr seiner Bestimmung zur Exzentrizität in der Religion nachkommt. Daraus folgt dann laut Pannenberg langfristig auch ein Legitimitätsverfall der Institutionen, der gesellschaftlichen und politischen Ordnungen durch eine Überbewertung des Individuums. Deswegen darf die Religion als Konstante des Menschseins nicht geleugnet werden, wenn es nicht zu einem „Zerfall aller verbindlichen Normen im Antagonismus entfesselter egoistischer Interessen" kommen soll.[77]

Auch Wilson sieht die Gefahren der Säkularisierung, plädiert aber deswegen nicht für eine Rückbesinnung auf die Religion, weil er gern auch den mit ihr einhergehenden Tribalismus überwunden sehen würde. Deswegen hofft er auf eine neue Aufklärung, durch die der Mensch endlich erkennt, dass er selbst auch ein Tier ist und durch das Evolutionsepos versteht, dass er mit allem anderen Leben auf der Erde verwandt ist. Daraus soll ein Verbundenheitsgefühl erwachsen, das dann den entfesselten egoistischen Interessen entgegenwirken kann.

Interessant ist die von Pannenberg erwähnte Ähnlichkeit von Exzentrizität/Zentralität und Gemeinschaftlichkeit/Partikularität. Es scheint hier naheliegend zu sein, eine Brücke zu Wilson Multilevel-Selektion zu schlagen. Wilson und Pannenberg sehen beide die Spannung im menschlichen Zusammenleben, die aus diesen Polen entspringt. Und beide sehen die Religion als Faktor für die Gemeinschaftlichkeit oder das Verbundenheitsgefühl an, das als fördernswert gilt. Doch Wilson hält den Inhalt der Religion für austauschbar und möchte die alten Glaubensvorstellungen deswegen durch eine wissenschaftliche Weltsicht auf materialistischer Grundlage ersetzten. Er glaubt auch nicht, dass es an dem Übergang zur menschlichen Kultur ein grundsätzliches Problem für eine naturalistische Erklärungsweise gibt. Der Mensch ist jedenfalls nicht unabhängig von seinen evolutionären Wurzeln, was sich gerade auch an der kulturübergreifenden Institutionenbildung zeigt. Die menschliche Natur durch Begriffe wie „Weltoffenheit" zu charakterisieren ändert daran auch nichts. Viele Sozialwissenschaftler glauben laut Wilson, dass es keine biologisch definierte Natur des Menschen gäbe, die zu den sichtbaren Kulturphänomenen führen würde. Demnach würden biologischen Faktoren keine Rolle spielen, wenn es um menschliches Verhalten geht. Wilson betont dagegen die biologischen Wurzeln der Kultur, auch wenn menschliches Verhalten nicht vollständig durch Instinkte geregelt ist, wie z.B. bei Tieren. Durch seine Autokatalyse-Theorie und mithilfe der epigenetischen Regeln ist er sich aber sicher, die Phänomene des menschlichen Geistes und der Kultur auf materieller Grundlage zumindest im Prinzip erklären zu können, ohne dass dazu eine ganz andere Ebene nötig wäre.[78]

Um die Evolution der Kultur erklären zu können, greift Wilson wieder auf die Multilevel-Selektion zurück. Der Selektionsdruck zwang die Menschengruppen zu einem kriegerischen Wettrüsten:[79] „Verbände und Zusammenschlüsse von Verbänden mit einer besseren

---

[77] Ebd., S. 469.
[78] Wilson u. Lumsden, 1981, S. 303. Allerdings gesteht er an anderer Stelle ein, dass die geistigen Fähigkeiten des Menschen schon sehr besonders sind. Denn autokatalytische Reaktionen kommen normalerweise irgendwann zu einem Ende. Bei der Evolution der geistigen Fähigkeiten des Menschen ist das aber bisher nicht passiert, was laut Wilson geradezu an ein Wunder grenzt. In den letzten zwei - drei Millionen Jahren scheint es einen beständigen Fortschritt der geistigen Fähigkeiten gegeben zu haben. (Wilson, 1980, S. 86)
[79] Dieser Prozess, der vor ca. 60 000 Jahren begann, verlief erst langsam und dann immer schneller, wie in der chemischen Eigenkatalyse. Das erklärt Wilson damit, dass eine aufkommende Innovation das Aufkommen

Kombination kultureller Innovationen wurden produktiver und waren für Wettbewerb und Krieg immer besser gerüstet. Ihre Rivalen taten es ihnen entweder gleich oder wurden verdrängt [...] Damit wurde die Gruppenselektion zum Antrieb für die Evolution der Kultur."[80] Wieder versucht also Wilson über die Biologie und Evolutionsgeschichte den Menschen in die Einheit des Wissens einzubinden. Pannenberg dagegen sieht den Geist auch schon in der außermenschlichen Kreatur am Werk und von daher die Einheit gegeben. Spätestens die menschliche Natur jedoch kann man ohne den Geist seiner Ansicht nach nicht mehr erklären.

Eine interessante Ähnlichkeit findet sich zwischen Exzentrizität und Gruppenselektion, sowie zwischen Zentralität und Individualselektion. Kann man vielleicht Wilsons Multilevel-Selektion als Erklärungsmechanismus für das verstehen, was Pannenberg als Exzentrizität bezeichnet?[81]

4.1.6 Exzentrizität durch Gruppenselektion?

Der Mensch ist auf seine Gruppe angewiesen. Die Gruppenzugehörigkeit verleiht ihm seine soziale Rolle und schafft Orientierung in einer chaotischen Welt. Die Gruppenbildung kann laut Wilson als Universalie der Natur des Menschen betrachtet werden; sie gehört unabdingbar zur menschlichen Natur. Das liegt daran, dass im Laufe der Entwicklungsgeschichte die Menschen aufeinander in der Gruppe angewiesen waren, um sich gegen andere Gruppen behaupten zu können. Alleine konnte man nicht überleben und schon gar keine Nachkommen aufziehen. Wie bei anderen biologisch erklärbaren Verhaltensweisen des Menschen, ist Wilson auch in Bezug auf die Gruppenbildung der Ansicht, dass der Mensch in seinem Streben nach Zugehörigkeit zu einer Gruppe emotional über seine „äffischen Gefühle" hinausgewachsen ist. Die menschliche Seele dürstet nach Gemeinschaft und danach, Teil von etwas zu sein. Menschliches „Glück ist sich in etwas Vollständigem und Großen aufzulösen."[82] Die mystische Vorstellung, Teil eines Ganzen zu sein, ist für Wilson ein „authentisches Produkt des menschlichen Geistes" und gehört zu seiner Natur.

Dem würde auch Pannenberg zustimmen, aber das Verlangen nach Zugehörigkeit der exzentrischen Natur des Menschen zuordnen. Doch was Pannenberg genau mit Exzentrizität meint, ist nicht so leicht zu fassen. Pannenberg geht über Plessner hinaus, wenn er die exzentrische Natur des Menschen als „Sein beim anderen als einem anderen" beschreibt. Das bedeutet laut Pannenberg, dass der Mensch sein Zentrum des Menschen nicht mehr in sich selber hat, sondern es außerhalb suchen muss.[83] Einerseits scheint er in diesem Sinne Exzentrizität als etwas Erkenntnisbezogenes zu meinen. Andererseits hat Exzentrizität, wie Pannenberg sie versteht, auch ein Moment der emotionalen Offenheit, das sich aus dem Grundvertrauen entwickelt, sich während der individuellen Entwicklung ausbildet und weiter gefördert werden muss. Auch wenn das Grundvertrauen durch Personen vermittelt ist, richtet

---

anderer Innovationen möglich und ihre Verbreitung wahrscheinlicher macht, sofern sie sich als nützlich erweist.

[80] Wilson, 2013, S. 116.

[81] Hier sei nochmal daran erinnert, dass es mir darum geht exemplarisch zu arbeiten. Es kann also nicht um die exakte Begriffsdefinition von Exzentrizität bei Pannenberg gehen, sondern um eine plausible Interpretation.

[82] Wilson, 1998, S. 347.

[83] Pannenberg, 1983, S. 515.

es sich „durch seine Unbeschränktheit" implizit auf eine Instanz, „die die Unbegrenztheit solchen Vertrauens zu rechtfertigen vermag". Diese „Verwiesenheit auf Gott", wie Pannenberg sie nennt, hängt mit der exzentrischen Struktur des Menschen zusammen und konkretisiert sich eben in dieser „Schrankenlosigkeit des Grundvertrauens", das zwar durch die Mutter vermittelt wird, aber über diese Beziehung hinaus und übergeht „in jenes erstaunliche Vertrauen, das sich auf eine Welt hin öffnet, von der wir Erwachsene nur zu genau wissen, wie wenig sie solches Vertrauen verdient."[84]

Was Pannenberg Exzentrizität nennt, erinnert stark an die menschliche Fähigkeit, die häufig als „Theory of Mind" bezeichnet wird: Der Mensch ist sich seiner selbst bewusst und er weiß, dass auch andere ein Selbstbewusstsein haben und kann ihre Absichten einschätzen; er versteht sie in ihrem Sein, indem er einen Perspektivenwechsel vornehmen kann und kann auch sich selbst aus einer der Perspektive der anderen einschätzen. Darüber hinaus bedeutet Exzentrizität bei Pannenberg aber auch, dass er anderen gegenüber offen, kooperations- und hilfsbereit ist. All diese Fähigkeiten erfordern eine Abstraktionsfähigkeit von sich selbst, die dem Menschen auch sein technisches Verständnis ermöglicht.

Diese Eigenschaft des Menschen, bei denen wohl im Großen und Ganzen ein Konsens darüber besteht, dass sie die Besonderheit des Menschen im Vergleich mit anderen Tieren ausmachen und die Pannenberg als Exzentrizität bezeichnet, würde Wilson (oder andere evolutionäre Erklärer) mithilfe ihrer Entstehungsgeschichte durch die natürlichen Selektion erklären. Pannenberg hat sich bei der Genese der Exzentrizität, die er als wissenschaftlich versteht, dagegen ganz auf die Ontogenese beschränkt. Eine phylogenetische Entwicklungsgeschichte wäre aber - zumindest wenn man den evolutionären Gedanken ernst nimmt – eine gute Ergänzung für Pannenbergs Anthropologie.

Gruppenselektion kann laut Wilson aber nur stattfinden, wenn die Konkurrenz zwischen den Gruppen hoch genug ist.[85] Die Eigenschaften des Menschen, die durch Gruppenselektion entstanden sind und die wir als moralisch empfinden, konnte sich also nur in einer kriegerischen Umwelt entwickeln, weswegen die Neigung zur Gruppenbildung gleichzeitig auch eine gewisse Neigung zur Fremdenfeindlichkeit impliziert. Von daher hat unsere Moral auch ihre Schattenseiten: Sie bezieht sich nur auf unsere eigene Gruppe auf Kosten anderer Gruppen und fördert daher einen Egoismus auf höherer Ebene: einen Gruppenegoismus.

4.1.7 Zentralität durch Individualselektion?

Egoismus ist die andere Seite der menschlichen Natur. Wilson erklärt ihn evolutionär durch die Selektion auf der Ebene des Individuums. Bildlich gesprochen versucht sich der Einzelne gegen die anderen Mitglieder seiner Gruppe durch sein Verhalten Vorteile zu verschaffen, entweder indem er offensichtlich seine Interessen durchsetzt oder aber durch Betrug. Letzterer ist, sofern er nicht entdeckt wird, die beste Strategie. Wenn er aber auffliegt, muss der Betrüger mit Sanktionen der Gruppe rechnen, ebenso wie ein allzu offensichtlicher Egoist. Von daher erklärt sich auch das schlechte Gewissen: Vermutlich sind Schuldgefühle von der natürlichen Selektion

---

[84]   Pannenberg, Religion und menschliche Natur, S. 22.
[85]   Wilson, 2013, S. 92.

gefördert worden, weil sie den Übeltäter dazu antreiben, seinen Fehler wieder gutzumachen und zu beschwören, dass so etwas nicht noch einmal vorkommen wird.[86] Dieses Verhalten bringt Vorteile für die Gruppe; das schlechte Gewissen ist laut Wilson also ein Produkt der Selektion auf Gruppenebene und kann als Teil des menschlichen Moralverhaltens betrachtet werden. Laut Wilson kann nun egoistisches Verhalten als schlecht bewertet werden, weil es zur menschlichen Natur gehört, es als schlecht zu bewerten. Wenn also jemand egoistisch handelt, wird er sich mit Schuldgefühlen plagen, aus Angst von seinen Mitmenschen abgelehnt zu werden. Soweit so gut. Problematisch wird es für Wilson aber, wenn es darum geht, seine Wünsche in Bezug auf die Bewahrung der Natur zu begründen: Die Moral bezieht sich ohne weiteres nur auf die eigene Gruppe und führt genau zu der "Wir-zuerst-Haltung", die bereit macht, den Rest der Welt durch Gleichgültigkeit für den eigenen Vorteil auszubeuten. Wilson ist sich sicher, dass auch diese Gleichgültigkeit genetisch tief im menschlichen Verhalten verankert ist. Schließlich ist das menschliche Bewusstsein erst einmal nur darauf ausgelegt, sich für ein begrenztes geographisches Gebiet und eine sehr begrenzte Zahl von Personen zu interessieren. Gegen diesen Gruppenegoismus können dann im naturalistischen Rahmen nur noch rationale Überlegungen helfen.

Bei Pannenberg wurzelt der Egoismus des Menschen in der Dominanz der Zentralität gegenüber seiner Exzentrizität. Von Natur aus herrscht eine gewisse Spannung zwischen diesen beiden Aspekten vor, die noch keine Sünde ist. Erst wenn alles andere "nur noch als Mittel seiner Selbstbehauptung dem Ich dienstbar gemacht werden soll", sich der Mensch also gegenüber seiner Bestimmung verschließt, kann man egoistisches Verhalten sündhaft nennen. "Erst die Verschlossenheit des Ich in seiner Entgegensetzung gegen alles andere fixiert es im Widerspruch zu seiner exzentrischen Bestimmung"[87]

Ähnlich wie bei Wilson, wurzelt auch bei Pannenberg die menschliche Natur in einer Spannung, die erst einmal noch jenseits von Gut und Böse ist.[88] Anders als bei Wilson kann er aber durch die theologische Auszeichnung der Exzentrizität als Bestimmung eine Wertung menschlichen Verhaltens vornehmen und bestimmtes egoistisches Verhalten Sünde nennen.

Pannenberg erklärt durch die ontogenetische Geschichte, wie es zu dieser Schieflage kommt: Wenn dem Menschen das Grundvertrauen fehlt, verschließt er sich der in „narzißtischer Regression" gegen die Welt und zieht sich damit auf sein eigenes Ich zurück. In der Angst um sich selbst gebraucht er letztlich seine Außenwelt nur noch zu egoistischen Zwecken, zur Selbstbestätigung, zur Absicherung und zu Genusszwecken. Für Pannenberg ist es nun entscheidend, dass dieses Phänomen auch ohne theologischen Rahmen schon erkennbar ist, auch wenn es noch nicht als Sünde bewertet werden kann.[89] Doch obwohl die Sünde bereits in den natürlichen Bedingungen des Menschen durch die Egozentrizität angelegt ist, die Natur des Menschen an sich ist nicht sündhaft.[90] Sünde ist es laut Pannenberg, wenn der Mensch seiner Bestimmung zur Exzentrizität, die ja auch in ihm angelegt ist, nicht nachkommt. Die in der

---

[86] Wilson, 2000, S. 120.

[87] Pannenberg, 1983, S. 82.

[88] Interessant ist, dass Nietzsches Gedanken zur Genealogie der Moral in aktuellen evolutionären Erklärungen des Moralverhaltens wieder Beachtung finden.

[89] Pannenberg, 1991, S. 271.

[90] Pannenberg, 1983, S. 105.

menschlichen Natur angelegte Zentralität und den damit einhergehende Egoismus, „die Naturbedingungen seines Daseins und also das, was der Mensch von Natur aus ist, müssen überwunden und aufgehoben werden, wenn der Mensch sein Leben seiner ‚Natur' als Mensch entsprechend lebt."[91] Das Sollen ist aber nicht etwas, das ihm von außen auferlegt wird, sondern in seiner exzentrischen Natur angelegt. Sein und Sollen versteht also auch Pannenberg nicht als grundsätzlich verschiedenartig. Vielmehr macht das dem Menschen innewohnende Wissen um sein Sollen das menschliche Wesen in seiner Unabgeschlossenheit aus. Bei Pannenberg gehören Exzentrizität und Weltoffenheit sowie Zentralität und Ichbezogenheit genauso konstitutiv zur Natur des Menschen, wie bei Wilson Egoismus und Gruppenbezug. Anders als bei Wilson sieht Pannenberg aber in dieser Doppelstruktur Gottesbezug auf der einen und Ablehnung Gottes auf der anderen Seite und hat damit ein Bewertungskriterium für menschliches Handeln.[92]

Wilson hat in Bezug auf die ambivalente Natur des Menschen und mit seiner evolutionären Erklärung durch die Multilevel-Selektion dagegen das Problem, dass sein weltanschaulicher Rahmen keinen Anhaltspunkt für ethische Orientierung bietet. Man könnte einfach mit Nietzsche eine Umwertung aller Werte fordern und Mitgefühl abwerten. Man könnte aber auch die moralischen Intuitionen des Menschen danach auswählen, ob sie den Zusammenhalt der Menschen und das Mitgefühl stärken. Der naturwissenschaftliche Rahmen ist für beide Richtungen offen. Wir haben „die unausweichliche Wahl zwischen den der biologischen Natur des Menschen inhärenten ethischen Grundlagen."[93] Aber wir haben keine anderen Kriterien als unsere Intuitionen und moralischen Gefühle, die Wilson häufig durch evolutionäre Erklärungen als haltlos aufdecken will. Wo Wilson ethische Forderungen stellt, entstammen sie seinen persönlichen Ansichten und werden nicht weiter begründet.

4.1.8 Bedeutung und Funktion: Ziel und Zweck des Menschen

Wilson ist überzeugt, dass die Wissenschaft den Sinn (Meaning) der menschlichen Existenz aufzeigen kann. Dabei unterscheidet er zwischen zwei verschiedenen Arten von Sinn, die in diesem Zusammenhang gemeint sein kann. Die eine zieht eine Analogie zu menschlichen Intentionen und nimmt an, dass es einen Schöpfer gibt, der einen Plan mit den Menschen hat, und gibt der menschlichen Existenz dadurch einen Sinn, dass ihm eine bestimmte Rolle zukommt. Der Mensch existiert zu einem bestimmten Zweck und es gibt ein Ziel für ihn in der Geschichte. Dadurch hat die Menschheit und jeder Einzelne einen Sinn.[94]

Die andere Bedeutung von Sinn geht nicht von einem Schöpfer, der den Menschen mit Absicht erschaffen hat, sondern von den Zufällen der Geschichte aus, von einer evolutionären Geschichte, mit deren Hilfe sich die Menschheit (genau wie der Rest des Lebens) erklären lässt."[95] Das Ziel oder der Zweck des Menschen ist aus dieser Perspektive derselbe wie der aller anderen Lebewesen: Wie der Körper ist auch der menschliche Geist ein Gentransporter; nur *ein* Mittel, mit dem sich Gene sich in die nächste Generation bringen können. Die besondere Entwicklungsgeschichte des Menschen macht den Menschen zu dem, was er ist und kann ihm

---

91   Ebd., S. 105.
92   Overbeck, 2000, S. 132. Pannenberg, 1983, S. 102.
93   Wilson, 1980, S. 12.
94   Wilson, 2014, S. 12.
95   Ebd., S. 13.

seine Funktion, seine Bedeutung erklären. Und das ist für Wilson schon die ganze Geschichte. Die Frage nach dem Sinn ist damit für ihn viel einfacher als gedacht. Demnach sind wir gar nicht dazu bestimmt, irgendein Ziel zu erreichen; es gibt keine Vorherbestimmung von außen, kein Geheimnis des Lebens, nach dem wir zu suchen haben. Unser Geist ist nicht dazu gemacht, sich selbst zu verstehen, sondern die Gene in die nächste Generation zu bringen. Das Bedürfnis nach Sinn, ist selbst nur eine Funktion des Gentransportes. Daraus folgt für Wilson, dass wir selbstständig Entscheidungen für die Zukunft treffen müssen. Wir müssen unseren Zweck und unsere Ziele selbst festsetzen. Kein Gott wird uns dabei helfen, unsere Rolle zu finden.[96] Deswegen ist es umso nötiger, dass wir wissen, wo wir her kommen, wo unsere Wurzeln liegen. Und laut Wilson sind wir "schmalnasige Altweltprimaten, auf brillante Weise aufstrebende Tiere, genetisch durch unsere einzigartige Entstehungsgeschichte definiert, mit einem neuentdeckten biologischen Genius gesegnet und ohne Feinde auf unserer Heimatstatt Erde, sofern wir uns keine suchen. Was bedeutet das alles? Das ist alles, was es bedeutet."[97]

An dieser Sinnfreiheit stört sich einzig der Mensch und zwar deshalb, weil er ein Bewusstsein seiner Selbst und der Welt hat. Diese epiphänomenale Erkenntnis hat den „Menschen aus dem Paradies vertrieben. Der *Homo sapiens* ist die einzige Spezies, die ein psychologisches Exil erdulden muß"[98] und die sich nach Sinn sehnt. Die Erfahrung von Sinnhaftigkeit entsteht laut Wilson durch „die Koppelung verschiedener neuronaler Netzwerke, die zustande kommt, wenn sich Erregung ausbreitet und so unsere Vorstellung erweitert und zugleich Gefühle ins Spiel bringt."[99]

Pannenberg deutet genau dieses Sinnbedürfnis als Gottbezogenheit des Menschen und nimmt es damit den Einzelnen als Person in seinem Lebensgefühl insofern ernst, als dass es in seinem Weltbild auch wirklich etwas gibt, das dieses Bedürfnis befriedigen kann. Mit seinem Konzept der Person betont er die Bedeutung des Menschen durch seine Bestimmung zur Gottesebenbildlichkeit. Damit entspricht sein Verständnis von Sinn genau der ersten Wortbedeutung, zu der Wilson nichts zu sagen hat. Pannenberg interpretiert die Phänomene von seiner theologischen Perspektive der Ganzheit aus und nicht vom „Ich, das um den eigenen Selbstentwurf und die eigene Selbstdeutung"[100] ringen muss. Bei Wilson muss der Mensch sich die Bedeutung, die über seine evolutionäre Geschichte hinausgeht, selber geben. Sein Verständnis vom Sinn der menschlichen Existenz steht im Gegensatz zu Pannenbergs.

Pannenberg interessiert sich für den Menschen als Person und nicht als Exemplar seiner Spezies. Aus theologischer Sicht fehlt bei Wilsons Anthropologie der sinngebende Rahmen, der dem Menschen erst seine Bedeutung geben kann. Dieser Rahmen muss auch die Zukunft mit

---

96 Ebd., S. 26.
97 Wilson, 1998, S. 398.
98 Ebd., S. 299f.
99 Ebd., S. 155. „Die Auswahl eines von mehreren konkurrierenden Szenarien des Verstandes entspricht dem, was wir *Entscheidungsprozeß* nennen. Das Ergebnis, also das jeweilige Siegerszenarium, stimmt immer mit den Zuständen überein, die uns durch Instinkt oder Erfahrung vorteilhaft in Erinnerung geblieben sind. Es bestimmt die Art und Intensität des hervorgerufenen Gefühls. Ein in Art und Intensität beständiges Gefühl nennen wir *Stimmung*. Die Fähigkeit des Gehirns, neue Szenarien zu entwickeln und sich auf das effektivste von allen einzustellen, bezeichnen wir als *Kreativität*. Die unentwegte Produktion von Szenarien, welche jeglicher Realität entbehren und ohne Überlebenswert sind, nennen wir *Wahnsinn*." (Ebd.)
100 Waap, 2008, S. 415.

einschließen, weil er nur so die Ganzheit bietet, die er in diesem Leben nicht erreichen kann, nach der sich der Mensch aber laut Pannenberg sehnt und von der auch Identität und Personalität abhängen.[101] Von daher gehört auch die Hoffnung wesentlichen zur Natur des Menschen. Wilson muss den Sinn dagegen allein aus der Geschichte generieren. Hoffnung über dieses Leben hinaus gibt es keine. Und wenn sie auch laut Wilson zur Natur des Menschen gehört, dann jedoch nur, weil sie Fitnessvorteile mit sich brachte.

4.1.9 Würde und Elend des Menschen

Die verschiedenen Perspektiven auf den Menschen haben weitreichende Folgen für unser Selbstbild und Frage wie wir handeln sollen. Z.B. kann es so etwas wie Menschenwürde in einem naturalistischen Weltbild, wie Wilson es propagiert, nicht wirklich geben. Das Phänomen, dass sich Menschen gegenseitig Würde und damit verbunden bestimmte Rechte zusprechen, erklärt Wilson aus den hartnäckigen Säugetier-Qualitäten, die zur Betonung des Individuums gegenüber der Gruppe führen. Ameisen würden dagegen, wenn sie reflektionsfähig wären, so etwas wie Ameisenrechte laut Wilson als total abwegig ablehnen.

Eine andere Frage, die mit der Menschenwürde zusammenhängt, ist die nach dem menschlichen Elend. Laut der 'Säugetier-Menschenwürde' Wilsons sind die Menschen in einem Zustand elend, in dem es ihnen an Freiheit und Mitteln mangelt, ihre Bedürfnisse zu befriedigen. Deswegen einigen sich die Menschen auf Menschenrechte, um solchen menschenunwürdigen Lebensbedingungen vorzubeugen. Für Pannenberg sind dagegen nicht diejenigen am elendsten, die Leiden und Armut ausgesetzt sind, sondern diejenigen, die noch im Wohlstand unglücklich sind, weil sie unter innerlicher Leere leiden. „Der von Gott entfremdete Mensch lebt im Elend der Trennung von Gott, fern von der Heimat der eigenen Identität"[102] und, so könnte man wohl ergänzen, führt auf diese Art ein menschenunwürdiges Leben, ganz unabhängig von seinen äußerlichen Lebensumständen. Solche Identitätsprobleme würde Wilson dagegen auf die Lebensbedingungen der Menschen zurückführen, die nicht „artgerecht" sind. Die moderne Kultur mit all ihrem Komfort und ihrer Überindividualisierung überfordert den Menschen, der für eine einfachere Lebensweise in der Gruppe angelegt ist.[103] Auch eine individual-psychologische Erklärung könnte Wilson anführen: Durch ein gestörtes Verhältnis zur Mutter, das dem Kind nicht die Zuneigung gibt, die es braucht, kann es zu Störungen im Sozialverhalten kommen. Auch wenn er nur äußerst selten davon spricht, räumt er der Bindung zwischen Mutter und Kind eine entscheidende Rolle bei der Ontogenese ein, die ausschlaggebend für das spätere Sozialverhalten und das Lebensgefühl ist. Wilson geht es aber insgesamt mehr um die körperlichen und teilweise auch psychischen Grundbedürfnisse der Spezies *Homo Sapiens,* die er dann im Vergleich mit anderen Tieren analysieren kann. Pannenberg geht es um das Seelenheil von Personen.

---

[101]   Pannenberg, 1993, S. 647.
[102]   Pannenberg, 1991, S. 207.
[103]   Wilson, 1980, S. 92. Manches seelisches Leiden lässt ich aber sicher besser individualpsychologisch erklären. Auch hier könnte man aber sagen, dass der Mensch in seiner individuellen Entwicklung nicht das bekommen hat, worauf er seiner Art entsprechend angelegt ist.

4.1.10 Ich, Selbst, Bewusstsein und freier Wille

Wilson betont, dass das Bewusstsein keine vom Körper unabhängige Instanz ist. Es ist vielmehr ein Mechanismus, der im Laufe der Evolution entstanden ist. Den menschlichen Geist sieht er dabei als eine Besonderheit an, der „allein bei der Spezies *Homo* anzutreffen ist. Irgendwie hat diese Spezies im Verlauf der Evolution ein Feuer des Prometheus entzündet, eine sich selbst am Leben erhaltende Reaktion, welche die Menschheit über die bis dahin vorhandenen biologischen Grenzen hinausgeführt hat."[104] Das Selbstbewusstsein - unser „Ich" - ist laut Wilson *nur* der gefühlte „Hauptdarsteller in all unseren Szenarien". Einen wirklichen Hauptdarsteller gibt es demnach nicht. Jedenfalls gibt es keine Überwachungsinstanz, die den Strom der Erfahrungen kontrollieren würde. Das Ich-Gefühl wird selbst vom Körper generiert und ist von all seinen neuronalen und hormonellen Vorgängen abhängig.[105] Wilson selbst kann zwar noch keine gute Erklärung für die Entstehungen des bewussten Denkens geben, aber er ist sich sicher, dass es der Neurowissenschaft bald gelingen wird, den menschlichen Geist vollständig zu verstehen, der mit seiner Intentionalität vor allem darauf aus ist, „das Wohlbefinden des Gehirns und des Körpers zu steigern."[106] Aus der Tatsache des Bewusstseins als Körperfunktion folgt für Wilson zweierlei: Zum einen gibt es kein Weiterleben der Seele über den körperlichen Tod hinaus und zum anderen hat unser Ich auch nicht die Entscheidungsgewalt, die es zu haben meint; laut Wilson bringen größtenteils völlig unbewusste Impulse die „Ego-Puppe" zum Tanzen. Viele dieser Impulse sind durch die epigenetischen Regeln bedingt, welche die menschliche Natur ausmachen: "Although people have free will and the choice to turn in many directions, the channels of their psychological development are nevertheless – however much we might wish otherwise – cut more deeply by the genes in certain directions than in others."[107] Das Gefühl von freiem Willen sieht Wilson letztendlich nur als eine nützliche Illusion. Doch Handlungsfreiheit ist real und völlig ausreichend für das menschliche Glück und den technischen Fortschritt. Dass die Entscheidungen eines Menschen im Prinzip vielleicht vorhersagbar sein mögen[108],

---

104 Wilson u. Lumsden, 1984, S. 39f.
105 Wilson, 1998, S. 153. „Es gibt keinen Teil des Gehirns, der sich diese Szenarien betrachten würde. [...] Es gibt keine einzige Bewußtseinsströmung, bei der alle Informationen von einem Exekutiv-Ich gebündelt würden. Stattdessen gibt es viele unterschiedliche Aktivitätsströmungen, von denen einige einen Augenblick lang zum Bewußtsein beitragen und wieder erlöschen. Das Bewußtsein ist das gekoppelte Aggregat aller beteiligten Schaltkreise. Der Verstand ist ein sich selbst organisierendes Gemeinwesen einzelner Szenarien, die jeweils unabhängig voneinander entstehen, wachsen, sich entwickeln, verschwinden und manchmal alle anderen dominieren, um neue Gedanken und aktuelle Körperbewegungen zu erzeugen." (Wilson, 1998, S. 148f.)
106 Wilson u. Lumsden, 1984, S. 17.
107 Wilson, 1994, S. 332.
108 Praktisch ist das sowieso unmöglich: „Denn sobald wir versuchen, die Operationen des Gehirns zu verstehen und zu meistern, haben wir sie bereits wieder verändert. Außerdem werden die mathematischen Prinzipien des Chaos immer gültig bleiben. Körper und Geist bestehen aus streitbaren Legionen von Zellen, die sich unentwegt mikroskopisch zu neuen diskordanten Mustern verändern, die sich der unbeholfene Verstand nicht einmal vorstellen kann. Sie werden in jedem Augenblick mit äußeren Reizen bombardiert, welche die menschliche Intelligenz im Voraus nicht erkennen kann. Jeder dieser Vorgänge kann Kaskaden von mikroskopischen Geschehnissen nach sich ziehen, die jeweils zu völlig neuen Nervenmustern führen. [...] Hinzu kommt, daß die Szenarien des Verstandes vom unendlichen Detailreichtum der einzigartigen Geschichte und Physiologie eines jeden Individuums geprägt sind. [...] Es kann also gar keinen Determinismus im menschlichen Denken geben, zumindest nicht im Sinne eines Kausalprinzips analog zu den physikalischen Gesetzen" [...] Weil der individuelle Verstand niemals vollständig erklär- und voraussagbar sein wird, kann das Ich also weiterhin leidenschaftlich an seinen eigenen freien Willen glauben.

beeinträchtigt diese für den Naturalisten einzig relevante Freiheit des Menschen nicht im Geringsten. Im Verhältnis zu anderen Tieren ist der Mensch laut Wilson sogar um ein Vielfaches flexibler; er *muss* immer entscheiden, wie er sich als nächstes verhalten will; er *muss* handeln. Für diese zwangsläufige Freiheit ist seine genetische Ausstattung verantwortlich. Es gibt „so etwas wie ein genetisches Schicksal, das aber gleichwohl dafür gesorgt hat, daß die Menschen sich von einem unerbittlichen Fatum zur freien Willensentscheidung hin entwickelt haben." Laut Wilson ist Pelagius der Sache daher näher gekommen als Augustinus. „Wir sind aufgrund unseres freien Willens besserungsfähig."[109] Größtenteils sieht Wilson diese Freiheit des Menschen als Geschenk an, weil er die Welt zu seinem Vorteil verändern kann; er kann über die Natur herrschen. Allerdings scheint der Mensch mit so viel Verantwortung nicht umgehen zu können und zerstört den Rest der Welt für sein kurzfristiges Wohlergehen. Und so leben wir laut Wilson in einer der gefährlichsten Phasen der Menschheit: „Wir sind noch zu unwissend, um frei zu sein, zu gefährlich, um Sklaven unserer Erbanlagen zu bleiben, und vielleicht zu eitel und zu furchtsam, um einen Ausweg zu finden."[110]

Pannenberg hat als Geisteswissenschaftler ein differenzierteres und tieferes Konzept von Ich – und Selbst(bewusstsein), das systematisch mit dem Rest seiner theologischen Anthropologie verwoben ist. Bei ihm entsteht der menschliche Geist nicht plötzlich als Körperfunktion; vielmehr ist schon jegliche Erscheinung dem Wirken des Geistes geschuldet, weil es der Geist Gottes ist, der als Grundlage aller Wirklichkeit in der Natur und damit auch in allen Kreaturen wirkt. Der menschliche Geist partizipiert nun aber im Vergleich zu anderen Lebewesen durch seine Exzentrizität als Sein beim anderen seiner selbst in besonderer Weise am göttlichen Geist. Laut Pannenberg muss deswegen spätestens beim Übergang zur Menschwerdung der Geist für die Erklärung der Phänomene hinzukommen und Wilson entspricht dieser Erwartung genau: Bei ihm entsteht der Geist erst im Laufe der Entwicklung. Für so etwas Grundlegendes wie den Geist bei Pannenberg gibt es bei ihm keine Entsprechung; seine Grundlage der Wirklichkeit ist materiell. Bei Pannenberg ist der Geist Gottes die göttlich wirksame Energie im Evolutionsprozess. Dieses Energiefeld manifestiert sich in der „Selbsttranszendenz bzw. der ekstatischen Offenheit der lebendigen Organismen" und ist für die Hervorbringung allen Lebens verantwortlich.[111]

Das, was Wilson Selbstbewusstsein oder Ego-Puppe nennt, ist wohl das, was Pannenberg als Ich bezeichnet: Es tritt immer im Moment der Gegenwart auf und unterscheidet sich selbst vom Rest der Welt; es kann sich aber an die Vergangenheit erinnern und über die Zukunft nachdenken. Bei Pannenberg ist das Selbstbewusstsein dafür verantwortlich, das Ich mit dem Selbstkonzept zu vermitteln, das erst im Laufe der Entwicklung durch die Erfahrungen mit der Welt und den Beziehungen entstehen kann und nicht ohne den Bezug zum Selbst denkbar ist, das überhaupt erst dessen Kontinuität ermöglicht.[112] Das Selbst versteht er dabei als das Ganze eines Lebens, das sich erst am Ende der Zeit zeigen wird. Das Selbst ist jedoch im Moment des

---

Und das ist ein Glück. Denn das Vertrauen auf freien Willen führt zu biologischer Anpassungsfähigkeit." (Wilson, 1998, S. 162)

[109] Wilson u. Lumsden, 1984, S. 88.
[110] Ebd., S. 230.
[111] Munteanu, 2010, S. 125f.
[112] Pannenberg dürfte damit dem Perdurantismus und Eternalismus anhängen.

Ichs in der Person gegenwärtig; es konstituiert die Person in der Gegenwart.[113] Das, was man aber selbst von sich und von anderen sehen kann, ist immer nur ein Ausschnitt aus einer noch unabgeschlossenen Geschichte, worin Pannenberg die Personenwürde begründet sieht. Personalität lässt sich nicht empirisch nachweisen, sondern wird in der Begegnung mit anderen als „Geheimnis des Insichseins" erfahren. Eine andere Person kann man nicht so manipulieren, wie einen Gegenstand, selbst wenn man vielleicht menschliches Verhalten zu großen Teilen auf (evolutionär-) psychologische Weise erklären kann.[114] Der letzte Ursprung der Freiheit des anderen bleibt unerklärlich und erinnert einen in der Begegnung mit anderen Personen an den eigenen Grund des Daseins. Die Begegnung mit dem „Du" (Martin Buber) kann dazu Anstoß geben, der eigenen Personalität gewahr zu werden.[115]

Die Ganzheitsperspektive, ohne die sich das Selbst des Menschen bei Pannenberg gar nicht verstehen lässt, scheint eine deterministische Sichtweise nahezulegen, die in Konflikt mit der menschlichen Freiheit steht. Tatsächlich wurde die Dominanz der göttlichen Bestimmung im Verhältnis zur Schwäche des Subjekts und der Mangel seiner Freiheit in Pannenbergs System als theologisches Zentralproblem identifiziert.[116] Pannenberg selbst beteuert allerdings, dass die göttliche Vorsehung nicht als Determination verstanden werden soll, die menschliches Handeln ausschließt Die Menschen können frei entscheiden, ob sie der von Gott zugedachten Bestimmung zustimmen. Die „Selbstverfehlung der Menschen in ihrer Verselbstständigung gegen Gott", in der die Menschen in vermeintlichem Eigeninteresse versuchen, sich gegen andere und gegen Gott durchzusetzen, zeugt davon. „Das Ergebnis ist der Unfriede in der Schöpfung mit der Konsequenz, daß die Herrschaft des Schöpfers in ihr nicht ohne weiteres erkennbar ist."[117]

Wilson positioniert sich ontologisch nicht so gründlich wie Pannenberg[118]. Über so etwas wie das Selbst äußert sich Wilson genauso wenig wie über andere metaphysische Konzepte, den Ursprung des Universums oder dessen Ende. Ähnlich wie schon bei den anderen Vergleichspunkten zeichnet sich die Konstruktion von Pannenberg dadurch aus, dass sie durch den zeitübergreifenden Rahmen des Selbst, dem Gegenwartsmoment, in dem sich das Ich zeigt, Bedeutung und Sinn zu verleihen sucht. Gleichzeitig möchte er mit der Idee von Selbst und Ich

---

[113] Pannenberg, 1983, S. 230.

[114] Pannenberg selbst hat sich nicht mit der Evolutionären Psychologie beschäftigt, weil er schon die Soziobiologie abgelehnt hat. Vermutlich ist auch das konventionell-christliche Menschenbild, das nicht zulässt den Menschen als Primaten zu denken, in Pannenbergs Denken zu dominant, um sich auf eine echte Auseinandersetzung einzulassen. Es scheint mir, ähnlich wie zu Zeiten Darwins, ein starker Widerstand gegen die Vorstellung der Kontinuität der Lebewesen und der daraus resultierenden Negierung der Sonderstellung des Menschen zu sein

[115] Pannenberg, 1991, S. 228. Das Gegründetsein des Selbst in seiner Beziehung zu Gott ermöglicht es den einzelnen Personen laut Pannenberg erst, sich gegenüber dem Du und der Gruppe zu emanzipieren. Pannenberg nennt dies die „Transzendenz des Selbstseins über seine soziale Situation". Für Wilson wäre es erst einmal naheliegend, die Emanzipation des Einzelnen gegenüber der Gruppe mit Verweis auf die Individualselektion zu erklären. Allerdings wird es komplizierter, wenn sich jemand aus ethischen Überzeugungen und nicht für seinen eigenen Vorteil gegen seine eigene Gruppe stellt.

[116] Boss, 2006, S. 268, Waap 2008, S. 414. Man kann dazu vielleicht bemerken, dass das nicht nur an Pannenberg liegt, sondern in Verbindung mit der Theodizee-Frage eines der zentralen Probleme der christlichen Theologie überhaupt ist.

[117] Pannenberg, 1993, S. 626.

[118] Natürlich geht das auch noch viel gründlicher als Pannenberg das tut. Pannenberg verweist ja selbst auf Whitehead.

an andere Denker anknüpfen und in die theologische Betrachtung integrieren. Wilson hingegen versucht nicht, dem Ich eine Bedeutung zu geben, die über den Moment, bzw. über die Dauer des irdischen Lebens hinausreicht und kann weder die Würde des Menschen noch seine Personalität begründen. Personsein ist nichts, dass man wissenschaftlich untersuchen kann, sondern ist etwas „Gefühltes", das innerlich, d.h. subjektiv ist. In der Begegnung mit anderen Personen geschieht dann vermutlich auch etwas „Gefühltes", das mit wissenschaftlicher Methode nicht fassbar und überhaupt schwer intersubjektiv nachvollziehbar in Worte zu fassen ist.[119] Diese innere Perspektive wird in einer naturalistischen Anthropologie auf ihre Funktion reduziert, die ihr im Evolutionsverlauf zukam. Entsprechend können die Gefühle einer Person auch heute noch durch ihre Funktion im sozialen Kontext erklärt werden. Personenwürde kann dann etwas sein, das sich Personen gegenseitig zusprechen, weil es für die Gruppe der Personen bestimmte Vorteile mit sich bringt. Geltung in dem Sinne, wie Pannenberg sie versteht, bekommen sie aber dadurch nicht.

In Bezug auf den freien Willen zeigen sich gewisse Parallelen bei Wilson und Pannenberg. Theoretisch stehen Menschen in einem Spannungsfeld zwischen Individualselektion/Zentralität und Gruppenselektion/Exzentrizität und sind frei, zu entscheiden, welche Komponente in ihrem Leben die größere Rolle spielen soll. Aber der Rest des weltanschaulichen Rahmens scheint bei beiden durch einen theoretischen Determinismus diese Freiheit letztlich auszuschließen. Bei Wilson ist es die genetische Disposition, die zusammen mit den jeweiligen Umweltfaktoren zur Entscheidung führt, während bei Pannenberg Gott (wissenschaftlich betrachtet durch die Naturgesetze und materiellen Gegebenheiten, theologisch gesprochen durch den Geist Gottes) den Menschen im Grunde genommen prädestinieren muss. Dennoch betonen beide, dass dieser theoretische Mangel an Entscheidungsfreiheit, der menschlichen Freiheit nicht im Wege steht und vertreten damit eine Art von Kompatibilismus.

4.1.11 Gemeinsame Ziele: Einheit der Menschen und liebevolle Herrschaft

Die Ähnlichkeiten zwischen Individualselektion/Gruppenselektion und Zentralität/Exzentrizität führen zusammen mit der Wertung, die bei Pannenberg aufwändig theologisch gerechtfertigt wird und bei Wilson noch genauerer Reflektion bedarf, theoretisch zu dem Ziel der Einheit aller Menschen[120], die friedlich miteinander leben und den Rest der Lebewesen und Ressourcen dieses Planeten verantwortungsvoll verwalten. Dieses Ziel muss Wilson allerdings viel entschlossener verfolgen, da weder mit einem Leben nach dem Tod noch mit einem Gott zu rechnen ist, der dem Menschen dabei hilft, seine Schwierigkeiten zu bewältigen. Wilson sieht den ersten Schritt auf dem Weg zum Ziel darin, dass der Mensch seine Wurzeln erkennt. Nicht nur, damit er sich selbst und seine Antriebe besser versteht, sondern auch um die Verwandtschaft mit allem anderen Leben zu begreifen und ein Gefühl der Einheit zu kultivieren. Diese gefühlte Erkenntnis sollte dazu führen, dass wir letztlich alle Lebewesen in die Eigengruppe aufnehmen. Auf diese Weise könnten die Werte, die durch Gruppenselektion gefördert wurden, zu Mechanismen werden, die zu unserem zukünftigen Überleben beitragen.

---

[119] Martin Bubers Überlegungen zu verschiedenen Möglichkeiten der Beziehungen (Ich-Du, Ich-Es) sind ein gutes Beispiel dafür.
[120] Wilson, 2014, S. 173.

Und das wäre laut Wilson eine „Investition in die Unsterblichkeit."[121] Das würde bedeuten, dass der Altruismus und die moralischen Regeln sich nicht mehr nur auf die kleine Eigengruppe aus Freunden und Familie, Sportverein oder Religionsgemeinschaft beschränken darf, sondern sich auf alle Menschen und darüber hinaus sogar auf alles Leben beziehen müsste. Das Evolutionsepos scheint Wilson eine gute Ersatzreligion zu sein, die das Potential hat, die Menschheit zur Selbsterkenntnis zu leiten und eine Grundlage für die neue Ethik, die alles Leben (in Abstufungen) miteinbezieht. Dem Menschen kommt dann laut Wilson die Rolle des Geistes in der Welt zu und seine Aufgabe in der Natur ist es „ - vom ethischen Standpunkt aus gesehen - [...] über die Schöpfung nachzudenken und das Leben auf der Erde zu schützen."[122]

Das ähnelt stark dem Herrschaftsauftrag der Genesis, der als praktische Seite die theologische Sicht des Menschen als Ebenbild Gottes und Krone der Schöpfung begleitet. Auch bei Pannenberg gehört der Mensch in die Natur und hat dort durch seine Exzentrizität als besondere Teilhabe am Geist Gottes die besondere Position des Herrschers über den Rest der Natur. Dabei ist es wichtig, dass Herrschaft nicht als rücksichtslose Ausbeutung der Natur verstanden werden darf. Dieser der christlichen Anthropologie vorgeworfene Umgang mit der Schöpfung resultiert laut Pannenberg nicht aus dem Herrschaftsauftrag, da diese treuhänderisch wahrgenommen werden soll. Die schrankenlose Ausbeutung der Natur ist vielmehr dem neuzeitlichen Prinzip der Autonomie geschuldet, in dem der Mensch sich selbst zum letzten Zweck seines Handelns setzt.[123] In der Zweideutigkeit der menschlichen Herrschaft über die Natur zeigt sich ja für Pannenberg genau wieder die allgemeinere Zweideutigkeit des menschlichen Verhaltens. Herrschaft kann entweder verantwortungsbewusst ausgeführt werden, indem das Eigeninteresse für den Verantwortungsbereich erweitert wird, weil der Herrschende selbst sich zugehörig fühlt. Sie kann aber auch in ihrer Machtposition die anderen ausbeuten zum eigenen Vorteil. Diese Zwiespältigkeit der menschlichen Natur sehen sowohl Pannenberg als auch Wilson. Beide wollen die 'exzentrische Seite' des Menschen fördern mit dem Ziel der Einheit der Menschen und ihrer liebevollen Herrschaft über alle Kreaturen.

4.1.12 Gemeinsamkeiten in der Kritik an Pannenberg und Wilson

Ähnlichkeiten zeigen sich bei Pannenberg und Wilson auch bei den Schwachstellen ihrer Systeme. Pannenbergs Ganzheitskonzept und Wilsons Programm der Einheit des Wissens machen sich zwangsläufig an vielen Stellen angreifbar. Das liegt vor allem an dem Anspruch, alles Wissen zu überblicken und in ein einheitliches Weltbild zu integrieren, das wiederum den einzelnen Phänomenen ihren Sinn verleihen kann. Eine Kritik, die beide trifft, ist, dass sie die „Differenzen der wissenschaftlichen Rationalitäten"[124] zu wenig beachten zugunsten ihrer eigenen Sicht der Dinge. Das führt bei Pannenberg dazu, dass er manch wissenschaftliche Erkenntnis nicht gründlich genug verstanden hat, um sie angemessen in sein Gesamtentwurf integrieren zu können und dass er auch bestimmten Ergebnissen der Wissenschaft gegenüber voreingenommen sein muss, bzw. das, was seine Argumentation erst zeigen soll, schon von

---

[121] Wilson, 2002, S. 163.
[122] Ebd., S. 161.
[123] Pannenberg, 1983, S. 76.
[124] Waap, 2008, S. 455.

vornherein als Prämisse anführt, die andere nicht teilen müssen.[125] Bei Wilson zeigt sich der Preis seines großen Wurfes vor allem darin, dass er die philosophischen Probleme, die mit Wertfragen einhergehen, gnadenlos unterschätzt und sich über die philosophischen Implikationen seiner Aussagen (die sich häufig widersprechen) anscheinend gar nicht im Klaren ist. Zwar betonen beide, dass ihnen die Vorläufigkeit und Fehlbarkeit ihrer Entwürfe bewusst ist, doch wirken diese Beteuerungen gegen die Überzeugung, mit der ihre Weltanschauungen als Erklärung der menschlichen Natur angeführt werden, nicht sehr überzeugend. Das liegt möglicherweise daran, dass diese großen Hypothesen nicht ohne weiteres empirisch über-prüfbar sind, sondern sich erst im Laufe der Zeit bewähren müssen, bzw. sich erst am Ende der Zeit überprüfen lassen. Eine Gefahr dabei ist, sich in seinem Entwurf zu verschanzen und gegen die Kritik von außen eine gewisse Gleichgültigkeit zu entwickeln, bzw. die Stimme der Kontrahenten gar nicht mehr ernst zu nehmen.[126]

Das legt die Frage nahe, ob man deshalb besser auf die großen Entwürfe verzichten sollte, wie Pannenberg und Wilson sie unternehmen. Diejenigen, die an die Einheit des Wissens glauben, werden diese Frage verneinen. Ohne einen weltanschaulichen Rahmen, kann sich der Mensch selbst nicht verstehen. Und vielleicht können sich Perspektiven, die so verschiedene metaphysische Annahmen machen, unter Vermittlung der Philosophie doch gegenseitig ergänzen und bereichern und müssen nicht miteinander streiten. Um diesen Versuch anzugehen, werde ich im Folgenden eine Antwort auf die Frage vorstellen, was es eigentlich heißt, etwas wissenschaftlich zu erklären und ob dies in Bezug auf die menschliche Natur überhaupt möglich ist. Zuvor fasse ich aber die Gemeinsamkeiten und Unterschiede zwischen Pannenberg und Wilsons Sicht auf den Menschen noch einmal zusammen.

Trotz der unterschiedlichen Perspektiven finden sich interessante Ähnlichkeiten in den Menschenbildern von Pannenberg und Wilson. Dazu gehört einerseits der Glaube an die Einheit von Natur- und Geisteswissenschaft und die Überzeugung, dass nur auf dieser Grundlage die Natur des Menschen erklärt und verstanden werden kann; andererseits die Ambivalenz der menschlichen Natur, die dadurch entsteht, dass der Mensch zwei gegenläufige Antriebe in sich trägt: 'Exzentrizität' auf der einen und 'Zentralität'[127] auf der andern Seite. Bei Wilson werden sie durch ihre Entstehungsgeschichte erklärt. Pannenberg bindet sie in einen komplexen theologischen Rahmen ein, um ihre Bedeutung verständlich zu machen. Während Pannenberg gründlichere Überlegungen zum Verhältnis zwischen Theologie und Naturwissenschaft anstellt und zu dem Ergebnis kommt, dass die Theologie die Naturwissenschaft in ihr Bild von der Wirklichkeit integrieren muss, interessiert sich Wilson für wenig anderes als die Erkenntnisse der Naturwissenschaft. Trotzdem sind beide davon überzeugt, dass die Religiosität ein fester Bestandteil der menschlichen Natur ist. Wilson, weil er überzeugt ist, dass sie eine entscheidende Rolle in der menschlichen Entwicklungsgeschichte gespielt hat, und Pannenberg, weil er sie als Ausdruck der Bestimmung des Menschen zur Gemeinschaft mit Gott versteht. Laut Pannenberg ist das Religionsbedürfnis des Menschen sehr ernst zu nehmen;

---

[125] Kaufner-Marx, 2007, S. 142.
[126] Und wie Wilson auf die Kritik der Philosophen, die ihn des ontologischen Reduktionismus, der Simplizität und des Szientismus bezichtigen, nur noch antwortet: „Darauf kann ich mich nur schuldig, schuldig, schuldig bekennen! Also lassen wir das, und gehen weiter." (Wilson, 1998, S. 19)
[127] Ich nutze hier Pannenbergs Begriffe, meine aber damit auch die Antriebe, die Wilson erklären möchte.

ja es ist geradezu ein Hinweis auf die Existenz eines Schöpfers, der genau dies beabsichtigt hat. Bei Wilson ist die Religiosität des Menschen dagegen eine ernstzunehmende Gefahr und muss eigentlich überwunden, bzw. mit einer wissenschaftlich fundierten Ersatzweltanschauung befriedigt werden, deren Schöpfungsmythos die Evolutionstheorie ist. Sie kann uns alles erklären, was wir wissen müssen, und das ist vornehmlich unsere Herkunft. Die Betonung der Genese der Merkmale durch die natürliche Selektion zieht sich bei Wilson als Erklärung durch alle gemeinsam behandelten Phänomene der menschlichen Natur, ebenso wie Pannenbergs Betonung der Geltung. Das zu zeigen, war Aufgabe dieses Überblicks.

4.2 Erklären

Um die Frage zu klären, was eigentlich die bessere Erklärung für die Phänomene der menschlichen Natur ist, muss expliziert werden, was es heißt, etwas (wissenschaftlich) zu erklären. In der Philosophie gibt es eine beinahe unüberschaubare Diskussion um den Erklärungsbegriff, die leider wenig konstruktiv verläuft. Die Hauptlinien zeichne ich im Folgenden mit Thomas Bartelborth nach, der selbst einen sehr konstruktiven Vorschlag macht, indem er die 'richtigen' Teile der verschiedenen Strömungen in der Erklärungsdebatte in seinem Modell vereint. Und weil seine Erklärungstheorie vermeiden möchte zwischen Natur und Geisteswissenschaften einen unüberwindlichen Graben zu ziehen, passt sie zudem gut zu den Anthropologien von Pannenberg und Wilson.

Laut Bartelborth sind Erklärungen für uns so wichtig, weil wir mit ihrer Hilfe die Abläufe in der Welt vorhersehen und manipulieren können. Neben diesem pragmatischen Aspekt sind richtige Erklärungen aber auch theoretisch für unser Weltbild interessant, weil sie der beste Wegweiser zur Wahrheit sind.[128] Bartelborth ist überzeugt, dass wir ohne die Annahme einer Realität mit bestimmten Eigenschaften nicht wirklich etwas erklären können. In seinem Buch *Erklären* (2007) arbeitet er den Kern dessen heraus, was es heißt, „ein Ereignis oder eine Tatsache oder eine bestimmte Eigenschaft von (empirischen) Dingen bzw. Systemen" zu erklären.[129] Es geht dabei also um die Frage, was eine richtige Erklärung auszeichnet. Es geht ihm um die objektiven Aspekte des Erklärens. Wenn jemand behauptet, er habe die richtige Erklärung, sagt er damit „etwas über die Objekte in der Welt und ihre objektiven Zusammenhänge" aus.[130] Dass Bartelborths Erklärungskonzeption damit mindestens einen minimalen Realismus voraussetzt, passt ebenfalls gut zu den Erklärungsansprüchen von Pannenberg und Wilson.

4.2.1 DN-Modell: Erklären heißt, zu zeigen, dass etwas zu erwarten war

Die Ausgangsposition der philosophischen Diskussion um Erklärungen bildet das besonders von C. G. Hempel ausgearbeitete deduktiv-nomologische Modell. Demnach kann man dann von einer guten wissenschaftlichen Erklärung sprechen, wenn man zeigen kann, dass ein bestimmtes Ereignis (das Explanandum) deduktiv aus bestimmten Naturgesetzen und den jeweiligen Randbedingungen (zusammen das Explanans) ableitbar ist.[131] Mit dieser Erklärungskonzeption wurde versucht, Erklärungen auf Beobachtung und Logik zurückzuführen, um den „Geruch unseriöser Metaphysik" zu vermeiden. Und tatsächlich gelang es auf diese Weise viele wissenschaftliche Erklärungen zu rekonstruieren. Doch hat die Diskussion um das DN-Modell gezeigt, dass es mit verschiedenen Problemen zu kämpfen hat und letztlich nicht einfangen kann, was eine Erklärung ist.[132] „Dem DN-Schema fehlt vor allem

---

[128]   Bartelborth, 2007, S. 4.
[129]   Ebd., S. 11.
[130]   Ebd., S. 12.
[131]   Ebd., S. 23.
[132]   Das bekannte Beispiel von Achinstein (1983) zeigt ein schwerwiegendes Problem am DN-Modell auf. Explanans: Jeder Mensch, der ein Pfund Arsen zu sich nimmt, stirbt innerhalb von 24 Stunden (Gesetz). Jones aß ein Pfund Arsen (Randbedingung). / Explanandum: Jones starb innerhalb von 24 Stunden. Jones hätte nach der Einnahme von einem Bus überfahren werden können. (Vorwegnahme/Preemption). Man kann an diesem Beispiel auch das Problem der Asymmetrie aufzeigen, wenn man die Aussage „Jones starb innerhalb

eine Antwort auf die Frage, wie die Bedingungen im Explanans mit dem Explanandum zusammenhängen. Die bloße Ableitbarkeit gibt darauf keine Antwort."[133] Laut Bartelborth kommt man um metaphysische Verpflichtungen nicht herum, wenn man beschreiben will, was eine richtige Erklärung ausmacht. Er versucht die intuitive Konzeption von Erklärung allgemein zu beschreiben und die besagten metaphysischen Verpflichtungen aufzudecken. Die grundlegende Idee des DN-Schemas wird dabei von ihm übernommen: In einer Erklärung wird laut Bartelborth aufgezeigt, „wie sich das Verhalten der beteiligten Objekte oder eines Systems aus ihren grundlegenden Eigenschaften unter den gegebenen Umständen ergibt."[134] Es wird also bei Erklärungen aufgezeigt, warum das jeweilige Ereignis zu erwarten war.[135] Beim DN-Modell war es die Funktion des jeweiligen Naturgesetzes dies verständlich zu machen. Und genau an dieser Stelle kehrt die Metaphysik laut Bartelborth in das DN-Schema zurück. Denn Naturgesetze kann man nicht direkt beobachten. Deswegen versuchten die Empiristen Naturgesetze lediglich als Regularitäten zu verstehen, die sich logisch durch Allaussagen beschreiben lassen. Doch der Regularitätenansatz hat mit verschiedenen Schwierigkeiten zu kämpfen: Einerseits führen Naturgesetze oft gar nicht zu Regularitäten, wie das Beispiel des galileischen Fallgesetzes zeigt, das sogar zu der Behauptung führte, „dass Gesetze lügen (vgl. Cartwright 1983)."[136] Auf der anderen Seite sind viele Regularitäten keine Gesetze. „Jeder Goldklumpen ist kleiner als 1000 kg" kann dafür als Beispiel dienen. Der Unterschied zwischen einfachen Regularitäten und Naturgesetzen liegt laut Bartelborth darin, dass eine Regularität nicht die Vorhersagekraft eines Naturgesetzes aufweist. Dass es keinen Goldklumpen gibt, der schwerer als 1000 kg ist liegt nicht an den *genuinen Eigenschaften* des Goldes, sondern an äußeren Umständen (z.B. dass Menschen kein Interesse an solch einem großen Goldklumpen haben). „Genau das sollte aber bei Naturgesetzen anders sein."[137]

Die Vorhersagekraft liegt laut Bartelborth in den Eigenschaften der Objekte oder Systeme die an einem Ereignis beteiligt sind. Für uns sind „viele Eigenschaften oder Arten mit bestimmten Vermögen verknüpft" und sie erlauben es uns induktive Schlüsse zu ziehen. „Eigenschaften (wie ein Elektron zu sein) weisen notwendig die Vermögen („capacity") auf, eine bestimmte Ladung (von -1) und eine bestimmte Masse zu besitzen. Das erst macht die Eigenschaft, ein Elektron zu sein, aus. (Oder anders ausgedrückt: Es ist charakteristisch für die natürliche Art „Elektron".)"[138] Diese Vorstellung hat sich im Alltag und in der Wissenschaft durch unser erfolgreiches Eingreifen in die Welt bewährt und ist durch den Schluss auf die beste Erklärung gerechtfertigt.

---

133 von 24 Stunden" mit der Aussage „Jones aß ein Pfund Arsen" vertauscht, also Randbedingung und Explandum. Die logische Ableitbarkeit bleibt erhalten, nicht jedoch die Erklärungsleistung. (Ebd., S. 24f)
133 Ebd., S. 42.
134 Ebd., S. 44.
135 Teilweise kann man etwas dadurch erklären, dass man es auf etwas Vertrautes zurückführt, wie z.B. Darwin die natürliche auf die künstliche Zuchtwahl. Das geht aber nicht für alle zu erklärenden Phänomene. Oft müssen neue Theorien erfunden werden, „die bestimmte (eventuell unbeobachtbare) Muster bzw. Eigenschaften in unserer Welt postulieren, von denen unsere Phänomene eine Instanz darstellen." (Ebd., 2007, S. 22)
136 Ebd., S. 60. Eine Möglichkeit dieser Schwierigkeit zu begegnen, ist zu behaupten, dass Gesetzte *ceteris paribus* gelten. Doch das führt laut Bartelborth leicht zu einer Verwässerung des Gesetzesbegriffs.
137 Ebd., S. 63.
138 Ebd., S. 65.

Anhand eines einfachen Beispiels zeigt Bartelborth sein Verständnis auf, wie die Vorstellung von Eigenschaften mit ihren Vermögen auf den verschiedenen Ebenen erklären kann:

> Für den normalen Autofahrer genügt meistens die Kenntnis einfacher Zusammenhänge. Wenn er den Zündschlüssel umdreht, springt das Auto an, wenn er das Gaspedal tiefer drückt, beschleunigt der Wagen etc. Diese Eigenschaften des Autos lassen sich auf zugrundeliegende Mechanismen zurückführen. Auf die Teile des Motors und der Zündanlage sowie ihr Zusammenspiel. Gerade wenn das Auto versagt, sind wir auf die Einblicke in diese Mechanismen angewiesen. Die sollte der Automechaniker besitzen. Dem Chemiker und Physiker genügen sie nicht. Er wird sie auf grundlegendere Objekte und ihre Eigenschaften zurückführen, aber irgendwann bleibt uns nichts anderes übrig, als bestimmte Eigenschaften von Objekten als (momentan) grundlegende Vermögen zu akzeptieren.[139]

Hier kommen wir nochmal auf die Bedeutung des Hintergrundwissens zurück. Je umfassender es ist, desto mehr weiß man über die intrinsischen Eigenschaften der Objekte oder Systeme, mit denen man es zu tun hat, und je sicherer kann man für die beobachteten Phänomene die beste unter den möglichen Erklärungshypothesen auswählen. Der Automechaniker wird mit seinen Fachkenntnissen über die Eigenschaften der Fahrzeugteile und ihrer Zusammenhänge schnell bestimmte Erklärungshypothesen favorisieren können, wenn er z.B. er eine Störung beheben möchte. Der Laie, dem dieses Hintergrundwissen fehlt, wird dagegen Schwierigkeiten haben, eine hilfreiche Erklärung zu finden. Wenn es um die Erklärung der Eigenschaften des Materials der Fahrzeugteile geht und warum sie kaputt gegangen sind, ist noch „tieferes" Hintergrundwissen erforderlich usw. Nach Bartelborth sind es die grundlegenden Eigenschaften der beteiligten Objekte oder Systeme, die zu Gesetzmäßigkeiten auf verschiedenen Ebenen führen.[140] Damit lässt sich sowohl einfangen, was wir im Alltag unter Erklären verstehen als auch, was wissenschaftliches Erklären ausmacht. Diese Vorstellung verlangt aber gewisse metaphysische Annahmen, welche die Empiristen mit ihrem Verständnis von Naturgesetzen als Regularitäten gerade vermeiden wollten.

4.2.2 Nomische Muster und Kausalitätsmodell

Bartelborth möchte nicht auf Naturgesetze angewiesen sein, um etwas zu erklären. Denn in vielen Wissenschaften finden sich keine „echten Naturgesetze" zumindest nicht im Sinne von universellen Generalisierungen. Wenn man trotzdem von wissenschaftlichen Erklärungen sprechen möchte, kann man entweder versuchen, einen Ersatzbegriff zu finden oder aber den Gesetzesbegriff z.B. durch *Ceteris Paribus*-Bedingungen „immer weiter aufweichen". Bartelborth entscheidet sich für den Ersatzbegriff der „nomischen Muster". Sie liegen erklärenden Generalisierungen zu Grunde. Diese zeichnen sich im Gegensatz zu anderen Generalisierungen dadurch aus, dass sie „relativ stabile, genuine dispositionale Eigenschaften bestimmter Objekte oder Systeme" beschreiben.[141] Im Unterschied zu Naturgesetzen gelten die nomischen Muster nur in bestimmten Anwendungsbereichen. Dadurch lässt sich die Gesetzesartigkeit abstufen und trotzdem noch der Unterschied zu zufälligen Mustern verständlich machen. Die Frage ist nun, wie wir die nomischen Muster von zufälligen unterscheiden können. Woodward und andere Wissenschaftstheoretiker, die sich mit kausalen

---

[139] Ebd., S. 68.
[140] Ebd., S. 70f.(Der dispositionale Essentialismus ist eine naheliegende Position für diese Auffassung, aber auch die schwächere Konzeption von Lowe passt mit Bartelborths Idee zusammen.)
[141] Ebd., S. 83.

Erklärungstheorien[142] beschäftigen, bieten laut Bartelborth auf diese erkenntnistheoretische Frage brauchbare Antworten. Die Idee ist, dass man durch gezielte Manipulation der Randbedingungen die Stabilität von nomischen Mustern testen kann. Solche Interventionen bezeichnet Bartelborth „als eine Art von chirurgischem Eingriff in das kausale Geflecht".[143]

Bartelborth führt das Beispiel einer Pflanze an, die unter bestimmten Bedingungen ein bestimmtes Wachstum aufweist. Gießt und düngt man sie weniger, wird sie auch weniger wachsen.[144] Je stabiler dieser Zusammenhang sich unter Interventionen erweist, desto größer ist die (funktionale) Invarianz dieser Generalisierung. Man kann dann mit solchen invarianten Generalisierungen, denen nomische Muster zugrunde liegen, kontrafaktische Fragen beantworten und manipulierend in das Geschehen eingreifen. (Was wäre geschehen, wenn ich die Pflanze weniger gedüngt hätte? Wenn ich möchte, dass die Pflanze mehr wächst, muss ich sie mehr düngen usw.)[145] Laut Woodward ist nun die Invarianz einer Generalisierung ausschlaggebender Maßstab für die Güte der Erklärung, in der dieses Muster verwendet wird. Bartelborth schließt sich dem an und hält Woodwards Konzeption von Invarianz für einen „sehr wichtigen Schritt hin zu einer Konzeption von *Graden von Gesetzesartigkeit*", auch wenn Woodward selbst es vermutlich lieber nicht so ausdrücken würde.[146] Allerdings hält Bartelborth nicht nur die funktionale (oder lokale) Invarianz für ausschlaggebend, wenn es um die Bewertung einer guten Erklärung geht (dazu gleich mehr).[147]

Bartelborth kritisiert an der Kausalitätskonzeption der Erklärungen, dass es nicht ausreicht zu behaupten, dass etwas eine Ursache für etwas anderes sei. Eine gute Erklärung muss vielmehr auch den Zusammenhang angeben, der zwischen der Ursache und der Wirkung besteht, d.h. den gesetzesartigen Zusammenhang oder kausalen Mechanismus. „Damit eine Erklärung vorliegt, muss vermutlich meist ein Kausalzusammenhang bestehen, aber die erklärungstypische Information ist vor allem ein Wissen über die nomischen Zusammenhänge oder Mechanismen, die hier instantiiert werden."[148] Auch wenn Erklärungen häufig erst einmal darin bestehen, eine Ursache für das zu erklärende Ereignis anzugeben, ist es laut Bartelborth also fraglich, inwiefern das zu einem besseren Verständnis von Erklärungen hilft. „Singuläre Kausalbeziehungen ohne nomische Beziehungen zwischen Ursachen und Wirkungen (sollte es sie geben) erklären alleine jedenfalls nicht."[149] Außerdem ist es laut Bartelborth auch nicht

---

[142] Die grundlegende Idee der kausalen Theorie der Erklärung ist, dass eine Erklärung einfach darin besteht, die Ursache des zu erklärenden Ereignisses anzugeben, was auf den ersten Blick sehr plausibel klingt. Die Probleme ergeben sich aber aus der Frage, was Kausalität eigentlich ist, was eine Ursache also zur Ursache macht.

[143] Ebd., S. 85f. Zur genaueren Definition von Intervention siehe S. 86ff.

[144] Bartelborth lässt leider in seinem Beispiel das Licht außer Acht, was jeden Pflanzenliebhaber etwas stutzig machen dürfte.

[145] Ebd., S. 88f.

[146] Ebd., S. 89.

[147] Bei der funktionalen Invarianz geht es um die Generalisierung für nur einen Gegenstand bzw. ein System, wie z.B. einer bestimmten Pflanze.

[148] Ebd., S. 102. Auch bei dem Versuch Kausalität z.B. unter Zuhilfenahme kontrafaktischer Abhängigkeiten begrifflich zu fassen kommt es zum Problem der Preemption (in verschiedenen Versionen), also dem Zuvorkommen. Das deutet nach Bartelborth wieder darauf hin, dass man nicht umhin kommt, metaphysische Annahmen zu machen. (S.104)

[149] Ebd., S. 130. Ein weiterer Mangel der Kausalitätskonzeption ist, dass sie nicht auf alle Erklärungen anwendbar ist. Mathematische Erklärungen können damit z.B. nicht eingefangen werden. Natürlich könnte

wirklich metaphysisch sparsamer von Kausalität zu sprechen als von nomischen Mustern; vielmehr scheinen die Kausalitätstheoretiker selbst auf nomische Muster angewiesen zu sein.[150] Trotzdem versteht Bartelborth seinen Ansatz nicht in Konkurrenz zur Kausalitätskonzeption, da nomische Muster im Normalfall für uns als kausale Muster erkennbar sind. Deshalb übernimmt er auch die Idee der Interventionen als erkenntnistheoretische Möglichkeit, mit der geprüft werden kann, ob ein nomisches Muster vorliegt[151] und die funktionale Invarianz als *ein* Kriterium von Erklärungsgüte. Aber wie eben angedeutet, kann dies laut Bartelborth nicht das einzige Kriterium sein; für ihn ein weiterer Grund nicht bei der Kausalitätskonzeption stehen zu bleiben. Denn versteht man unter Erklären nur die Angabe einer Ursache, deckt man damit keine Erklärungen ab, die „bereichsinvariant" sind. Bartelborth hält aber gerade diese von ihm sogenannte Bereichsinvarianz, bei der eine Generalisierung auf möglichst viele unterschiedliche Objekte angewandt werden kann, für ein wichtiges Kriterium der Erklärungsgüte. Mit der funktionalen Invarianz allein lassen sich die verstandenen Zusammenhänge nicht auf andere Objekte und Systeme anwenden. Ließe sich aber die invariante Generalisierung im Prinzip z.B. von einer bestimmten Pflanze auf andere Pflanzen ausweiten, würde sich daraus mehr Vorhersagekraft und Manipulationsmöglichkeit ergeben. Dazu sind aber bestimmte metaphysische Annahmen erforderlich, insbesondere die Idee der *natürlichen Arten*:

> Natürliche Arten beschreiben Gruppen von Objekten oder Systemen, die durch Eigenschaften gekennzeichnet sind, die gemeinsame (kausale) Vermögen oder besser Bündel solcher Vermögen aufweisen. Natürliche Begriffe für natürliche Arten teilen die Natur an ihren tatsächlichen Nahtstellen auf. Sie teilen Gegenstände in Kategorien oder Gruppen ein, die sich innerhalb gewisser Grenzen kausal ähnlich verhalten. Hier zeigt sich der Zusammenhang zur Bereichsinvarianz.[152]

Als Beispiel kann die Einteilung der chemischen Stoffe im Periodensystem der Elemente dienen, oder - in der Biologie - Gattungen, Arten und andere Unterteilungen der Lebewesen. Allerdings gibt es immer verschiedene Einteilungsmöglichkeiten, also nicht nur eine natürliche Kategorisierung. „Unsere Gegenstände weisen unterschiedliche Eigenschaften auf und können danach oder nach Gesichtspunkten ihrer Funktion für uns eingeteilt werden. Es gibt viele Nahtstellen in der Natur, die wir für unsere Einteilungen nutzen können."[153] Welche Einteilungen grundlegend sind, ist eine empirische Frage und Aufgabe der wissenschaftlichen Forschung.

> Nur anhand von natürlichen Arten können wir Extrapolationen von einzelnen untersuchten Exemplaren der Art auf andere vornehmen, und nur dann finden wir eine geeignete Bereichsinvarianz, auf die wir für Erklärungen angewiesen sind [...] Die gemeinsamen Eigenschaften können komplexeren Typs sein und selbst nur auf komplexe Systeme zutreffen, die sich auf eine bestimmte Weise verhalten. Für das Erklären können wir uns auf diese komplexen Eigenschaften berufen, ohne diese auf grundlegendere Eigenschaften reduzieren zu müssen.[154]

---

man den Anspruch herunterschrauben und diese Erklärungen einfach ausklammern. Bartelborth fände es aber schöner, wenn eine Konzeption einheitlich alle Erklärungen abdecken könnte. (Ebd., S. 115)

[150] Beim kontrafaktischen Ansatz etwa werden wieder Naturgesetze benötigt, „um die Ähnlichkeiten zwischen möglichen Welten festzulegen. Im Wahrscheinlichkeitsansatz sind wir auf echte Propensitäten angewiesen." (Ebd., S. 130f)

[151] Ebd., S. 118.

[152] Ebd., S. 94.

[153] Ebd., S. 94f.

[154] Ebd., S. 95.

Mit der Kausalitätskonzeption können dagegen nur konkrete Ereignisse erklärt werden. Außerdem wird die Erklärung häufig unnötig detailliert, wenn man sich nur an einzelnen Ereignissen orientiert, um hier die wirkliche Ursache sprachlich genau anzugeben.

4.2.3 Vereinheitlichungsmodell und nomische Instantiierungserklärung

Statt also nach einer Lösung auf der begrifflichen Ebene zu suchen, sieht Bartelborth den richtigen Weg zur einer einheitlichen Erklärungskonzeption eher in der Annahme von nomischen Mustern, welche die Zusammenhänge zwischen Ursache und Wirkung beschreiben. Auf die Frage, wie zentral ein nomisches Muster ist, findet Bartelborth seine Antwort beim Vereinheitlichungsmodell der Erklärung, dem er selbst lange anhing[155] und von dem er jetzt den Gedanken der Bereichsinvarianz und ihr Verhältnis zur funktionalen Invarianz für seine eigene Konzeption entlehnt. Für die Vereinheitlicher bestimmt sich die Güte einer Erklärung „daraus, wie groß die Systematisierungsleistung des Gesetzes ist."[156] Bartelborth übernimmt diese Idee für seine nomischen Muster, aber unterscheidet sich durch seinen deutlichen Bezug zur Metaphysik. Denn seiner Ansicht nach leiden auch die Erklärungskonzeptionen der Vereinheitlicher darunter, dass sie versuchen, metaphysische Annahmen zu vermeiden. Sie wollen nur die „im Wesentlichen mit logischen Hilfsmitteln darstellbare Vereinheitlichungsbeziehung explizieren."[157] Aber Bartelborth ist sich sicher, dass jeder Erklärungsansatz auf eine wirklich vorliegende Kausalbeziehung (aus unserer Wahrnehmung) „oder die Instantiierungsbeziehung für das betreffende Gesetz" zurückgreifen muss. So kommt Bartelborth auf folgendes „einfaches Erklärungsschema" der nomischen Instantiierungs-erklärung (NIE) für ein Ereignis (E):

> 1) Ein Objekt oder System S weist eine stabile intrinsische dispositionale Eigenschaft D auf, die dem nomischen Muster M = „U führt zu E" entspricht. 2) U liegt vor und M wurde instantiiert (bzw. U verursachte E) also: E trat ein.[158]

Für Bartelborth besteht eine Erklärung laut NIE darin, aufzuzeigen, „wie sich E als Konsequenz der Instantiierung eines nomischen Musters verstehen lässt, das möglichst große Vereinheitlichungskraft besitzt."[159] Auch Einzelfälle in der Geschichte erklären wir laut Bartelborth mit nomischen Mustern. Dabei kann auf psychologische, soziologische Muster oder auch auf Alltagswissen zurückgegriffen werden. Das Beispiel „Fritz kam heute zu spät, weil er eigentlich immer zu spät kommt"[160] zeigt, wie Bartelborths Konzeption schon im Alltag Anwendung findet. Mit dem Hintergrundwissen über den Charakter von Fritz kann man erklären, warum Fritz heute zu spät gekommen ist. (Natürlich kann es sein, dass Fritz gerade heute wirklich schwerwiegende Gründe für seine Verspätung hat.) Die konkreten Abläufe, die kausalen Geschichten, schließen aber gerade nicht die Wirksamkeit des nomischen Musters aus, sondern instantiieren sie. Die Erklärung im Fall von Fritz ist natürlich kein Beispiel für eine

---

155 Ebd., S. 180.
156 Ebd., S. 181.
157 Ebd.
158 Ebd., S. 183.
159 Ebd., S. 198.
160 Ebd., S. 190.

besonders wissenschaftliche Erklärung, aber sie veranschaulicht schon das Prinzip des Erklärens, wie Bartelborth es aufgezeigt hat.

Die Bereichsinvarianz, bzw. Vereinheitlichungsgrad eines Musters, zeigt sich daran, wie viele Phänomene damit „erklärt werden können [und] ist ein Maß dafür, wie grundlegend dieses Muster ist, und damit auch ein wichtiger Indikator dafür, wie grundlegend eine Erklärung anhand dieses Musters ist. Es ist ein Indikator für die Stärke dieser Erklärungen."[161] Neben der funktionalen Invarianz, die dafür zuständig ist, dass die Theorie „empirischen Gehalt aufweist, bedeutet die globale oder Bereichsinvarianz das, was wir typischerweise unter der Vereinheitlichung durch eine Theorie verstehen."[162] Diese beiden Gütekriterien, die Bartelborth angibt, „stehen in einem gewissen Spannungsverhältnis zueinander. Wenn man (aufgrund der Überlagerung von Mustern) die spezifischen Komponenten eines Systems genauer beschreibt, erhöht man damit die funktionale Invarianz (man bekommt deutlichere Regularitäten). Wenn man andererseits allgemeiner beschreibt und dadurch mehr Variablen hat, erhöht sich die Bereichsinvarianz, verliert aber an Präzision der Vorhersage für den Einzelfall. Am Beispiel des Wachstums einer Pflanze wäre die „funktionale Invarianz [...] dabei durch den Wertebereich der Funktionen „Wasser" und „Dünger" bestimmt, für den die Gleichung noch gilt, während die Bereichsinvarianz durch die Menge der Pflanzen bestimmt wird, für die" ein Schema „die korrekte Beschreibung ihres Wachstums angibt."[163] Hochentwickelte wissenschaftliche Theorien können zeigen, wie übergreifende Gesetze mit Spezialgesetzen zusammenhängen.

Vom DN-Modell übernimmt Bartelborth für seinen Ansatz die Idee, „dass wir in Erklärungen auf Generalisierungen angewiesen sind und nicht aufgrund einer singulären Kausalbeziehung ein Ereignis erklären können."[164] Statt der Naturgesetze spricht Bartelborth aber „nur" von stabilen Generalisierungen, die sich auf bestimmte Bereiche beziehen. Ihre Wahrmacher sind nomische Muster. Bartelborth macht explizit, dass es für Erklärungen und ihre Bewertung nötig ist, metaphysisch Position zu beziehen und es nicht nur mithilfe sprachlich-logischer Mittel geht. Von den Kausalerklärern übernimmt er vor allem die erkenntnistheoretischen Mittel, die dabei helfen, zu erkennen, wann ein nomisches Muster vorliegt. Es zeigt sich für uns durch Ursache-Wirkungsbeziehungen, die wir in Experimenten testen können. Die Perspektive muss aber über die Konzentration auf Kausalität (die sich aus unserer Perspektive zeigt) hinausgehen, um erklärende von nichterklärenden Ursachen zu trennen. Kriterien hierfür findet Bartelborth bei den Vereinheitlichern und ihren Gedanken zur Vereinheitlichungsleistung von Theorien. „Alle Konzeptionen haben wichtige Einsichten zu bieten, behalten aber wesentliche Schwächen. Der NIE-Ansatz hilft, diese zu vermeiden, ohne die Stärken dabei zu verlieren."[165]

---

[161] Ebd., S. 188.

[162] Ebd., S. 189. Intuitiv besteht eine gute Vereinheitlichung verschiedener Phänomene für Bartelborth darin, dass eine Theorie 1. durch ihre Systematisierungsleistung sich möglichst viele Anwendungen in unterschiedlichen Bereichen als ihre Instantiierungen erweisen lassen und dabei 2. einen hohen empirischen Gehalt besitzt, der möglichst genaue Vorhersagen [oder Retrodiktionen] ermöglicht und 3. Ihre Vereinheitlichungsleistung nicht „auf konjunktivem Wege herbeiführt, sondern dabei auf möglichst wenige voneinander unabhängige nomische Muster zurückgreift." (Ebd., S. 193) Deduktive Ableitung ist laut Bartelborth zu viel verlangt, weshalb er lieber von Instantiierung spricht.

[163] Ebd., S. 195.

[164] Ebd., S. 198.

[165] Ebd., S. 199.

Erklären „ist immer verbunden mit substantiellen ontologischen Annahmen über die Welt (ihren Eigenschaften, deren notwendiger Verknüpfung sowie ihrer Instantiierung). Eine Reduktion dieser Beziehungen auf logische Beziehungen ist nicht möglich, und die Hoffnung darauf erscheint geradezu als Kategorienfehler. Wir schauen nur auf die Eigenschaften unserer Darstellung der Welt, statt die Frage zu stellen, ob diese reale intrinsische Zusammenhänge bestimmter Systeme wiedergeben oder bloß zufällige Zusammentreffen beschreiben. Wenn wir unsere Redeweise vom Erklären ernst nehmen und untersuchen, landen wir jedenfalls zwangsläufig bei bestimmten ontologischen Annahmen über unsere Welt, die einer Erklärung zugrunde liegen.[166]

4.2.5 Erklären in den Sozialwissenschaften

In den Sozialwissenschaften gibt es laut Bartelborth zwar neue Aspekte für die Erklärungsdebatte, jedoch lehnt er (ebenso wie Wilson und Pannenberg) die Vorstellung ab, dass beim Übergang von den Naturwissenschaften zu den Geistes- und Sozialwissenschaften eine grundsätzlich unüberwindliche Kluft besteht, auf deren anderer Seite es nicht mehr ums Erklären, sondern nur noch ums (empathische) Verstehen geht.[167] „Für das Erklären in den Sozialwissenschaften ergeben sich einige Besonderheiten, aber auch einige Gemeinsamkeiten zum Erklären in den Naturwissenschaften. Wir erklären soziale Zusammenhänge ebenso anhand genereller Eigenschaften und Tendenzen menschlicher Gesellschaften (etwa in den funktionalistischen Ansätzen) oder auf der individuellen Ebene aufgrund entsprechender Eigenschaften von Menschen."[168]

Eine Schwierigkeit ist aber, dass sich in den Sozialwissenschaften kaum Äquivalente zu Naturgesetzen finden lassen. Die Komplexität der Einflussfaktoren erschwert es nomische Muster auszumachen: Selbst wenn nach dem Erklärungsansatz von Bartelborth ein nomisches Muster instantiiert ist, wird vermutlich keine für uns zu beobachtende Regularität auftreten. Im Unterschied zu den Naturwissenschaften ist es in den Sozialwissenschaften nicht einfach möglich, durch Experimente einzelne „Kräfte approximativ zu isolieren." Deswegen ist es viel schwieriger zu bestimmen, ob ein Muster tatsächlich instantiiert wurde.[169] Auch wenn Bartelborths Konzeption vielleicht nicht dabei helfen kann, die Schwierigkeiten des Erklärens in den Sozialwissenschaften zu lösen, so zeigt sie doch „einige der Gründe für diese Schwierigkeiten" auf (vor allem die Überlagerung von Mustern und die fehlende Möglichkeit von Experimenten), aber auch „den Weg zu besseren Erklärungen".[170]

Neben der Problematik, der sich überlagernden Muster, herrscht Uneinigkeit über die richtige Erklärungsebene. Methodologische Individualisten sind der Ansicht, dass alle Erklärungen sich auf der Ebene der einzelnen Individuen abspielen müssen (Mikroebene), während Holisten überzeugt sind, dass sich Erklärungen auch auf der Makrobene finden lassen und z.B. mit Normen, Institutionen usw. erklärt werden kann. Bartelborth sympathisiert mit einer Zwischenposition, die nach einer Mikrofundierung verlangt. Demnach sind Erklärungen auf der Makroebene allein laut Bartelborth zwar möglich, aber meistens nicht ausreichend und sollten daher durch eine Mikrofundierung gestützt werden; nicht im genauen Sinne einer

---

[166]   Ebd., S. 201.
[167]   Ebd., S. 132.
[168]   Ebd., S. 177.
[169]   Ebd., S. 172.
[170]   Ebd., S. 178.

Reduktion, wie es die methodologischen Individualisten verlangen, sondern als ungefähre Darstellung der kausalen Mechanismen. Diese Mikrofundierung ist vor allem deswegen nötig, weil es einfacher ist, auf der Ebene der Individuen Experimente durchzuführen, um nomische Muster aufzudecken. Auf der Ebene ganzer Gesellschaften sind Experimente „kaum jemals durchführbar".[171] Mit dieser Auffassung würde die Psychologie laut Bartelborth „zu der grundlegenden Disziplin in den Sozialwissenschaften werden, wie es die Physik für die Naturwissenschaften ist"[172] Und Erklärungen in den Sozialwissenschaften müssten durch Mikrofundierung auf das Verhalten der Einzelnen verständlich werden.

4.2.5.1 Erklären und Interpretieren

Um die Handlung einer Person zu verstehen, müssen ihre Absichten und Motive bekannt sein, d.h. es ist spezifisches Hintergrundwissen über die Person erforderlich, deren Handeln erklärt werden soll.[173] Interpretieren von Handlungen und Erklären gehen laut Bartelborth „Hand in Hand"[174], weil Interpretationen „genau genommen auch kausale Hypothesen darstellen, die wir wie andere Erklärungshypothesen anhand von weiteren Daten begründen müssen."[175] Allerdings gibt es auch bei gutem Hintergrundwissen immer Erklärungsalternativen. Damit eine bestimmte Erklärung die richtige ist, müssen den Handelnden auch wirklich die vermuteten Motive und Überzeugungen zu seiner Tat veranlasst haben. Eine gute Handlungserklärung muss also die „tatsächlich (kausal) wirksamen Motive" bestimmten.[176] Damit muss auch wieder zwischen kausalen und zufälligen Verknüpfungen unterschieden werden. „Das Interpretieren ist daher im Normalfall eine Form des Schlusses auf die beste Erklärung [...], nur dass wir dabei manchmal übersehen, dass wir eine Erklärungshypothese aufstellen."[177] Die Erklärung muss auch für andere, d.h. intersubjektiv nachvollziehbar sein. Die Konkurrenz zwischen Interpretieren/Verstehen auf der einen und Erklären auf der anderen Seite sieht Bartelborth nicht gegeben, sondern für ihn ist das Interpretieren eine Vorarbeit zum Erklären. Auf diese Weise widerspricht er offen den „Anti-Naturalisten", die für die „Sozialwissenschaften ganz andere Methoden erkennen".[178]

4.2.5.2 Interpretieren von Texten und Sprechakten

Natürlich steht es auch für Bartelborth außer Frage, dass es bei Erklärungen von menschlichem Verhalten viel komplexer wird. Das ändert aber nichts an der Erklärungskonzeption an sich, sondern nur an der Vorarbeit bezüglich des Hintergrundwissens und an den Möglichkeiten, wie wir wissen können, was die nomischen Muster jeweils sind. Wenn man z.B. einen Text interpretiert, dann muss man erst die Wörter verstehen und ihren Zusammenhang, um schließlich die Geschichte zu verstehen. Nun kann es aber vorkommen, dass es über den

---

[171]   Ebd., S. 135. „Auf der Mikroebene können wir am ehesten hoffen, die grundlegenden (dispositionalen) Eigenschaften von Menschen einigermaßen ermitteln zu können (auch anhand von Experimenten)". Ebd., S. 139.
[172]   Ebd., S. 133.
[173]   Auch hier ist das Hintergrundwissen wieder ausschlaggebend bei der Wahl der besten Erklärungshypothese.
[174]   Ebd., S. 140.
[175]   Ebd, S. 142.
[176]   Ebd.
[177]   Ebd., S. 143.
[178]   Ebd.

offensichtlichen Sinn der Geschichte hinaus noch unterschiedliche Interpretationen gibt. Die Interpreten werden versuchen mit anderen Textstellen, die ihre Auslegung stützen, für ihre Sicht zu argumentieren. Doch die Kohärenz allein ist nur ein Hinweis auf die „richtige" Interpretation. Vermutlich wäre hier die Absicht des Autors entscheidend. Um das zu belegen, kommt Bartelborth auf die Interpretation von einfachen Sprechakten:

> Jemand sagt: ‚Im Garten ist ein Hund. ' Die wörtliche Bedeutung verstehen wir schnell, und sie ist auch nicht von einem Erraten der Absichten des Sprechers abhängig. Was er darüber hinaus für eine spezielle Handlung (d.h. welchen Sprechakt) damit vollzieht, das hängt schließlich doch von seinen Absichten ab. Möchte er uns nur informieren oder eher warnen oder sogar davor abschrecken, seinen Garten zu betreten? [...] Das hängt vor allem davon ab, wie der Sprecher es gemeint hat. Das versuchen wir herauszufinden, indem wir unser Wissen über ihn und seine Situation auswerten. Das sieht wieder der gewöhnlichen empirischen Hypothesenbildung sehr ähnlich.[179]

Dabei spielt dann das „Prinzip der Nachsicht" eine Rolle. Das bedeutet, dass wir dem Handelnden (oder Schreibenden) eine gewisse Rationalität unterstellen müssen, um ihn zu verstehen. Dazu ist wieder Hintergrundwissen über seine Situation und evtl. seine Geschichte erforderlich. Die „Interpretationshypothese sollte auch eine gewisse *externe Kohärenz* aufweisen, wonach wir erklären können, wieso jemand mit den Eigenschaften des Akteurs in seiner speziellen Umgebung zu seinen Überzeugungen (und seinen Wünschen) gelangt ist."[180] In dem „nachsichtigen Interpretieren" sieht Bartelborth „ein neues Thema", das es so in der Naturwissenschaft nicht gibt. Es führt aber seiner Ansicht nach keinesfalls zu grundsätzlich neuen „Möglichkeiten der Hypothesenbestätigung".[181]

4.2.5.3 Die nomischen Muster des menschlichen Verhaltens: Evolutionäre Psychologie

Trotz der zusätzlichen 'Innenansicht' und der dadurch gesteigerten Komplexität des Erklärungsgegenstandes, der Einzigartigkeit der Situationen durch kulturelle „Randbedingungen stoßen wir auf nomische Muster menschlichen Verhaltens, die wir zu Erklärungszwecken heranziehen können."[182] Es muss laut Bartelborth zwangsläufig auf eine Theorie der menschlichen Natur zurückgegriffen werden, wenn etwas in den Sozialwissenschaften erklärt werden soll. Wenn man z.B. erforscht, warum sich ein Mensch an bestimmte Normen hält, erwarten wir, laut Bartelborth

> typischerweise Instantiierungserklärungen, die aufzeigen, wie die einzelnen Komponenten eines Systems (hier der Mensch) zusammenspielen, so dass das System als Ganzes bestimmte Eigenschaften oder Vermögen aufweist. Das kennen wir auch aus den Naturwissenschaften: Wenn wir etwa erklären möchten, wie es bestimmte Substanzen schaffen, Teile des sichtbaren Lichts zu reflektieren oder Supraleitfähigkeit aufzuweisen oder etwas anderes zu leisten.[183]

Bisher herrscht allerdings keine allgemeine Übereinstimmung, wie diese Theorie auszusehen hat. Rationale Entscheidungstheorien und Spieltheorie sind laut Bartelborth ein erster Schritt

---

[179] Ebd., S. 145.
[180] Ebd., S. 146.
[181] Ebd.
[182] Ebd., S. 147.
[183] Ebd., S. 152.

zu einem wissenschaftlichen Ansatz, erweisen sich aber als unvollständig.[184] Sie müssen um Normen, Konventionen, Emotionen, Gewohnheiten etc. erweitert werden. Es fehlt laut Bartelborth bisher an einer übergreifenden Theorie, die die Einzelerkenntnisse der Psychologie, die er Heuristiken nennt[185], in sich vereinen kann, sodass sie nicht mehr zusammenhangslos nebeneinander stehen. Als Provisorium dient die Alltagspsychologie bzw. die Charaktermerkmale einer einzelnen Person. Denn in der Psychologie findet man leider „kaum großen Mut zur Theoriebildung, sondern eher ein Kleben an datennahen Hypothesen".[186] Und so gibt es[187]

> eine Reihe von mehr oder weniger ausbuchstabierten nomischen Mustern, die sich mit dem Schlagworten rationales Kalkulieren, soziale Normen, Emotionen, Gewohnheiten und kognitive Heuristiken ansprechen lassen, aus denen sich dann (kausale) Mechanismen zusammensetzen lassen, die bestimmte Verhaltensweisen erklären, wenn die denn tatsächlich instantiiert sind.[188]

Unsere Erklärungen könnten aber um einiges verbessert werden, wenn wir „zentralere stabilere Muster" heranziehen könnten.[189] In den Ansätzen „der evolutionären Psychologie bzw. der Soziobiologie" sieht Bartelborth „interessante Perspektiven für ein Zusammenbinden lokaler Hypothesen in einen größeren Rahmen", wobei es noch abzuwarten bleibt, „wie weit sie wirklich tragen".[190] Bartelborth ist jedenfalls schon davon überzeugt, dass es einige „ziemlich universelle Verhaltensweisen von Menschen" gibt, „die sich gut evolutionär erklären lassen. […] Unsere Emotionen sind klassische Mechanismen, die das menschliche Verhalten schon lange mitbestimmen, und sie erfüllen viele naheliegende Funktionen."[191]

Ein Vorteil der Evolutionären Psychologie ist, dass sie die von Bartelborth verlangte „*externe Kohärenz*" aufzuweisen versucht, die Interpretationshypothesen aufweisen sollten.[192] Aber sie erklärt nicht einzelne Handlungen von Personen, sondern warum der *Typ* Mensch sich so verhält, wie er sich verhält; sie macht allgemeine Verhaltensmuster der Spezies *Homo Sapiens* aus und bietet eine Erklärung an, die intersubjektiv nachvollziehbar sein soll. Sie untersucht, was für Verhaltenseigenschaften Menschen haben und erklärt, wie Menschen zu diesen Eigenschaften gekommen sind und zwar durch einen Mechanismus, der diese Eigenschaften als Anpassungen an die Umwelt erklären kann; durch die natürliche Selektion. Damit bettet die Evolutionäre Psychologie ihre Theorie über menschliche Verhaltensmuster (die statistischer Natur sind) in eine übergreifende Theorie ein, die seit knapp hundert Jahren eine durchgängige Erfolgsgeschichte durch zunehmende Vernetzung zu verzeichnen hat: die synthetische Evolutionstheorie.[193] Der Vorteil liegt also, mit Bartelborth gesprochen, in der hohen

---

[184] Ebd., S. 149.
[185] Ebd., S. 152
[186] Ebd., S. 140.
[187]
[188] Ebd., S. 153.
[189] Ebd., S. 177. „Zunächst finden wir das für die Mikrofundierung (die zudem eine Reduktion auf vertrautere Muster darstellt), und ähnlich sieht es auf der individuellen Ebene für die Bezugnahme auf möglichst basale Muster menschlichen Verhaltens aus, die wir z.T. als evolutionär geprägte Muster erkennen können."
[190] Ebd., S. 170.
[191] Ebd., S. 169.
[192] Das schreibt Bartelborth selbst so nicht. Es lässt sich aber schlussfolgern, wenn man versucht, die Innenperspektive zu verallgemeinern.
[193] Es gibt eine Debatte darum, ob nicht inzwischen viel mehr von einer erweiterten Synthese die Rede sein müsste. Vgl. Lange 2008. Zu der erweiterten Synthese wird auch die Theorie der Multilevel-Selektion

Bereichsinvarianz von evolutionären Erklärungen, deren Kern in dem Mechanismus der natürlichen Selektion besteht. Dass die Evolutionstheorie so eine starke Vereinheitlichungskraft hat, spricht dafür, dass die in ihr verwendeten nomischen Muster, sehr grundlegende Eigenschaften unserer Welt beschreiben und damit stellt sie eine ebenso grundlegende Erklärung für die Eigenschaften von Lebewesen dar.[194]

Was ist aber mit der funktionalen Invarianz? Hier muss die Evolutionäre Psychologie zeigen, inwiefern sie genaue Vorhersagen machen kann. Sie muss zeigen, dass sich durch ihre Annahmen die menschlichen Verhaltensweisen erwarten lassen und zwar möglichst konkret.[195] Bartelborth selbst gibt keine Beispiele für die Vorhersage menschlicher Verhaltensweisen, sondern führt das Beispiel der Kopulationsdauer bei Dungfliegen an.[196] Quantitative Optimalitätsmodelle lassen eine bestimmte Dauer erwarten, die das Fliegenmännchen auf dem Weibchen verweilt und die empirischen Daten bestätigen diese Erwartung relativ gut. Ganz analog zu diesem Dungfliegenbeispiel werden in der Evolutionären Psychologie auch Vorhersagen über menschliches Beziehungsverhalten getroffen, mit teilweise erstaunlich genauen Ergebnissen. Solche Beispiele stärken die Position der Adaptionisten in der Debatte darum, welche Rolle die natürliche Selektion für die Eigenschaften von Lebewesen eigentlich spielt.[197] Seiner Ansicht nach rechtfertigen die Ergebnisse quantitativer Optimalitätsmodelle, die Sober (1993) ins Spiel bringt, zumindest teilweise den Adaptationimus. Allerdings bleibt die Ungewissheit über die „Parameter der zurückliegenden Zeiten".[198] Probleme mit teleologischen und funktionalistischen Erklärungen[199] werden in der Biologie mithilfe der Selektionstheorie zwar befriedigend gelöst, aber zu dem Preis von Spekulationen über die damalige Umwelt. Bartelborth spricht von „epistemischen Lasten" für die es „gute Indizien" erbracht werden müssen, „dass die Geschichte nicht nur ausgedacht ist, sondern sich tatsächlich so abgespielt hat".[200]

---

gezählt, die zurzeit umstritten ist. Mit Bartelborth könnte man hier aber vielleicht von spezielleren Mustern sprechen, die, solange sie sich in die Kerntheorie einbetten lassen, sich auch einfach als Teil der Synthetischen Evolutionstheorie verstehen dürften. Auch hier zeigt sich, dass das Datenmaterial unterschiedlich interpretiert werden kann, wobei das Hintergrundwissen, das - vermutlich nicht frei von weltanschaulichen Komponenten - von großer Bedeutung ist.

[194] Ebd., S. 200.
[195] Eine gute Einführung ist das Lehrbuch von David M. Buss und Ulrich Hoffrage, 2000.
[196] Bartelborth, 2007, S.160.
[197] Einen guten Einstieg bietet Ulrich Stegmann, 2005.
[198] Bartelborth, 2007, S. 160.
[199] „In der Physik wären Behauptungen wie, dass die Sonne dazu da ist, um auf der Erde das Überleben von Tieren zu gewährleisten kaum salonfähig. Zwecke haben dort nichts zu suchen. Auch die moderne Biologie kann es in ihren Erklärungsschemata nicht dabei belassen. Sie benötigt eine Übersetzung in eine kausale und unverdächtige Redeweise. Das scheint die darwinische Theorie zu gewährleisten." „Die kausale Geschichte ist nicht mehr auf Funktionen oder Zwecke angewiesen."(Ebd., S. 156)
[200] Ebd., S. 158.

5 Zur Vereinbarkeit der Anthropologien von Pannenberg und Wilson

Mit seiner Erklärungskonzeption der .nomischen Instantiierungserklärung hat Bartelborth gezeigt, was eine gute wissenschaftliche Erklärung auszeichnet und an was für Kriterien gemessen werden kann, ob eine Erklärung gut und besser als eine andere ist. Mit diesem Hintergrund werden im ersten Teil dieses Abschnitts die Erklärungen der menschlichen Natur von Wilson und Pannenberg betrachtet. Die Maßstäbe Bartelborths werden zum einen unterstreichen, dass es sich bei den Erklärungen um verschiedene Typen handelt, und zum anderen deutlich die Stärken von Wilsons Erklärungstyp herausstellen: die der "Genese-Erklärung" der menschlichen Natur. Im zweiten Abschnitt möchte ich mich dann der Frage zuwenden, was die Vorzüge des anderen Erklärungstyps sind. Pannenberg kann als Beispiel für eine "Geltungs-Erklärung" betrachtet werden. Durch diesen Erklärungstyp verleiht er den Eigenschaften der menschlichen Natur ihre jeweilige Geltung (im Sinne von Bedeutung) und ordnet sie in einen die Genese-Erklärung umgreifenden und überschreitenden Sinn-zusammenhang ein, ohne den das menschliche Dasein seiner Ansicht nach unverständlich bleiben muss. Zum Abschluss werden Bedingungen angeführt, die für ein konstruktives Ergänzungsverhältnis unabdingbar sind.

5.1 Nomische Instantiierungserklärung bei Wilson und Pannenberg

Trotz der epistemischen Lasten der evolutionären Erklärungen spricht laut Bartelborth einiges dafür, der Evolutionären Psychologie die Aufgabe einer wissenschaftlichen Theorie der menschlichen Natur anzuvertrauen, die als Grundlage der Sozialwissenschaften dienen kann. Wilson erklärt die menschliche Natur im Prinzip auf genau diese Weise und nimmt die Experimente der evolutionären Psychologie in seine Theorie auf. Er erklärt das menschliche Verhalten mithilfe genetisch dispositionierter Eigenschaften[201] und diese Eigenschaften wiederum mithilfe der natürlichen Selektion und bestimmten Anfangsbedingungen. Ein Beispiel: Die Ambivalenz der menschlichen Natur ist eine grundlegende Eigenschaft des Menschen, die seine ethischen Intuitionen und sein Beziehungsverhalten erklären kann. Diese Eigenschaft selbst lässt sich wiederum aus den verschiedenen, teilweise gegenläufigen Selektionsdrücken der Multilevel-Selektion erklären, die einerseits den Eigennutz und andererseits den Gruppennutzen gefördert hat. Der Mechanismus der natürlichen Selektion ist selbst als eine Eigenschaft eines Systems zu verstehen, in dem die beteiligten Objekte (Populationen), phänotypische Variation, differentielle Fitness und intergenerationale Fitnesskorrelation aufweisen.[202] Phänotypische Variation als Eigenschaft von Populationen erklärt sich wiederum durch verschiedene Mechanismen, wie z.B. Rekombination, usw. So lässt sich die evolutionäre Erklärung Wilsons gut einbetten in das Hintergrundwissen[203] der Biologie, das Lebewesen und ihre Eigenschaften erklärt und dafür teilweise unbeobachtbare Objekte und

---

[201] Diese Eigenschaften können sich unter verschiedenen Umweltbedingungen ganz unterschiedlich ausprägen, sodass auch Kultur und Erziehung eine wichtige Rolle bei den konkreten Verhaltenseigenschaften eines Menschen spielen. Ohne die genetische Disposition gibt es jedoch keine Verhaltenseigenschaften.
[202] Weber, 2007, S.265f.
[203] Für Bartelborth wird etwas dadurch verständlich, dass man es in sein Hintergrundwissen einbetten kann. In diesem Sinne macht Wilson mit seiner Erklärung die menschliche Natur verständlich.

© Springer-Verlag GmbH Deutschland, ein Teil von Springer Nature 2018
A. C. Thaeder, *Geistwesen oder Gentransporter*,
https://doi.org/10.1007/978-3-476-04779-3_5

Systeme mit ihren (dispositionalen) Eigenschaften annimmt[204] und laut Bartelborth auch annehmen muss, wenn sie überhaupt etwas erklären will.

Entsprechend liegt auch die Stärke der soziobiologischen Erklärung der menschlichen Natur genau darin, dass menschliches Verhalten durch die Einbettung in die Evolutionstheorie verständlich wird als weiterer Anwendungsfall des sehr grundlegenden nomischen Musters der natürlichen Selektion. Wilsons Erklärung profitiert auf diese Weise von der hohen Bereichsinvarianz der Darwinschen Theorie, indem sie menschliches Verhalten als erklärbar aus beobachtbaren Objekten und der Interaktion ihrer Eigenschaften im Laufe der Zeit beschreibt. Durch die Annahme der natürlichen Selektion als Erklärungsmechanismus können die Verhaltensweisen von Menschen durch nomische Muster erklärt und teilweise sogar recht genau vorausgesagt werden (Funktionale Invarianz).[205] Wenn das stimmt, dann müsste man bei entsprechenden Kenntnissen die menschliche Natur mithilfe der richtigen Erklärungen auch beeinflussen können.[206] Die Frage ist nur: in welche Richtung? Für Wilson ist das Ziel klar: Eine geeinte Menschheit, die in Frieden, Freiheit und Wohlstand lebt und sich um den Erhalt ihrer Lebensbedingungen kümmert; der Himmel auf Erden. Doch dieses Ziel ist nicht aus der Erklärung der menschlichen Natur mithilfe von nomischen Mustern ableitbar. Ein Ziel ist nicht vorgegeben, sondern muss dann entweder frei gewählt oder geglaubt werden. Dabei hilft keine nomische Instantiierungserklärung.

Pannenberg erklärt die verschiedenen Phänomene des Menschseins ebenso wie Wilson durch die Ambivalenz der menschlichen Natur. Allerdings erklärt er diese Eigenschaften selbst nicht naturwissenschaftlich durch nomische Muster, sondern knüpft an die Überlieferung (christliche Offenbarung und philosophischen Anthropologie) an, begründet seine Überlegungen darüber hinaus teilweise phänomenologisch und begrifflich und kann damit die Phänomene in sein theologisches Hintergrundwissen einbetten. Aber inwieweit lässt sich darüber hinaus von Erklärungen im Sinne Bartelborths sprechen?

Pannenberg versucht z.B. die Entstehung der Exzentrizität beim Einzelnen entwicklungspsychologisch zu erklären durch die Beziehung zur Mutter bzw. eine liebevolle und fördernde Umwelt, die es dem entstehenden Wesen erlaubt, ein Grundvertrauen gegenüber der Außenwelt zu entwickeln, das eine Voraussetzung für die Entwicklung seiner exzentrischen Anlage ist. Wenn dieses Grundvertrauen sich nicht entwickeln kann, dann verschließt sich das Ich in „narzißtischer Regression" gegenüber der Außenwelt. „Das Ich, das seine Stabilität doch seinerseits einem wie immer entwickelten oder rudimentären Selbst erst verdankt, wird hier zum vermeintlichen Boden für das Ganze des Lebens, statt umgekehrt sich im Ganzen eines vertrauend bejahten Lebenszusammenhangs geborgen zu wissen."[207] Von außen betrachtet ließe sich solch eine Entwicklung mithilfe der nomischen Instantiierungserklärung einfangen, indem man dem menschlichen Wesen wieder bestimmte dispositionale Eigenschaften zuschreibt, die

---

[204]   Siehe hierzu auch Martin Mahner und Mario Bunge, 2000.

[205]   Allerdings haben evolutionäre Erklärungen immer hohe epistemische Lasten, worauf Bartelborth deutlich hinweist. Ein Problem ist, dass evolutionäre Szenarien in der Regel nicht überprüfbar sind und daher viele verschiedene Geschichten erzählt werden können, in die sich die unbewussten weltanschaulichen Hintergrundannahmen auch gern einzumischen scheinen.

[206]   Viele dieser offensichtlichen Eigenschaften, insbesondere Vorlieben und Abneigungen werden ja in der Werbung auch verwendet.

[207]   Pannenberg, 1983, S. 221.

auf eine bestimmte Weise mit den Eigenschaften der Außenwelt interagieren; vergleichbar mit einer Pflanze, die man gießt oder nicht. Für eine tiefergehende Erklärung würde man dann weiter danach fragen, wie diese Eigenschaften ihrerseits zu erklären sind. Während Wilson hierauf mit der Selektionstheorie eine Antwort geben kann, die zu einem grundlegenden nomischen Muster führt, das naturwissenschaftlich weiter untersuchbar ist, lässt Pannenberg hier eine Lücke, die sich m.E. durch die Integration der phylogenetischen Entwicklungsgeschichte der Anlage zur Exzentrizität gut füllen ließe. Diese Art von Erklärung ist nicht Aufgabe der Theologie, sondern der Naturwissenschaft. Sie untersucht die Eigenschaften der für uns sinnlich erfassbaren Welt, die Regelmäßigkeiten im Naturgeschehen, die nomischen Muster, die erklären, wie es zu einem bestimmten Zustand kommt.

Die Theologie muss die in der Naturwissenschaft gewonnenen Erkenntnisse in ihre Erklärung des Menschen integrieren können; ihnen einen weltanschaulichen Rahmen geben, in den sie einbettbar sind und durch den sie erst umfassend verständlich gemacht werden. Die eigenständige Arbeit des Theologen ist es also nicht, die Entstehung der menschlichen Eigenschaften aufzuzeigen, sondern ihnen einen Sinnrahmen zu geben und zwar dadurch, dass die Eigenschaften der menschlichen Natur in die theologischen Hintergrundannahmen eingebettet werden. Die theologische Sinnerklärung wird laut Pannenberg dann stark, wenn diese Einbettung möglichst gut gelingt (Konsonanz). In gewisser Hinsicht funktioniert dann auch die theologische Erklärung dadurch, dass sie die Eigenschaften der menschlichen Natur erwarten lässt. Sie kann allerdings nicht erklären, *wie* es zu diesen Eigenschaften kommt (Genese), sondern bietet einen Erklärungsvorschlag, *wozu* sie gedacht sind und was sie für den Menschen und seine Entwicklung bedeuten (Geltung). Für Pannenberg gehört der weltanschauliche Rahmen zur Erklärung der menschlichen Natur dazu, weil er dem Menschen erst die nötige Orientierung anbietet. Indem er Ergänzungen zu den Antworten auf die Frage gibt, was der Mensch ist, erklärt der theologische Rahmen, was der Mensch hoffen darf und wie er die die Antriebe in seiner Natur bewerten soll. Diese Wertung ermöglicht erst eine Orientierung in Bezug auf das eigene Handeln. Ohne Antworten auf diese Fragen bleiben die naturwissenschaftlichen Erklärungen über die Natur des Menschen laut Pannenberg letztlich unverständlich und damit meint er ohne Sinnerklärung. Auf diese Art von Erklärung lässt sich die Erklärungskonzeption Bartelborths nicht mehr anwenden, weil sie über die nomischen Muster und ihre Interaktion hinausgeht. Damit hätte Pannenberg vermutlich keine Probleme, sondern würde darauf hinweisen, dass sie das auch gar nicht muss. Denn für solche Arten der Erklärung gibt es die Naturwissenschaft.

5.2 Selbstverständnis durch teleologische Sinnerklärung

Laut Wilson ist der Sinn (Meaning) der menschlichen Existenz in seiner evolutionären Geschichte zu finden und darüber hinaus gibt es keine Bestimmung, die den Menschen von außen auferlegt wäre. Die Zufälle der Geschichte und nicht die Absichten eines Schöpfers sind die Quelle für den Sinn der Spezies *Homo sapiens*. Diese eigentliche Bedeutung von Meaning wird von Wilson aufgegeben; schließlich lässt sich inzwischen auch evolutionär erklären, warum sich Menschen nach dieser Art von Sinn sehnen. Lediglich menschliche Handlungen haben einen Sinn; Handlungen sind Realisierungen von Absichten, bzw. deren Versuche. Wilson überschätzt dabei das Gewicht dieses Debunking-Arguments, bei gleichzeitiger

Unterschätzung der Bedeutung einer intersubjektiven Zukunftsperspektive, die sich nicht ohne weiteres aus dem Evolutionsepos ergibt.

Pannenberg hat eine andere Vorstellung von Sinn als Wilson. Auch er sieht den Menschen als Teil einer Geschichte, von der die biologische Entwicklungsgeschichte der Spezies *Homo sapiens* jedoch nur ein Teil ist. Für Pannenberg wird erst vom Ende der Zeit her das Wesen einer werdenden Sache rückwirkend konstituiert. Das gilt in besonderer Weise für den Menschen. Er ist für Pannenberg nur im Licht seiner Bestimmung zum Ebenbild Gottes vollständig zu verstehen. Für ihn ist die Geschichte der „Weg zur Zukunft der eigenen Bestimmung".[208] Ist der Weg noch nicht abgeschlossen, kann er nur durch Antizipation seines Zieles beschrieben werden. Dazu muss der schon beschrittene Weg als Weg zu diesem Ziel hin gedeutet werden können. Insofern kann auch die Evolutionsgeschichte in Anlehnung an Teilhard als Weg verstanden werden, der zwar noch nicht am Ziel angekommen, wohl aber auf eines ausgerichtet ist. Das gilt nicht nur für den Typ Mensch im Laufe der Geschichte, sondern auch für den Einzelnen im Laufe seines Lebens. Pannenberg versteht den Sinn der menschlichen Existenz also genau in der Wortbedeutung, in der Wilson ihn nicht verstanden wissen will: Sinn entsteht durch die Intention Gottes, durch seinen zwecksetzenden Willen, auf den hin sich die Dinge in der Geschichte entwickeln. Pannenberg erklärt die menschliche Natur damit klassisch teleologisch und bietet damit einen Vorschlag für das menschliche Selbstverständnis an.

Während kausale Erklärungen (und auch die NIE von Bartelborth) sich normalerweise auf Vergangenes beziehen, beziehen teleologische Erklärungen die Zukunft mit ein.[209] Teleologische Erklärung haben die Eigentümlichkeit, dass das „Spätere auf das Frühere wirkt". Bei zielgeleiteten Handlungen von Menschen wird dieses „angebliche Paradoxon" dadurch verständlich, dass das Ziel, z.B. ein Haus zu bauen, gedanklich vorweggenommen wird.[210] Es wird ein Plan gefasst, der durch die Handlung ausgeführt wird, die dann wiederum Ursache der Verwirklichung des Hauses ist.[211] In „der Absicht ist das Ende der Handlung bereits antizipiert. Der entscheidende Aspekt der Antizipation erfolgt durch interne Instanzen des handelnden Systems, die eine Repräsentation des Zukünftigen in einer symbolischen Form ('geistig') ermöglichen".[212]

Dieser Erklärungstyp wurde vor Darwin auch von den Physikotheologen angewendet, um die speziellen Eigenschaften von Lebewesen und ihre Anpassung an ihre Umwelt durch die Absichten Gottes zu erklären. Doch seit Darwin wird die teleologische Erklärung in dieser intentionalistischen Interpretation für die Biologie nicht mehr gebraucht[213] und wird als Erklärungsform heute überwiegend abgelehnt, weil

---

[208] Pannenberg, 1983, S. 512.
[209] Von Wright, 1971, S. 83.
[210] Bartelborth könnte solche Handlungen auch mit seiner nomischen Instantiierungserklärung abdecken und zwar deswegen, weil der Mensch als gewordenes System erklärt werden kann. Seine phylo- und ontogenetischen Eigenschaften lassen sich mithilfe nomischer Muster kausal rekonstruieren.
[211] Georg Toepfer, Teleologie, S. 39. Das Hausbaubeispiel geht auf Aristoteles zurück.
[212] Ebd., S. 40.
[213] Die Theorie der natürlichen Selektion ist „in doppelter Hinsicht relevant für die Teleologie: Einerseits wird mit Darwin eine bestimmte Form der Teleologie überwunden [nämlich die intentionalistische], andererseits stellt die Evolutionstheorie die Begründung einer wissenschaftliche respektablen Teleologie in Aussicht [durch einen natürlichen Mechanismus]".(Ebd., S. 41f)

die bestehenden Modelle zur kosmischen Genese und organischen Evolution als hinreichende Erklärungen der anorganischen Veränderungen und organischen Höherentwicklung gelten und weil keine zielgebenden Faktoren identifiziert werden konnten – und weil diese darüber hinaus einen fraglichen Status in einem naturwissenschaftlichen Weltbild hätten, das ohne einen planenden Schöpfergott auskommen will.[214]

Für die „Erklärung der Naturphänomene gilt die Teleologie im Wesentlichen als irrelevant. Die Ablehnung teleologischer Verursachung wird geradezu zu einem Ausweis der Wissenschaftlichkeit des eigenen Standpunktes".[215] Das liegt laut Toepfer vor allem daran, dass die teleologische Betrachtungsweise heuristisch wenig fruchtbar ist, weil sie nicht nach kausalen Vorgängen fragt, die Intervention ermöglichen, also nicht danach fragt, wie etwas funktioniert, sondern wozu etwas gut ist.[216] Deshalb wird eine „Abgrenzung der Rede von Funktionen und Zweckmäßigkeiten in der Biologie von der Teleologie des intentionalen, zweckgeleiteten Handelns" angestrebt.[217] Toepfer unterscheidet zwischen einer speziellen Teleologie, „die lediglich einzelnen Naturkörpern eine Zweckmäßigkeit zuschreibt" und der universalen Teleologie „als umfassende Theorie von einer Ausrichtung des Universums auf ein Ziel".[218] In der Philosophie der Biologie wird vorwiegend die Teleologie Problematik im ersten Sinne diskutiert, während die universale Teleologie eher eine naturphilosophische Grenzfrage ist, die in der Religionsphilosophie behandelt wird. Hier werden weltanschaulicher Naturalismus und Theismus als weltanschauliche Deutungsrahmen anhand bestimmter Kriterien miteinander verglichen, die Ähnlichkeiten mit den Kriterien zur Theorienwahl in den Einzelwissenschaften aufweisen.[219]

Pannenberg ist nun der Ansicht, dass das Menschsein ohne diesen universal-teleologischen Rahmen letztlich nicht mit Sinn gefüllt werden kann und deshalb ohne ihn unverständlich bleiben muss. Die Suche nach Sinn und Zweck ihrer Existenz gehört zur menschlichen Natur.[220] Der Mensch kann seine eigene Bedeutung inklusive seiner zerrissenen Gefühlswelt nur durch eine universal teleologische Sinnerklärung richtig verstehen. Pannenberg nimmt damit die Gefühlswelt des Menschen ernst, kann sie bewerten und ihr einen Weg aufzeigen, mit ihr umzugehen. Wilson kann keinen universalen Sinn ausweisen. Bei ihm muss jeder Mensch sich seinen Sinn selbst geben, nachdem er darüber belehrt worden ist, dass seine ethischen Intuitionen und religiösen Bedürfnisse durch ihre Entstehungsgeschichte erklärbar sind und nicht als Orientierung für die Zukunft dienen können. Dafür punktet Wilson und in seinem

---

[214] Ebd., S. 37.

[215] Ebd., S. 38.

[216] Das zeigt sich auch daran, dass sich die Erklärungskonzeption Bartelborths nicht auf Pannenbergs Erklärung der menschlichen Eigenschaften anwenden lässt. „Das Wissen um die Kausalvorgänge impliziert die Möglichkeit ihrer Veränderung. Die teleologische Betrachtung liefert dagegen der Tendenz nach einen abgeschlossenen und damit die Forschung wenig stimulierenden Entwurf des Gegenstands." (Ebd., S. 38f)

[217] Ebd., S. 41. Dabei zeigt sich, dass es gar nicht so einfach ist, die teleologische Sprache loszuwerden: Über den Funktionsbegriff, der mit dem Teleologieproblem zusammenhängt wird in der Philosophie der Biologie diskutiert. Siehe hierzu Krohs 2009. Wieso kann man z.B. sagen, dass das Herz *dazu da* ist, das Blut im Körper zu verteilen? Hier gibt es eine neue Herausforderung für Wissenschaftsphilosophen, die es in der Philosophie der Physik nicht gibt. Dies ist wie Ulrich Krohs bemerkt, kein rein begriffliches Problem, das man dadurch umgeht, einen neuen Begriff wie Teleonomie einzuführen. „Die Verwendung von Funktionszuschreibungen bedarf der Erklärung." Der Funktionsbegriff ist in „noch zu untersuchender Weise *normativ*." (Krohs, 2009, S. 288)

[218] Toepfer, 2005, S. 36.

[219] Löffler, 2013, S. 157ff.

[220] Hefner, 1999, S. 179.

Gefolge auch die evolutionäre Psychologie durch wissenschaftliche Erklärungen des menschlichen Verhaltens, die besonders in Bezug auf Kooperationsverhalten, Sexualverhalten und Aggressionsverhalten erstaunlich genaue Vorhersagen erlauben. Darüber hinaus gehören diese Erklärungen zu einer Theorienfamilie, die durch ihre eine gewaltige Bereichsinvarianz überzeugt, d.h. eine enorme Vereinheitlichungskraft besitzt.

Da kausale und teleologische Erklärungen die Phänomene aus unterschiedlicher Perspektive betrachten, müssen sie sich nicht ausschließen, sondern man kann ihre Stärken kombinieren, indem man wie Pannenberg versucht, die naturwissenschaftlichen Erklärungen der menschlichen Natur in die theologische zu integrieren. Eine wissenschaftliche Erklärung zeigt durch die Zusammenhänge der nomischen Muster, wie ein Geschehen bisher ablief und wie wir eingreifen können. Eine theologische- oder jede andere weltanschauliche Sinn-Erklärung muss diese Erkenntnisse einbeziehen, damit ihr Angebot überhaupt glaubhaft erscheinen kann, aber sie muss sie darüber hinaus durch ein Ziel ergänzen; auf diese Weise kann sie die Soll-Natur des Menschen durch einen teleologischen Rahmen erklären, der durch eine wissenschaftliche Erklärung nicht beizukommen ist.

Der Vergleich zwischen den Menschenbildern von Pannenberg und Wilson hat gezeigt, dass beide etwas anderes unter Erklärung verstehen und beide Erklärungstypen ihre Stärken und Schwächen haben. Im Zentrum der Aufmerksamkeit steht bei beiden die Ambivalenz der menschlichen Natur. Menschen sind nicht ganz und gar schlecht. Sie kooperieren und arbeiten zusammen. Menschen sind aber auch nicht ganz und gar gut. Sie sind egoistisch und arbeiten lieber für ihren eigenen als für den Vorteil von anderen. „This is our nature and it is precisely the nature that we find supposed at the heart of Christianity. [...] In this respect, there is a perfect consilience between the Darwinian human and the Christian human."[221] Konkret passt der Gedanke der Exzentrizität, in der doppelten Bedeutung, die Pannenberg ihm gibt, sehr gut zu der Idee der Gruppenselektion als Quelle für Kooperation und Altruismus.[222] Und damit zusammenhängend passt auch der Gedanke der Zentralität, in der sich der Mensch gegenüber dem anderen verschließen kann und in Angst um sich selbst nur noch nach seinem Nutzen trachtet, erstaunlich gut zu den Verhaltensweisen des Menschen, die sich durch Individual-selektion erklären lassen.[223] Der Rahmen, den Pannenberg dazu braucht, übersteigt den Gegenstandsbereich der Naturwissenschaft, entstammt religiöser Offenbarung und muss daher im Vergleich zu den Theorien Wilsons und seiner Gefolgsleute in der evolutionären Psychologie eher eine persönliche Glaubensangelegenheit bleiben, kann also nicht die Wahrheit der theologischen Hypothese von Gott als alles bestimmender Wirklichkeit „beweisen".[224] Der

---

[221] Ruse, 2006, S. 279.

[222] Es ist also m.E. nicht nötig Weltoffenheit als biologisch nicht erklärbar zu verstehen wie z.B. von Kutschera es tut. Vgl. Kutschera, 2000, S. 25.Wenn auch nicht durch Gruppenselektion erklärt doch auch z.B. Tomasello durch eine evolutionäre Geschichte die menschliche Natur in ihrer Superkooperativität in Bezug auf Eigengruppen für die ein gemeinsames Hintergrundwissen unabdingbar ist. Vgl. Tomasello, 2016.

[223] Individualselektion soll damit allerdings nicht „verteufelt" werden. Sie ist ein notwendiger Bestandteil der menschlichen Natur und bietet als solcher religionsphilosophisch betrachtet interessante Gedanken in Bezug auf das Theodizeeproblem.

[224] Entgegen Pannenberg sollte die Theologie also ihre Wissenschaftlichkeit nicht so sehr in der Bestätigung ihrer Hypothese von Gott als alles bestimmender Wirklichkeit am Ende der Zeit suchen, sondern vielleicht eher durch ihre Systematizität (nach Hoyningen-Huene, 2013) in der Systematischen Theologie und durch ihre historisch kritische Methode.

Erklärungsbeitrag, den die Theologie leistet, liegt nicht im Bereich nomischer Instantiierungs-erklärung. Die Theologie muss über diese Art von Erklärung hinausgehen und den Bereich der Wissenschaft verlassen[225], wenn sie ihren spezifischen Beitrag zur Erklärung des Menschen leisten will. Sie konkurriert nicht mit dem methodischen Naturalismus auf der Ebene der wissenschaftlichen Erklärung, sondern mit einem harten weltanschaulichen Naturalismus[226] auf der Ebene der Sinnerklärung.[227]

---

[225] Für Schurz hört die Theologie dort auf wissenschaftlich zu sein, wo sie spekulative Aussagen über Gott und sein Wesen macht und wo sie damit zusammenhängend Werte schafft. (Schurz, 2008, S. 44)

[226] Es gibt hier einige vermittelnde Positionen, die z.B. mithilfe einer panexperimentalistischen Metaphysik zu zeigen versuchen, dass man sich hier nicht entscheiden muss. Wie. z.B. der liberale Naturalismus von Godehard Brüntrup. Vgl. Brüntrup, 2004, 183-210.

[227] Auch der weltanschauliche Naturalismus ist eine philosophische Hypothese über die Welt, die nicht direkt empirisch falsifizierbar ist, aber „dennoch fallibel", weil sie kritisiert werden kann. (Kanitscheider, Naturalismus, metaphysische Illusion und der Ort der Seele, S. 64)

5.3 Bedingungen für ein konstruktives Ergänzungsverhältnis

Im letzten Abschnitt habe ich dafür argumentiert, dass die Erklärungstypen innerhalb der Anthropologie, für die Pannenberg und Wilson als Beispiele gedient haben, sich nicht ausschließen müssen. Wilson und mit ihm das Projekt, die Natur des Menschen naturwissenschaftlich zu erklären, lassen sich demnach als Weltbild-Komponente eines Menschenbildes verstehen, das aus Sicht vieler Menschen nach einem weltanschaulichen Rahmen verlangt, der das menschliche Bedürfnis nach Sinn befriedigen kann. In dieser abschließenden Überlegung möchte ich nun ausführen, unter welchen Bedingungen die unterschiedlichen Erklärungsperspektiven, für die Wilson und Pannenberg als Beispiel gedient haben, einander durch ihre Stärken ergänzen können.

Große Entwürfe, wie die von Pannenberg und Wilson, bieten zwangsläufig viel Angriffsfläche. Das haben die Analysen ihrer Positionen gezeigt. Auch wenn die Detailprobleme nicht im Einzelnen diskutiert wurden, haben sie auf die grundsätzlichen Schwächen der verschieden Erklärungsarten hingewiesen: Die Schwäche der Sinnerklärung Pannenbergs liegt darin, dass er durch die theologische Perspektive mitunter zu oberflächlich über wissenschaftliche Ergebnisse urteilt und sie teilweise beim Einbau in sein System verfälscht. Dadurch kann der Eindruck entstehen, dass die christliche Überlieferung uneingeschränkten Vorrang vor der empirischen Erkenntnis hat und naturwissenschaftliche Ergebnisse sich dem Glauben fügen müssen. Wilson hat mit seiner naturalistischen Erklärung der menschlichen Natur dagegen vor allem Schwächen in Bezug auf ethische (und andere philosophische) Fragen. Während man dem einen vorwerfen könnte, dass er zu leichtfertig metaphysische Annahmen macht und so auch (etwas überspitzt formuliert) an den Osterhasen glauben könnte, kann man dem anderen die Frage stellen, woher der Mensch denn nun wissen kann, welche Werte (die durch Individual- oder durch Gruppenselektion entstandenen sind) angestrebt werden sollen. Das kann offenbar nicht ohne weiteres durch die Entstehungsgeschichte menschlicher Moralvorstellungen entschieden werden. Denn leider sind nicht nur die „guten", sondern auch die „bösen" Antriebe Teil der menschlichen Erfolgsgeschichte und damit auch ein Bestandteil der Natur des Menschen, die wissenschaftlich erklärt werden kann. Wilson selbst hält es für besorgniserregend, dass die verschiedenen weltanschaulichen Gebilde unterschiedliche Wertvorstellungen hervorbringen, die auch nach Ansicht vieler anderer Theoretiker der Evolutionären Ethik dazu dienen, das Zusammenleben in der Gruppe zu regeln und den Zusammenhalt zu stärken – und zwar immer in Abgrenzung gegen andere Gruppen. Die Vorteile einer auf diese Weise entstandenen Moral beziehen sich also nur auf die Mitglieder der eigenen Gruppe und nicht auf alle Menschen.

Wie können die verschiedenen Weltansichten, die ich hier exemplarisch vorgestellt habe, einander durch ihre Stärken bereichern? Pannenberg hat die Stärke von naturwissenschaftlichen Erklärungen für seine theologische Anthropologie selbst erkannt. Er strebt ein Verhältnis zwischen Naturwissenschaft und Theologie an, das von Konsonanz geprägt ist. Indem er überzeugend zu zeigen versucht, dass sich das wissenschaftliche Weltbild gut in seinen christlich-theologischen Rahmen einfügen lässt, der dadurch einen wertvollen Beitrag zur Ergänzung des wissenschaftlichen Weltbildes beitragen kann, will er den Osterhasen-Vorwurf entkräften. Das kann aber nur gelingen, wenn das Verhältnis zwischen den wissenschaftlichen

Theorien und der Theologie (oder einer anderen Weltanschauung) nicht nur widerspruchsfrei ist, sondern darüber hinaus von dem gekennzeichnet ist, was Pannenberg Konsonanz nennt. D.h. die Widerspruchsfreiheit allein reicht nicht aus. Die Theorien der Naturwissenschaft sollten vielmehr schon in die Richtung der theologischen Ausdeutung weisen. Sie sollte gewissermaßen naheliegend sein.[228] Durch die harmonische Ergänzung kann die Theologie einen überzeugenden Beitrag zur Orientierung in dieser Welt leisten, indem sie Werte, Sinn und Hoffnung anbietet.[229] Mit der Verknüpfung von theologischer Überlegung und Exzentrizitäts-begriff meint Pannenberg 1983 an aktuelle und wissenschaftliche Theorien anzuschließen. Vom gegenwärtigen Standpunkt aus erscheinen die Theorien jedoch weder immer aktuell noch in jedem Fall vertrauenswürdig. Der Vergleich mit Wilson hat aber gezeigt, dass die anthropo-logischen Überlegungen Pannenbergs durchaus das Potential haben könnten, an evolutionäre Erklärungen der menschlichen Natur anzuschließen.[230] Pannenberg selbst hat das nicht gesehen. Vielleicht war er zu voreingenommen, um sich ausführlicher mit Wilsons soziobiologischem Ansatz zu beschäftigen und hat dessen Erklärung der menschlichen Natur als Konkurrenz-projekt gesehen. Diese Voreingenommenheit war es möglicherweise auch, die dazu geführt hat, dass er mit anderen wissenschaftlichen Theorien häufig nicht sehr gründlich umgegangen ist und bei ihrer Integration in das eigene Denken die Übergänge nicht deutlich genug markiert hat. Wenn die grundlegenden Unterschiede der verschiedenen Perspektiven nicht beachtet werden, kann es zu Grenzüberschreitungen kommen, die ein bereicherndes Ergänzungs-verhältnis erschweren.

Es ist eine Gefahr der theologischen Perspektive, zu voreingenommen an die Ergebnisse der Naturwissenschaft heranzugehen und „apologetischen Honig"[231] aus den noch offenen Fragen saugen zu wollen oder die naturwissenschaftlichen Theorien bei der Integration zu verfälschen. Eine Überreaktion auf diese Gefahr wäre es, deswegen die Ergebnisse der Naturwissenschaft als ganz und gar bedeutungslos für das theologische Denken abzutun.[232] Eine konstruktive Prävention gegenüber den Gefahren im Dialog mit den Naturwissenschaften wäre dagegen die besonders gründliche und achtsame Beschäftigung mit den Gegenstandsbereichen, die nicht zur eigenen Disziplin gehören. Das erinnert an die Empfehlung Herschels, sich vom Vorurteil der Meinung zu reinigen.[233] Für Theologen könnte der davon abgeleitete Rat sein, sich bei der

---

[228] Bei einem Puzzle lassen sich auch Teile zusammenfügen, die eigentlich nicht zu einander gehören. Dabei entstehen dann an manchen Stellen kleine Lücken und an anderen kleine Spannungen. Sie passen nicht harmonisch zusammen. Bei einem konsonanten Verhältnis sollten die Theorien zueinander passen wie zueinander gehörende Teile.

[229] Einzelne Weltanschauungen könnten nach diesen Gesichtspunkten auf ihren Inhalt geprüft werden. Wenn ihr Inhalt sich nicht mit dem wissenschaftlichen Weltbild in Einklang lässt und sie darüber hinaus auch noch Tribalismus fördern, müssen sie, da würde ich Wilson und anderen Religionsgegnern zustimmen, mit aufklärerischem Eifer bekämpft werden. Hat eine Weltanschauung dagegen das Potenzial, die Ergebnisse der Wissenschaft harmonisch zu integrieren, ihnen einen Sinn zu geben und bietet darüber hinaus noch das Potenzial, tribalistische Veranlagung zu überwinden, könnten sich Philosophinnen darum bemühen, wie man mit den Werten das wissenschaftliche Weltbild einrahmen kann, statt die Möglichkeit des Glaubens an die Elemente, die sich der wissenschaftlichen Untersuchung entziehen, im eigenen weltanschaulichem Eifer zu bekämpfen.

[230] Tomasellos Interdependenztheorie würde sich beispielsweise leicht integrieren lassen. Vgl. Tomasello, 2016.

[231] Bickel, Das Ganze Phänomen, S. 199.

[232] Zumindest wenn eine Theologie behaupten möchte, dass ihre Aussagen von Gott und Menschen für diese Welt wirklich von Bedeutung sind. Das Unabhängigkeitsmodell spart zwar viel Arbeit, aber verhindert auch die Bereicherung und Korrektur des theologischen Denkens durch naturwissenschaftliche Erkenntnisse.

[233] Vgl. Einleitung, S. 3.

Beschäftigung mit der Naturwissenschaft so gut wie möglich von den eigenen theologischen Ansichten abzusehen.

Auch Naturwissenschaftler sind nicht ohne Vorurteil der Meinung, haben aber den Vorteil, dass ihr Untersuchungsgegenstand sich mitunter hartnäckig dem bisherigen Deutungsrahmen widersetzt. Dieser Vorteil endet, sobald wertende Aussagen gemacht werden. Hier liegt die Gefahr der naturwissenschaftlichen Perspektive. Deswegen ist besonders dort, wo es von Wissenschaft zu Weltanschauung übergeht, auf die gründliche Reinigung vom eigenen Vorurteil der Meinung zu achten. Wo dies unterlassen wird, werden Grenzen zu Schwächen, wie man am Beispiel Wilsons gut beobachten kann. Hier könnte Herschels Rat dabei helfen, nicht unreflektiert die eigene Meinung als wissenschaftliche Antwort auf die großen Fragen auszugeben.[234]

Es war Friedrich Nietzsche, der den Philosophen wiederholt vorgeworfen hat, stets nur die eigenen Ansichten (bzw. die Meinung des Zeitgeistes) durch die scheinbar objektiven Gedankengebäude zu rechtfertigen und dabei ganz zu vergessen, dass es die eigene Sicht auf die Welt ist, die eigene Persönlichkeit mit ihren Bedürfnissen, die unhinterfragt die Prämissen auf dem Grund der Gedankenarbeit setzt.[235] Diese Kritik trifft vermutlich nicht nur auf Philosophen zu, sondern auf jeden Menschen. Die eigene Überzeugung oder Meinung – zum großen Teil als unreflektierte Weltanschauung - ist wohl unabdingbar, um sich selbst in der Welt zu orientieren. Und solange die Erfahrung sich relativ reibungslos einfügt und die Notwendigkeiten des praktischen Lebens wie gewohnt die Aufmerksamkeit auf sich ziehen, gibt es auch keinen Grund dafür, Zeit und Energie zu investieren, sich über die eigene Weltanschauung Gedanken zu machen. Selbst die Unkenntnis über den Grund der eigenen Existenz wird meistens gar nicht als störend empfunden und die großen Fragen entstehen erst, wenn die Ablenkung durch die unmittelbaren Eindrücke irgendwie gestört wird. Häufig reicht dabei der Konflikt mit anderen Meinungen (als zutage tretende Teile der dahinter liegenden Weltanschauungen) nicht aus und die andere Ansicht wird unreflektiert abgewehrt, sodass eine Bereicherung nicht mehr möglich ist. Die Frage müsste aber doch sein, wie man mit unterschiedlichen Perspektiven bereichernd umgeht. In der Mediation von Konflikten ist der erste Schritt die beteiligten Positionen ausführlich zu Wort kommen zu lassen, um Verständnis zu ermöglichen. Denn häufig können die Perspektiven, wenn sie erst einmal in Konflikt geraten sind, sich gar nicht mehr darauf einlassen, die andere Seite zu verstehen und das abwertende Urteil ist sofort gefällt. Dies könnte auch das Problem bei dem Verhältnis der verschiedenen Pole in der anthropologischen Diskussionsarena sein: Die Fronten sind scheinbar geklärt und setzt man seinen Stuhl dazwischen, bekommt man die Kritik von beiden Seiten ab.

Diese Arbeit hat aus philosophischer Perspektive versucht den Rat Herschels methodisch zu beherzigen, in der Absicht, das Gewirr von Wissenschaft und Weltanschauung in der Anthropologie zu klären. Es wurden exemplarisch Pannenberg und Wilson als Vertreter der

---

[234] Naturwissenschaftler müssen sich nicht um Theologie kümmern. Das (asymmetrische) Verhältnis zwischen Theologie und Naturwissenschaft ist vor allem für die Theologie von Bedeutung.

[235] Die Vorurteile der Philosophen werden im ersten Hauptstück von *Jenseits von Gut und Böse* thematisiert. Vgl. KSA 5, S. 15-41.

anthropologischen Fronten möglichst vorurteilslos nebeneinander gestellt mit dem Ziel, beide Perspektiven gründlich nachzuvollziehen, um ihr Verhältnis sichtbar werden zu lassen. Abgesehen von den Differenzen der metaphysischen Vorannahmen, lässt sich ein Ergänzungsverhältnis hinsichtlich der Stärken der verschiedenen Erklärungstypen herausstellen.[236] Insbesondere bei der Erklärung der Ambivalenz der moralischen Natur des Menschen zeigen sich dabei interessante Anknüpfungspunkte: Der moralische Spannungsbogen wird von Wilson durch die Multilevel-Selektion naturwissenschaftlich erklärt. Ohne eine weltanschauliche Ausdeutung muss offen bleiben, wie die mit der Ambivalenz umzugehen ist. Die Ausdeutung mithilfe der theologischen Anthropologie Pannenbergs würde eine Wertung zugunsten der exzentrischen Seite des Spannungsbogens erlauben, die Wilson sich zu wünschen scheint. Sie könnte sogar theologisch begründen, warum das Streben nach Exzentrizität nicht bei den Grenzen der eigenen Gruppe stehenbleiben sollte.

Aus der Perspektive der einheitlichen Erklärungstheorie Bartelborths zeigt sich, dass die soziobiologische, bzw. die evolutionär-psychologische eine gute wissenschaftliche Erklärung der Eigenschaften der menschlichen Natur ist. Sie macht verständlich, warum sich Menschen so verhalten, wie sie sich verhalten[237] und erlaubt sogar statistische Vorhersagen in Bezug auf menschliche Vorlieben. Dies ist die Stärke der Erklärungsperspektive Wilsons, die für die Selbsterkenntnis des Menschen von großer Bedeutung ist. Religion spielt darin eine wichtige Rolle. Sie brachte einen Fitnessvorteil auf der Ebene der Gruppenselektion mit sich, weil eine Gruppe von Menschen mit einem gemeinsamen Weltanschauungsrahmen durch höhere Kooperationsfähigkeit überlebensfähiger ist. Die neue Aufklärung, die Wilson herbeisehnt, müsste nun zeigen, wie sich die geeinte Menschheit selbst einen Rahmen zum Weltbild der Wissenschaft schaffen kann, der in der Lage ist, den in der menschlichen Natur angelegten Tribalismus zu überwinden und mit geeinten Kräften die Probleme der Gegenwart anzugehen. Bei Wilson finden sich dafür keine überzeugenden Ansätze. Er hat aber vorgeschlagen, dass die bestehenden Religionen unter Integration der naturwissenschaftlichen Erkenntnisse diese Aufgabe übernehmen können. Mit der absoluten Auszeichnung der Exzentrizität als Soll-Natur des Menschen, macht Pannenberg ein christliches Rahmenangebot, das ein evolutionäres Menschenbild, wie Wilson es zeichnet, mit guten Gründen einrahmen könnte.[238] Durch die weltanschauliche Rahmengebung kommt es zur Sinnerklärung der menschlichen Eigenschaften und zu ihrer Soll-Natur; zu dem menschlichen Selbstverständnis das Wilson durch seinen naturwissenschaftlichen Erklärungstyp nicht anbieten kann. Genau das ist im Vergleich mit Wilsons Menschenbild die Stärke von Pannenbergs Anthropologie in theologischer Perspektive.

Wird die theologische Perspektive als sinngebender Rahmen verstanden, d.h. als systematisch

---

[236] Damit soll nicht gesagt werden, dass alle Aussagen von Pannenberg und Wilson vereinbar wären, wohl aber die Erklärungstypen, für die ihre Werke als Beispiel dienen können.

[237] Die evolutionäre Psychologie betrachtet dabei die artspezifischen Eigenschaften des Menschen, deswegen würde ich hier nicht von Handlungen sprechen.

[238] Durch ein gelungenes Konsonanz-Verhältnis müsste die theologische Ausdeutung dann so naheliegend sein, dass sie gut mit der ontologisch sparsameren Rahmengebung konkurrieren kann, die den methodologischen Naturalismus einfach nur weltanschaulich erweitert. In der Religionsphilosophie wird dann diskutiert, welche metaphysischen Annahmen für eine höhere Erklärungskraft der Gesamtkonzeption gerechtfertigt werden können.

reflektierte Weltanschauung, könnte die erfolgreiche naturwissenschaftliche Erklärung der menschlichen Natur (ob sozio- oder neurobiologisch) keine Bedrohung für eine theistische Position sein. Diese Sicht würde einen unvoreingenommen Umgang mit naturwissenschaftlichen Erkenntnissen erlauben. Aus dieser Perspektive muss die Theologie kein eigenes konkurrierendes Bild entwerfen[239], sondern kann mit einem passenden Rahmen Orientierung, Sinn und Hoffnung anbieten, die im wissenschaftlichen Weltbild nicht enthalten sind. Auf diese Weise konkurriert sie nicht mit der wissenschaftlichen Erklärung des Menschen, sondern kann sie theologisch begründet ergänzen.[240]

---

[239] Wo sie das doch tut, kann sie nicht gut konkurrieren, wie das Beispiel des Kreationismus zeigt.
[240] Ein Konkurrenzverhältnis entsteht nur, wenn der methodologische Naturalismus weltanschaulich zum Atheismus ausgeweitet wird.

Literatur

Barbour, Ian, 2006: *Wissenschaft und Glaube.* Göttingen: Vandenhoeck & Ruprecht.

Barbour, Ian G., 2010: *Naturwissenschaft trifft Religion. Gegner, Fremde, Partner?* Göttingen: Vandenhoeck & Ruprecht.

Bartelborth, Thomas, 2007: *Erklären.* Berlin: de Gruyter.

Batabyal, Amitrajeet, 2000: Book review: Consilience. In: *Journal of Agricultural and Environmental Ethics* 12, S. 223-225.

Bayertz, Kurt (Hg.), 1993: *Evolution und Ethik.* Stuttgart: Reclam.

Berg, Christian, 2004: Barbour's Way(s) of Relating Science and Theology. In: R. J. Russel (Hg.): *Fifty Years in Science and Religion. Ian G. Barbour and his Legacy.* Burlington: Ashgate.

Bickel, Werner, 1993: Das Ganze Phänomen. In: S.M. Daecke (Hg): *Naturwissenschaft und Religion.* Mannheim: Wissenschaftsverlag, 2004, S. 61-74.

Bloom. Paul: Is God an accident? www.theatlantic.com/magazine/archive/2005/12/is-god-an-accident/304425/

Boehm, Christopher, 2012: *Moral Origins.* New York: Basic Books.

Boss, Günther, 2006: *Verlust der Natur. Studien zum theologischen Naturverständnis bei Karl Rahner und Wolfhart Pannenberg.* Innsbruck: Tyrolia-Verlag.

Bracken, Joseph A., 2006: Philosophical Theology and Metaphysics. In: P. Clayton (Hg.): *The Oxford Handbook of Religion and Science.* Oxford: Oxford University Press, S. 345-358.

Brüntrup, Godehard, 2004: Liberaler Naturalismus und die Wirklichkeit des Phänomenalen Erlebens. In: B. Goebel, / A. Hauk (Hg.): *Probleme des Naturalismus.* Paderborn: Mentis, S. 183-210.

Buss, David M., 2004: *Evolutionäre Psychologie.* München: Pearson.

Caplan, Arthur L. (Hg.), 1978: *The Sociobiology Debate.* Toronto: Harper & Row.

Chardin, Teilhard de, 1959: *Der Mensch im Kosmos.* München: Beck.

Clayton, Philip, 1992: *Rationalität und Religion. Erklärung in Naturwissenschaft und Theologie.* Paderborn: Schöningh.

Cristescu, Vasile, 2003: *Die Anthropologie und ihre christologische Begründung bei Wolfhart Pannenberg und Dumitru Staniloae.* Frankfurt am Main: Peter Lang.

Darwin, Charles, *Die Entstehung der Arten.* 6. Aufl., Stuttgart: Reclam, 1976.

Dawkins, Richard, 2006: *The Selfish Gene.* Oxford University Press.

Dawkins, Richard, 2007: *Der Gotteswahn.* Berlin: Ullstein.

Deus, Fabian, Dießelmann, Anna-Lena, Fischer, Luisa & Knobloch, Clemens (Hg.), 2015: *Die Kultur des Neoevolutionismus.* Bielefeld: transcript Verlag.

Eisner, Thomas, Wilson, Edward O., et al., 1973: *Life on Earth,* Stamford: Sinauer Associates Inc.

FitzPatrick, William, 2014: Morality and Evolutionary Biology. In: E. Zalta (Hg.): *The Stanford Encyclopedia of Philosophy* (Fall 2014 Edition).   http://plato.stanford.edu/archives/fall2014/entries/morality-biology.

French, Howard W., 2011: E. O. Wilson's Theory of Everything. In: *The Atlantic Monthly,* November, S. 70-84.

© Springer-Verlag GmbH Deutschland, ein Teil von Springer Nature 2018
A. C. Thaeder, *Geistwesen oder Gentransporter,*
https://doi.org/10.1007/978-3-476-04779-3

Gibson, Abraham H., 2013: E. O. Wilson and the Organicist Tradition. In: *Journal of the History of Biology* 46, S. 599-630.

Gregerson, Nils Henrik: 2004: Critical Realism and other Realisms. In: R. J. Russel (Hg.): *Fifty Years in Science and Religion. Ian G. Barbour and his Legacy.* Burlington: Ashgate, S. 77-95.

Greiner, Sebastian, 1988: *Die Theologie Wolfhart Pannenbergs.* Würzburg: Echter.

Hamilton, William D., 1964a: The Genetical Evolution of Social Behavior I. In: *Journal of Theoretical Biology* 7 (1), S. 1–16.

Hamilton, William D., 1964b: 'The Genetical Evolution of Social Behavior II. In: *Journal of Theoretical Biology* 7 (1), S. 17–52.

Hamilton, William D., 1975: Innate Social Aptitudes of Man: An Approach from Evolutionary Genetics. In: R. Fox (ed.): *Biosocial Anthropology.* London: Malaby Press, S. 133–53.

Hefner, Philip, May, H., Striegnitz, M., 1992 (Hg.): Evolution – Kultur – Religion. Perspektiven und Schwierigkeiten des interdisziplinären Gesprächs zwischen Evolutionsbiologie Theologie. Diskussion zwischen Wolfhart Pannenberg und Christian Vogel, S. 163-193 in: *Kooperation und Wettbewerb. Zur Ethik und Biologie menschlichen Sozialverhaltens,* 2. Aufl. Rehburg-Loccum: Evangelische Akademie Loccum, 1992.

Herschel, John F. W., 1966: A Perliminary Discourse on the Study of Natural Philosophy, Sources of Science No. 17, London: Johnson Reprint Corporation.

Hölldobler, Bert & Wilson, Edward O., 1995: *Ameisen. Die Entdeckung einer faszinierenden Welt.* Basel: Birkäuser.

Hölldobler, Bert & Wilson, Edward O., 2005: Eusociality: Origin and Consequences. In: *Proceedings of the National Academy of Sciences of the United States* 102 (38): 13367–13371.

Hölldobler, Bert & Wilson, Edward O., 2010: *Der Superorganismus.* Berlin: Springer.

Hoyningen-Huene, 2013: Systematizität als das, was Wissenschaft ausmacht. In: Information Philosophie, 31.01.2013.   www.information-philosophie.de/?a=1&t=7158&n=2&y=1&c=1

Janich, Peter, 2008: Naturwissenschaft vom Menschen versus Philosophie. In: P. Janich (Hg.): *Naturalismus und Menschenbild.* Hamburg: Meiner Verlag, S. 30-51.

Kahane, Guy, 2010: Evolutionary Debunking Arguments. www.philosophy.ox.ac.uk/__data/assets/pdf_file/0019/6931/Kahane_EDAs.pdf

Kanitscheider, Bernulf, 2003: Naturalismus, metaphysische Illusion und der Ort der Seele. In: J. C. Schmidt u. L. Schuster (Hg.): *Der entthronte Mensch?* Paderborn: Mentis, S. 58-78.

Kant, Immanuel, 2004: Kritik der reinen Vernunft. In: G. Mohr (Hg.): Immanuel Kant. Theoretische Philosophie, Berlin: Suhrkamp.

Kant, Immanuel, 1974: Die Religion innerhalb der Grenzen der bloßen Vernunft, Stuttgart: Reclam.

Kaufner-Marx, Eva, 2007: Freiheit zwischen Autonomie und Ohnmacht: Eine Untersuchung der theologischen Anthropologien Wolfhart Pannenbergs und Thomas Pröppers, Würzburg: Echter.

Kitcher, Philip, 1993: Vier Arten die Ethik zu biologisieren. In: K. Bayertz (Hg.): *Evolution und Ethik.* Stuttgart: Reclam, S. 221-242.

Knobloch, Clemens, 2015: Die Moral des Neoevolutionismus. In: F. Deus, A. Dießelmann, L. Fischer u. C. Knobloch (Hg.): *Die Kultur des Neoevolutionismus.,* Clemens. Bielefeld: transcript Verlag, S. 103-133.

Krohs Ulrich, 2009: Der Funktionsbegriff in der Biologie. In: A. Bartels, M. Stöckler (Hg.): *Wissenschaftstheorie.* Paderborn: Mentis, S. 287-306.

Kuhn, Thomas S., 1988: *Die Struktur wissenschaftlicher Revolutionen.* Frankfurt am Main: Suhrkamp.

Kutschera, Franz von, 2000: Die großen Fragen. Philosophisch-theologische Gedanken. Berlin: de Gruyter.

Lambek, Michael, 2006: Anthropology and Religion. In: P. Clayton (Hg.): *The Oxford Handbook of Religion and Science.* Oxford: Oxford University Press, S. 271-289.

Lange, Axel, (Hg.), 2008: *Darwins Erbe im Umbau. Die Säulen der erweiterten Synthetischen Evolutionstheorie.* Würzburg: Königshausen & Neumann.

Lebkücher, Anja, 2011: Theologie der Natur – Wolfhart Pannenbergs Beitrag zum Dialog zwischen Theologie und Naturwissenschaft. Neukirchen-Vlyn: Neuenkirchener Verlag.

Lewontin, Richard C., 1976: Sociobiology: A Caricature of Darwinism. In: *Proceedings of the Biennial Meeting of the Philosophy of Science Association 2.*

Löffler, Winfried, 2013: *Einführung in die Religionsphilosophie.* Darmstadt: Wissenschaftliche Buchgesellschaft.

Lüke, Ulrich, 2007: Der Mensch – Nichts als Natur? Über die naturalistische Entzauberung des Menschen. In: U. Lüke, H. Meisinger, G. Souvignier (Hg.): *Der Mensch – nichts als Natur?* Darmstadt: Wissenschaftliche Buchgesellschaft, S. 126-148.

Lumsden, Charles J. & Wilson, Edward O., 1991: Holism and Reduction in Sociobiology. Lessons from the Ants and Human Culture. In: *Biology and Philosophy*, 6, S. 401-12.

Lumsden, Charles & Wilson, Edward O., 1981: *Genes, Mind and Culture. The Coevolutionary Process.* Cambridge: Harvard University Press.

Lumsden, Charles J. & Wilson, Edward O., 1984: *Das Feuer des Prometheus. Wie das menschliche Denken entstand.* München: Piper.

Mack, Wolfgang, 2007: Vom Erwerb des Wissens um sich selbst und über den Anderen zur Fähigkeit der Selbstbindung an das moralisch Gute. In: U. Lüke, H. Meisinger, G. Souvignier (Hg.): *Der Mensch – nichts als Natur?* Darmstadt: Wissenschaftliche Buchgesellschaft, S. 106-125.

McGrath, Alister, 1999: *Naturwissenschaft und Religion.* Freiburg: Herder.

Metzinger, Thomas, 2009: *Der Egotunnel.* Berlin: Berlin-Verlag.

Merker, Barbara 1999: Naturalismus. S. 904-914 in: H. J. Sandkühler (Hg.): *Enzyklopädie Philosophie.* Hamburg: Felix Meiner Verlag.

Montagu, Ashley (Hg.), 1980: *Sociobiology Examined.* New York: Oxford University Press.

Munteanu, Daniel, 2010: Was ist der Mensch? Grundzüge und gesellschaftliche Relevanz einer ökumenischen Anthropologie anhand der Theologien von K. Rahner, W. Pannenberg und J. Zizioulas. Neuenkirchen-Vluyn: Neuenkirchener Verlag.

Nietzsche, Friedrich, 1885: *Jenseits von Gut und Böse. Vorspiel einer Philosophie der Zukunft.* Kritische Studienausgabe Bd.5, Berlin: de Gruyter.

Nowak, Martin, Tarnita, Corina E. & Wilson, Edward O., 2010: The Evolution of Eusociality. In: *Nature* 466, S. 1057-1062.

Nowak, Martin A., Tarnita, Corina E. & Wilson Edward O., 2011: Reply. In: *Nature*, 471, E09-E10. http://www.nature.com/nature/journal/v471/n7339/full/nature09836.html

Overbeck, Franz-Josef, 2000: Der Gottbezogene Mensch. Eine systematische Untersuchung zur Bestimmung des Menschen und zur „Selbstverwirklichung" Gottes in der Anthropologie und Trinitätstheologie Wolfhart Pannenbergs. Münster: Aschendorf.

Paloutzian, Raymond, 2006: Psychology, Human Sciences, and Religion. In: P. Clayton (Hg.): *The Oxford Handbook of Religion and Science*. Oxford: Oxford University Press, S. 236-252.

Pannenberg, Wolfhart, 1961: *Offenbarung als Geschichte*. Göttingen: Vandenhoeck & Ruprecht.

Pannenberg, Wolfhart, 1968: *Was ist der Mensch? Die Anthropologie der Gegenwart im Lichte der Theologie*, Göttingen: Vandenhoeck & Ruprecht.

Pannenberg, Wolfhart, 1972: Anthropologie und Gottesfrage. In: W. Pannenberg (Hg.): *Gottesgedanke und menschliche Freiheit*. Göttingen: Vandenhoeck & Ruprecht, S. 9-28.

Pannenberg, Wolfhart, 1975: Das Wirklichkeitsverständnis der Bibel. In: W. Pannenberg (Hg.): *Glaube und Wirklichkeit. Kleinere Beiträge zum christlichen Denken*. München: Chr. Kaiser Verlag, S. 18-30.

Pannenberg, Wolfhart, 1975: Der Geist des Lebens. In: W. Pannenberg (Hg.): *Glaube und Wirklichkeit. Kleine Beiträge zum christlichen Denken*. München: Chr. Kaiser Verlag, S. 31-56.

Pannenberg, Wolfhart, 1975: Der Mensch – Ebenbild Gottes? In: W. Pannenberg (Hg.): *Glaube und Wirklichkeit. Kleinere Beiträge zum christlichen Denken*. München: Chr. Kaiser Verlag, S. 57-70.

Pannenberg, Wolfhart, 1978: *Die Bestimmung des Menschen*. Göttingen: Vandenhoeck & Ruprecht.

Pannenberg, Wolfhart, 1983: *Anthropologie in theologischer Perspektive*. Göttingen Vandenhoeck & Ruprecht.

Pannenberg, Wolfhart, Anthropologie in theologischer Perspektive. Philosophisch-theologische Grundlinien. In: W. Pannenberg (Hg.): *Sind wir von Natur aus religiös?* Düsseldorf: Patmos, 1986, S. 87-105.

Pannenberg, Wolfhart, 1986: Religion und menschliche Natur. In. W. Pannenberg (Hg.): *Sind wir von Natur aus religiös?* Düsseldorf: Patmos, S. 9-24.

Pannenberg, Wolfhart, 1987: *Wissenschaftstheorie und Theologie*. Frankfurt am Main: Suhrkamp.

Pannenberg, Wolfhart, 1988: *Systematische Theologie Bd. 1*. Göttingen: Vandenhoeck & Ruprecht.

Pannenberg, Wolfhart, 1990: *Grundzüge der Christologie*. Gütersloh: Mohn.

Pannenberg, Wolfhart, 1991: *Systematische Theologie Bd.2*. Göttingen: Vandenhoeck & Ruprecht.

Pannenberg, Wolfhart, 1992: Humanbiologie – Religion – Theologie. Ontologische und wissenschaftstheoretische Prämissen ihrer Verknüpfung. In: H. May, M. Striegnitz u. P. Hefner (Hg.): *Kooperation und Wettbewerb. Zur Ethik und Biologie menschlichen Sozialverhaltens*. Rehburg-Loccum: Evangelische Akademie Loccum, S. 131-149.

Pannenberg, Wolfhart, 1993: *Systematische Theologie Bd.3*. Göttingen: Vandenhoeck & Ruprecht.

Pannenberg, Wolfhart, 1995: Theologie der Schöpfung und Naturwissenschaft. In: J. Dorschner, M. Heller u. W. Pannenberg (Hg.): *Mensch und Universum*. Regensburg: Friedrich Pustet.

Pannenberg, Wolfhart, 1996: *Theologie und Philosophie. Ihr Verhältnis im Lichte ihrer gemeinsamen Geschichte*. Göttingen: Vandenhoeck & Ruprecht, 1996.

Pannenberg, Wolfhart, 1997: *Metaphysik und Gottesgedanke*. Göttingen: Vandenhoeck & Ruprecht.

Pannenberg, Wolfhart, Dürr, H-P., Meyer-Abich, M., Mutschler, D., Wuketits, F.M., (Hg.) 1997: *Gott, der Mensch und die Wissenschaft*. Augsburg: Pattloch.

Pannenberg, Wolfhart, 2000: Theologie der Schöpfung und Naturwissenschaft. In: W. Pannenberg (Hg.): *Natur und Mensch – und die Zukunft der Schöpfung*. Göttingen: Vandenhoeck & Ruprecht.

Pannenberg, Wolfhart, 2000: Gott und die Natur. Zur Geschichte der Auseinandersetzung zwischen Theologie und Naturwissenschaft. In: W. Pannenberg (Hg.): *Natur und Mensch – und die Natur der Zukunft. Beiträge zur Systematischen Theologie Bd.2.* Göttingen: Vandenhoeck & Ruprecht, S. 11-29.

Pannenberg, Wolfhart, 2000: Das Wirken Gottes und die Dynamik des Naturgeschehens. In: W. Pannenberg (Hg.): *Natur und Mensch – und die Zukunft der Schöpfung. Beiträge zur Systematischen Theologie Bd. 2.* Göttingen: Vandenhoeck & Ruprecht, S. 43-52.

Pannenberg, Wolfhart, 2000: Geist und Energie. Zur Phänomenologie Teilhards de Chardin. In: W. Pannenberg (Hg.): *Natur und Mensch – und die Natur der Zukunft. Beiträge zur Systematischen Theologie Bd.2.* Göttingen: Vandenhoeck & Ruprecht, S. 55-63.

Pannenberg, Wolfhart, 2000: Geist als Feld – Nur eine Metapher? In: W. Pannenberg (Hg.): *Natur und Mensch – und die Natur der Zukunft. Beiträge zur Systematischen Theologie Bd.2.* Göttingen: Vandenhoeck & Ruprecht, S. 64-67.

Pannenberg, Wolfhart, 2000: Die Kontingenz der geschöpflichen Wirklichkeit. In: W. Pannenberg (Hg): *Natur und Mensch – und die Natur der Zukunft. Beiträge zur Systematischen Theologie Bd.2.* Göttingen: Vandenhoeck & Ruprecht, S. 69-81.

Pannenberg Wolfhart, 2000: Die Frage nach Gott als Schöpfer und die neuere Kosmologie. In: W. Pannenberg (Hg.): *Natur und Mensch – und die Natur der Zukunft. Beiträge zur Systematischen Theologie Bd.2.* Göttingen: Vandenhoeck & Ruprecht, S.82-92.

Pannenberg, Wolfhart, 2000: Eine moderne Kosmologie: Gott und die Auferstehung der Toten. In: W. Pannenberg (Hg.): *Natur und Mensch – und die Natur der Zukunft. Beiträge zur Systematischen Theologie Bd.2.* Göttingen: Vandenhoeck & Ruprecht, ", S. 93-98.

Pannenberg, Wolfhart, 2000: Bewußtsein und Geist. In: *Natur und Mensch und die Zukunft der Schöpfung. Beiträge zur Systematischen Theologie Bd.2* Göttingen: Vandenhoeck & Ruprecht, S. 123-140.

Pannenberg, Wolfhart, 2000: Der Mensch – ein Ebenbild Gottes? In: W. Pannenberg (Hg.): *Natur und Mensch – und die Natur der Zukunft. Beiträge zur Systematischen Theologie Bd.2.* Göttingen: Vandenhoeck & Ruprecht, S. 141-149.

Pannenberg, Wolfhart, 2000: Christliche Anthropologie und Personalität, In: W. APnnenergb, (Hg.): *Natur und Mensch – und die Zukunft der Schöpfung. Beiträge zur Systemtischen Theologie Bd. 2,* Göttingen: Vandenhoeck & Ruprecht, S.150-161.

Pannenberg, Wolfhart, 2000: Der Mensch als Person. In: W. Pannenberg (Hg.): *Natur und Mensch – und die Natur der Zukunft. Beiträge zur Systematischen Theologie Bd.2.* Göttingen: Vandenhoeck & Ruprecht, S. 162-169.

Pannenberg, Wolfhart, 2000: Die Maßlosigkeit des Menschen. In: W. Pannenberg (Hg.): *Natur und Mensch – und die Natur der Zukunft. Beiträge zur Systematischen Theologie Bd.2.* Göttingen: Vandenhoeck & Ruprecht, S. 215-219.

Pannenberg, Wolfhart, 2000: Sünde, Freiheit, Identität – Eine Antwort an Thomas Pröpper. In: W. Pannenberg (Hg.): *Natur und Mensch – und die Natur der Zukunft. Beiträge zur Systematischen Theologie Bd.2.* Göttingen: Vandenhoeck & Ruprecht, " S. 235-245.

Pannenberg, Wolfhart, 2000: Macht der Mensch die Religion, oder macht die Religion den Menschen. In: W. Pannenberg (Hg.): *Natur und Mensch – und die Natur der Zukunft. Beiträge zur Systematischen Theologie Bd.2.* Göttingen: Vandenhoeck & Ruprecht, . S. 254-259.

Pannenberg, Wolfhart, 2003: *Grundlagen der Ethik.* Göttingen: Vandenhoeck & Ruprecht.

Pannenberg, Wolfhart, 2006: Contributions from Systematic Theology. In: C. Clayton (Hg.): *The Oxford Handbook of Religion and Science.* Oxford: Oxford University Press, S. 359-371.

Papineau, David, "Naturalism", *The Stanford Encyclopedia of Philosophy* (Fall 2015 Edition), Edward N. Zalta (ed.), http://plato.stanford.edu/archives/fall2015/entries/naturalism.

Peters, Ted, 2004: Selfish Genes and Loving Persons. In: Robert J. Russel (Hg.): *Fifty Years in Science and Religion. Ian G. Barbour and his Legacy*. Burlington: Ashgate, S. 191-209.

Peacocke, Arthur, 1998: Genetics, Evolution and Theology. In: Ted Peters (Hg.): *Science and Theology. The New Consonance*. Boulder: Westview Press, S. 189-188-210.

Polkinghorne, John, 2006: Christianity and Science. In: Philip Clayton (Hg.): *The Oxford Handbook of Religion and Science*. Oxford: Oxford University Press, S. 57-70.

Russel, Robert John, 2004: Ian Barbour's Methodological Breakthrough: Creating the ‚Bridge' between Science and Theology. In: Robert J. Russel (Hg.): *Fifty Years in Science and Religion. Ian G. Barbour and his Legacy*. Burlington: Ashgate, S. 45-60.

Ruse, Michael, 1985: *Sociobiology: Sense or Nonsense?* Dordrecht, D. Reidel Publishing Company.

Ruse, Michael & Wilson, Edward O., 1986: Moral Philosophy as Applied Science. In: *Philosophy*, Vol 61, S. 173-192.

Ruse, Michael, 2006: *Darwinism and its Discontents*. Cambridge: Cambridge University Press.

Sandkühler, Hans Jörg, 1999 (Hg): *Enzyklopädie Philosophie Bd. 1*, Hamburg: Felix Meiner Verlag.

Schaerer, Alec A., 1999: Book Review: Edward O. Wilson. 1998. Consilience: the Unity of Knowledge. In: *Journal of Bioeconomics 1*, S. 327-332.

Schurz, Gerhard, 2008: *Einführung in die Wissenschaftstheorie*. Darmstadt: Wissen-schaftliche Buchgesellschaft.

Schurz, Gerhard, 2014: Evolutionary Explanations and the Role of Mechanisms. In: M. Kaiser A. Hüttemann, O.R. Scholz (Hg): *Explanation in the Special Sciences*. Heidelberg: Springer,S. 155-172.

Schwarke, Christian, 2007: Im Spiegel der Natur. Wahrnehmung und Interpretation moralischen Handelns. In: U. Lüke, H. Meisinger, G. Souvignier (Hg.): *Der Mensch – nichts als Natur?* Darmstadt: Wissenschaftliche Buchgesellschaft, S. 89-105.

Segal, Robert A., 2006: Contributions from the Social Sciences. In: Philip Clayton (Hg.): *The Oxford Handbook of Religion and Science*. Oxford: Oxford University Press, S. 311-327.

Singer, Peter, 1981: *Expanding Circle*. Oxford: Clarendon Press.

Sober, Elliott & Wilson, David Sloan, 1999: *Unto Others: The Evolution and Psychology of Unselfish Behavior*. Cambridge: Harvard University Press.

Stegmann, Ulrich, 2005: Die Adaptationismusdebatte. In: U. Krohs, G. Toepfer (Hg.): *Philosphie der Biologie*. Frankfurt am Main: Suhrkamp, S. 287-303.

Thies, Christian, 2013: *Einführung in die philosophische Anthropologie*. Darmstadt: Wissenschaftliche Buchgesellschaft.

Toepfer, Georg, 2005: Teleologie. In: U. Krohs, G. Toepfer (Hg.): *Philosophie der Biologie*. Frankfurt am Main: Suhrkamp, S. 36-52.

Tomasello, Michael, 2016: Eine Naturgeschichte der menschlichen Moral, Berlin: Suhrkamp.

Van Inwagen, Peter, 2009: Explaining Belief in the Supernatural. Some thoughts on Paul Bloom's Religious Belief as an Evolutionay Accident. In: J. Schloss and M. J. Murray (Hg.): *The Believing Primate. Scientific, Philosophical, and Theological Reflections on the Origin of Religion*. Oxford University Press, S. 128-138.

Voland, Eckard, 2007: Natur der Moral – Genese und Geltung in der Ethik, In: U. Lüke, H. Meisinger, G. Souvignier (Hg.): *Der Mensch – nichts als Natur?* Darmstadt: Wissenschaftliche Buchgesellschaft, S. 12-26.

Waap, Thorsten, 2008: Gottesebenbildlichkeit und Identität. Zum Verhältnis von theologischer Anthropologie und Humanwissenschaft bei Karl Barth und Wolfhart Pannenberg, Göttingen: Vandenhoeck & Ruprecht.

Wenz, Günter, 2008: Wolfhart Pannenbergs Systematische Theologie. Ein einführender Bericht, Göttingen: Vandenhoeck & Ruprecht.

Weber, Marcel, 2007: Philosophie der Evolutionstheorie. In: M. Stöckler und A. Bartels: *Wissenschaftstheorie. Ein Studienbuch*, Paderborn: Mentis. S. 265-353.

Wilson, David Sloan & Wilson, Edward O., 2007: Rethinking the Theoretical Foundations of Sociobiology. In: *Quarterly Review of Biology* 82 (4). S. 327–348.

Wilson, David Sloan & Wilson, Edward O., 2008: Evolution "for the Good of the Group". In: *American Scientist*, Vol. 96, No. 5, S. 380-389.

Wilson, David Sloan & Wilson, Edward O., 2009: Evolution – Gruppe oder Individuum? In: *Spektrum der Wissenschaft*, Januar, S. 32-41.

Wilson, David Sloan & Wilson, Edward O., 2007: Survival of the Selfless. In: *New Scientist*, S. 42-46.

Wilson, Edward O., 1978: *On Human Nature*, Cambridge: Harvard University Press.

Wilson, Edward O., 1979: Sex and Human Nature. In: *The Wilson Quarterly*, Vol 3, No. 4, S. 92-105.

Wilson, Edward O., 1980: *Biologie als Schicksal. Die soziobiologischen Grundlagen menschlichen Verhaltens*, Frankfurt am Main: Ullstein.

Wilson, Edward O., 1980: The Ethical Implications of Human Sociobiology. In: *The Hastings Center Report*, Vol. 10, No. 6, Dez., S. 27-29.

Wilson, Edward O., 1981: Genes and Racism. In: *Nature*, Vol. 289, 19, S. 627.

Wilson, Edward O., 1984: *Biophilia*. Cambridge: Harvard University Press.

Wilson, Edward O., 1994: *Naturalist*. Washington: Island Press.

Wilson, Edward O., 1998. *Die Einheit des Wissens*. Berlin: Siedler, 1998.

Wilson, Edward O., 1998: Resuming the Enlightenment Quest. In: *The Wilson Quarterly*, Vol. 22, No. 1, S. 16-27.

Wilson, Edward O., 1999: Responding to the Reviews of Elshtain, Kaye, and Ruse. In: *Politics and the Life Sciences*, Vol.18, No. 2, Sep. 1999, S. 350-351.

Wilson, Edward O., 2000: *Sociobiology. The New Synthesis*. Cambridge: Harvard University Press.

Wilson, Edward O., 2002: *Die Zukunft des Lebens*. Berlin: Siedler.

Wilson, Edward O., 2002: What Is Nature Worth? In: *The Wilson Quarterly*, Vol 26, No. 11, S. 20-39.

Wilson, Edward O., 2005: Kin Selection as the Key to Altruism: It's Rise and Fall. In: *Social Research* 72 (1), S. 159–166.

Wilson, Edward O., 2006: *The Creation*, New York: W.W. Norton & Company.

Wilson, Edward O., 2008: On Giant Leap. How Insects Achieved Altruism and Colonial Life. In: *Bioscience* Vol. 58, No.1, S. 17-25.

Wilson, Edward O., 2001: *Ameisenroman*. München: C.H. Beck.

Wilson, Edward O., 2013: *Die soziale Eroberung der Erde*. München: Beck.

Wilson, Edward O., 2013: Evolution and Our Inner Conflict. In: *The Journal of General Education*, Vol. 62, No.1.

Wilson, Edward O., 2014: *The Meaning of Human Existence*. New York: Liverlight Publishing Corporation.

Wright, Georg Henrik von, 1991: *Erklären und Verstehen*. Frankfurt am Main: Hain.